Einführung

in die

Determinantentheorie

einschließlich der Fredholmschen Determinanten

Von

Prof. Dr. Gerhard Kowalewski

Deutsche Karls-Universität zu Prag

Dritte, verbesserte und erweiterte Auflage

1 9 4 2

Verlag von Walter de Gruyter & Co. / Berlin

vormals G. J. Göschen'sche Verlagshandlung / J. Guttentag, Verlagsbuchhandlung / Georg Reimer / Karl J. Trübner / Veit & Comp.

Archiv-Nr. 123042

Printed in Germany / C. G. Röder, Leipzig

Vorwort zur ersten Auflage.

Dieses Buch ist aus Vorlesungen und Übungen entstanden, die ich während meiner mehr als zehnjährigen Lehrtätigkeit in Leipzig, Greifswald und Bonn gehalten habe. Dem entspricht die Begrenzung des Stoffs und die Art der Darstellung. Es soll hier eine Einführung in eine große und wichtige Disziplin geboten werden, die in neuester Zeit durch Übertragung des Determinantenbegriffs ins abzählbar und ins kontinuierlich Unendliche noch erheblich angewachsen ist.

Die Fredholmschen Determinanten, die für die linearen Integralgleichungen dieselbe Bedeutung haben, wie die gewöhnlichen Determinanten für lineare Gleichungssysteme mit n Unbekannten, habe ich in der Hilbertschen Weise durch Grenzübergang aus gewöhnlichen Determinanten abgeleitet. Auf diesem Wege ergeben sich auch sehr einfach die Fredholmschen Minoren und die Relationen zwischen ihnen, auf denen Fredholms Auflösung der linearen Integralgleichungen beruht.

In dem Kapitel über unendliche Determinanten ist bei der Betrachtung der linearen Gleichungssysteme mit unendlich vielen Unbekannten auch die schöne Theorie dargestellt, die Erhard Schmidt für diese Systeme begründet hat. Ebenso wird am Schluß des Buches E. Schmidts Behandlung der linearen Integralgleichungen in ihren Hauptpunkten entwickelt. Dieser Teil des Buches kann daher zur Einführung in das Studium der Integralgleichungen dienen, die sich unter den Händen Hilberts zu einer der umfassendsten und bedeutsamsten mathematischen Theorien entwickelt haben.

Am Schlusse findet der Leser die hauptsächlichsten Literaturnachweise. Wünscht er eine vollständigere Bibliographie, so verweisen wir ihn auf den Artikel von E. Netto im ersten Bande der Enzyklopädie der mathematischen Wissenschaften oder auf das groß angelegte, ausgezeichnete Werk von T. Muir: The theory of determinants in the historical order of its development, London 1906.

Bonn, im April 1909.

Gerhard Kowalewski.

Vorwort zur zweiten Auflage.

Nachdem ein anastatischer Neudruck meines Buches vergriffen ist, hat die Verlagsbuchhandlung die Herstellung einer zweiten Auflage beschlossen, die sie jedoch nicht in erweiterter, sondern in verkürzter Form wünschte. Ich habe deshalb starke Streichungen vorgenommen. Z. B. ist das 13. Kapitel (Elementarteilertheorie) fortgefallen, das in modernisierter Form einen noch größeren Raum beansprucht hätte, das 16. Kapitel (Unendliche Normaldeterminanten), ebenso das 19. Kapitel, das sich zu sehr in die Einzelheiten der Theorie der Integralgleichungen verlor. Auch im 18. Kapitel (Fredholmsche Theorie) ist vieles gestrichen. Die Eigenart meines Buches, das von der Kritik seinerzeit sehr freundlich aufgenommen wurde, hat durch die vorgenommenen Änderungen keinerlei Einbuße erlitten, und ich hoffe, daß es auch in der jetzigen Gestalt, insbesondere den Studierenden, gute Dienste leisten wird.

Dresden, Mai 1924.

Gerhard Kowalewski.

Vorwort zur dritten Auflage.

Die zweite Auflage meines Determinantenbuches unterschied sich von der ersten hauptsächlich dadurch, daß die Fredholmsche Theorie auf einen etwas engeren Raum beschränkt wurde. Ich habe mich bei der Vorbereitung der dritten Auflage nicht entschließen können, diese Kürzung wieder aufzuheben, zumal inzwischen im gleichen Verlag ein besonderes Buch über Integralgleichungen von mir erschienen ist.

Eine zweite Änderung, welche die zweite Auflage gegenüber der ersten brachte, war die Fortlassung der Äquivalenztheorie von Büscheln bilinearer Formen, also die Elementarteilertheorie. Hierfür bietet die dritte Auflage Ersatz in einem besonderen Kapitel, wobei ich mich an ein von mir selbst stammendes Verfahren halte, das sich in meinen Vorlesungen sehr bewährt hat und zuerst in den Leipziger Akademieberichten 1917, S. 325—35 veröffentlicht wurde.

Die unendlichen Determinanten, deren Theorie, abgesehen von der besonderen Klasse der Kochschen Normaldeterminanten, noch nicht recht geklärt ist, lasse ich auch diesmal beiseite.

Meine Determinantentheorie gehört zu den zerlesensten und zerfetztesten Büchern der Seminarbibliotheken, wie ich von vielen Seiten höre, und auch jetzt bei meiner Rückkehr auf die Prager Professur wieder feststellen konnte.

Möchte auch die neue Auflage sich gleicher Beliebtheit erfreuen!

Prag, Januar 1942.

Gerhard Kowalewski.

Inhalt.

Erstes Kapitel.

Historische Bemerkungen.

§ 1. Die Determinanten bei Leibniz.

Leibniz kam auf die Determinanten bei Behandlung der Aufgabe, aus $n+1$ linearen Gleichungen mit n Unbekannten $x_1, x_2, \ldots, x_n$ diese Unbekannten zu eliminieren.

Er führte eine sehr zweckmäßige Bezeichnungsweise ein, die im wesentlichen auch heute noch in der Determinantentheorie benutzt wird. Er schrieb nämlich die $n+1$ Gleichungen in folgender Weise:

$$
\begin{aligned}
10 + 11 \cdot x_1 + 12 \cdot x_2 + \ldots + 1n \cdot x_n &= 0\,, \\
20 + 21 \cdot x_1 + 22 \cdot x_2 + \ldots + 2n \cdot x_n &= 0\,, \\
30 + 31 \cdot x_1 + 32 \cdot x_2 + \ldots + 3n \cdot x_n &= 0\,, \\
\ldots\ldots\ldots\ldots\ldots\ldots\ldots\ldots\ldots
\end{aligned}
$$

Jeder Koeffizient ist hier durch zwei Indizes symbolisiert, von denen der erste die Gleichung, der zweite die Stelle innerhalb der Gleichung anzeigt.

Im Falle $n = 1$ findet man als Eliminationsresultat

$$10 \cdot 21 - 11 \cdot 20 = 0\,,$$

im Falle $n = 2$

$$
\begin{aligned}
&10 \cdot 21 \cdot 32 + 11 \cdot 22 \cdot 30 + 12 \cdot 20 \cdot 31 \\
&- 10 \cdot 22 \cdot 31 - 11 \cdot 20 \cdot 32 - 12 \cdot 21 \cdot 30 = 0
\end{aligned}
$$

und so fort.

Leibniz gelangte durch Induktion zu einem allgemeinen Theorem, das er in einem Brief an den Marquis de l'Hospital (vom 28. April 1693) ausspricht:

„Datis aequationibus quotcunque sufficientibus ad tollendas quantitates, quae simplicem gradum non egrediuntur, pro aequatione prodeunte primo sumendae sunt omnes combinationes possibiles, quas ingreditur una tantum coefficiens uniuscunque aequationis; secundo eae combinationes opposita habent signa, si in eodem prodeuntis aequationis latere ponantur, quae habent tot coefficientes communes, quot sunt unitates in numero quantitatum tollendarum unitate minuto; caeterae habent eadem signa."

Es seien beliebig viele Gleichungen gegeben, die zur Elimination der den ersten Grad nicht überschreitenden Unbekannten ausreichen. Um die resultierende Gleichung zu erhalten, hat man zunächst alle möglichen Kombinationen zu bilden, in die aus jeder Gleichung nur ein Koeffizient eingeht [d. h. die Produkte $1r_0 \cdot 2r_1 \ldots n+1,\ r_n$]. Bringt man dann in der resultierenden Gleichung alles auf eine Seite, so haben diejenigen Kombinationen entgegengesetzte Zeichen, die so viele gemeinsame Koeffizienten enthalten, als es Einheiten in der um 1 verminderten Zahl der zu eliminierenden Unbekannten gibt. Die übrigen haben dieselben Zeichen.

Wenn zwei Produkte

$$1r_0 \cdot 2r_1 \ldots n+1,\ r_n$$

und

$$1s_0 \cdot 2s_1 \ldots n+1,\ s_n$$

$n-1$ gemeinsame Faktoren haben, so entsteht $s_0, s_1, \ldots, s_n$ aus $r_0, r_1, \ldots, r_n$ durch eine Transposition, d. h. durch Vertauschung zweier Glieder.

Das nach der Leibnizschen Vorschrift gebildete Eliminationsresultat lautet also

$$\sum \varepsilon \cdot 1r_0 \cdot 2r_1 \ldots n+1,\ r_n = 0\,.$$

Die Summation erstreckt sich über alle $(n+1)!$ Permutationen $r_0, r_1, \ldots, r_n$ der Indizes $0, 1, \ldots, n$, und ε ist gleich $+1$ oder -1, je nachdem $r_0, r_1, \ldots, r_n$ aus $0, 1, \ldots, n$ durch eine gerade oder ungerade Anzahl von Transpositionen hervorgeht.

$$\sum \varepsilon \cdot 1r_0 \cdot 2r_1 \ldots n+1,\ r_n$$

ist das, was wir heutzutage eine $(n+1)$-reihige Determinante nennen.

§ 2. Die Determinanten bei Cramer.

Leibniz fand nicht die Zeit, seine Erfindung, von deren großer Tragweite er bei verschiedenen Gelegenheiten spricht, weiter zu verfolgen. So geriet sie ganz in Vergessenheit.

Als Gabriel Cramer, der Verfasser der „Introduction à l'analyse des lignes courbes algébriques" (1750), sich mit Systemen linearer Gleichungen beschäftigte, stieß er ganz unabhängig von Leibniz noch einmal auf die Determinanten.

Im Anhang seines großen Werkes zeigt er, wie man n lineare Gleichungen mit n Unbekannten durch Determinanten auflöst. Wir wollen die kurze Note hier vollständig wiedergeben:

„Man habe mehrere Unbekannte

$$z,\ y,\ x,\ v,\ \ldots$$

und ebenso viele Gleichungen

$$A^1 = Z^1 z + Y^1 y + X^1 x + V^1 v + \ldots,$$
$$A^2 = Z^2 z + Y^2 y + X^2 x + V^2 v + \ldots,$$
$$A^3 = Z^3 z + Y^3 y + X^3 x + V^3 v + \ldots,$$
$$A^4 = Z^4 z + Y^4 y + X^4 x + V^4 v + \ldots,$$
$$\ldots\ldots\ldots\ldots\ldots\ldots\ldots\ldots$$

Dabei sollen die Buchstaben

$$A^1,\ A^2,\ A^3,\ A^4,\ \ldots$$

nicht wie gewöhnlich die Potenzen von A bedeuten, sondern die als bekannt vorausgesetzte linke Seite der ersten, zweiten, dritten, vierten, ... Gleichung. Ebenso sind

$$Z^1,\ Z^2,\ \ldots$$

die Koeffizienten von z,

$$Y^1,\ Y^2,\ \ldots$$

die von y,

$$X^1,\ X^2,\ \ldots$$

die von x,

$$V^1,\ V^2,\ \ldots$$

die von v, ..., in der ersten, zweiten, ... Gleichung.

Diese Bezeichnungsweise vorausgesetzt hat man, wenn nur eine Gleichung mit einer Unbekannten z vorliegt,

$$z = \frac{A^1}{Z^1}.$$

Sind zwei Gleichungen und zwei Unbekannte z und y da, so findet man

$$z = \frac{A^1 Y^2 - A^2 Y^1}{Z^1 Y^2 - Z^2 Y^1}$$

und

$$y = \frac{Z^1 A^2 - Z^2 A^1}{Z^1 Y^2 - Z^2 Y^1}.$$

Sind drei Gleichungen und drei Unbekannte z, y und x da, so findet man

$$z = \frac{A^1 Y^2 X^3 - A^1 Y^3 X^2 - A^2 Y^1 X^3 + A^2 Y^3 X^1 + A^3 Y^1 X^2 - A^3 Y^2 X^1}{Z^1 Y^2 X^3 - Z^1 Y^3 X^2 - Z^2 Y^1 X^3 + Z^2 Y^3 X^1 + Z^3 Y^1 X^2 - Z^3 Y^2 X^1},$$

$$y = \frac{Z^1 A^2 X^3 - Z^1 A^3 X^2 - Z^2 A^1 X^3 + Z^2 A^3 X^1 + Z^3 A^1 X^2 - Z^3 A^2 X^1}{Z^1 Y^2 X^3 - Z^1 Y^3 X^2 - Z^2 Y^1 X^3 + Z^2 Y^3 X^1 + Z^3 Y^1 X^2 - Z^3 Y^2 X^1},$$

$$x = \frac{Z^1 Y^2 A^3 - Z^1 Y^3 A^2 - Z^2 Y^1 A^3 + Z^2 Y^3 A^1 + Z^3 Y^1 A^2 - Z^3 Y^2 A^1}{Z^1 Y^2 X^3 - Z^1 Y^3 X^2 - Z^2 Y^1 X^3 + Z^2 Y^3 X^1 + Z^3 Y^1 X^2 - Z^3 Y^2 X^1}.$$

Die Prüfung dieser Formeln liefert folgende allgemeine Regel.

Die Anzahl der Gleichungen und der Unbekannten sei n. Man findet dann den Wert jeder Unbekannten, indem man n Brüche bildet, deren gemeinsamer Nenner ebenso viele Glieder hat, als es verschiedene Anordnungen von n verschiedenen Dingen gibt. Jedes Glied setzt sich aus den Buchstaben

$$Z,\ Y,\ X,\ V,\ \ldots$$

zusammen. Sie werden immer in derselben Reihenfolge geschrieben. Man erteilt ihnen aber als Exponenten die n ersten Ziffern in allen möglichen Reihenfolgen. So hat, wenn drei Unbekannte da sind, der Nenner

$$1 \cdot 2 \cdot 3 = 6$$

Glieder; sie sind zusammengesetzt aus den drei Buchstaben Z, Y, X, die der Reihe nach die Exponenten

$$123,\ 132,\ 213,\ 231,\ 312,\ 321$$

erhalten. Man gibt diesen Gliedern die Zeichen $+$ oder $-$ nach folgender Regel. Wenn auf einen Exponenten in demselben Gliede mittelbar oder unmittelbar ein kleinerer Exponent folgt, so will ich dies ein Derangement nennen. Man zähle nun bei jedem Gliede die Derangements. Ist ihre Anzahl gerade oder Null, so erhält das Glied das Zeichen $+$, ist sie ungerade, so erhält das Glied das Zeichen $-$. Z. B. gibt es in dem Gliede

$$Z^1 Y^2 X^3$$

kein Derangement. Dieses Glied erhält also das Zeichen $+$. Das Glied

$$Z^3 Y^1 X^2$$

hat auch das Zeichen $+$, weil es zwei Derangements aufweist, 3 vor 1 und 3 vor 2. Dagegen erhält das Glied

$$Z^3 Y^2 X^1,$$

das drei Derangements aufweist, 3 vor 2, 3 vor 1 und 2 vor 1, das Zeichen $-$.

Nachdem so der gemeinsame Nenner gebildet ist, erhält man den Wert von z, indem man diesem Nenner einen Zähler gibt, den man dadurch bildet, daß man in allen Gliedern Z in A verwandelt. Der Wert von y ist ein Bruch, der denselben Nenner hat und als Zähler eine Größe, die sich ergibt, wenn man in allen Gliedern des Nenners Y in A verwandelt. In ähnlicher Weise findet man den Wert der übrigen Unbekannten.

Allgemein zu reden ist das Problem bestimmt. Aber es kann besondere Fälle geben, wo es unbestimmt bleibt, und andere, wo es unmöglich wird.

Das geschieht, wenn man den gemeinsamen Nenner gleich Null findet; d. h. bei nur zwei Gleichungen, wenn

$$Z^1 Y^2 - Z^2 Y^1 = 0\,,$$

bei drei Gleichungen, wenn

$$Z^1 Y^2 X^3 - Z^1 Y^3 X^2 - Z^2 Y^1 X^3 + Z^2 Y^3 X^1 + Z^3 Y^1 X^2 - Z^3 Y^2 X^1 = 0$$

ist usw. Sind alsdann die Größen A^1, A^2, A^3, ... so beschaffen, daß auch die Zähler gleich Null sind, so ist das Problem unbestimmt, denn die Brüche $\frac{0}{0}$, die die Werte der Unbekannten geben müßten, sind unbestimmt. Wenn dagegen die Größen A^1, A^2, A^3, ... so beschaffen sind, daß, während der gemeinsame Nenner gleich Null ist, die Zähler oder einige von ihnen nicht Null sind, so ist das Problem unmöglich oder es sind wenigstens die unbekannten Größen, die es lösen können, alle oder zum Teil unendlich. Hat man z. B. die beiden folgenden Gleichungen:

$$2 = 3z - 2y,$$
$$5 = 6z - 4y,$$

so findet man

$$z = \tfrac{2}{0}, \quad y = \tfrac{3}{0}.$$

z und y sind also unendliche Größen, die sich zueinander verhalten wie 2 zu 3. Rechnete man die Unbekannten nach den gewöhnlichen Methoden aus, so käme man auf die sinnlose Gleichung

$$\tfrac{2}{3} = \tfrac{5}{6}.$$

Denn die erste Gleichung gibt

$$z = \tfrac{2}{3} y + \tfrac{2}{3}$$

und die zweite

$$z = \tfrac{4}{6} y + \tfrac{5}{6}.$$

Also hat man

$$\tfrac{2}{3} y + \tfrac{2}{3} = \tfrac{4}{6} y + \tfrac{5}{6} \quad \text{oder} \quad \tfrac{2}{3} = \tfrac{5}{6},$$

was ein Unsinn ist, wenn z und y endliche Größen sind. Wenn sie aber unendlich sind, so kann man ohne Sinnlosigkeit sagen, daß

$$z = \tfrac{2}{3} y + \tfrac{2}{3}$$

und gleichzeitig

$$z = \tfrac{2}{3} y + \tfrac{5}{6}$$

ist. Denn die endlichen Größen $\frac{2}{3}$ und $\frac{5}{6}$ sind im Vergleich zu den unendlichen Größen z und $\frac{2}{3} y$ nichts. Die beiden Gleichungen

$$z = \tfrac{2}{3} y + \tfrac{2}{3} \quad \text{und} \quad z = \tfrac{2}{3} y + \tfrac{5}{6}$$

reduzieren sich also auf

$$z = \tfrac{2}{3} y,$$

eine Gleichung, die nichts Widersprechendes hat.“

Zweites Kapitel.

Definition der n-reihigen Determinante.

§ 3. Paarungen zwischen zwei Systemen von n Dingen.

Wir betrachten zwei Systeme von n Dingen. Der Leser stelle sich, um ein anschauliches Beispiel zu haben, n Herren und n Damen vor, die auf einem Balle sind.

Wenn jedes Ding des einen Systems mit einem Ding des anderen Systems verbunden wird, also in unserem Beispiel jeder Herr eine Dame wählt, so wollen wir das eine *Paarung* zwischen den beiden Systemen nennen.

Eine solche Paarung kann man in folgender Weise bewirken. Man läßt die Herren in einer bestimmten Reihenfolge wählen. Der erste Herr hat dann die Auswahl unter n Damen, der zweite unter $n - 1$ und so fort. Der letzte Herr muß die zuletzt übriggebliebene Dame nehmen. Man sieht hieraus, daß es

$$n! = 1 \cdot 2 \ldots n$$

Paarungen zwischen den beiden Systemen gibt.

§ 4. Umpaarungen und Inversionen.

Den Übergang von einer Paarung zu einer neuen wollen wir als eine *Umpaarung* bezeichnen.

Die einfachsten Umpaarungen sind solche, wo nur zwei Paare abgeändert werden, also nichts weiter geschieht, als daß zwei Herren ihre Damen austauschen. Umpaarungen dieser Art nennen wir *Transpositionen.*

Jede Umpaarung läßt sich durch eine Reihe von Trenspositionen herbeiführen.

Will man von der Paarung $\mathfrak{P}$ zu der Paarung $\overline{\mathfrak{P}}$ gelangen, so fasse man einen Herrn und eine Dame ins Auge, die bei $\overline{\mathfrak{P}}$, aber nicht bei $\mathfrak{P}$ ein Paar bilden. Sie befinden sich also bei $\mathfrak{P}$ in verschiedenen Paaren. Ändert man nur diese beiden Paare ab, so ist wenigstens schon eins von den neuen Paaren gewonnen. Sind noch nicht alle neuen Paare da, so setzt man das Verfahren fort. Nach höchstens $n - 1$ Schritten hat man die Paarung $\overline{\mathfrak{P}}$ erreicht.

Wir wollen nun die Damen mit Rangnummern $1, 2, \ldots, n$ versehen und zwei bestimmte Herren betrachten. Diese seien bei $\mathfrak{P}$ mit den Damen

r und s, bei $\bar{\mathfrak{P}}$ mit den Damen $\bar{r}$ bzw. $\bar{s}$ gepaart. Wenn die Differenzen

$$r - s \quad \text{und} \quad \bar{r} - \bar{s}$$

entgegengesetzte Zeichen haben, so wollen wir sagen, daß die betrachtete Herrenambe beim Übergange von $\mathfrak{P}$ zu $\bar{\mathfrak{P}}$ eine Inversion erfährt. Um zu wissen, wie viele Inversionen bei einer Umpaarung stattfinden, muß man jede der $\frac{1}{2}n(n-1)$ Herrenamben darauf untersuchen, ob sie eine Inversion erleidet oder nicht.

$\mathfrak{P}_1$, $\mathfrak{P}_2$, $\mathfrak{P}_3$ seien drei beliebige Paarungen. Bei der Umpaarung $\mathfrak{P}_1$, $\mathfrak{P}_2$, d. h. beim Übergange von $\mathfrak{P}_1$ zu $\mathfrak{P}_2$ gebe es α, bei der Umpaarung $\mathfrak{P}_2$, $\mathfrak{P}_3$ gebe es β Inversionen. Wie viele Inversionen gibt es dann bei der Umpaarung $\mathfrak{P}_1$, $\mathfrak{P}_3$? δ sei die Anzahl der Herrenamben, die sowohl bei $\mathfrak{P}_1$, $\mathfrak{P}_2$ als auch bei $\mathfrak{P}_2$, $\mathfrak{P}_3$ eine Inversion erfahren. Offenbar treten dann bei der Umpaarung $\mathfrak{P}_1$, $\mathfrak{P}_3$

$$(\alpha - \delta) + (\beta - \delta) = \alpha + \beta - 2\delta$$

Inversionen ein.

Dieses Resultat läßt sich leicht verallgemeinern.

$$\mathfrak{P}_1, \mathfrak{P}_2, \ldots, \mathfrak{P}_{m+1}$$

seien $m + 1$ beliebige Paarungen. Bei der Umpaarung

$$\mathfrak{P}_\mu, \mathfrak{P}_{\mu+1} \quad (\mu = 1, 2, \ldots, m)$$

gebe es α_μ Inversionen und bei der Umpaarung

$$\mathfrak{P}_1, \mathfrak{P}_{m+1}$$

α Inversionen. Dann ist

$$\alpha \equiv \alpha_1 + \alpha_2 + \ldots + \alpha_m \pmod{2}.$$

Man liest diese Formel: „α kongruent $\alpha_1 + \alpha_2 + \ldots + \alpha_m$ modulo 2“. Sie bedeutet, daß α und $\alpha_1 + \alpha_2 + \ldots + \alpha_m$ sich um ein Vielfaches von 2 unterscheiden.

Jetzt wollen wir annehmen, daß die m Umpaarungen $\mathfrak{P}_\mu$, $\mathfrak{P}_{\mu+1}$ Transpositionen sind. Dann sind alle α_μ ungerade. Es gilt nämlich folgender Satz:

Bei einer Transposition findet immer eine ungerade Anzahl von Inversionen statt.

Besteht die Transposition in der Austauschung der Damen r und s $(r < s)$, so erleiden folgende Herrenamben Inversionen:

1. Die Herren der Damen r und s,

2. die Herren der Damen k und r, sowie die Herren der Damen k und s, wenn $r < k < s$ ist.

Außerdem finden keine Inversionen statt. Die Gesamtzahl der Inversionen ist somit

$$1 + 2(s - r - 1).$$

Wenn wir also annehmen, daß die m Umpaarungen $\mathfrak{P}_\mu$, $\mathfrak{P}_{\mu+1}$ Transpositionen sind, so haben wir:

$$\alpha_\mu \equiv 1 \quad (\mu = 1, 2, \ldots, m),$$

mithin

$$\alpha_1 + \alpha_2 + \ldots + \alpha_m \equiv m \pmod{2}$$

und auch

$$\alpha \equiv m \pmod{2}.$$

α und m sind demnach entweder beide gerade oder beide ungerade. Damit haben wir folgenden Satz gewonnen:

Wenn eine Umpaarung sich durch m Transpositionen bewirken läßt, so ist m gerade oder ungerade, je nachdem die Umpaarung eine gerade oder ungerade Anzahl von Inversionen hervorbringt.

Wir haben, um die Inversionen zu zählen, die Damen mit Nummern versehen und auf die Herrenamben geachtet. Ebensogut hätten wir natürlich die Herren numerieren und auf die Damenamben achten können. Es ist auch ganz gleichgültig, wie wir die Damen bzw. die Herren numerieren. Unser obiger Satz zeigt, daß die Inversionenzahl, durch 2 dividiert, immer denselben Rest (0 oder 1) gibt.

Wenn eine Umpaarung eine gerade (ungerade) Anzahl von Inversionen mit sich bringt, wollen wir sie gerade (ungerade) nennen. Dann können wir unser Resultat so aussprechen:

Eine gerade Umpaarung läßt sich nur durch eine gerade, eine ungerade Umpaarung nur durch eine ungerade Anzahl von Transpositionen bewirken.

§ 5. Einteilung der Paarungen in zwei Klassen.

Wir können jetzt die $n!$ Paarungen zwischen zwei Systemen von n Dingen in zwei Klassen einteilen.

Wir rechnen $\mathfrak{P}$ und $\bar{\mathfrak{P}}$ in dieselbe oder in verschiedene Klassen, je nachdem man von $\mathfrak{P}$ zu $\bar{\mathfrak{P}}$ durch eine gerade oder ungerade Anzahl Transpositionen gelangt*), je nachdem also die Umpaarung $\mathfrak{P}$, $\bar{\mathfrak{P}}$ gerade oder ungerade ist.

In jeder Klasse gibt es $\frac{1}{2}n!$ Paarungen. Vertauschen wir nämlich in jeder der $n!$ Paarungen zwei bestimmte Damen, so geht jede Paarung in eine Paarung anderer Klasse über.

Zeichnet man eine Paarung aus und nennt sie die Hauptpaarung, so pflegt man alle Paarungen, die nicht in dieselbe Klasse gehören (also durch eine ungerade Anzahl Transpositionen aus ihr entstehen), als ungerade Paarungen zu bezeichnen, die anderen als gerade.

---

*) Führt man diese Transpositionen in umgekehrter Reihenfolge aus, so gelangt man von $\bar{\mathfrak{P}}$ zu $\mathfrak{P}$.

§ 6. Symbolische Darstellung der Paarungen.

Um ein Symbol für eine Paarung zwischen zwei Systemen $\mathfrak{S}_1$ und $\mathfrak{S}_2$ von n Dingen zu gewinnen, kann man so verfahren. Man belegt die n Dinge jedes Systems mit Namen, schreibt die Namen der Dinge $\mathfrak{S}_1$ in irgendeiner Reihenfolge in eine Zeile und darunter in eine zweite Zeile die Namen der Dinge $\mathfrak{S}_2$, aber so, daß immer die Namen gepaarter Dinge untereinanderstehen.

Man kann z. B. zur Benennung der Dinge jedes Systems die Zahlen $1, 2, \ldots, n$ benutzen. Dann läßt sich eine Paarung durch das Symbol

$$\begin{pmatrix} r_1 \, r_2 \ldots r_n \\ s_1 \, s_2 \ldots s_n \end{pmatrix}$$

darstellen, wo $r_1, r_2, \ldots, r_n$ und $s_1, s_2, \ldots, s_n$ Permutationen von $1, 2, \ldots, n$ sind. Die Bedeutung dieses Symbols ist, wenn wir wieder das Beispiel der n Herren und n Damen benutzen, folgende:

Herr r_1 führt Dame s_1, Herr r_2 führt Dame s_2 usw. Für $r_1, r_2, \ldots, r_n$ (oder $s_1, s_2, \ldots, s_n$) darf man eine beliebige Permutation von $1, 2, \ldots, n$ setzen. $s_1, s_2, \ldots, s_n$ (bzw. $r_1, r_2, \ldots, r_n$) ist dann aber durch die Paarung völlig bestimmt. So stellen z. B. im Falle $n = 3$ die Symbole

$$\begin{pmatrix} 1 & 2 & 3 \\ 3 & 1 & 2 \end{pmatrix}, \begin{pmatrix} 1 & 3 & 2 \\ 3 & 2 & 1 \end{pmatrix}, \begin{pmatrix} 2 & 1 & 3 \\ 1 & 3 & 2 \end{pmatrix}, \begin{pmatrix} 2 & 3 & 1 \\ 1 & 2 & 3 \end{pmatrix}, \begin{pmatrix} 3 & 1 & 2 \\ 2 & 3 & 1 \end{pmatrix}, \begin{pmatrix} 3 & 2 & 1 \\ 2 & 1 & 3 \end{pmatrix}$$

dieselbe Paarung dar. Jedesmal steht nämlich unter 1 die 3, unter 2 die 1 und unter 3 die 2. Herr 1 führt also Dame 3, Herr 2 Dame 1, Herr 3 Dame 2.

Schreibt man das Symbol einer Paarung in der Form

$$\begin{pmatrix} 1 \; 2 \ldots n \\ r_1 \, r_2 \ldots r_n \end{pmatrix},$$

so kann man auf Grund von § 4 leicht angeben, ob sie mit der Paarung

$$\begin{pmatrix} 1 \; 2 \ldots n \\ 1 \; 2 \ldots n \end{pmatrix},$$

bei der je zwei gleichbenannte Dinge gepaart sind, in dieselbe Klasse oder in verschiedene Klassen gehört.

Es kommt darauf an, ob beim Übergange von

$$\begin{pmatrix} 1 \; 2 \ldots n \\ 1 \; 2 \ldots n \end{pmatrix} \text{ zu } \begin{pmatrix} 1 \; 2 \ldots n \\ r_1 \, r_2 \ldots r_n \end{pmatrix}$$

eine gerade oder eine ungerade Anzahl von Inversionen eintritt. Die Herren μ und ν $(\mu < \nu)$ haben aber bei der ersten Paarung die Damen μ bzw. ν, bei der zweiten Paarung dagegen die Damen r_μ bzw. r_ν. Eine Inversion findet also dann und nur dann statt, wenn die Differenzen

$$\mu - \nu \quad \text{und} \quad r_\mu - r_\nu$$

entgegengesetzte Zeichen haben, wenn also $r_\mu > r_\nu$ ist.

Man hat also nachzuzählen, wie oft in der Permutation

$$r_1, r_2, \ldots, r_n$$

eine kleinere Zahl auf eine größere mittelbar oder unmittelbar folgt oder wie viele Derangements im Sinne CRAMERS (vgl. § 2, S. 4) vorhanden sind.

Man pflegt eine Permutation **gerade** oder **ungerade** zu nennen, je nachdem sie eine gerade oder ungerade Anzahl von Derangements aufweist.

Die Paarung

$$\begin{pmatrix} 1 & 2 & \ldots & n \\ r_1 & r_2 & \ldots & r_n \end{pmatrix}$$

ist also, **wenn man**

$$\begin{pmatrix} 1 & 2 & \ldots & n \\ 1 & 2 & \ldots & n \end{pmatrix}$$

als Hauptpaarung zugrunde legt, gerade oder ungerade, je nachdem

$$r_1, r_2, \ldots, r_n$$

eine gerade oder ungerade Permutation ist.

Dasselbe gilt von der Paarung

$$\begin{pmatrix} r_1 & r_2 & \ldots & r_n \\ 1 & 2 & \ldots & n \end{pmatrix}.$$

Denn es ist gleichgültig, ob wir auf die Inversionen der Herrenamben oder der Damenamben achten.

In $r_1, r_2, \ldots, r_n$ gebe es ϱ und in $s_1, s_2, \ldots, s_n$ gebe es σ Derangements. Dann finden beim Übergange von

$$\begin{pmatrix} 1 & 2 & \ldots & n \\ 1 & 2 & \ldots & n \end{pmatrix} \quad \text{zu} \quad \begin{pmatrix} r_1 & r_2 & \ldots & r_n \\ 1 & 2 & \ldots & n \end{pmatrix}$$

ϱ Inversionen (von Damenamben) statt, beim Übergange von

$$\begin{pmatrix} r_1 & r_2 & \ldots & r_n \\ 1 & 2 & \ldots & n \end{pmatrix} \quad \text{zu} \quad \begin{pmatrix} r_1 & r_2 & \ldots & r_n \\ s_1 & s_2 & \ldots & s_n \end{pmatrix}$$

dagegen σ Inversionen (von Herrenamben).

$$\begin{pmatrix} r_1 & r_2 & \ldots & r_n \\ s_1 & s_2 & \ldots & s_n \end{pmatrix}$$

ist also **gerade oder ungerade, je nachdem** $\varrho + \sigma$ **gerade oder ungerade ist.**

§ 7. Andere Auffassung des Symbols $\begin{pmatrix} r_1 & r_2 & \dots & r_n \\ s_1 & s_2 & \dots & s_n \end{pmatrix}$.

Wir wollen jetzt eine andere Auffassung des Symbols

$$\begin{pmatrix} r_1 & r_2 & \dots & r_n \\ s_1 & s_2 & \dots & s_n \end{pmatrix}$$

auseinandersetzen, von der wir allerdings erst an einer späteren Stelle Gebrauch machen werden.

Der Leser denke sich n Dinge mit den Nummern $1, 2, \dots, n$ versehen. Den Übergang von einer solchen Numerierung zu einer neuen nennen wir eine Umnumerierung. Eine Umnumerierung ist im Grunde nichts anderes als eine Umpaarung. Denn eine Numerierung ist eine Paarung der n Dinge mit den Zahlen $1, 2, \dots, n$, eine Umnumerierung also in der Tat eine Umpaarung.

Um eine Umnumerierung zu beschreiben, muß man sagen, durch welche neue Nummer jede alte ersetzt wird. Setzen wir unter jede Nummer die neue Nummer, die an ihre Stelle tritt, so erhalten wir das Symbol

$$\begin{pmatrix} r_1 & r_2 & \dots & r_n \\ s_1 & s_2 & \dots & s_n \end{pmatrix}.$$

Dieses stellt also jetzt eine Umnumerierung oder Umpaarung dar, während es früher der Ausdruck für eine Paarung war.

Da eine Umnumerierung darin besteht, daß für jede alte Nummer eine neue substituiert wird, so pflegt man diese Operation eine Substitution in $1, 2, \dots, n$ zu nennen. In dem Symbol einer Substitution (Umnumerierung, Umpaarung) darf man die Spalten

$$\begin{matrix} r_1, & r_2, & \dots, & r_n \\ s_1 & s_2 & & s_n \end{matrix}$$

beliebig vertauschen. Denn es kommt nur darauf an, daß unter jeder Zahl der oberen Zeile (des Zählers der Substitution) in der unteren Zeile (dem Nenner der Substitution) die richtige Zahl steht. Man kann daher eine Substitution so schreiben, daß ihr Zähler oder ihr Nenner eine vorgeschriebene Permutation von $1, 2, \dots, n$ ist.

Man bezeichnet Substitutionen durch einzelne Buchstaben, wie S, T u. dgl.

Nimmt man zuerst die Substitution*)

$$S = \begin{pmatrix} A \\ B \end{pmatrix}$$

vor, darauf die Substitution

$$T = \begin{pmatrix} B \\ C \end{pmatrix},$$

*) Unter A, B, C sind Permutationen von $1, 2, \dots, n$ zu verstehen.

so ist das Resultat dasselbe, wie bei der Substitution

$$\binom{A}{C}.$$

Diese Substitution nennt man das Produkt von S und T (in dieser Reihenfolge) und bezeichnet sie mit ST.

Es ist nicht immer

$$ST = TS,$$

d. h. S und T sind nicht immer vertauschbar. Dies zeigt das Beispiel

$$S = \begin{pmatrix} 1 & 2 & 3 & 4 & 5 \\ 2 & 1 & 4 & 5 & 3 \end{pmatrix}, \qquad T = \begin{pmatrix} 1 & 2 & 3 & 4 & 5 \\ 2 & 3 & 4 & 5 & 1 \end{pmatrix}.$$

Dagegen gilt für drei Substitutionen S, T, U die Formel

$$(ST)\,U = S\,(TU).$$

Um dies zu erkennen, schreibe man

$$S = \binom{A}{B}, \qquad T = \binom{B}{C}, \qquad U = \binom{C}{D}.$$

Dann ist

$$(ST)\,U = \binom{A}{C} \cdot \binom{C}{D} = \binom{A}{D}$$

und

$$S\,(TU) = \binom{A}{B} \cdot \binom{B}{D} = \binom{A}{D}.$$

Es gibt eine und nur eine Substitution E, für die

$$SE = S \quad \text{und} \quad ES = S$$

ist, wie man auch die Substitution S wählen mag. Es ist dies die Substitution

$$\begin{pmatrix} 1 & 2 & \ldots & n \\ 1 & 2 & \ldots & n \end{pmatrix}$$

die darin besteht, daß jede der n Zahlen durch sich selbst ersetzt wird. Man nennt sie die Identität. Wo sie als Faktor auftritt, kann man sie streichen. Man benutzt deshalb für sie das Symbol 1.

Zu jeder Substitution S gibt es eine Substitution $\bar{S}$, so daß

$$S\bar{S} = 1$$

ist. Schreibt man

$$S = \binom{A}{B} \quad \text{und} \quad \bar{S} = \binom{B}{C},$$

so soll

$$\binom{A}{C} = 1$$

sein. Daraus ergibt sich

$$\bar{S} = \binom{B}{A}.$$

Offenbar ist auch

$$\bar{S} S = 1 .$$

Man nennt S und $\bar{S}$ zueinander inverse Substitutionen.

Die zu S inverse Substitution pflegt man mit S^{-1} zu bezeichnen. Man bemerke, daß

$$(S T)^{-1} = T^{-1} S^{-1}$$

ist, weil

$$S T T^{-1} S^{-1} = S S^{-1} = 1 .$$

Diese Bemerkung dehnt sich ohne weiteres auf Produkte von mehr als zwei Substitutionen aus.

Wir sagen, daß die Substitution S den Zyklus

$$(r_1 r_2 \dots r_p)$$

enthält, wenn sie

r_1 durch r_2,
r_2 durch r_3,
. . . . . .
r_{p-1} durch r_p,
r_p durch r_1

ersetzt oder, wie man auch sagt, $r_1, r_2, \dots, r_p$ zyklisch vertauscht. $r_1, r_2, \dots, r_p$ heißen die Elemente des Zyklus. Man denke sich die Zeile $r_1, r_2, \dots, r_p$ so gebogen, daß ein Kreis entsteht (Abb. 1 zeigt dies für

r_3
r_2 r_4
r_1 r_5
r_6

Abb. 1.

den Fall $p = 6$). Durchlaufen wir den Kreis in geeignetem Sinne, so folgt auf jede Zahl gerade die, welche bei S an ihre Stelle tritt. So erklärt sich der Name Zyklus.

Es ist klar, daß die Zyklen

$$(r_1 r_2 \dots r_{p-1} r_p), \quad (r_2 r_3 \dots r_p r_1), \quad \dots, \quad (r_p r_1 \dots r_{p-2} r_{p-1})$$

identisch sind.

Wird bei S die Zahl r durch r ersetzt, so sagen wir, daß S den eingliedrigen Zyklus (r) enthält.

Wenn S den Zyklus $(r_1 r_2 \dots r_p)$ enthält, so enthält S^{-1} den Zyklus $(r_p r_{p-1} \dots r_1)$.

Es ist leicht, alle Zyklen zu finden, die in einer gegebenen Substitution stecken. Wir zeigen dies an dem Beispiel

$$S=\begin{pmatrix}1 & 2 & 3 & 4 & 5 & 6 & 7 & 8\\ 1 & 4 & 2 & 3 & 7 & 5 & 8 & 6\end{pmatrix}.$$

Hier wird 1 durch 1 ersetzt. S enthält also den eingliedrigen Zyklus (1). Ferner wird bei S

2 durch 4, 4 durch 3, 3 durch 2

ersetzt. S enthält also den dreigliedrigen Zyklus (2 4 3).

Endlich wird bei S

5 durch 7, 7 durch 8, 8 durch 6, 6 durch 5

ersetzt. S enthält also auch den viergliedrigen Zyklus (5 7 8 6).

Wir können den Zyklus $(r_1 r_2 \ldots r_p)$ als eine Substitution in $1, 2, \ldots, n$ betrachten, die darin besteht, daß $r_1, r_2, \ldots, r_p$ zyklisch vertauscht und die übrigen Zahlen durch sich selbst ersetzt werden. Ein eingliedriger Zyklus (r) bedeutet dann nichts anderes als die Identität.

Bei dieser Auffassung gilt folgender Satz: Jede Substitution ist das Produkt ihrer Zyklen.

So ist z. B.

$$\begin{pmatrix}1 & 2 & 3 & 4 & 5 & 6 & 7 & 8\\ 1 & 4 & 2 & 3 & 7 & 5 & 8 & 6\end{pmatrix}$$

das Produkt von

$$(1),\quad (2\ 4\ 3),\quad (5\ 7\ 8\ 6),$$

und die zu ihr inverse Substitution

$$\begin{pmatrix}1 & 2 & 3 & 4 & 5 & 6 & 7 & 8\\ 1 & 3 & 4 & 2 & 6 & 8 & 5 & 7\end{pmatrix}$$

das Produkt von

$$(1),\quad (3\ 4\ 2),\quad (6\ 8\ 7\ 5).$$

Man darf die Zyklen, da ihre Elemente durchweg verschieden sind, in beliebiger Reihenfolge nehmen. Sonst aber ist diese Zerlegung einer Substitution in Zyklen eindeutig.

Einen zweigliedrigen Zyklus wie (r, s) nennt man eine Transposition. Bei ihr werden die beiden Zahlen r und s vertauscht und alle übrigen Zahlen durch sich selbst ersetzt.

Der Zyklus $(r_1 r_2 \ldots r_p)$ ist im Falle $p > 1$ das Produkt der $p-1$ Transpositionen

$$(r_1 r_2),\ (r_1 r_3),\ \ldots,\ (r_1 r_p)$$

in dieser Reihenfolge. In der Tat wird r_1 bei $(r_1 r_2)$ durch r_2 ersetzt und die folgenden Transpositionen lassen r_2 unberührt. r_2 wird bei $(r_1 r_2)$ durch r_1 ersetzt und r_1 bei $(r_1 r_3)$ durch r_3. Bei den folgenden Transpositionen bleibt r_3 unberührt. An die Stelle von r_2 tritt also r_3 usw.

Sind $C_1, C_2, \ldots C_r$ die Zyklen der Substitution S und besteht C_ϱ aus n_ϱ Elementen, so läßt sich S als Produkt von

$$(n_1 - 1) + (n_2 - 1) + \ldots + (n_r - 1)$$

Transpositionen darstellen.

In § 4 sahen wir, daß eine Umpaarung sich durch eine Reihe von Transpositionen bewirken läßt und daß die Anzahl dieser Transpositionen entweder immer gerade oder immer ungerade ist. Die Umpaarungen zerfielen dementsprechend in zwei Klassen, gerade und ungerade. Das gilt nun auch von den Substitutionen, und wir sehen aus dem Obigen, daß die vorhin betrachtete Substitution S gerade oder ungerade ist, je nachdem die Summe $\Sigma\,(n_\varrho - 1)$ gerade oder ungerade ist. $\Sigma\,(n_\varrho - 1)$ ist gleich $N - r$, wobei N die Gesamtzahl der Elemente ist, die in den r Zyklen von S vorkommen. Es ist gleichgültig, ob man die eingliedrigen Zyklen mitberücksichtigt oder nicht.

Daß die Anzahl der Transpositionen, in die sich eine Substitution S zerlegen läßt, entweder immer gerade oder immer ungerade ist, läßt sich auch ohne Bezugnahme auf die früheren Paragraphen in folgender Weise zeigen.

Man bemerke, daß

$$(r_1 r_2 \ldots r_p)\,(s_1 s_2 \ldots s_q)\,(r_1\, s_1) = (r_1 \ldots r_p\, s_1 \ldots s_q)$$

und

$$(r_1 \ldots r_p\, s_1 \ldots s_q)\,(r_1\, s_1) = (r_1 r_2 \ldots r_p)\,(s_1 s_2 \ldots s_q)\,.$$

Hieraus folgt, daß $S\,T$, wenn S irgendeine Substitution und T eine Transposition ist, einen Zyklus mehr oder einen Zyklus weniger besitzt als S. Dabei muß man aber auch alle eingliedrigen Zyklen mitrechnen.

Nun sei

$$S = T_1 T_2 \ldots T_p$$

und $T_1, T_2, \ldots, T_p$ seien Transpositionen. Da jede Transposition zu sich selbst invers ist, so hat man

$$S^{-1} = T_p\, T_{p-1} \ldots T_1\,,$$

also

$$S\,T_p\, T_{p-1} \ldots T_1 = 1\,.$$

S habe k Zyklen. Dann hat $S\,T_p\,T_{p-1} \ldots T_1$

$$k + \varepsilon_1 + \varepsilon_2 + \ldots + \varepsilon_p$$

Zyklen, wobei

$$\varepsilon_1 \equiv 1,\ \varepsilon_2 \equiv 1, \ldots, \varepsilon_p \equiv 1 \pmod{2}$$

ist, weil jedes ε gleich $+1$ oder -1. Es wird daher

$$k + \varepsilon_1 + \varepsilon_2 + \ldots + \varepsilon_p \equiv k + p\,.$$

Da $S T_p T_{p-1} \dots T_1$ die Identität ist, also n eingliedrige Zyklen hat, so ist

$$k + \varepsilon_1 + \varepsilon_2 + \dots + \varepsilon_p = n\,,$$

mithin

$$n \equiv k + p \quad \text{oder} \quad p \equiv n - k\,.$$

Hieraus sieht man, daß p entweder immer gerade oder immer ungerade ist, wie man auch S in Transpositionen auflösen mag.

§ 8. Die n-reihige Determinante.

Wir betrachten n^2 Zahlen, die in quadratischer Anordnung vorliegen. Bezeichnen wir mit a_{rs} die Zahl, die in der r^{ten} Zeile und in der s^{ten} Spalte steht, so haben wir folgendes Schema:

$$\begin{matrix} a_{11} a_{12} \dots a_{1n} \\ a_{21} a_{22} \dots a_{2n} \\ \cdot \quad \cdot \quad \cdot \quad \cdot \quad \cdot \quad \cdot \\ a_{n1} a_{n2} \dots a_{nn}\,. \end{matrix}$$

Man nennt ein solches Schema eine quadratische Matrix. Matrix bedeutet soviel wie Verzeichnis. Man denke an Matrikel und Immatrikulieren. Die a_{rs} heißen die Elemente der Matrix.

Wir wollen jetzt eine Paarung $\mathfrak{P}$ zwischen den Zeilen und Spalten der Matrix vornehmen. Jedes Paar von $\mathfrak{P}$ bestimmt ein Element der Matrix, nämlich das Element, das in der Zeile und in der Spalte des Paares steht. Ist z. B. die r^{te} Zeile mit der s^{ten} Spalte gepaart, so bestimmen beide das Element a_{rs}.

Mit $p(\mathfrak{P})$ werde das Produkt der n Elemente bezeichnet, die durch die n Paare von $\mathfrak{P}$ bestimmt werden.

Da es $n!$ Paarungen zwischen den Zeilen und Spalten unserer Matrix gibt, so sind $n!$ Produkte $p(\mathfrak{P})$ vorhanden.

Unter dem Symbol

$$\operatorname{sgn} \mathfrak{P}\,,$$

welches man

$$\text{„signum } \mathfrak{P}\text{“}$$

lesen möge, soll $+1$ verstanden werden, wenn $\mathfrak{P}$ eine gerade, und -1, wenn $\mathfrak{P}$ eine ungerade Paarung ist. Als Hauptpaarung legen wir dabei

$$\begin{pmatrix} 1 & 2 \dots n \\ 1 & 2 \dots n \end{pmatrix}$$

zugrunde, d. h. die Paarung, bei welcher jede Zeile mit der gleichnamigen Spalte gepaart ist.

Wir versehen jetzt jedes $p(\mathfrak{P})$ mit dem Faktor $\operatorname{sgn} \mathfrak{P}$ und nennen die Summe aller Produkte

$$\operatorname{sgn} \mathfrak{P} \cdot p(\mathfrak{P})$$

die **Determinante** unserer Matrix. n heißt die **Ordnung** der Determinante.

Für diese Determinante benutzt man nach Cayley die Bezeichnung

$$\begin{vmatrix} a_{11} a_{12} \ldots a_{1n} \\ a_{21} a_{22} \ldots a_{2n} \\ \cdot \quad \cdot \quad \cdot \quad \cdot \quad \cdot \\ a_{n1} a_{n2} \ldots a_{nn} \end{vmatrix}.$$

Es ist also

$$\begin{vmatrix} a_{11} a_{12} \ldots a_{1n} \\ a_{21} a_{22} \ldots a_{2n} \\ \cdot \quad \cdot \quad \cdot \quad \cdot \quad \cdot \\ a_{n1} a_{n2} \ldots a_{nn} \end{vmatrix} = \sum \operatorname{sgn} \mathfrak{P} \cdot p(\mathfrak{P}),$$

wobei sich die Summation über alle $n!$ Paarungen zwischen den Zeilen und Spalten der Matrix erstreckt.

Die einzelnen Produkte $\operatorname{sgn} \mathfrak{P} \cdot p(\mathfrak{P})$ heißen die **Glieder** der Determinante. Ausführlich geschrieben lautet ein solches Glied

$$\operatorname{sgn} \begin{pmatrix} r_1 r_2 \ldots r_n \\ s_1 s_2 \ldots s_n \end{pmatrix} \cdot a_{r_1 s_1} a_{r_2 s_2} \ldots a_{r_n s_n}.$$

Die Paarung, zu der es gehört, ist

$$\begin{pmatrix} r_1 r_2 \ldots r_n \\ s_1 s_2 \ldots s_n \end{pmatrix}.$$

Die r_1^{te} Zeile ist mit der s_1^{ten} Spalte, die r_2^{te} Zeile mit der s_2^{ten} Spalte gepaart usw. Das zu der Hauptpaarung

$$\begin{pmatrix} 1 \; 2 \ldots n \\ 1 \; 2 \ldots n \end{pmatrix}$$

gehörige Glied, welches

$$a_{11} a_{22} \ldots a_{nn}$$

lautet, nennt man das **Hauptglied** der Determinante und $a_{11}, a_{22}, \ldots, a_{nn}$ die **Hauptelemente**.

Cauchy benutzt für die Determinante

$$\begin{vmatrix} a_{11} a_{12} \ldots a_{1n} \\ a_{21} a_{22} \ldots a_{2n} \\ \cdot \quad \cdot \quad \cdot \quad \cdot \quad \cdot \\ a_{n1} a_{n2} \ldots a_{nn} \end{vmatrix}$$

das Symbol

$$\sum \pm a_{11} a_{22} \ldots a_{nn}.$$

Wenn in jeder Zeile und in jeder Spalte nur ein Element von Null verschieden ist, so reduziert sich die Determinante auf ein einziges Glied, nämlich das Produkt jener Elemente mit dem zugehörigen Vorzeichen. Z. B. ist

$$\begin{vmatrix} a_{11} & 0 & \dots & 0 \\ 0 & a_{22} & \dots & 0 \\ . & . & . & . \\ 0 & 0 & \dots & a_{nn} \end{vmatrix} = a_{11} a_{22} \dots a_{nn}.$$

§ 8 Andere Fassungen der Definition.

Man kann die Glieder der n-reihigen Determinante in der Form

$$\operatorname{sgn}\begin{pmatrix} 1 & 2 & \dots & n \\ r_1 & r_2 & \dots & r_n \end{pmatrix} \cdot a_{1 r_1} a_{2 r_2} \dots a_{n r_n}$$

schreiben.

Nun wissen wir aus § 6, daß

$$\operatorname{sgn}\begin{pmatrix} 1 & 2 & \dots & n \\ r_1 & r_2 & \dots & r_n \end{pmatrix}$$

gleich $+1$ oder -1 ist, je nachdem die Permutation

$$r_1, r_2, \dots, r_n$$

gerade oder ungerade ist.

Man kann daher die n-reihige Determinante auch definieren als die über alle Permutationen von $1, 2, \dots, n$ erstreckte Summe

$$\sum \operatorname{sgn}(r_1, r_2, \dots, r_n) \cdot a_{1 r_1} a_{2 r_2} \dots a_{n r_n}.$$

Dabei soll

$$\operatorname{sgn}(r_1, r_2, \dots, r_n)$$

gleich $+1$ oder -1 sein, je nachdem $r_1, r_2, \dots, r_n$ eine gerade oder ungerade Permutation ist.

$r_1, r_2, \dots, r_n$ ist eine gerade oder ungerade Permutation, je nachdem sie eine gerade oder ungerade Anzahl von Derangements aufweist.

Diese Definition der Determinante ist genau die von Leibniz (vgl. § 1). Nur benutzt er eine andere Regel zur Bestimmung von $\operatorname{sgn}(r_1, r_2, \dots, r_n)$. Vertauscht man in $r_1, r_2, \dots, r_n$ zwei Glieder, so wechselt die Paarung

$$\begin{pmatrix} 1 & 2 & \dots & n \\ r_1 & r_2 & \dots & r_n \end{pmatrix}$$

ihre Klasse. $\operatorname{sgn}(r_1, r_2, \dots, r_n)$ geht also über in

$$-\operatorname{sgn}(r_1, r_2, \dots, r_n).$$

Hieraus entspringt die Leibnizsche Regel, daß zwei Produkte

$$a_{1 r_1} a_{2 r_2} \dots a_{n r_n} \quad \text{und} \quad a_{1 s_1} a_{2 s_2} \dots a_{n s_n},$$

die $n-2$ gemeinsame Faktoren haben, in der Determinante mit verschiedenen Zeichen auftreten.

Man kann die Glieder der n-reihigen Determinante auch in folgender Form schreiben

$$\operatorname{sgn}\begin{pmatrix} r_1 & r_2 & \dots & r_n \\ 1 & 2 & \dots & n \end{pmatrix} \cdot a_{r_1 1} a_{r_2 2} \dots a_{r_n n}\,.$$

Die Paarung

$$\begin{pmatrix} r_1 & r_2 & \dots & r_n \\ 1 & 2 & \dots & n \end{pmatrix}$$

ist gerade oder ungerade, je nachdem

$$r_1,\ r_2,\ \dots,\ r_n$$

eine gerade oder ungerade Permutation ist (vgl. § 6).

Die n-reihige Determinante läßt sich also definieren als die über alle Permutationen von 1, 2, ..., n erstreckte Summe

$$\sum \operatorname{sgn}(r_1,\ r_2,\ \dots,\ r_n) \cdot a_{r_1 1} a_{r_2 2} \dots a_{r_n n}\,.$$

Das ist die Definition von Cramer (vgl. § 2).

§ 10. Zweireihige und dreireihige Determinanten.

Im Falle $n = 2$ gibt es zwischen den Zeilen und Spalten nur die beiden Paarungen

$$\begin{pmatrix} 1 & 2 \\ 1 & 2 \end{pmatrix} \quad \text{und} \quad \begin{pmatrix} 1 & 2 \\ 2 & 1 \end{pmatrix}.$$

Die erste ist gerade, die zweite ungerade.

Zu der ersten gehört das Glied

$$a_{11} a_{22}\,,$$

zu der zweiten das Glied

$$-\,a_{12} a_{21}$$

in der Determinante.

Man hat also

$$\begin{vmatrix} a_{11} & a_{12} \\ a_{21} & a_{22} \end{vmatrix} = a_{11} a_{22} - a_{12} a_{21}\,.$$

Die Regel zur Berechnung einer zweireihigen Determinante können wir durch nebenstehende Figur veranschaulichen.

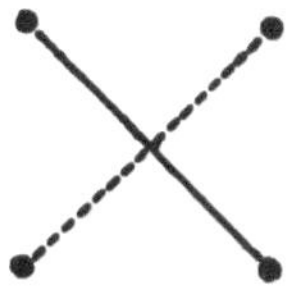

Abb. 2.

Die starklinig verbundenen Glieder geben ein Produkt, vor welches das Zeichen $+$, die punktiert verbundenen Glieder ein Produkt, vor welches das Zeichen $-$ zu setzen ist.

Im Falle $n = 3$ gibt es sechs Paarungen zwischen den Zeilen und Spalten, nämlich folgende:

$$\begin{pmatrix} 1 & 2 & 3 \\ 1 & 2 & 3 \end{pmatrix},\ \begin{pmatrix} 1 & 2 & 3 \\ 1 & 3 & 2 \end{pmatrix},\ \begin{pmatrix} 1 & 2 & 3 \\ 2 & 3 & 1 \end{pmatrix},\ \begin{pmatrix} 1 & 2 & 3 \\ 2 & 1 & 3 \end{pmatrix},\ \begin{pmatrix} 1 & 2 & 3 \\ 3 & 1 & 2 \end{pmatrix},\ \begin{pmatrix} 1 & 2 & 3 \\ 3 & 2 & 1 \end{pmatrix}.$$

Wir haben sie so aufgeschrieben, daß zwei benachbarte durch eine Transposition auseinander hervorgehen, mithin verschiedenen Klassen angehören.

Für die dreireihige Determinante gilt also folgende Formel:

$$\begin{vmatrix} a_{11} & a_{12} & a_{13} \\ a_{21} & a_{22} & a_{23} \\ a_{31} & a_{32} & a_{33} \end{vmatrix} = \begin{cases} a_{11}\,a_{22}\,a_{33} + a_{12}\,a_{23}\,a_{31} + a_{13}\,a_{21}\,a_{32} \\ - a_{11}\,a_{23}\,a_{32} - a_{12}\,a_{21}\,a_{33} - a_{13}\,a_{22}\,a_{31}\,. \end{cases}$$

Die Regel zur Berechnung einer dreireihigen Determinante läßt sich auch durch eine Figur veranschaulichen (Abb. 3). Wieder sind die Glieder

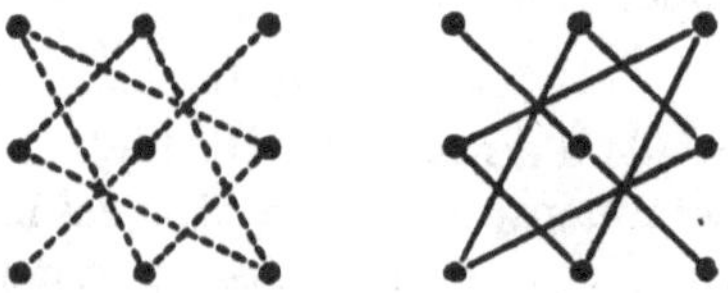

Abb. 3.

stark verbunden, deren Produkt das Zeichen + erhält, und die Glieder punktiert verbunden, deren Produkt das Zeichen − erhält.

§ 11. Beispiele.

Der Leser zeige durch Ausrechnen, daß

$$\begin{vmatrix} 1 & a \\ -a & 1 \end{vmatrix} = 1 + a^2$$

und

$$\begin{vmatrix} 1 & c & -b \\ -c & 1 & a \\ b & -a & 1 \end{vmatrix} = 1 + a^2 + b^2 + c^2$$

ist.

Er verifiziere ferner, daß

$$\begin{vmatrix} a_1 & 1 & 0 \\ -1 & a_2 & 1 \\ 0 & -1 & a_3 \end{vmatrix}, \quad \text{dividiert durch} \quad \begin{vmatrix} a_2 & 1 \\ -1 & a_3 \end{vmatrix},$$

gleich

$$a_1 + \cfrac{1}{a_2 + \cfrac{1}{a_3}}$$

ist.

Endlich beweise er die Formeln

$$\begin{vmatrix} a_1 + a_2 & a_2 \\ a_2 & a_2 + a_3 \end{vmatrix} = a_1\,a_2\,a_3\left(\frac{1}{a_1} + \frac{1}{a_2} + \frac{1}{a_3}\right),$$

und

$$\begin{vmatrix} a_1 + a_2 & a_2 & 0 \\ a_2 & a_2 + a_3 & a_3 \\ 0 & a_3 & a_3 + a_4 \end{vmatrix} = a_1\,a_2\,a_3\,a_4\left(\frac{1}{a_1} + \frac{1}{a_2} + \frac{1}{a_3} + \frac{1}{a_4}\right).$$

Drittes Kapitel.

Einfachste Eigenschaften der Determinanten.

§ 12. Vertauschung der Zeilen mit den Spalten.

Die beiden Matrizen

$$\begin{matrix} a_{11} & a_{12} & \dots & a_{1n} \\ a_{21} & a_{22} & \dots & a_{2n} \\ . & . & . & . \\ a_{n1} & a_{n2} & \dots & a_{nn} \end{matrix}$$

und

$$\begin{matrix} b_{11} & b_{12} & \dots & b_{1n} \\ b_{21} & b_{22} & \dots & b_{2n} \\ . & . & . & . \\ b_{n1} & b_{n2} & \dots & b_{nn} \end{matrix}$$

mögen in solcher Beziehung zueinander stehen, daß immer

$$b_{rs} = a_{sr}$$

ist.

Die k^{te} Zeile der einen Matrix ist also identisch mit der k^{ten} Spalte der andern. Um die eine Matrix aus der andern zu erhalten, muß man deren Zeilen als Spalten aufschreiben.

Die Umwandlung der Zeilen in Spalten und der Spalten in Zeilen läßt sich dadurch bewirken, daß man die Matrix um die Hauptdiagonale (d. h. die von links oben nach rechts unten laufende Diagonale) herumklappt.

Da die Zeilen und Spalten der ersten Matrix die Spalten bzw. Zeilen der zweiten Matrix sind, so ist jede Paarung $\mathfrak{P}$ zwischen Zeilen und Spalten der ersten zugleich eine Paarung zwischen Zeilen und Spalten der zweiten, und sgn $\mathfrak{P}$ hat in beiden Fällen denselben Wert; denn die Hauptpaarung der ersten Matrix, die darin besteht, daß jede Zeile mit der gleichnamigen Spalte gepaart wird, ist auch die Hauptpaarung der zweiten.

Jedes Glied der Determinante

$$\begin{vmatrix} a_{11} & a_{12} & \dots & a_{1n} \\ a_{21} & a_{22} & \dots & a_{2n} \\ . & . & . & . \\ a_{n1} & a_{n2} & \dots & a_{nn} \end{vmatrix}$$

ist also ein Glied der Determinante

$$\begin{vmatrix} b_{11} & b_{12} & \dots & b_{1n} \\ b_{21} & b_{22} & \dots & b_{2n} \\ . & . & . & . \\ b_{n1} & b_{n2} & \dots & b_{nn} \end{vmatrix},$$

d. h. beide Determinanten sind gleich.

Satz 1. Wenn die Zeilen und Spalten einer Determinante mit den Spalten bzw. Zeilen einer andern der Reihe nach identisch sind, so haben beide Determinanten denselben Wert.

Anders ausgedrückt:

Die Determinante bleibt ungeändert, wenn man die Matrix um die Hauptdiagonale herumklappt.

Der obige Satz ermöglicht es uns, jedes Theorem, das wir über die Zeilen einer Determinante beweisen, sofort auf die Spalten zu übertragen und umgekehrt.

§ 13. Vertauschung der Zeilen.

Wir betrachten wieder zwei Matrizen,

$$\begin{matrix} a_{11} & a_{12} & \ldots & a_{1n} \\ a_{21} & a_{22} & \ldots & a_{2n} \\ \cdot & \cdot & \cdot & \cdot \\ a_{n1} & a_{n2} & \ldots & a_{nn} \end{matrix}$$

und

$$\begin{matrix} b_{11} & b_{12} & \ldots & b_{1n} \\ b_{21} & b_{22} & \ldots & b_{2n} \\ \cdot & \cdot & \cdot & \cdot \\ b_{n1} & b_{n2} & \ldots & b_{nn} \end{matrix}$$

Die zweite gehe aus der ersten durch Vertauschung zweier Zeilen hervor, etwa der r^{ten} und der s^{ten}

Jede Paarung $\mathfrak{P}$ zwischen Zeilen und Spalten der ersten Matrix ist zugleich eine Paarung zwischen Zeilen und Spalten der zweiten Matrix. Aber sgn $\mathfrak{P}$ ist in dem einen Falle $+1$, im andern -1. Denn die Hauptpaarung der ersten Matrix ist nicht die Hauptpaarung der zweiten. Um sie in die Hauptpaarung der zweiten Matrix überzuführen, muß man die r^{te} und die s^{te} Zeile vertauschen, d. h. eine Transposition vornehmen. Die beiden Hauptpaarungen gehören also verschiedenen Klassen an, und aus diesem Grunde ist sgn $\mathfrak{P}$ das eine Mal $+1$, das andere Mal -1.

Wir sehen, daß jedes Glied der Determinante

$$\begin{vmatrix} a_{11} & a_{12} & \ldots & a_{1n} \\ a_{21} & a_{22} & \ldots & a_{2n} \\ \cdot & \cdot & \cdot & \cdot \\ a_{n1} & a_{n2} & \ldots & a_{nn} \end{vmatrix},$$

wenn man es mit dem Faktor -1 versieht, ein Glied der Determinante

$$\begin{vmatrix} b_{11} & b_{12} & \ldots & b_{1n} \\ b_{21} & b_{22} & \ldots & b_{2n} \\ \cdot & \cdot & \cdot & \cdot \\ b_{n1} & b_{n2} & \ldots & b_{nn} \end{vmatrix}$$

wird. Beide Determinanten sind also entgegengesetzt gleich.

Satz 2. Die Determinante multipliziert sich mit dem Faktor -1, wenn man in der Matrix zwei Zeilen vertauscht.

Nimmt man in der Matrix eine beliebige Vertauschung der Zeilen vor, so multipliziert sich die Determinante mit dem Faktor $+1$ oder -1, je nachdem die Vertauschung eine gerade oder ungerade ist, d. h. je nachdem sie sich durch eine gerade oder ungerade Anzahl sukzessiver Vertauschungen von nur zwei Zeilen bewirken läßt*).

Auf Grund von § 12 gilt dasselbe für die Spalten.

Satz 3. Wenn in der Matrix zwei Zeilen übereinstimmen, so ist die Determinante gleich Null.

Ist die Determinante gleich D, so erhalten wir durch Vertauschung der beiden übereinstimmenden Zeilen $-D$. Andererseits aber wird durch die Vertauschung dieser beiden Zeilen nichts an der Determinante geändert. Es ist also

$$D = -D,$$

d. h.

$$D = 0.$$

§ 14. Die Determinante als Funktion der Elemente einer Zeile.

Nach der Definition ist die Determinante

$$\begin{vmatrix} a_{11} & a_{12} & \dots & a_{1n} \\ a_{21} & a_{22} & \dots & a_{2n} \\ \cdot & \cdot & \cdot & \cdot \\ a_{n1} & a_{n2} & \dots & a_{nn} \end{vmatrix}$$

gleich

$$\sum \operatorname{sgn}(r_1, r_2, \dots, r_n)\, a_{1r_1} a_{2r_2} \dots a_{nr_n},$$

wobei sich die Summation über alle Permutationen $r_1, r_2, \dots, r_n$ der Zahlen $1, 2, \dots, n$ erstreckt.

Man sieht, daß jedes Glied der Determinante ein und nur ein Element aus der k^{ten} Zeile als Faktor enthält. In dem Produkt

$$a_{1r_1} a_{2r_2} \dots a_{nr_n}$$

ist nämlich nur der Faktor a_{kr_k} der k^{ten} Zeile entnommen.

Wir wollen nun die Elemente der k^{ten} Zeile als Veränderliche betrachten und sie der Reihe nach mit

$$x_1, x_2, \dots, x_n$$

bezeichnen. Die übrigen Elemente sollen Konstanten sein. Fassen wir alle Glieder, die mit demselben x multipliziert sind, zusammen, so läßt sich die Determinante so schreiben:

$$c_1 x_1 + c_2 x_2 + \dots + c_n x_n.$$

Die c sind dabei Konstanten.

*) Eine Vertauschung und eine Substitution (vgl. § 7) ist dasselbe.

Man nennt einen solchen Ausdruck in $x_1, x_2, \ldots, x_n$ eine **lineare homogene Funktion** von $x_1, x_2, \ldots, x_n$.

Es gilt also folgender Satz:

Satz 4. **Die Determinante ist eine lineare homogene Funktion der Elemente jeder Zeile.**

Hieraus lassen sich verschiedene Folgerungen ziehen.

Wenn man $x_1, x_2, \ldots, x_n$ bezüglich durch $\lambda x_1, \lambda x_2, \ldots, \lambda x_n$ ersetzt, wobei λ eine beliebige Zahl ist, so verwandelt sich

$$c_1x_1 + c_2x_2 + \ldots + c_nx_n$$

in

$$\lambda(c_1x_1 + c_2x_2 + \ldots + c_nx_n).$$

Darin liegt folgender Satz:

Satz 5. **Multipliziert man alle Elemente einer Zeile mit dem Faktor λ, so multipliziert sich auch die Determinante mit dem Faktor λ.**

Setzt man $\lambda = 0$, so ergibt sich, daß **eine Determinante, bei der eine Zeile aus lauter Nullen besteht, selbst gleich Null ist.**

Wenn

$$x_1 = y_1 + z_1,\ x_2 = y_2 + z_2,\ \ldots,\ x_n = y_n + z_n$$

ist, so wird

$$c_1x_1 + c_2x_2 + \ldots + c_nx_n$$

gleich der Summe von

$$c_1y_1 + c_2y_2 + \ldots + c_ny_n$$

und

$$c_1z_1 + c_2z_2 + \ldots + c_nz_n.$$

Satz 6. **Wenn alle Glieder der k^{ten} Zeile Binome sind, so läßt sich die Determinante als Summe zweier Determinanten schreiben. Man erhält den einen Summanden durch Streichung der ersten, den andern Summanden durch Streichung der zweiten Bestandteile jener Binome.**

Ein ähnlicher Satz gilt, wenn die Glieder der k^{ten} Zeile oder die der k^{ten} Spalte (vgl. § 12) Summen von p Zahlen sind.

Beispiel. Die Determinante

$$\begin{vmatrix} aa' + bb', & ac' + bd' \\ ca' + db', & cc' + dd' \end{vmatrix}$$

ist nach Satz 6 gleich

$$\begin{vmatrix} aa' & ac' \\ ca' + db' & cc' + dd' \end{vmatrix} + \begin{vmatrix} bb' & bd' \\ ca' + db' & cc' + dd' \end{vmatrix}.$$

Jede dieser beiden Determinanten läßt sich aber wieder nach Satz 6 zerlegen. Man findet also für die ursprüngliche Determinante

$$\begin{vmatrix} aa' & ac' \\ ca' & cc' \end{vmatrix} + \begin{vmatrix} aa' & ac' \\ db' & dd' \end{vmatrix} + \begin{vmatrix} bb' & bd' \\ ca' & cc' \end{vmatrix} + \begin{vmatrix} bb' & bd' \\ db' & dd' \end{vmatrix}.$$

Unter Benutzung von Satz 5 läßt sich diese Summe so schreiben:

$$ac\begin{vmatrix} a'c' \\ a'c' \end{vmatrix} + ad\begin{vmatrix} a'c' \\ b'd' \end{vmatrix} + bc\begin{vmatrix} b'd' \\ a'c' \end{vmatrix} + bd\begin{vmatrix} b'd' \\ b'd' \end{vmatrix}.$$

Nach Satz 3 hat man aber

$$\begin{vmatrix} a'c' \\ a'c' \end{vmatrix} = \begin{vmatrix} b'd' \\ b'd' \end{vmatrix} = 0.$$

Da ferner nach Satz 1 und 2

$$\begin{vmatrix} a'b' \\ c'd' \end{vmatrix} = \begin{vmatrix} a'c' \\ b'd' \end{vmatrix} = -\begin{vmatrix} b'd' \\ a'c' \end{vmatrix}$$

ist, so ergibt sich schließlich

$$\begin{vmatrix} aa' + bb', & ac' + bd' \\ ca' + db', & cc' + dd' \end{vmatrix} = \begin{vmatrix} ab \\ cd \end{vmatrix} \begin{vmatrix} a'b' \\ c'd' \end{vmatrix}.$$

Wir wollen mit $x_1, x_2, \ldots, x_n$ (wie bisher) die Elemente der k^{ten} Zeile, mit

$$y_1, y_2, \ldots, y_n$$

dagegen die Elemente einer andern Zeile bezeichnen. Ersetzen wir in der Determinante, die, wie wir wissen, gleich $c_1 x_1 + c_2 x_2 + \ldots + c_n x_n$ ist, $x_1, x_2, \ldots, x_n$ bezüglich durch

$$x_1 + \lambda y_1, \; x_2 + \lambda y_2, \; \ldots, \; x_n + \lambda y_n,$$

so verwandelt sie sich in

$$c_1 x_1 + c_2 x_2 + \ldots + c_n x_n + \lambda(c_1 y_1 + c_2 y_2 + \ldots + c_n y_n).$$

$c_1 y_1 + c_2 y_2 + \ldots + c_n y_n$ entsteht aber aus $c_1 x_1 + c_2 x_2 + \ldots + c_n x_n$, indem man die Elemente der k^{ten} Zeile durch die entsprechenden Elemente einer andern Zeile ersetzt. Tut man dies, so erhält man eine Determinante mit zwei übereinstimmenden Zeilen, die nach Satz 3 gleich Null ist.

Damit haben wir folgenden Satz bewiesen:

Satz 7. Addiert man zu den Elementen einer Zeile die mit λ multiplizierten entsprechenden Elemente einer andern Zeile, so bleibt die Determinante ungeändert.

Derselbe Satz gilt nach § 12 für die Spalten.

Addiert man zu den Elementen einer Zeile die mit λ multiplizierten Elemente einer zweiten, die mit μ multiplizierten Elemente einer dritten Zeile usw., so bleibt die Determinante ungeändert. Der Beweis ergibt sich durch mehrmalige Anwendung des Satzes 7.

§ 15. Stetigkeit der Determinante.

Aus der Definition der Determinante sehen wir, daß sich

$$D = \begin{vmatrix} a_{11} & a_{12} & \dots & a_{1n} \\ a_{21} & a_{22} & \dots & a_{2n} \\ \cdot & \cdot & \cdot & \cdot \\ a_{n1} & a_{n2} & \dots & a_{nn} \end{vmatrix}$$

aus den Elementen a_{sr} durch Multiplikation, Addition und Subtraktion zusammensetzt. Daraus ergibt sich folgender Satz:

Satz 8. Aus

$$\lim a_{rs} = \bar{a}_{rs} \quad (r, s = 1, 2, \dots, n)$$

folgt immer

$$\lim \begin{vmatrix} a_{11} & a_{12} & \dots & a_{1n} \\ a_{21} & a_{22} & \dots & a_{2n} \\ \cdot & \cdot & \cdot & \cdot \\ a_{n1} & a_{n2} & \dots & a_{nn} \end{vmatrix} = \begin{vmatrix} \bar{a}_{11} & \bar{a}_{12} & \dots & \bar{a}_{1n} \\ \bar{a}_{21} & \bar{a}_{22} & \dots & \bar{a}_{2n} \\ \cdot & \cdot & \cdot & \cdot \\ \bar{a}_{n1} & \bar{a}_{n2} & \dots & \bar{a}_{nn} \end{vmatrix}.$$

Um diesen Satz zu beweisen, braucht man sich nur an die Bedeutung des Limes zu erinnern.

$$\lim x_n = x$$

will sagen, daß fast alle x_n von x um weniger als ε differieren, wie auch das positive ε gewählt sein mag. „Fast alle" bedeutet „alle mit einer endlichen Anzahl von Ausnahmen".

Wenn

$$\lim x_n = x \quad \text{und} \quad \lim y_n = y$$

ist, so wird

$$\lim (x_n + y_n) = x + y$$

und

$$\lim (x_n y_n) = x y .$$

Ähnliches gilt für eine beliebige endliche Anzahl von Summanden und Faktoren. Dies genügt aber zum Beweise des Satzes 8.

Von Wichtigkeit ist für uns folgende Eigenschaft:

Satz 9. Eine verschwindende Determinante läßt sich als Grenzwert einer Folge von Null verschiedener Determinanten darstellen.

Wir wollen die Determinante

$$D(x) = \begin{vmatrix} a_{11} + x & a_{12} & \dots & a_{1n} \\ a_{21} & a_{22} + x & \dots & a_{2n} \\ \cdot & \cdot & \cdot & \cdot \\ a_{n1} & a_{n2} & \dots & a_{nn} + x \end{vmatrix}$$

betrachten, die aus D dadurch entsteht, daß zu den Hauptelementen x addiert wird.

Von den $n!$ Gliedern der Determinante $D(x)$ enthält nur das Hauptglied

$$(a_{11} + x)(a_{22} + x) \ldots (a_{nn} + x)$$

in jedem Faktor ein x. Daraus geht hervor, daß $D(x)$, wenn man alle Klammern beseitigt, folgende Gestalt annimmt:

$$D(x) = x^n + h_1 x^{n-1} + \ldots + h_n .$$

$h_1, h_2, \ldots, h_n$ setzen sich aus den Elementen a_{rs} durch die Operationen der Addition, Subtraktion und Multiplikation zusammen.

In der Algebra wird bewiesen, daß $D(x)$ höchstens für n Werte von x gleich Null ist. Nimmt man also eine nach Null konvergierende Folge $x_1, x_2, x_3, \ldots$ mit lauter verschiedenen Gliedern, so gibt es in der zugehörigen Folge

$$D(x_1),\ D(x_2),\ D(x_3),\ \ldots$$

höchstens n verschwindende Glieder. Nach Satz 8 ist nun

$$\lim D(x_p) = D .$$

Streicht man diejenigen $D(x_p)$, die gleich Null sind, so entsteht eine Folge nichtverschwindender Determinanten mit dem Grenzwert D.

Es genügt z. B. $x_p = 1/p$ zu setzen und in der Folge

$$1,\ \tfrac{1}{2},\ \tfrac{1}{3},\ \ldots$$

die k ersten Glieder zu streichen, wobei nur k genügend groß zu wählen ist.

§ 16. Kennzeichnende Eigenschaften der Determinante.

Die Determinante

$$D = \begin{vmatrix} a_{11} & a_{12} & \ldots & a_{1n} \\ a_{21} & a_{22} & \ldots & a_{2n} \\ . & . & . & . \\ a_{n1} & a_{n2} & \ldots & a_{nn} \end{vmatrix}$$

hat, wie wir wissen, folgende vier Eigenschaften:

1. Sie setzt sich aus den Elementen durch die Operationen der Addition, Subtraktion und Multiplikation zusammen.

2. Sie ist eine lineare homogene Funktion der Elemente jeder Zeile.

3. Sie multipliziert sich mit dem Faktor -1, wenn man zwei Zeilen miteinander vertauscht.

4. Sie reduziert sich auf 1, wenn die Hauptelemente gleich 1 und alle andern Elemente gleich 0 sind.

Diese vier Eigenschaften sind, wie wir jetzt zeigen wollen, für die Determinante **kennzeichnend**.

Auf Grund der Eigenschaften 1 und 2 hat man

$$D = \sum c_{r_1 r_2 \ldots r_n} a_{1 r_1} a_{2 r_2} \ldots a_{n r_n} ,$$

wobei $r_1, r_2, \dots, r_n$ Zahlen aus der Reihe $1, 2, \dots, n$ sind und $c_{r_1 r_2 \dots r_n}$ ein ganzzahliger Koeffizient ist.

Auf Grund der Eigenschaft 3 ist

$$\sum c_{r_1 r_2 \dots r_n} a_{2 r_1} a_{1 r_2} \dots a_{n r_n} = - \sum c_{r_1 r_2 \dots r_n} a_{1 r_1} a_{2 r_2} \dots a_{n r_n}.$$

Nehmen wir an, daß $r_1 = r_2$ ist, und setzen wir

$$a_{1 r_1} = a_{2 r_2} = a_{3 r_3} = \dots = a_{n r_n} = 1,$$

alle übrigen a aber gleich Null, so reduziert sich obige Gleichung auf

$$c_{r_1 r_2 \dots r_n} = - c_{r_1 r_2 \dots r_n},$$

d. h.

$$c_{r_1 r_2 \dots r_n} = 0.$$

Alle Koeffizienten $c_{r_1 r_2 \dots r_n}$, in denen zwei Indizes r gleich sind, verschwinden also.

Man darf daher annehmen, daß in D die zweiten Indizes $r_1, r_2, \dots, r_n$ sämtlich verschieden sind. $r_1, r_2, \dots, r_n$ ist dann eine Permutation der Zahlen $1, 2, \dots, n$.

Vertauschen wir jetzt die erste und die zweite Zeile, so verwandelt sich

$$\sum c_{r_1 r_2 \dots r_n} a_{1 r_1} a_{2 r_2} \dots a_{n r_n}$$

in

$$\sum c_{r_1 r_2 \dots r_n} a_{2 r_1} a_{1 r_2} \dots a_{n r_n}$$

oder

$$\sum c_{r_2 r_1 \dots r_n} a_{1 r_1} a_{2 r_2} \dots a_{n r_n}.$$

Nach Eigenschaft 3 ist aber

$$\sum c_{r_2 r_1 \dots r_n} a_{1 r_1} a_{2 r_2} \dots a_{n r_n} = - \sum c_{r_1 r_2 \dots r_n} a_{1 r_1} a_{2 r_2} \dots a_{n r_n}.$$

Setzen wir $a_{1 r_1} = a_{2 r_2} = \dots = a_{n r_n} = 1$

und alle andern a gleich Null, so reduziert sich die obige Gleichung auf

$$c_{r_2 r_1 \dots r_n} = - c_{r_1 r_2 \dots r_n}.$$

$c_{r_1 r_2 \dots r_n}$ multipliziert sich also mit -1, wenn man zwei der Indizes $r_1, r_2, \dots, r_n$ vertauscht. Setzen wir

$$c_{1 2 \dots n} = c,$$

so wird

$$c_{r_1 r_2 \dots r_n} = c \quad \text{oder} \quad c_{r_1 r_2 \dots r_n} = -c,$$

je nachdem $r_1, r_2, \dots, r_n$ eine gerade oder ungerade Permutation von $1, 2, \dots, n$ ist. Denn eine gerade (ungerade) Permutation läßt sich aus $1, 2, \dots, n$ durch eine gerade (ungerade) Anzahl von Vertauschungen je zweier Indizes erhalten.

Aus dem Obigen geht hervor, daß

$$D = c \sum \pm a_{1r_1} a_{2r_2} \ldots a_{nr_n}$$

ist, wobei das Zeichen + oder − eintritt, je nachdem $r_1, r_2, \ldots, r_n$ eine gerade oder ungerade Permutation von 1, 2, ..., n ist.

Nun bleibt noch die Eigenschaft 4 zu beachten. Danach soll D gleich 1 werden, wenn die Hauptelemente gleich 1 und alle übrigen Elemente gleich Null sind. Daraus folgt, das c gleich 1 ist, und wir haben

$$D = \sum \pm a_{1r_1} a_{2r_2} \ldots a_{nr_n}.$$

D ist also die Determinante, wie wir sie in § 9 definiert haben.

Damit ist gezeigt, daß die Determinante durch die vier oben angegebenen Eigenschaften gekennzeichnet ist.

Viertes Kapitel.

Unterdeterminanten.

§ 17. Minoren m^{ter} Ordnung.

Wenn man in der Determinante

$$A = \begin{vmatrix} a_{11} & a_{12} & \ldots & a_{1n} \\ a_{21} & a_{22} & \ldots & a_{2n} \\ \cdot & \cdot & \cdot & \cdot \\ a_{n1} & a_{n2} & \ldots & a_{nn} \end{vmatrix}$$

$n-m$ Zeilen und $n-m$ Spalten streicht, so bleibt eine m-reihige Determinante übrig. Man nennt sie eine Unterdeterminante oder einen Minor m^{ter} Ordnung von A.

m kann jeden der Werte $1, 2, \ldots, n-1$ haben. Im Falle $m = 1$ haben wir eine Determinante mit einem einzigen Element a_{rs}. Wir wollen eine solche Determinante gleich a_{rs} setzen, so daß die Minoren erster Ordnung die Elemente von A sind.

Wenn ein Minor aus A durch Unterdrückung gleichnamiger Zeilen und Spalten entsteht, so heißt er ein Hauptminor.

Es gibt in einer n-reihigen Determinante

$$\left[\binom{n}{m}\right]^2 = \left[\frac{n!}{m!\,(n-m)!}\right]^2$$

Minoren m^{ter} Ordnung. $\binom{n}{m}$ von ihnen sind Hauptminoren.

§ 18. Komplementäre Minoren.

M sei ein Minor m^{ter} Ordnung von A. Wenn man in A die Zeilen und Spalten streicht, denen die Elemente von M angehören, so entsteht ein Minor N von $(n-m)^{\text{ter}}$ Ordnung.

Zwei solche Minoren wie M und N nennt man komplementär und jeden das Komplement des andern.

Z. B. sind in der Determinante

$$\begin{vmatrix} a_1 & a_2 & a_3 & a_4 \\ b_1 & b_2 & b_3 & b_4 \\ c_1 & c_2 & c_3 & c_4 \\ d_1 & d_2 & d_3 & d_4 \end{vmatrix}$$

die Minoren

$$b_1 \quad \text{und} \quad \begin{vmatrix} a_2 & a_3 & a_4 \\ c_2 & c_3 & c_4 \\ d_2 & d_3 & d_4 \end{vmatrix}$$

komplementär, ebenso die Minoren

$$\begin{vmatrix} a_1 & a_3 \\ c_1 & c_3 \end{vmatrix} \quad \text{und} \quad \begin{vmatrix} b_2 & b_4 \\ d_2 & d_4 \end{vmatrix}.$$

Die Elemente von M mögen in den Zeilen

$$r_1, r_2, \ldots, r_m \qquad (r_1 < r_2 < \ldots < r_m)$$

und in den Spalten

$$s_1, s_2, \ldots, s_m \qquad (s_1 < s_2 < \ldots < s_m)$$

liegen, die Elemente von N in den Zeilen

$$r_{m+1}, r_{m+2}, \ldots, r_n \qquad (r_{m+1} < r_{m+2} < \ldots < r_n)$$

und in den Spalten

$$s_{m+1}, s_{m+2}, \ldots, s_n \qquad (s_{m+1} < s_{m+2} < \ldots < s_n).$$

Jedes Glied von M hat dann die Form

$$\operatorname{sgn}\begin{pmatrix} r_1 \ldots r_m \\ \sigma_1 \ldots \sigma_m \end{pmatrix} a_{r_1 \sigma_1} \ldots a_{r_m \sigma_m}.$$

Dabei stellt*)

$$\begin{pmatrix} r_1 \ldots r_m \\ \sigma_1 \ldots \sigma_m \end{pmatrix}$$

eine Paarung der Zeilen $r_1, r_2, \ldots, r_m$ mit den Spalten $s_1, s_2, \ldots, s_m$ dar und die Hauptpaarung lautet

$$\begin{pmatrix} r_1 \ldots r_m \\ s_1 \ldots s_m \end{pmatrix}.$$

---

*) $\sigma_1, \sigma_2, \ldots, \sigma_m$ soll eine Permutation von $s_1, s_2, \ldots, s_m$ bedeuten.

Jedes Glied von N hat die Form

$$\operatorname{sgn}\begin{pmatrix} r_{m+1} \dots r_n \\ \sigma_{m+1} \dots \sigma_n \end{pmatrix} a_{r_{m+1}\sigma_{m+1}} \dots a_{r_n\sigma_n}.$$

Dabei bedeutet

$$\begin{pmatrix} r_{m+1} \dots r_n \\ \sigma_{m+1} \dots \sigma_n \end{pmatrix}$$

eine Paarung der Zeilen $r_{m+1}, r_{m+2}, \dots, r_n$ mit den Spalten $s_{m+1}, s_{m+2}, \dots, s_n$, und die Hauptpaarung ist hier

$$\begin{pmatrix} r_{m+1} \dots r_n \\ s_{m+1} \dots s_n \end{pmatrix}.$$

Multipliziert man ein Glied von M mit einem Glied von N, so hat das Produkt folgendes Aussehen:

$$\operatorname{sgn}\begin{pmatrix} r_1 \dots r_m \\ \sigma_1 \dots \sigma_m \end{pmatrix} \operatorname{sgn}\begin{pmatrix} r_{m+1} \dots r_n \\ \sigma_{m+1} \dots \sigma_n \end{pmatrix} a_{r_1\sigma_1} \dots a_{r_n\sigma_n}.$$

In A hat

$$a_{r_1\sigma_1} a_{r_2\sigma_2} \dots a_{r_n\sigma_n}$$

den Faktor

$$\operatorname{sgn}\begin{pmatrix} r_1 r_2 \dots r_n \\ \sigma_1 \sigma_2 \dots \sigma_n \end{pmatrix},$$

wobei

$$\begin{pmatrix} 1\ 2 \dots n \\ 1\ 2 \dots n \end{pmatrix}$$

als Hauptpaarung figuriert.

Es besteht eine einfache Beziehung zwischen

$$\operatorname{sgn}\begin{pmatrix} r_1 r_2 \dots r_n \\ \sigma_1 \sigma_2 \dots \sigma_n \end{pmatrix}$$

und

$$\operatorname{sgn}\begin{pmatrix} r_1 \dots r_m \\ \sigma_1 \dots \sigma_m \end{pmatrix} \operatorname{sgn}\begin{pmatrix} r_{m+1} \dots r_n \\ \sigma_{m+1} \dots \sigma_n \end{pmatrix}.$$

Wenn man durch α Transpositionen von

$$\begin{pmatrix} r_1 \dots r_m \\ \sigma_1 \dots \sigma_m \end{pmatrix} \quad \text{zu} \quad \begin{pmatrix} r_1 \dots r_m \\ s_1 \dots s_m \end{pmatrix}$$

gelangt und durch β Transpositionen von

$$\begin{pmatrix} r_{m+1} \dots r_n \\ \sigma_{m+1} \dots \sigma_n \end{pmatrix} \quad \text{zu} \quad \begin{pmatrix} r_{m+1} \dots r_n \\ s_{m+1} \dots s_n \end{pmatrix},$$

so kann man durch $\alpha + \beta$ Transpositionen von

$$\begin{pmatrix} r_1 r_2 \dots r_n \\ \sigma_1 \sigma_2 \dots \sigma_n \end{pmatrix}$$

zu

$$\begin{pmatrix} r_1 r_2 \dots r_n \\ s_1 s_2 \dots s_n \end{pmatrix}$$

gelangen. Man hat also

$$\operatorname{sgn}\begin{pmatrix} r_1 \, r_2 \dots r_n \\ \sigma_1 \sigma_2 \dots \sigma_n \end{pmatrix} = \operatorname{sgn}\begin{pmatrix} r_1 \, r_2 \dots r_n \\ s_1 \, s_2 \dots s_n \end{pmatrix} (-1)^{\alpha+\beta}$$

oder, da

$$\operatorname{sgn}\begin{pmatrix} r_1 \dots r_m \\ \sigma_1 \dots \sigma_m \end{pmatrix} = (-1)^{\alpha}$$

und

$$\operatorname{sgn}\begin{pmatrix} r_{m+1} \dots r_n \\ \sigma_{m+1} \dots \sigma_n \end{pmatrix} = (-1)^{\beta}$$

ist,

$$\operatorname{sgn}\begin{pmatrix} r_1 \, r_2 \dots r_n \\ \sigma_1 \sigma_2 \dots \sigma_n \end{pmatrix} = \operatorname{sgn}\begin{pmatrix} r_1 \, r_2 \dots r_n \\ s_1 \, s_2 \dots s_n \end{pmatrix} \operatorname{sgn}\begin{pmatrix} r_1 \dots r_m \\ \sigma_1 \dots \sigma_m \end{pmatrix} \operatorname{sgn}\begin{pmatrix} r_{m+1} \dots r_n \\ \sigma_{m+1} \dots \sigma_n \end{pmatrix}.$$

Wir können demnach folgenden Satz aussprechen:

M und *N* seien komplementäre Minoren der *n*-reihigen Determinante *A*. Das Hauptglied von *M* sei

$$a_{r_1 s_1} a_{r_2 s_2} \dots a_{r_m s_m},$$

das Hauptglied von *N*

$$a_{r_{m+1} s_{m+1}} a_{r_{m+2} s_{m+2}} \dots a_{r_n s_n}.$$

Multipliziert man ein Glied von *M* mit einem Glied von *N* und fügt noch den Faktor

$$\operatorname{sgn}\begin{pmatrix} r_1 \, r_2 \dots r_n \\ s_1 \, s_2 \dots s_n \end{pmatrix}$$

hinzu, so hat man ein Glied von *A*.

Der Minor *M* hat $m!$, der Minor *N* aber $(n-m)!$ Glieder. Rechnet man das Produkt

$$\operatorname{sgn}\begin{pmatrix} r_1 \, r_2 \dots r_n \\ s_1 \, s_2 \dots s_n \end{pmatrix} M N$$

aus, so gewinnt man

$$m!\,(n-m)!$$

verschiedene Glieder von *A*. Daß es lauter verschiedene Glieder werden, ist ohne weiteres klar. Zwei Glieder

$$\pm\, a_{r_1 \sigma_1} a_{r_2 \sigma_2} \dots a_{r_n \sigma_n} \quad \text{und} \quad \pm\, a_{r_1 \sigma_1'} a_{r_2 \sigma_2'} \dots a_{r_n \sigma_n'}$$

von *A* sind nämlich verschieden, solange nicht

$$\sigma_1' = \sigma_1, \quad \sigma_2' = \sigma_2, \quad \dots, \quad \sigma_n' = \sigma_n$$

ist.

Man nennt

$$\operatorname{sgn}\begin{pmatrix} r_1 \, r_2 \dots r_n \\ s_1 \, s_2 \dots s_n \end{pmatrix} N$$

das algebraische Komplement von *M*. Unter Benutzung dieses Ausdrucks läßt sich unser Resultat so aussprechen:

Satz 10. Multipliziert man einen Minor m^{ter} Ordnung einer n-reihigen Determinante mit seinem algebraischen Komplement, so erhält man $m!\,(n-m)!$ Glieder der Determinante.

Wir wollen jetzt noch

$$\operatorname{sgn}\begin{pmatrix} r_1 r_2 \ldots r_n \\ s_1 s_2 \ldots s_n \end{pmatrix}$$

bestimmen. Dabei nehmen wir wie bisher an, daß

$$r_1 < r_2 < \ldots < r_m\,,$$
$$s_1 < s_2 < \ldots < s_m$$

und

$$r_{m+1} < r_{m+2} < \ldots < r_n\,,$$
$$s_{m+1} < s_{m+2} < \ldots < s_n$$

ist.

Die Zahl der Derangements in

$$r_1,\ r_2,\ \ldots,\ r_n$$

läßt sich leicht bestimmen. r_1 bildet mit $r_1 - 1$, r_2 mit $r_2 - 2, \ldots, r_m$ mit $r_m - m$ von den folgenden Zahlen Derangements. Außerdem gibt es keine. Die Gesamtzahl der Derangements in $r_1, r_2, \ldots, r_n$ ist also

$$\varrho = r_1 + r_2 + \ldots + r_m - \frac{m(m+1)}{2}.$$

In

$$s_1,\ s_2,\ \ldots,\ s_n$$

gibt es

$$\sigma = s_1 + s_2 + \ldots + s_m - \frac{m(m+1)}{2}$$

Derangements.

Nach der Schlußbemerkung in § 6 ist aber

$$\operatorname{sgn}\begin{pmatrix} r_1 r_2 \ldots r_n \\ s_1 s_2 \ldots s_n \end{pmatrix} = (-1)^{\varrho+\sigma}.$$

Da

$$\varrho + \sigma \equiv \sum_{\mu=1}^{m} (r_\mu + s_\mu)\,, \qquad (\text{mod. } 2)$$

weil $m(m+1)$ immer gerade ist, so wird

$$\operatorname{sgn}\begin{pmatrix} r_1 r_2 \ldots r_n \\ s_1 s_2 \ldots s_n \end{pmatrix} = (-1)^{\Sigma(r_\mu + s_\mu)}.$$

$\Sigma(r_\mu + s_\mu)$ ist die Summe der Zeilen- und Spaltenindizes von M oder auch die Summe aller Indizes in dem Diagonalglied von M.

Es gilt also folgende Regel für die Bildung des algebraischen Komplements von M:

Satz 11. Um das algebraische Komplement eines Minors M zu erhalten, bilde man zunächst sein Komplement N. Dann lautet das algebraische Komplement $+N$ oder $-N$, je nachdem die Summe der Zeilen- und Spaltenindizes von M (oder von N) gerade oder ungerade ist.

§ 19. Der Laplacesche Entwickelungssatz.

Wir wollen alle Minoren m^{ter} Ordnung betrachten, deren Glieder in m bestimmten Zeilen der n-reihigen Determinante A enthalten sind. Die Indizes dieser Zeilen seien $r_1, r_2, \dots, r_m$.

Es gibt offenbar $\binom{n}{m}$ solche Minoren. M sei einer von ihnen und $\overline{M}$ sein algebraisches Komplement.

Wir wissen, daß das Produkt $M\overline{M}$, wenn man es ausrechnet, $m!\,(n-m)!$ Glieder von A liefert. Bilden wir die Summe aller Produkte $M\overline{M}$, so erhalten wir

$$\binom{n}{m} m!\,(n-m)! = n!\,,$$

d. h. alle Glieder von A. Damit haben wir die Laplacesche Entwickelung einer Determinante nach den in m Zeilen enthaltenen Minoren gewonnen.

Nur ein Punkt bedarf noch der Erörterung. Liefern zwei verschiedene Produkte $M\overline{M}$ wirklich lauter verschiedene Glieder von A?

M und M_1 mögen beide die Zeilenindizes $r_1, r_2, \dots, r_m$, aber nicht dieselben Spaltenindizes haben. Die Spaltenindizes von M seien $s_1, s_2, \dots, s_m$, die von M_1 aber $s_1', s_2', \dots, s_m'$. Dann haben die Glieder des Produktes $M\overline{M}$ die Form

$$\pm a_{r_1\sigma_1} a_{r_2\sigma_2} \dots a_{r_m\sigma_m} \dots,$$

die von $M_1\overline{M}_1$ aber die Form

$$\pm a_{r_1\sigma_1'} a_{r_2\sigma_2'} \dots a_{r_m\sigma_m'} \dots$$

$\sigma_1', \sigma_2', \dots, \sigma_m'$ ist eine Permutation von $s_1', s_2', \dots, s_m'$, während $\sigma_1, \sigma_2, \dots, \sigma_m$ eine Permutation von $s_1, s_2, \dots, s_m$ ist. Es kann also nie

$$\sigma_1 = \sigma_1', \quad \sigma_2 = \sigma_2', \quad \dots, \quad \sigma_m = \sigma_m'$$

sein.

Satz 12. (Laplacescher Entwickelungssatz.) Multipliziert man jeden Minor m^{ter} Ordnung, der in m bestimmten Zeilen einer n-reihigen Determinante enthalten ist, mit seinem algebraischen Komplement, so ist die Determinante gleich der Summe dieser $\binom{n}{m}$ Produkte.

Der Satz gilt nach § 12 auch für die Spalten.

Wir nennen diese Entwickelung kurz die Entwickelung nach m Zeilen bzw. Spalten.

Beispiel.

Entwickeln wir die Determinante

$$D = \begin{vmatrix} a_1 & a_2 & a_3 & a_4 \\ b_1 & b_2 & b_3 & b_4 \\ c_1 & c_2 & c_3 & c_4 \\ d_1 & d_2 & d_3 & d_4 \end{vmatrix}$$

nach den beiden ersten Zeilen, so ergibt sich

$$D = \begin{vmatrix} a_1 & a_2 \\ b_1 & b_2 \end{vmatrix} \begin{vmatrix} c_3 & c_4 \\ d_3 & d_4 \end{vmatrix} - \begin{vmatrix} a_1 & a_3 \\ b_1 & b_3 \end{vmatrix} \begin{vmatrix} c_2 & c_4 \\ d_2 & d_4 \end{vmatrix} + \begin{vmatrix} a_1 & a_4 \\ b_1 & b_4 \end{vmatrix} \begin{vmatrix} c_2 & c_3 \\ d_2 & d_3 \end{vmatrix}$$

$$+ \begin{vmatrix} a_2 & a_3 \\ b_2 & b_3 \end{vmatrix} \begin{vmatrix} c_1 & c_4 \\ d_1 & d_4 \end{vmatrix} - \begin{vmatrix} a_2 & a_4 \\ b_2 & b_4 \end{vmatrix} \begin{vmatrix} c_1 & c_3 \\ d_1 & d_3 \end{vmatrix} + \begin{vmatrix} a_3 & a_4 \\ b_3 & b_4 \end{vmatrix} \begin{vmatrix} c_1 & c_2 \\ d_1 & d_2 \end{vmatrix}.$$

Insbesondere wird die verschwindende Determinante

$$\begin{vmatrix} a_1 & a_2 & a_3 & a_4 \\ b_1 & b_2 & b_3 & b_4 \\ a_1 & a_2 & a_3 & a_4 \\ b_1 & b_2 & b_3 & b_4 \end{vmatrix}$$

gleich

$$2 \left\{ \begin{vmatrix} a_1 & a_2 \\ b_1 & b_2 \end{vmatrix} \begin{vmatrix} a_3 & a_4 \\ b_3 & b_4 \end{vmatrix} + \begin{vmatrix} a_1 & a_3 \\ b_1 & b_3 \end{vmatrix} \begin{vmatrix} a_4 & a_2 \\ b_4 & b_2 \end{vmatrix} + \begin{vmatrix} a_1 & a_4 \\ b_1 & b_4 \end{vmatrix} \begin{vmatrix} a_2 & a_3 \\ b_2 & b_3 \end{vmatrix} \right\},$$

so daß

$$p_{12}\, p_{34} + p_{13}\, p_{42} + p_{14}\, p_{23} = 0$$

ist, wenn wir

$$p_{rs} = \begin{vmatrix} a_r & a_s \\ b_r & b_s \end{vmatrix}$$

setzen.

Nach dem Laplaceschen Entwickelungssatz ist

$$A = \sum M \bar{M}.$$

Die Summation erstreckt sich über alle Minoren m^{ter} Ordnung M, die in m bestimmten Zeilen der Determinante A enthalten sind. $\bar{M}$ ist das algebraische Komplement von M.

Wir wollen nun ein anderes System von m Zeilen ins Auge fassen und mit $\mathfrak{M}$ einen Minor von A bezeichnen, der in diesen Zeilen enthalten ist. Dann wird

$$A = \sum \mathfrak{M} \bar{\mathfrak{M}}.$$

Die Zeilenindizes von M seien $r_1, r_2, \ldots, r_m$, die von $\mathfrak{M}$ dagegen $\mathfrak{r}_1, \mathfrak{r}_2, \ldots, \mathfrak{r}_m$. Da die beiden Kombinationen $r_1, r_2, \ldots, r_m$ und $\mathfrak{r}_1, \mathfrak{r}_2, \ldots, \mathfrak{r}_m$ verschieden sein sollen, so kommt unter den Zeilenindizes von $\bar{M}$ wenigstens eine der Zahlen $\mathfrak{r}_1, \mathfrak{r}_2, \ldots, \mathfrak{r}_m$ vor und unter den Zeilenindizes von $\mathfrak{M}$ wenigstens eine der Zahlen $r_1, r_2, \ldots, r_m$.

Ersetzen wir also in A die Zeilen $r_1, r_2, \ldots, r_m$ durch die Zeilen $\mathfrak{r}_1, \mathfrak{r}_2, \ldots, \mathfrak{r}_m$, so entsteht eine Determinante, die wenigstens zwei identische Zeilen hat, also verschwindet. Andererseits geht bei jener Ersetzung

$$\sum M\overline{M} \quad \text{in} \quad \sum \mathfrak{M}\overline{M}$$

über. Es ist also

$$\sum \mathfrak{M}\overline{M} = 0 .$$

In Worten lautet dieses Resultat:

Satz 13. Multipliziert man jeden Minor m^{ter} Ordnung, der in m bestimmten Zeilen einer n-reihigen Determinante enthalten ist, mit dem algebraischen Komplement des entsprechenden Minors in einem anderen System von m Zeilen, so ist die Summe dieser Produkte gleich Null.

§ 20. Entwickelung nach einer Zeile.

Wir wollen den Laplaceschen Satz auf den Spezialfall $m = 1$ anwenden. Die Minoren m^{ter} Ordnung in m bestimmten Zeilen werden dann die Elemente einer bestimmten Zeile, etwa die Elemente

$$a_{r1} \quad a_{r2}, \ldots, a_{rn} .$$

Um das algebraische Komplement von a_{rs} zu finden, hat man die r^{te} Zeile und die s^{te} Spalte zu streichen und die so entstehende $(n-1)$-reihige Determinante mit dem Faktor $(-1)^{r+s}$ zu versehen.

Das algebraische Komplement von a_{rs} möge A_{rs} heißen. Dann gilt nach dem Laplaceschen Satz für die Determinante A folgende Entwickelung:

$$A = a_{r1} A_{r1} + a_{r2} A_{r2} + \ldots + a_{rn} A_{rn} .$$

Wir wußten bereits (vgl. § 14), daß die Determinante eine lineare homogene Funktion der Elemente einer Zeile ist. Jetzt sehen wir, daß die Koeffizienten dieser linearen homogenen Funktion die algebraischen Komplemente der betrachteten Elemente sind.

Satz 14. Multipliziert man jedes Element einer Zeile mit seinem algebraischen Komplement, so ist die Determinante gleich der Summe dieser n Produkte.

Der Satz gilt nach § 12 auch für die Spalten.

Beispiel.

Wenn in der r^{ten} Zeile (oder der s^{ten} Spalte) nur ein von Null verschiedenes Glied vorhanden ist, so reduziert sich A auf

$$a_{rs} A_{rs} .$$

Man kommt also in diesem Falle nach Absonderung des Faktors $(-1)^{r+s}\, a_{rs}$ zu einer $(n-1)$-reihigen Determinante, nämlich dem Komplement von a_{rs}.

Die Determinante
$$\begin{vmatrix} a_{11} & 0 & \dots & 0 \\ a_{21} & a_{22} & \dots & 0 \\ . & . & . & . \\ a_{n1} & a_{n2} & \dots & a_{nn} \end{vmatrix},$$
in der alle Elemente Null sind, die oberhalb der Hauptdiagonale liegen, ist gleich
$$a_{11} \begin{vmatrix} a_{22} & 0 & \dots & 0 \\ a_{32} & a_{33} & \dots & 0 \\ . & . & . & . \\ a_{n2} & a_{n3} & \dots & a_{nn} \end{vmatrix}.$$
Der zweite Faktor ist gleich
$$a_{22} \begin{vmatrix} a_{33} & 0 & \dots & 0 \\ a_{43} & a_{44} & \dots & 0 \\ . & . & . & . \\ a_{n3} & a_{n4} & \dots & a_{nn} \end{vmatrix}$$
usw.

Es ergibt sich also
$$\begin{vmatrix} a_{11} & 0 & \dots & 0 \\ a_{21} & a_{22} & \dots & 0 \\ . & . & . & . \\ a_{n1} & a_{n2} & \dots & a_{nn} \end{vmatrix} = a_{11}\, a_{22} \dots a_{nn}.$$

Wenn wir in der Determinante
$$A = \begin{vmatrix} a_{11} & a_{12} & \dots & a_{1n} \\ a_{21} & a_{22} & \dots & a_{2n} \\ . & . & . & . \\ a_{n1} & a_{n2} & \dots & a_{nn} \end{vmatrix}$$
die Glieder der r^{ten} Zeile fortnehmen ($s \gtrless r$) und durch die entsprechenden Glieder der s^{ten} Zeile ersetzen, so entsteht eine Determinante mit zwei übereinstimmenden Zeilen, die folglich verschwindet. Andererseits geht aber A bei jener Ersetzung über in
$$a_{s1} A_{r1} + a_{s2} A_{r2} + \dots + a_{sn} A_{rn}.$$
Mithin ist
$$a_{s1} A_{r1} + a_{s2} A_{r2} + \dots + a_{sn} A_{rn} = 0.$$

Satz 15. Multipliziert man die Elemente einer Zeile mit den algebraischen Komplementen der entsprechenden Elemente einer anderen Zeile, so ist die Summe dieser Produkte gleich Null.

Der Satz gilt nach § 12 auch für die Spalten.

§ 21. Die Vandermondesche Determinante.

Um ein Beispiel zu Satz 14 und zugleich zu früheren Sätzen zu haben, wollen wir die Vandermondesche Determinante betrachten. Das ist eine Determinante von folgender Form:

$$V_n = \begin{vmatrix} a_1^{n-1} & a_1^{n-2} & \dots & 1 \\ a_2^{n-1} & a_2^{n-2} & \dots & 1 \\ \cdot & \cdot & \cdot & \cdot \\ a_n^{n-1} & a_n^{n-2} & \dots & 1 \end{vmatrix}.$$

Wir ziehen in V_n von jeder der $n-1$ ersten Zeilen die letzte Zeile ab. Ist das geschehen, so enthält die letzte Spalte lauter Nullen und nur rechts unten eine 1. Es wird also

$$V_n = \begin{vmatrix} a_1^{n-1} - a_n^{n-1}, & a_1^{n-2} - a_n^{n-2}, & \dots, & a_1 - a_n \\ a_2^{n-1} - a_n^{n-1}, & a_2^{n-2} - a_n^{n-2}, & \dots, & a_2 - a_n \\ \cdot & \cdot & \cdot & \cdot \\ a_{n-1}^{n-1} - a_n^{n-1}, & a_{n-1}^{n-2} - a_n^{n-2}, & \dots, & a_{n-1} - a_n \end{vmatrix}.$$

Aus der ersten Zeile können wir den Faktor $a_1 - a_n$, aus der zweiten den Faktor $a_2 - a_n$ herausziehen usw. Dadurch finden wir

$$V_n = (a_1 - a_n)(a_2 - a_n) \dots (a_{n-1} - a_n) \overline{V}_n,$$

wobei

$$\overline{V}_n = \begin{vmatrix} \sum a_1^{\nu_1} & a_n^{n-2-\nu_1}, & \sum a_1^{\nu_2} & a_n^{n-3-\nu_2}, & \dots, & 1 \\ \sum a_2^{\nu_1} & a_n^{n-2-\nu_1}, & \sum a_2^{\nu_2} & a_n^{n-3-\nu_2}, & \dots, & 1 \\ \sum a_{n-1}^{\nu_1} & a_n^{n-2-\nu_1}, & \sum a_{n-1}^{\nu_2} & a_n^{n-2-\nu_2}, & \dots, & 1 \end{vmatrix}$$

ist*). ν_1 durchläuft die Werte $0, \dots, n-2$; ν_2 die Werte $0, \dots, n-3$ usw.

Nach Satz 6 zerlegt sich $\overline{V}_n$ in eine Anzahl von Determinanten der Form

$$\begin{vmatrix} a_1^{\nu_1} & a_n^{n-2-\nu_1}, & a_1^{\nu_2} & a_n^{n-3-\nu_2}, & \dots, & 1 \\ a_2^{\nu_1} & a_n^{n-2-\nu_1}, & a_2^{\nu_2} & a_n^{n-3-\nu_2}, & \dots, & 1 \\ \cdot & \cdot & \cdot & \cdot & \cdot & \cdot \\ a_{n-1}^{\nu_1} & a_n^{n-2-\nu_1}, & a_{n-1}^{\nu_2} & a_n^{n-3-\nu_2}, & \dots, & 1 \end{vmatrix}$$

$$(0 \leqq \nu_1 \leqq n-2, \quad 0 \leqq \nu_2 \leqq n-3, \quad \dots, \quad 0 \leqq \nu_{n-2} \leqq 1).$$

---

*) Wir benutzen hier die Identität

$$a^r - b^r = (a-b) \sum a^\varrho a^{r-1-\varrho}.$$

ϱ durchläuft die Werte $0, 1, \dots, r-1$.

Hier können wir aus der ersten Spalte den Faktor $a_n^{n-2-\nu_1}$, aus der zweiten den Faktor $a_n^{n-2-\nu_2}$ herausziehen usw., so daß die Determinante lautet:

$$\begin{vmatrix} a_1^{\nu_1} & a_1^{\nu_2} & \dots & 1 \\ a_2^{\nu_1} & a_2^{\nu_2} & \dots & 1 \\ \cdot & \cdot & \cdot & \cdot \\ a_{n-1}^{\nu_1} & a_{n-1}^{\nu_2} & \dots & 1 \end{vmatrix} a_n^{\Sigma(n-1-\varrho-\nu_\varrho)}.$$

Sobald die Zahlen

$$\nu_1, \nu_2, \dots, \nu_{n-2}, 0$$

nicht alle verschieden sind, hat die letzte Determinante zwei übereinstimmende Spalten und ist also gleich Null.

Wäre nun $\nu_1 < n-2$, so wären jene $n-1$ Zahlen auf die $n-2$ Werte

$$0, 1, \dots, n-3$$

beschränkt. Es gäbe also sicher zwei gleiche unter ihnen.

Dasselbe ist der Fall, wenn $\nu_2 < n-3$ ist. Dann sind nämlich die $n-2$ Zahlen

$$\nu_2, \nu_3, \dots, \nu_{n-2}, 0$$

auf die $n-3$ Werte

$$0, 1, \dots, n-4$$

beschränkt. Usw.

Es bleibt somit als einzige Möglichkeit das Wertsystem

$$\nu_1 = n-2, \quad \nu_2 = n-3, \dots, \quad \nu_{n-2} = 1$$

übrig, und $\bar{V}_n$ ist gleich

$$\begin{vmatrix} a_1^{n-2} & a_1^{n-3} & \dots & 1 \\ a_2^{n-2} & a_2^{n-3} & \dots & 1 \\ \cdot & \cdot & \cdot & \cdot \\ a_{n-1}^{n-2} & a_{n-1}^{n-3} & \dots & 1 \end{vmatrix},$$

d. h. gleich V_{n-1}.

Wir haben also folgende Relation:

$$V_n = (a_1 - a_n)(a_2 - a_n) \dots (a_{n-1} - a_n) V_{n-1}.$$

Da nun $V_1 = 1$ ist, so wird

$$V_2 = a_1 - a_2, \quad V_3 = (a_1 - a_3)(a_2 - a_3) V_2 = (a_1 - a_2)(a_1 - a_3)(a_2 - a_3)$$

usw.

Allgemein hat man

$$\begin{aligned} V_n = (a_1 - a_2)(a_1 - a_3) \dots (a_1 - a_n) \\ (a_2 - a_3) \dots (a_2 - a_n) \\ \dots \dots \\ (a_{n-1} - a_n). \end{aligned}$$

Durch $n-1$ Vertauschungen von je zwei Spalten kann man die erste Spalte von V_n an die letzte Stelle bringen,*) darauf durch $n-2$ solcher Vertauschungen die zweite Spalte von V_n an die vorletzte Stelle usw. Durch

$$(n-1)+(n-2)+\ldots+1=\frac{n(n-1)}{2}$$

Vertauschungen von je zwei Spalten kommt man also von V_n zu

$$W_n=\begin{vmatrix} 1 & a_1 & \ldots & a_1^{n-1} \\ 1 & a_2 & \ldots & a_2^{n-1} \\ \cdot & \cdot & \cdot & \cdot \\ 1 & a_n & \ldots & a_n^{n-1} \end{vmatrix}.$$

Demnach ist (vgl. Satz 2)

$$W_n=(-1)^{\frac{n(n-1)}{2}}V_n,$$

also

$$\begin{aligned} W_n=(a_2-a_1)(a_3-a_1)&\ldots(a_n-a_1)\\ (a_3-a_2)&\ldots(a_n-a_2)\\ &\cdots\cdots\\ &(a_n-a_{n-1}). \end{aligned}$$

Ersetzt man in der Determinante

$$A=\begin{vmatrix} a_{11} & a_{12} & \ldots & a_{1n} \\ a_{21} & a_{22} & \ldots & a_{2n} \\ \cdot & \cdot & \cdot & \cdot \\ a_{n1} & a_{n2} & \ldots & a_{nn} \end{vmatrix}$$

jedes a_{rs} durch

$$a_r^{s-1},$$

so verwandelt sie sich in W_n.

Daraus ergibt sich folgende Regel, die Determinante A zu berechnen: Man ersetzt in dem ausgerechneten Differenzenprodukt W_n jedes a_r^{s-1} durch a_{rs}.

Dabei muß man aber vorher durch Hinzufügen nullter Potenzen sorgen, daß in jedem Gliede des ausgerechneten Differenzenprodukts alle a_r vorkommen.

Um also z. B.

$$\begin{vmatrix} a_{11} & a_{12} \\ a_{21} & a_{22} \end{vmatrix}$$

zu erhalten, hat man in

$$a_2-a_1=a_1^0\,a_2^1-a_1^1\,a_2^0$$

a_1^0, a_1^1, a_2^0, a_2^1 bezüglich durch a_{11}, a_{12}, a_{21}, a_{22} zu ersetzen.

*) Man vertauscht sie $(n-1)$-mal mit ihrer rechten Nachbarin.

Noch einfacher lautet die Regel zur Berechnung von A, wenn man A in folgender Form schreibt*):

$$A = \begin{vmatrix} a_{10} & a_{11} & \dots & a_{1,n-1} \\ a_{20} & a_{21} & \dots & a_{2,n-1} \\ . & . & . & . \\ a_{n0} & a_{n1} & \dots & a_{n,n-1} \end{vmatrix}.$$

Um A zu erhalten, muß man in jedem Glied

$$\pm a_1^{s_1} a_2^{s_2} \dots a_n^{s_n}$$

des ausgerechneten Differenzenprodukts W_n die Exponenten zu zweiten Indizes machen, wodurch das Glied sich in

$$\pm a_{1 s_1} a_{2 s_2} \dots a_{n s_n}$$

verwandelt.

Den hier erörterten Zusammenhang zwischen A und W_n hat Cauchy zur Definition von A benutzt. Aus den Eigenschaften von W_n ergeben sich dann die Eigenschaften von A. Z. B. multipliziert sich W_n mit dem Faktor -1, wenn man zwei der Buchstaben $a_1, a_2, \dots, a_n$ vertauscht. Daraus folgt, daß A sich mit -1 multipliziert, wenn man zwei Zeilen vertauscht.

Fünftes Kapitel.

Systeme linearer Gleichungen.

§ 22. Cramersche Regel.

Wir betrachten ein System von n linearen Gleichungen mit n Unbekannten $x_1, x_2, \dots, x_n$. Ein solches System hat folgende Form:

$$(1) \qquad \begin{cases} a_{11} x_1 + a_{12} x_2 + \dots + a_{1n} x_n = b_1, \\ a_{21} x_1 + a_{22} x_2 + \dots + a_{2n} x_n = b_2, \\ \dots\dots\dots\dots\dots\dots \\ a_{n1} x_1 + a_{n2} x_2 + \dots + a_{nn} x_n = b_n. \end{cases}$$

Ein Wertsystem $x_1, x_2, \dots, x_n$, das alle diese Gleichungen erfüllt, nennt man eine Lösung.

Wir wollen annehmen, daß

$$A = \begin{vmatrix} a_{11} & a_{12} & \dots & a_{1n} \\ a_{21} & a_{22} & \dots & a_{2n} \\ . & . & . & . \\ a_{n1} & a_{n2} & \dots & a_{nn} \end{vmatrix},$$

die Determinante des Systems, von Null verschieden ist.

---

*) Das ist gerade die von Leibniz benutzte Schreibweise. (Vgl. § 1.)

A_{rs} sei das algebraische Komplement von a_{rs}.

Multiplizieren wir die Gleichungen des Systems der Reihe nach mit

$$A_{1s}, A_{2s}, \ldots, A_{ns},$$

also mit den algebraischen Komplementen der Elemente der s^{ten} Spalte, und addieren dann alles, so ergibt sich

$$A x_s = b_1 A_{1s} + b_2 A_{2s} + \ldots + b_n A_{ns}.$$

Der Koeffizient von x_t wird nämlich

$$a_{1t} A_{1s} + a_{2t} A_{2s} + \ldots + a_{nt} A_{ns}$$

und ist nach Satz 15 gleich Null, wenn $t \gtrless s$, und nach Satz 14 gleich A, wenn $t = s$ ist.

Aus den Gleichungen (1) folgen also die Gleichungen

$$(\bar{1}) \qquad x_s = \frac{b_1 A_{1s} + b_2 A_{2s} + \ldots + b_n A_{ns}}{A} \quad (s = 1, 2, \ldots, n).$$

Das Umgekehrte gilt aber auch. Multiplizieren wir in $(\bar{1})$ die s^{te} Gleichung mit a_{rs} und addieren dann alles, so erhalten wir

$$a_{r1} x_1 + a_{r2} x_2 + \ldots + a_{rn} x_n = b_r.$$

Denn der Koeffizient von b_t wird

$$\frac{a_{r1} A_{t1} + a_{r2} A_{t2} + \ldots + a_{rn} A_{tn}}{A},$$

ist also nach Satz 15 gleich Null, wenn $t \gtrless r$, und nach Satz 14 gleich 1, wenn $t = r$ ist.

Wir sehen, daß das System (1) die Lösung $(\bar{1})$ hat und außerdem keine.

$$b_1 A_{1s} + b_2 A_{2s} + \ldots + b_n A_{ns}$$

entsteht aus

$$a_{1s} A_{1s} + a_{2s} A_{2s} + \ldots + a_{ns} A_{ns}$$

dadurch, daß man die Elemente der s^{ten} Spalte der Reihe nach durch $b_1, b_2, \ldots, b_n$ ersetzt.

Daraus ergibt sich folgende Regel, die von Cramer durch Induktion gefunden worden ist (vgl. § 2):

Man ersetze die Elemente der s^{ten} Spalte von A der Reihe nach durch $b_1, b_2, \ldots, b_n$ und bezeichne die so entstehende Determinante mit A_s. Dann lautet die Lösung des Systems (1):

$$x_1 = \frac{A_1}{A}, \quad x_2 = \frac{A_2}{A}, \quad \ldots, \quad x_n = \frac{A_n}{A}.$$

Wenn $b_1, b_2, \ldots, b_n$ alle gleich Null sind, so hat jede der Determinanten

$$A_1, A_2, \ldots, A_n$$

eine Spalte mit lauter Nullen. Es ist daher

$$x_1 = 0, \quad x_2 = 0, \quad \ldots, \quad x_n = 0.$$

Aus

$$\begin{aligned} a_{11} x_1 + a_{12} x_2 + \ldots + a_{1n} x_n &= 0, \\ a_{21} x_1 + a_{22} x_2 + \ldots + a_{2n} x_n &= 0, \\ \cdots\cdots\cdots\cdots\cdots \\ a_{n1} x_1 + a_{n2} x_2 + \ldots + a_{nn} x_n &= 0 \end{aligned}$$

und

$$\begin{vmatrix} a_{11} & a_{12} & \ldots & a_{1n} \\ a_{21} & a_{22} & \ldots & a_{2n} \\ \cdot & \cdot & \cdot & \cdot \\ a_{n1} & a_{n2} & \ldots & a_{nn} \end{vmatrix} \neq 0$$

folgt

$$x_1 = 0, \quad x_2 = 0, \quad \ldots, \quad x_n = 0.$$

Beispiele.

Um die Gleichungen

$$\begin{aligned} a_1 x + b_1 y &= c_1, \\ a_2 x + b_2 y &= c_2 \end{aligned}$$

aufzulösen, hat man in

$$\begin{vmatrix} a_1 & b_1 \\ a_2 & b_2 \end{vmatrix}$$

einmal die erste Spalte, ein zweites Mal die zweite Spalte durch

$$\begin{matrix} c_1 \\ c_2 \end{matrix}$$

zu ersetzen. Dadurch ergeben sich die Determinanten

$$\begin{vmatrix} c_1 & b_1 \\ c_2 & b_2 \end{vmatrix}, \quad \begin{vmatrix} a_1 & c_1 \\ a_2 & c_2 \end{vmatrix},$$

und die Lösung unserer Gleichungen lautet:

$$x = \begin{vmatrix} c_1 & b_1 \\ c_2 & b_2 \end{vmatrix} : \begin{vmatrix} a_1 & b_1 \\ a_2 & b_2 \end{vmatrix},$$

$$y = \begin{vmatrix} a_1 & c_1 \\ a_2 & c_2 \end{vmatrix} : \begin{vmatrix} a_1 & b_1 \\ a_2 & b_2 \end{vmatrix}.$$

Vorausgesetzt wird, daß

$$\begin{vmatrix} a_1 & b_1 \\ a_2 & b_2 \end{vmatrix}$$

von Null verschieden ist.

Will man die Lösung des Systems

$$\begin{aligned} a_1 x + b_1 y + c_1 z &= d_1, \\ a_2 x + b_2 y + c_2 z &= d_2, \\ a_3 x + b_3 y + c_3 z &= d_3 \end{aligned}$$

finden, so hat man in

$$\begin{vmatrix} a_1 & b_1 & c_1 \\ a_2 & b_2 & c_2 \\ a_3 & b_3 & c_3 \end{vmatrix}$$

einmal die erste, ein zweites Mal die zweite, ein drittes Mal die dritte Spalte durch

$$\begin{matrix} d_1 \\ d_2 \\ d_3 \end{matrix}$$

zu ersetzen. Dadurch entstehen die Determinanten

$$\begin{vmatrix} d_1 & b_1 & c_1 \\ d_2 & b_2 & c_2 \\ d_3 & b_3 & c_3 \end{vmatrix}, \quad \begin{vmatrix} a_1 & d_1 & c_1 \\ a_2 & d_2 & c_2 \\ a_3 & d_3 & c_3 \end{vmatrix}, \quad \begin{vmatrix} a_1 & b_1 & d_1 \\ a_2 & b_2 & d_2 \\ a_3 & b_3 & d_3 \end{vmatrix},$$

und die gesuchte Lösung lautet:

$$x = \begin{vmatrix} d_1 & b_1 & c_1 \\ d_2 & b_2 & c_2 \\ d_3 & b_3 & c_3 \end{vmatrix} : \begin{vmatrix} a_1 & b_1 & c_1 \\ a_2 & b_2 & c_2 \\ a_3 & b_3 & c_3 \end{vmatrix},$$

$$y = \begin{vmatrix} a_1 & d_1 & c_1 \\ a_2 & d_2 & c_2 \\ a_3 & d_3 & c_3 \end{vmatrix} : \begin{vmatrix} a_1 & b_1 & c_1 \\ a_2 & b_2 & c_2 \\ a_3 & b_3 & c_3 \end{vmatrix},$$

$$z = \begin{vmatrix} a_1 & b_1 & d_1 \\ a_2 & b_2 & d_2 \\ a_3 & b_3 & d_3 \end{vmatrix} : \begin{vmatrix} a_1 & b_1 & c_1 \\ a_2 & b_2 & c_2 \\ a_3 & b_3 & c_3 \end{vmatrix}.$$

§ 23. **Rang einer Matrix.**

Ein System von mn Zahlen, die in m Zeilen und n Spalten angeordnet sind, nennt man eine Matrix, und die mn Zahlen ihre Elemente*).

Eine solche Matrix hat, wenn man die Elemente ähnlich wie bei einer Determinante bezeichnet, folgendes Aussehen:

$$\begin{matrix} a_{11} & a_{12} & \cdots & a_{1n} \\ a_{21} & a_{22} & \cdots & a_{2n} \\ \cdot & \cdot & \cdot & \cdot \\ a_{m1} & a_{m2} & \cdots & a_{mn} \end{matrix}.$$

Die in μ bestimmten Zeilen und μ bestimmten Spalten enthaltenen Elemente liefern eine Determinante, die man eine μ-reihige Determinante der Matrix nennt. μ kann natürlich keine der beiden Zahlen m, n übertreffen.

Die einreihigen Determinanten der Matrix sind ihre Elemente.

*) Von quadratischen Matrizen sprachen wir schon in § 8.

Gibt es in der Matrix eine von Null verschiedene r-reihige Determinante, während alle mehr als r-reihigen Determinanten (falls solche existieren) gleich Null sind, so sagt man, die Matrix habe den **Rang** r.

Ist der Rang der Matrix z. B. gleich 1, so bedeutet dies, daß nicht alle Elemente gleich Null sind, daß dagegen alle mehr als einreihigen Determinanten der Matrix verschwinden (falls solche existieren).

Ist der Rang gleich 2, so gibt es eine von Null verschiedene zweireihige Determinante, während alle mehr als zweireihigen Determinanten gleich Null sind (falls solche existieren).

Einer Matrix, deren sämtliche Elemente gleich Null sind, schreiben wir den Rang 0 zu.

Folgende Operationen lassen den Rang einer Matrix ungeändert:

1. **Man darf die Zeilen als Spalten schreiben.** Das heißt, die Matrizen

$$\begin{matrix} a_{11} & a_{12} & \dots & a_{1n} \\ a_{21} & a_{22} & \dots & a_{2n} \\ \cdot & \cdot & \cdot & \cdot \\ a_{m1} & a_{m2} & \dots & a_{mn} \end{matrix} \quad \text{und} \quad \begin{matrix} a_{11} & a_{21} & \dots & a_{m1} \\ a_{12} & a_{22} & \dots & a_{m2} \\ \cdot & \cdot & \cdot & \cdot \\ a_{1n} & a_{2n} & \dots & a_{mn} \end{matrix}$$

haben denselben Rang.

2. **Man darf die Zeilen beliebig vertauschen,** ebenso die Spalten. Bei einer Matrix vom Range r (> 0) läßt sich durch eine passende Vertauschung der Zeilen und Spalten erreichen, daß die Eckdeterminante

$$\begin{vmatrix} a_{11} & a_{12} & \dots & a_{1r} \\ a_{21} & a_{22} & \dots & a_{2r} \\ \cdot & \cdot & \cdot & \cdot \\ a_{r1} & a_{r2} & \dots & a_{rr} \end{vmatrix}$$

ungleich Null ist.

3. **Man darf alle Elemente einer Zeile mit demselben von Null verschiedenen Faktor versehen.**

4. **Man darf zu den Elementen einer Zeile die mit λ multiplizierten entsprechenden Elemente einer andern Zeile addieren.** Von der neuen Matrix kann man zu der alten zurückgelangen, indem man zu den Elementen einer Zeile die mit $-\lambda$ multiplizierten entsprechenden Elemente einer andern Zeile addiert. Man sieht sofort, daß keine der beiden Matrizen einen höheren Rang haben kann als die andre. Jede μ-reihige Determinante der einen ist nämlich eine lineare Kombination von zwei μ-reihigen Determinanten der andern, wenn sie nicht selbst eine Determinante der andern ist (vgl. Satz 6 und 7).

5. **Man darf eine Zeile mit lauter Nullen hinzufügen oder streichen.**

6. Man darf eine lineare Kombination der Zeilen als neue Zeile hinzufügen. Die Matrix

$$\begin{matrix} \lambda_1 a_{11} + \ldots + \lambda_m a_{m1}, & \lambda_1 a_{12} + \ldots + \lambda_m a_{m2}, & \ldots, & \lambda_1 a_{1n} + \ldots + \lambda_m a_{mn} \\ a_{11} & a_{12} & \ldots & a_{1n} \\ a_{21} & a_{22} & & a_{2n} \\ \cdot & \cdot & & \cdot \\ a_{m1} & a_{m2} & & a_{mn} \end{matrix}$$

hat nämlich denselben Rang wie

$$\begin{matrix} a_{11} & a_{12} & \ldots & a_{1n} \\ a_{21} & a_{22} & \ldots & a_{2n} \\ \cdot & \cdot & \cdot & \cdot \\ a_{m1} & a_{m2} & \ldots & a_{mn}\,. \end{matrix}$$

Man erkennt das durch Anwendung der Bemerkungen 4 und 5.

Wenn eine Zeile eine lineare Kombination der andern ist, so darf man sie unterdrücken*).

§ 24. Lineare Unabhängigkeit.

m Systeme von je n Zahlen

$$(1)\qquad \begin{cases} x_{11}, \; x_{12}, \; \ldots, \; x_{1n}, \\ x_{21}, \; x_{22}, \; \ldots, \; x_{2n}, \\ \cdot \quad \cdot \quad \cdot \quad \cdot \\ x_{m1}, \; x_{m2}, \; \ldots, \; x_{mn} \end{cases}$$

nennt man linear unabhängig, oder kurz unabhängig, wenn die Gleichungen

$$(2)\qquad \begin{cases} \lambda_1 x_{11} + \lambda_2 x_{21} + \ldots + \lambda_m x_{m1} = 0, \\ \lambda_1 x_{12} + \lambda_2 x_{22} + \ldots + \lambda_m x_{m2} = 0, \\ \cdot \quad \cdot \quad \cdot \quad \cdot \quad \cdot \\ \lambda_1 x_{1n} + \lambda_2 x_{2n} + \ldots + \lambda_m x_{mn} = 0 \end{cases}$$

nur durch

$$\lambda_1 = 0, \; \lambda_2 = 0, \; \ldots, \; \lambda_m = 0$$

befriedigt werden.

Im Falle $m > 1$ können wir auch sagen, daß keins der Systeme eine lineare Kombination der andern ist.

Im Falle $m = 1$ hat die lineare Unabhängigkeit den Sinn, daß das einzige vorhandene System

$$x_{11}, \; x_{12}, \; \ldots, \; x_{1n}$$

nicht aus lauter Nullen besteht.

*) Die Sätze 3 bis 6 gelten auch für die Spalten.

Wenn die Systeme (1) **nicht** unabhängig sind, so sagen wir auch, **daß zwischen ihnen eine lineare Relation besteht***). Damit meinen wir dann, daß die Gleichungen (2) sich durch ein Wertsystem $\lambda_1, \lambda_2, \ldots, \lambda_m$ befriedigen lassen, das nicht aus lauter Nullen besteht. Ist λ_h ungleich Null, so sagen wir, daß in der erwähnten linearen Relation das System

$$x_{h1}, x_{h2}, \ldots, x_{hn}$$

vorkommt.

Satz 16. Die Systeme (1) sind dann und nur dann linear unabhängig, wenn der Rang der Matrix (1) gleich m ist.

Für $m = 1$ ist der Satz offenbar richtig. Wir können uns also auf $m > 1$ beschränken.

Wenn die Systeme (1) nicht unabhängig sind, so ist in der Matrix (1) eine Zeile eine lineare Kombination der andern. Wir dürfen diese Zeile streichen, ohne daß der Rang der Matrix sich ändert (vgl. § 23 Nr. 6). Der Rang einer $(m-1)$-zeiligen Matrix ist aber höchstens gleich $m - 1$, also kleiner als m. Damit ist ein Teil des Satzes 16 schon bewiesen.

Nehmen wir jetzt an, daß der Rang r der Matrix (1) kleiner als m ist. Im Falle $r = 0$ sind die Systeme (1) sicher nicht unabhängig. Sie bestehen alle aus lauter Nullen. Jedes ist also eine lineare Kombination der andern.

Im Falle $r > 0$ können wir durch Vertauschung der Zeilen bewirken, daß in den r ersten Zeilen eine von Null verschiedene r-reihige Determinante steht.

Es lassen sich dann $n - r$ Hilfssysteme

$$\begin{matrix} y_{r+1,1}, & y_{r+1,2}, & \ldots, & y_{r+1,n} \\ y_{r+2,1}, & y_{r+2,2}, & \ldots & y_{r+2,n} \\ \cdot & \cdot & \cdot & \cdot \\ y_{n1}, & y_{n2}, & \ldots & y_{nn} \end{matrix}$$

so bestimmen, daß die Determinante

$$D = \begin{vmatrix} x_{11} & \ldots & x_{1n} \\ \cdot & \cdot & \cdot \\ x_{r1} & \ldots & x_{rn} \\ y_{r+1,1} & \ldots & y_{r+1,n} \\ \cdot & \cdot & \cdot \\ y_{n1} & \ldots & y_{nn} \end{vmatrix}$$

ungleich Null ist. Man wählt in den r ersten Zeilen eine von Null verschiedene r-reihige Determinante, setzt die Hauptelemente ihres Komplements gleich 1 und die übrigen y alle gleich Null. Dann reduziert sich die Laplacesche Entwickelung nach den r ersten Zeilen auf ein Glied, das abgesehen vom Vorzeichen gleich jener r-reihigen Determinante ist.

*) Diese Redeweise sollte man nur im Falle $m > 1$ anwenden.

Wenn wir nun auf die Gleichungen*)

$$\begin{aligned}
\lambda_1 x_{11} + \ldots + \lambda_r x_{r1} + \lambda_{r+1} y_{r+1,1} + \ldots + \lambda_n y_{n1} &= x_{h1}, \\
\lambda_1 x_{12} + \ldots + \lambda_r x_{r2} + \lambda_{r+1} y_{r+1,2} + \ldots + \lambda_n y_{n2} &= x_{h2}, \\
\ldots\ldots\ldots\ldots\ldots\ldots\ldots\ldots\ldots\ldots\ldots\ldots & \\
\lambda_1 x_{1n} + \ldots + \lambda_r x_{rn} + \lambda_{r+1} y_{r+1,n} + \ldots + \lambda_n y_{nn} &= x_{hn}
\end{aligned}$$

die Cramersche Regel (§ 22) anwenden, so erhalten wir

$$\lambda_1 = \frac{D_1}{D}, \quad \lambda_2 = \frac{D_2}{D}, \quad \ldots, \quad \lambda_n = \frac{D_n}{D}.$$

D_s $(s = 1, 2, \ldots, n)$ entsteht aus D, indem man in D die s^{te} Zeile durch

$$x_{h1}, \; x_{h2}, \; \ldots, \; x_{hn}$$

ersetzt.

$D_{r+1}, D_{r+2}, \ldots, D_n$ enthalten daher $r+1$ Zeilen der Matrix (1). Da alle $(r+1)$-reihigen Determinanten in (1) gleich Null sind, weil der Rang r sein soll, so gibt die Laplacesche Entwickelung nach jenen $r+1$ Zeilen

$$D_{r+1} = 0, \quad D_{r+2} = 0, \; \ldots, \; D_n = 0.$$

$\lambda_{r+1}, \lambda_{r+2}, \ldots, \lambda_n$ sind also gleich Null, und man hat für $h = r+1, \ldots, n$ Gleichungen von der Form

$$\begin{aligned}
x_{h1} &= \lambda_1 x_{11} + \ldots + \lambda_r x_{r1}, \\
x_{h2} &= \lambda_1 x_{12} + \ldots + \lambda_r x_{r2}, \\
\ldots & \ldots\ldots\ldots\ldots\ldots \\
x_{hn} &= \lambda_1 x_{1n} + \ldots + \lambda_r x_{rn}.
\end{aligned}$$

Jede Zeile der Matrix (1) ist demnach eine lineare Kombination der r ersten Zeilen.

Damit haben wir auch den zweiten Teil von Satz 16 bewiesen.

Wir können unser Resultat auch so formulieren:

Satz 17. Wenn der Rang der Matrix (1) gleich r ist $(r > 0)$, so lassen sich unter den Systemen (1) r, aber nicht mehr unabhängige auswählen. Hat man r unabhängige ausgewählt, so ist jedes der Systeme (1) eine lineare Kombination von ihnen.

Wir beweisen im Anschluß hieran noch folgenden Satz:

Satz 18. Wenn in einer Matrix eine von Null verschiedene r-reihige Determinante vorhanden ist $(r > 0)$, deren $(r+1)$-reihige Superdeterminanten**) alle gleich Null sind, so ist der Rang der Matrix gleich r.

---

*) h ist eine der Zahlen $r+1, \ldots, m$.

**) Damit diese Superdeterminanten sich bilden lassen, muß man eventuell Zeilen und Spalten mit lauter Nullen hinzufügen.

Wenn eine Determinante ein Minor einer anderen ist, so nennt man diese andere eine **Superdeterminante** von jener.

Wir wollen annehmen, daß in der Matrix (1) dic Determinante

$$\begin{vmatrix} x_{11} & x_{12} & \dots & x_{1r} \\ x_{21} & x_{22} & \dots & x_{2r} \\ \cdot & \cdot & \cdot & \cdot \\ x_{r1} & x_{r2} & \dots & x_{rr} \end{vmatrix}$$

ungleich Null ist, während alle $(r+1)$-reihigen Superdeterminanten von ihr gleich Null sind.

Da die Matrix

$$\begin{matrix} x_{11} & x_{21} & \dots & x_{r1} & x_{h1} \\ x_{12} & x_{22} & \dots & x_{r2} & x_{h2} \\ \cdot & \cdot & \cdot & \cdot & \cdot \\ x_{1r} & x_{2r} & \dots & x_{rr} & x_{hr} \\ x_{1s} & x_{2s} & \dots & x_{rs} & x_{hs} \end{matrix} \qquad (h = r+1, \dots, m;\ s = r+1, \dots, n)$$

den Rang r hat und in den r ersten Zeilen einc von Null verschiedene r-reihige Determinante vorkommt, so ist nach Satz 17 die letzte Zeile eine lineare Kombination der r ersten.

Wir sehen, daß in der Matrix

$$\begin{matrix} x_{11} & x_{12} & \dots & x_{1n} \\ x_{21} & x_{22} & \dots & x_{2n} \\ \cdot & \cdot & \cdot & \cdot \\ x_{r1} & x_{r2} & \dots & x_{rn} \\ x_{h1} & x_{h2} & \dots & x_{hn} \end{matrix} \qquad (h = r+1, \dots, n)$$

die $n-r$ letzten Spalten lineare Kombinationen der r ersten sind. Wir dürfen also nach § 23 die $n-r$ letzten Spalten streichen, ohne daß der Rang der obigen Matrix sich ändert. Dieser Rang ist daher gleich r und aus Satz 17 folgt, daß die letzte Zeile eine lineare Kombination der r ersten ist. Dies gilt für $h = r+1, \dots, m$, und wir dürfen deshalb in der Matrix (1) die $m-r$ letzten Zeilen streichen, ohne daß der Rang dieser Matrix sich ändert. Die Matrix (1) hat also den Rang r.

Hieraus ergibt sich folgendes Verfahren, um den Rang einer Matrix zu bestimmen.

Man sucht ein von Null verschiedenes Element auf. Gibt es kein solches, dann ist der Rang der Matrix gleich Null. Ist ein von Null verschiedenes vorhanden, so muß man seine zweireihigen Superdeterminanten betrachten. Sind sie alle gleich Null, dann hat die Matrix den Rang 1. Andernfalls muß man unter jenen Superdeterminanten eine nichtverschwindende heraussuchen und ihre dreireihigen Superdeterminanten prüfen. Sind sie alle gleich

Null, dann ist der Rang der Matrix gleich 2. Andernfalls muß man unter ihnen eine von Null verschiedene auswählen und ihre vierreihigen Superdeterminanten betrachten usw.

§ 25. Systeme linearer homogener Gleichungen.

Eine lineare homogene Gleichung mit n Unbekannten $x_1, x_2, \ldots, x_n$ hat die Form

$$a_1 x_1 + a_2 x_2 + \ldots + a_n x_n = 0 .$$

Wir wollen ein System von m solchen Gleichungen betrachten,

$$(1) \qquad \begin{cases} f_1 = a_{11} x_1 + a_{12} x_2 + \ldots + a_{1n} x_n = 0 , \\ f_2 = a_{21} x_1 + a_{22} x_2 + \ldots + a_{2n} x_n = 0 , \\ \ldots \ldots \ldots \ldots \ldots \ldots \\ f_m = a_{m1} x_1 + a_{m2} x_2 + \ldots + a_{mn} x_n = 0 , \end{cases}$$

und seine Lösungen bestimmen, d. h. diejenigen Wertsysteme

$$x_1, x_2, \ldots, x_n ,$$

die allen Gleichungen (1) genügen.

Es kommt, wie wir sehen werden, darauf an, welchen Rang r die Matrix

$$(2) \qquad \begin{cases} a_{11}\ a_{12} \ldots a_{1n} \\ a_{21}\ a_{22} \ldots a_{2n} \\ \ldots \ldots \\ a_{m1}\ a_{m2} \ldots a_{mn} \end{cases}$$

hat, die man die Matrix des Systems (1) nennt.

Ist $r = 0$, d. h. sind alle a gleich Null, so ist jedes Wertsystem $x_1, x_2, \ldots, x_n$ eine Lösung von (1).

Im Falle $r > 0$ können wir die Gleichungen (1) in einer solchen Reihenfolge schreiben, daß in den r ersten Zeilen von (2) eine von Null verschiedene r-reihige Determinante auftritt.

Sollte $m > r$ sein, so sind nach § 24 die $m - r$ letzten Zeilen in (2) lineare Kombinationen der r ersten. Man hat also für $h = r + 1, \ldots, n$

$$\begin{aligned} a_{h1} &= \lambda_{h1} a_{11} + \lambda_{h2} a_{21} + \ldots + \lambda_{hr} a_{r1} , \\ a_{h2} &= \lambda_{h1} a_{12} + \lambda_{h2} a_{22} + \ldots + \lambda_{hr} a_{r2} , \\ &\ldots \ldots \ldots \ldots \ldots \ldots \\ a_{hn} &= \lambda_{h1} a_{1n} + \lambda_{h2} a_{2n} + \ldots + \lambda_{hr} a_{rn} . \end{aligned}$$

Multipliziert man der Reihe nach mit $x_1, x_2, \ldots, x$ und addiert dann, so ergibt sich

$$f_h = \lambda_{h1} f_1 + \lambda_{h2} f_2 + \ldots + \lambda_{hr} f_r ,$$

welche Werte auch die x haben mögen.

Hieraus ist zu entnehmen, daß jede Lösung des Systems

$$(3) \qquad f_1 = 0 , f_2 = 0 , \ldots , f_r = 0$$

auch eine Lösung von (1) ist. Beide Systeme haben also dieselben Lösungen.

Satz 19. **Hat ein System linearer homogener Gleichungen den Rang r (>0), so kann man sich bei der Bestimmung der Lösungen auf r Gleichungen des Systems beschränken, in deren Matrix eine von Null verschiedene r-reihige Determinante vorkommt.**

Man nennt die m Gleichungen (1) linear unabhängig oder kurz unabhängig, wenn ihre Koeffizientensysteme, d. h. die Zeilen der Matrix (2), im Sinne von § 24 unabhängig sind. Im Falle $m > 1$ bedeutet dies, daß keine Gleichung aus den übrigen durch lineare Kombination hervorgeht. Im Falle $m = 1$ kommt die Unabhängigkeit darauf hinaus, daß nicht alle Koeffizienten Null sind.

Der obige Satz läßt sich hiernach auch so formulieren:

Hat ein System linearer homogener Gleichungen den Rang r, so kann man sich bei der Bestimmung der Lösungen auf r unabhängige Gleichungen des Systems beschränken.

Diese r unabhängigen Gleichungen wollen wir das reduzierte System nennen.

§ 26. Die Lösung des reduzierten Systems.

Durch eine geeignete Numerierung der Unbekannten können wir bewirken, daß in dem reduzierten System

$$\begin{aligned} a_{11}\,x_1 + a_{12}\,x_2 + \dots + a_{1n}\,x_n &= 0\,, \\ a_{21}\,x_1 + a_{22}\,x_2 + \dots + a_{2n}\,x_n &= 0\,, \\ \dots\dots\dots\dots\dots&\dots \\ a_{r1}\,x_1 + a_{r2}\,x_2 + \dots + a_{rn}\,x_n &= 0 \end{aligned}$$

die Determinante

$$A = \begin{vmatrix} a_{11} & a_{12} & \dots & a_{1r} \\ a_{21} & a_{22} & \dots & a_{2r} \\ \cdot & \cdot & \cdot & \cdot \\ a_{r1} & a_{r2} & \dots & a_{rr} \end{vmatrix}$$

von Null verschieden ist.

Im Falle $r = n$ liefert die Cramersche Regel

$$x_1 = 0\,, \quad x_2 = 0\,, \quad \dots, \quad x_n = 0$$

als einzige Lösung.

Satz 20. **Wenn der Rang eines Systems linearer homogener Gleichungen gleich der Anzahl der Unbekannten ist,*) so muß man, um das System zu befriedigen, alle Unbekannten gleich Null setzen.**

*) Wir könnten auch sagen: „Wenn ein System linearer homogener Gleichungen so viel unabhängige Gleichungen enthält, als es Unbekannte gibt, usw.“

Im Falle $r < n$ können wir $x_{n+1}, \ldots, x_n$ beliebige Werte beilegen und dann auf die Gleichungen

$$\begin{aligned} a_{11} x_1 + \ldots + a_{1r} x_r &= -(a_{1,r+1} x_{r+1} + \ldots + a_{1n} x_n), \\ a_{21} x_1 + \ldots + a_{2r} x_r &= -(a_{2,r+1} x_{r+1} + \ldots + a_{2n} x_n), \\ &\ldots\ldots\ldots \\ a_{r1} x_1 + \ldots + a_{rr} x_r &= -(a_{r,r+1} x_{r+1} + \ldots + a_{rn} x_n) \end{aligned}$$

die Cramersche Regel anwenden.

Bezeichnen wir mit A_{st} die Determinante, die aus A entsteht, wenn man die s^{te} Spalte durch

$$\begin{matrix} a_{1t} \\ a_{2t} \\ \vdots \\ a_{rt} \end{matrix}$$

ersetzt ($t = r + 1, \ldots, n$), so ist nach der Cramerschen Regel:*)

$$\begin{aligned} x_1 &= -\frac{1}{A}(A_{1,r+1} x_{r+1} + \ldots + A_{1n} x_n), \\ x_2 &= -\frac{1}{A}(A_{2,r+1} x_{r+1} + \ldots + A_{2n} x_n), \\ &\ldots\ldots\ldots \\ x_r &= -\frac{1}{A}(A_{r,r+1} x_{r+1} + \ldots + A_{rn} x_n). \end{aligned}$$

Dies Gleichungen besagen, daß

$$x_1, x_2, \ldots, x_n$$

eine lineare Kombination der folgenden $n - r$ Lösungen ist:

$$\begin{matrix} -\frac{A_{1,r+1}}{A}, & -\frac{A_{2,r+1}}{A}, \ldots, & -\frac{A_{r,r+1}}{A}, & 1, 0, \ldots, 0, \\ -\frac{A_{1,r+2}}{A}, & -\frac{A_{2,r+2}}{A}, \ldots, & -\frac{A_{r,r+2}}{A}, & 0, 1, \ldots, 0, \\ \ldots & \ldots & \ldots & \ldots \\ -\frac{A_{1n}}{A}, & -\frac{A_{2n}}{A}, \ldots, & -\frac{A_{rn}}{A}, & 0, 0, \ldots, 1. \end{matrix}$$

Diese $n - r$ Lösungen sind unabhängig (vgl. § 24) und jede Lösung unseres Systems ist eine lineare Kombination von ihnen. Umgekehrt ist jede lineare Kombination von ihnen eine Lösung unseres Systems.

Wenn wir p beliebige Lösungen hinschreiben, so sind darunter höchstens $n - r$ unabhängige. Fügen wir nämlich noch die obigen $n - r$ Lösungen hinzu, so wird dadurch die Anzahl der unabhängigen Lösungen

---

*) Wir wenden zugleich Satz 5 und 6 an.

nicht vermindert. Da aber die p ersten Lösungen lineare Kombinationen der $n - r$ letzten sind, so haben wir jetzt genau $n - r$ unabhängige.

$n - r$ unabhängige Lösungen besitzen hiernach immer die Eigenschaft, daß jede Lösung eine lineare Kombination von ihnen ist. Nehmen wir nämlich zu $n - r$ unabhängigen Lösungen irgendeine $(n - r + 1)^{\text{te}}$ hinzu, so besteht zwischen ihnen eine lineare Relation, in der diese $(n - r + 1)^{\text{te}}$ vorkommen muß (vgl. § 24), weil sonst die $n - r$ ersten nicht unabhängig wären. Die $(n - r + 1)^{\text{te}}$ ist also eine lineare Kombination der $n - r$ ersten.

Man nennt ein System von unabhängigen Lösungen, aus denen sich jede Lösung durch lineare Kombination ergibt, ein **Fundamentalsystem**.

Satz 21. Wenn der Rang r eines Systems linearer homogener Gleichungen kleiner als die Anzahl n der Unbekannten ist, so gibt es Fundamentalsysteme von $n - r$ Lösungen.

Um ein solches Fundamentalsystem zu erhalten, braucht man nur $n - r$ unabhängige Lösungen zu suchen.

§ 27. Methode von Frobenius zur Bestimmung eines Fundamentalsystems.

Um ein Fundamentalsystem von Lösungen für r unabhängige lineare homogene Gleichungen

$$(1)\qquad \begin{cases} a_{11}\, x_1 + a_{12}\, x_2 + \ldots + a_{1n}\, x_n = 0\,, \\ a_{21}\, x_1 + a_{22}\, x_2 + \ldots + a_{2n}\, x_n = 0\,, \\ \cdots\cdots\cdots\cdots\cdots \\ a_{r1}\, x_1 + a_{r2}\, x_2 + \ldots + a_{rn}\, x_n = 0 \end{cases}$$

zu finden $(r < n)$, kann man so verfahren.

Man fügt zu

$$\begin{matrix} a_{11} & a_{12} & \ldots & a_{1n} \\ a_{21} & a_{22} & \ldots & a_{2n} \\ \cdot & \cdot & \cdot & \cdot \\ a_{r1} & a_{r2} & \ldots & a_{rn} \end{matrix}$$

$n - r$ neue Zeilen

$$\begin{matrix} a_{r+1,1} & a_{r+1,2} & \ldots & a_{r+1,n} \\ a_{r+2,1} & a_{r+2,2} & \ldots & a_{r+2,n} \\ \cdot & \cdot & \cdot & \cdot \\ a_{n1} & a_{n2} & \ldots & a_{nn} \end{matrix}$$

derart hinzu, daß die Determinante

$$D = \begin{vmatrix} a_{11} & a_{12} & \ldots & a_{1n} \\ a_{21} & a_{22} & \ldots & a_{2n} \\ \cdot & \cdot & \cdot & \cdot \\ a_{n1} & a_{n2} & \ldots & a_{nn} \end{vmatrix}$$

nicht verschwindet. Daß dies möglich ist, wissen wir aus § 24.

Bezeichnet man nun mit A_{hs} das algebraische Komplement von a_{hs} in D, so sind die Wertsysteme

$$(2)\quad \begin{cases} A_{r+1,1}, & A_{r+1,2}, & \ldots, & A_{r+1,n}, \\ A_{r+2,1}, & A_{r+2,2}, & \ldots, & A_{r+2,n}, \\ \cdot & \cdot & \cdot & \cdot \\ A_{n1}, & A_{n2}, & \ldots, & A_{nn} \end{cases}$$

Lösungen von (1). Das folgt aus Satz 15 in § 20.

Wenn wir noch zeigen, daß sie unabhängig sind, so wissen wir, daß sie ein Fundamentalsystem bilden.

Aus den Gleichungen

$$\begin{aligned} \lambda_1 A_{r+1,1} + \lambda_2 A_{r+2,1} + \ldots + \lambda_{n-r} A_{n1} &= 0\,, \\ \lambda_1 A_{r+1,2} + \lambda_2 A_{r+2,2} + \ldots + \lambda_{n-r} A_{n2} &= 0\,, \\ \cdots\cdots\cdots\cdots\cdots\cdots\cdots\cdots \\ \lambda_1 A_{r+1,n} + \lambda_2 A_{r+2,n} + \ldots + \lambda_{n-r} A_{nn} &= 0 \end{aligned}$$

folgt aber, wenn man der Reihe nach mit $a_{h1}, a_{h2}, \ldots, a_{hn}$ $(h = r+1, \ldots, n)$ multipliziert und dann addiert,

$$\lambda_{h-r}\, D = 0 \quad (h = r+1, \ldots, n)\,.$$

Alle λ sind also gleich Null. Damit ist die Unabhängigkeit der Lösungen (2) bewiesen.

§ 28. $n-1$ unabhängige lineare Gleichungen mit n homogenen Unbekannten.

Bei $n-1$ unabhängigen Gleichungen

$$\begin{aligned} a_{11}\, x_1 + a_{12}\, x_2 + \ldots + a_{1n}\, x_n &= 0\,, \\ a_{21}\, x_1 + a_{22}\, x_2 + \ldots + a_{2n}\, x_n &= 0\,, \\ \cdots\cdots\cdots\cdots\cdots\cdots\cdots\cdots \\ a_{n-1,1}\, x_1 + a_{n-1,2}\, x_2 + \ldots + a_{n-1,n}\, x_n &= 0 \end{aligned}$$

besteht ein Fundamentalsystem aus einer einzigen Lösung, die von 0, 0, ..., 0 verschieden ist.

Bezeichnet man mit D_s diejenige Determinante der Matrix

$$\begin{matrix} a_{11} & a_{12} & \ldots a_{1n} \\ a_{21} & a_{22} & \ldots a_{2n} \\ \cdot & \cdot & \cdot \\ a_{n-1,1} & a_{n-1,2} & \ldots a_{n-1,n}\,, \end{matrix}$$

die durch Streichung der s^{ten} Spalte entsteht, so liefert die Frobeniussche Methode die Fundamentallösung

$$D_1\,, \quad -D_2\,, \ldots, \;(-1)^{n-1} D_n\,.$$

Das algebraische Komplement von a_{ns} in

$$\begin{vmatrix} a_{11} & a_{12} & \dots & a_{1n} \\ a_{21} & a_{22} & \dots & a_{2n} \\ \cdot & \cdot & \cdot & \cdot \\ a_{n1} & a_{n2} & \dots & a_{nn} \end{vmatrix}$$

ist nämlich

$$(-1)^{n+s} D_s = (-1)^{n-1} \cdot (-1)^{s-1} D_s .$$

Streicht man den gemeinsamen Faktor $(-1)^{n-1}$, so findet man die angegebene Lösung. Jede andere Lösung hat die Form

$$\lambda D_1, \ -\lambda D_2, \ \dots, \ (-1)^{n-1} \lambda D_n .$$

Beispiel. Aus

$$a_1 x_1 + a_2 x_2 + a_3 x_3 = 0,$$
$$b_1 x_1 + b_2 x_2 + b_3 x_3 = 0$$

folgt

$$x_1 : x_2 : x_3 = \begin{vmatrix} a_2 & a_3 \\ b_2 & b_3 \end{vmatrix} : - \begin{vmatrix} a_1 & a_3 \\ b_1 & b_3 \end{vmatrix} : \begin{vmatrix} a_1 & a_2 \\ b_1 & b_2 \end{vmatrix}$$

oder, anders geschrieben,

$$x_1 : x_2 : x_3 = \begin{vmatrix} a_2 & a_3 \\ b_2 & b_3 \end{vmatrix} : \begin{vmatrix} a_3 & a_1 \\ b_3 & b_1 \end{vmatrix} : \begin{vmatrix} a_1 & a_2 \\ b_1 & b_2 \end{vmatrix} .$$

Vorausgesetzt wird dabei, daß die drei Determinanten auf der rechten Seite nicht alle gleich Null sind.

§ 29. Beliebige lineare Gleichungssysteme.

Wir wollen jetzt ein System von m linearen Gleichungen betrachten, die nicht alle homogen sind. Ein solches System lautet

$$(1) \quad \begin{cases} a_{11} \ x_1 + a_{12} \ x_2 + \dots + a_{1n} \ x_n = b_1 , \\ a_{21} \ x_1 + a_{22} \ x_2 + \dots + a_{2n} \ x_n = b_2 , \\ \cdot \ \cdot \ \cdot \ \cdot \ \cdot \ \cdot \ \cdot \ \cdot \ \cdot \ \cdot \ \cdot \ \cdot \\ a_{m1} \ x_1 + a_{m2} \ x_2 + \dots + a_{mn} \ x_n = b_m . \end{cases}$$

Wenn $x_1, x_2, \dots, x_n$ eine Lösung von (1) ist, so ist

$$x_1, \ x_2, \ \dots, \ x_n, \ -1$$

eine Lösung von

$$(2) \quad \begin{cases} a_{11} \ x_1 + a_{12} \ x_2 + \dots + a_{1n} \ x_n + b_1 x_{n+1} = 0 , \\ a_{21} \ x_1 + a_{22} \ x_2 + \dots + a_{2n} \ x_n + b_2 x_{n+1} = 0 , \\ \cdot \ \cdot \ \cdot \ \cdot \ \cdot \ \cdot \ \cdot \ \cdot \ \cdot \ \cdot \ \cdot \ \cdot \\ a_{m1} \ x_1 + a_{m2} \ x_2 + \dots + a_{mn} \ x_n + b_m x_{n+1} = 0 . \end{cases}$$

Ist umgekehrt

$$x_1, \ x_2, \ \dots, \ x_n, \ x_{n+1}$$

eine Lösung von (2) und x_{n+1} von Null verschieden, so ist

$$-\frac{x_1}{x_{n+1}}, \quad -\frac{x_2}{x_{n+1}}, \quad \dots, \quad -\frac{x_n}{x_{n+1}}$$

eine Lösung von (1).

Wir finden also alle Lösungen von (1), wenn wir alle Lösungen von (2) aufsuchen, bei denen x_{n+1} von Null verschieden ist.

Es sind nun zwei Möglichkeiten vorhanden. Entweder erfüllt jede Lösung von (2) auch die Gleichung

$$x_{n+1} = 0,$$

oder es gibt Lösungen von (2), die dieser Gleichung **nicht** genügen. Im zweiten Falle hat das System (1) eine Lösung, im ersten Falle dagegen nicht. Wir müssen also feststellen, ob die Systeme (2) und

$$(\overline{2}) \qquad \begin{cases} a_{11}\, x_1 + a_{12}\, x_2 + \dots + a_{1n}\, x_n + b_1\, x_{n+1} = 0\,, \\ a_{21}\, x_1 + a_{22}\, x_2 + \dots + a_{2n}\, x_n + b_2\, x_{n+1} = 0\,, \\ \cdot\ \cdot\ \cdot\ \cdot\ \cdot\ \cdot\ \cdot\ \cdot\ \cdot\ \cdot\ \cdot\ \cdot\ \cdot\ \cdot\ \cdot\ \cdot\ \cdot\ \cdot\ \cdot \\ a_{m1}\, x_1 + a_{m2}\, x_2 + \dots + a_{mn}\, x_n + b_m\, x_{n+1} = 0\,, \\ \qquad\qquad\qquad\qquad\qquad\qquad x_{n+1} = 0 \end{cases}$$

dieselben Lösungen haben oder nicht.

Hat $(\overline{2})$ denselben Rang wie (2), so ist jedes Fundamentalsystem von $(\overline{2})$ auch ein Fundamentalsystem von (2), d. h. (2) und $(\overline{2})$ haben dieselben Lösungen.

Hat (2) den Rang r und $(\overline{2})$ den Rang $r+1$, so bestehen die Fundamentalsysteme von (2) aus $n-r+1$, die von $(\overline{2})$ aber aus $n-r$ Lösungen. Es gibt also Lösungen von (2), die nicht Lösungen von $(\overline{2})$ sind.

Wenn nun die Matrix

$$\begin{matrix} a_{11} & a_{12} & \dots & a_{1n} & b_1 \\ a_{21} & a_{22} & \dots & a_{2n} & b_2 \\ \cdot & \cdot & \cdot & \cdot & \cdot \\ a_{m1} & a_{m2} & \dots & a_{mn} & b_m \\ 0 & 0 & \dots & 0 & 1 \end{matrix}$$

den Rang $r+1$ hat, so gilt dasselbe von der Matrix

$$\begin{matrix} a_{11} & a_{12} & \dots & a_{1n} & 0 \\ a_{21} & a_{22} & \dots & a_{2n} & 0 \\ \cdot & \cdot & \cdot & \cdot & \cdot \\ a_{m1} & a_{m2} & \dots & a_{mn} & 0 \\ 0 & 0 & \dots & 0 & 1\,. \end{matrix}$$

Dann hat aber

$$\begin{matrix} a_{11} & a_{12} & \dots & a_{1n} \\ a_{21} & a_{22} & \dots & a_{2n} \\ \cdot & \cdot & \cdot & \cdot \\ a_{m1} & a_{m2} & \dots & a_{mn} \end{matrix}$$

den Rang r, also denselben Rang wie

$$\begin{matrix} a_{11} & a_{12} & \dots & a_{1n} & b_1 \\ a_{21} & a_{22} & \dots & a_{2n} & b_2 \\ \cdot & \cdot & \cdot & \cdot & \cdot \\ a_{m1} & a_{m2} & \dots & a_{mn} & b_m\,. \end{matrix}$$

Damit ist folgender Satz bewiesen:

Satz 22. Das System

$$\begin{array}{l} a_{11}\, x_1 + a_{12}\, x_2 + \ldots + a_{1n}\, x_n = b_1\,, \\ a_{21}\, x_1 + a_{22}\, x_2 + \ldots + a_{2n}\, x_n = b_2\,, \\ \cdot\;\cdot\;\cdot\;\cdot\;\cdot\;\cdot\;\cdot\;\cdot\;\cdot\;\cdot\;\cdot\;\cdot\;\cdot\;\cdot\;\cdot \\ a_{m1}\, x_1 + a_{m2}\, x_2 + \ldots + a_{mn}\, x_n = b_m \end{array}$$

hat dann und nur dann eine Lösung, wenn die Matrizen

$$\begin{array}{cccc} a_{11} & a_{12} & \ldots & a_{1n} \\ a_{21} & a_{22} & \ldots & a_{2n} \\ \cdot & \cdot & \cdot & \cdot \\ a_{m1} & a_{m2} & \ldots & a_{mn} \end{array} \quad \text{und} \quad \begin{array}{ccccc} a_{11} & a_{12} & \ldots & a_{1n} & b_1 \\ a_{21} & a_{22} & \ldots & a_{2n} & b_2 \\ \cdot & \cdot & \cdot & \cdot & \cdot \\ a_{m1} & a_{m2} & \ldots & a_{mn} & b_m \end{array}$$

von gleichem Range sind.

Man kann diesen Satz noch einfacher beweisen, indem man sich direkt auf § 24 stützt.

Wenn das System (1) eine Lösung hat, so bedeutet dies, daß

$$b_1,\; b_2,\; \ldots,\; b_m$$

eine lineare Kombination von

$$\begin{array}{l} a_{11},\; a_{21},\; \ldots,\; a_{m1} \\ a_{12},\; a_{22},\; \ldots,\; a_{m2} \\ \cdot\;\cdot\;\cdot\;\cdot\;\cdot\;\cdot\;\cdot \\ a_{1n},\; a_{2n},\; \ldots,\; a_{mn} \end{array}$$

ist. Dann hat aber nach § 23 (Bemerkung 6) die Matrix

$$(3) \qquad \left\{ \begin{array}{cccc} a_{11} & a_{21} & \ldots & a_{m1} \\ a_{12} & a_{22} & \ldots & a_{m2} \\ \cdot & \cdot & \cdot & \cdot \\ a_{1n} & a_{2n} & \ldots & a_{mn} \end{array} \right.$$

denselben Rang wie

$$(4) \qquad \left\{ \begin{array}{cccc} a_{11} & a_{21} & \ldots & a_{m1} \\ a_{12} & a_{22} & \ldots & a_{m2} \\ \cdot & \cdot & \cdot & \cdot \\ a_{1n} & a_{2n} & \ldots & a_{mn} \\ b_1 & b_2 & \ldots & b_m \end{array} \right. ;$$

also auch

$$(\bar{3}) \qquad \left\{ \begin{array}{cccc} a_{11} & a_{12} & \ldots & a_{1n} \\ a_{21} & a_{22} & \ldots & a_{2n} \\ \cdot & \cdot & \cdot & \cdot \\ a_{m1} & a_{m2} & \ldots & a_{mn} \end{array} \right.$$

denselben Rang wie

$$(\bar{4}) \qquad \left\{ \begin{array}{ccccc} a_{11} & a_{12} & \ldots & a_{1n} & b_1 \\ a_{21} & a_{22} & \ldots & a_{2n} & b_2 \\ \cdot & \cdot & \cdot & \cdot & \cdot \\ a_{m1} & a_{m2} & \ldots & a_{mn} & b_m \end{array} \right.$$

(vgl. § 23, Bemerkung 1).

Wenn (3) und (4) beide vom Range r sind und man wählt in (3) r unabhängige Zeilen aus, so ist nach § 24 jede andere Zeile in (3) und in (4) eine lineare Kombination von ihnen. Also ist $b_1, b_2, \ldots, b_m$ eine lineare Kombination der Zeilen von (3). Dies bedeutet aber, daß das System (1) eine Lösung hat.

Wie viele Lösungen hat nun das System (1), wenn überhaupt Lösungen vorhanden sind?

$x_1', x_2', \ldots, x_n'$ sei eine bestimmte Lösung und $x_1, x_2, \ldots, x_n$ eine beliebige Lösung von (1). Setzen wir

$$x_1 = x_1' + y_1\,, \quad x_2 = x_2' + y_2\,, \quad \ldots, \quad x_n = x_n' + y_n\,,$$

so ergibt sich durch Subtraktion der Gleichungen

$$a_{h1} x_1 + a_{h2} x_2 + \ldots + a_{hn} x_n = b_h$$

und

$$a_{h1} x_1' + a_{h2} x_2' + \ldots + a_{hn} x_n' = b_h$$

die Gleichung

$$a_{h1} y_1 + a_{h2} y_2 + \ldots + a_{hn} y_n = 0\,. \quad (h = 1, 2, \ldots, m)\,.$$

Umgekehrt folgt aus den beiden letzten Gleichungen durch Addition die erste.

Wenn also $x_1', x_2', \ldots, x_n'$ eine bestimmte Lösung von (1) und $y_1, y_2, \ldots, y_n$ eine beliebige Lösung des Systems

$$(5) \quad \begin{cases} a_{11} y_1 + a_{12} y_2 + \ldots + a_{1n} y_n = 0\,, \\ a_{21} y_1 + a_{22} y_2 + \ldots + a_{2n} y_n = 0\,, \\ \cdot \quad \cdot \quad \cdot \quad \cdot \quad \cdot \quad \cdot \quad \cdot \quad \cdot \quad \cdot \quad \cdot \\ a_{m1} y_1 + a_{m2} y_2 + \ldots + a_{mn} y_n = 0 \end{cases}$$

ist, so ist

$$x_1' + y_1\,, \quad x_2' + y_1\,, \quad \ldots, \quad x_n' + y_n$$

immer eine Lösung von (1) und jede Lösung von (1) läßt sich in dieser Form darstellen.

Im Falle $r = n$ läßt das System (5) nur die Lösung

$$y_1 = 0\,, \quad y_2 = 0\,, \ldots, \quad y_n = 0$$

zu. Dann gestattet auch das System (1) nur eine Lösung, vorausgesetzt, daß die Matrix $(\overline{4})$ denselben Rang hat wie $(\overline{3})$, d. h. den Rang n.

Im Falle $r < n$ sei

$$\begin{matrix} y_{11}\,, & y_{12}\,, & \ldots, & y_{1n}\,, \\ y_{21}\,, & y_{22}\,, & \ldots, & y_{2n}\,, \\ \cdot & \cdot & \cdot & \cdot\,, \\ y_{n-r,1}\,, & y_{n-r,2}\,, & \ldots, & y_{n-r,n} \end{matrix}$$

ein Fundamentalsystem von (5). Dann sind alle Lösungen von (1) in folgender Form darstellbar:

$$\begin{aligned} x_1 &= x_1' + \lambda_1 y_{11} + \lambda_2 y_{21} + \dots + \lambda_{n-r} y_{n-r,1}, \\ x_2 &= x_2' + \lambda_1 y_{12} + \lambda_2 y_{22} + \dots + \lambda_{n-r} y_{n-r,2}, \\ & \dots \dots \dots \dots \dots \dots \\ x_n &= x_n' + \lambda_1 y_{1n} + \lambda_2 y_{2n} + \dots + \lambda_{n-r} y_{n-r,n}. \end{aligned}$$

Die λ darf man beliebig wählen.

Sechstes Kapitel.

Multiplikation von Matrizen und Determinanten.

§ 30. Produkt zweier Systeme von n Zahlen.

$x_1, x_2, \dots, x_n$ und $y_1, y_2, \dots, y_n$ seien zwei Systeme von n Zahlen. Wir wollen den Ausdruck

$$x_1 y_1 + x_2 y_2 + \dots + x_n y_n$$

mit $(x\,y)$ bezeichnen und das innere Produkt*) oder kurz das Produkt der beiden Systeme nennen. Dieses Produkt kommt also dadurch zustande, daß man jede Zahl des einen Systems mit der entsprechenden Zahl des anderen Systems multipliziert und die Resultate addiert.

Man sagt auch, daß das innere Produkt zweier Systeme durch Zusammensetzung oder Komposition der beiden Systeme entsteht. Man meint damit, daß die entsprechenden Zahlen multipliziert und die Resultate addiert werden.

§ 31. Definition des Produkts zweier Matrizen.

Wir betrachten zwei Matrizen mit m Zeilen und n Spalten:

$$\text{(A)} \qquad \left\{\begin{matrix} a_{11} & a_{12} & \dots & a_{1n} \\ a_{21} & a_{22} & \dots & a_{2n} \\ \cdot & \cdot & \cdot & \cdot \\ a_{m1} & a_{m2} & \dots & a_{mn} \end{matrix}\right.$$

und

$$\text{(B)} \qquad \left\{\begin{matrix} b_{11} & b_{12} & \dots & b_{1n} \\ b_{21} & b_{22} & \dots & b_{2n} \\ \cdot & \cdot & \cdot & \cdot \\ b_{m1} & b_{m2} & \dots & b_{mn}. \end{matrix}\right.$$

*) Diese Bezeichnung rührt von H. Grassmann her. Da wir hier nur eine Art von Produkten brauchen, können wir statt „inneres Produkt" einfach „Produkt" sagen.

Das Produkt der r^{ten} Zeile von (A) und der s^{ten} Zeile von (B) bezeichnen wir (vgl. § 30) mit $(a_r b_s)$. Es ist also

$$(a_r b_s) = a_{r1} b_{s1} + a_{r2} b_{s2} + \ldots + a_{rn} b_{sn}.$$

Aus diesen m^2 Produkten können wir die folgende quadratische Matrix bilden:

$$\begin{matrix} (a_1\,b_1) & (a_1\,b_2) & \ldots & (a_1\,b_m) \\ (a_2\,b_1) & (a_2\,b_2) & \ldots & (a_2\,b_m) \\ \cdot & \cdot & \cdot & \cdot \\ (a_m\,b_1) & (a_m\,b_2) & \ldots & (a_m\,b_m). \end{matrix}$$

Die Determinante dieser Matrix, also die Determinante

$$\begin{vmatrix} (a_1\,b_1) & (a_1\,b_2) & \ldots & (a_1\,b_m) \\ (a_2\,b_1) & (a_2\,b_2) & \ldots & (a_2\,b_m) \\ \cdot & \cdot & \cdot & \cdot \\ (a_m\,b_1) & (a_m\,b_2) & \ldots & (a_m\,b_m) \end{vmatrix}$$

nennt man das Produkt der beiden Matrizen (A) und (B), und man schreibt

$$\begin{Vmatrix} a_{11} & a_{12} & \ldots & a_{1n} \\ a_{21} & a_{22} & \ldots & a_{2n} \\ \cdot & \cdot & \cdot & \cdot \\ a_{m1} & a_{m2} & \ldots & a_{mn} \end{Vmatrix} \cdot \begin{Vmatrix} b_{11} & b_{12} & \ldots & b_{1n} \\ b_{21} & b_{22} & \ldots & b_{2n} \\ \cdot & \cdot & \cdot & \cdot \\ b_{m1} & b_{m2} & \ldots & b_{mn} \end{Vmatrix} = \begin{vmatrix} (a_1\,b_1) & (a_1\,b_2) & \ldots & (a_1\,b_m) \\ (a_2\,b_1) & (a_2\,b_2) & \ldots & (a_2\,b_m) \\ \cdot & \cdot & \cdot & \cdot \\ (a_m\,b_1) & (a_m\,b_2) & \ldots & (a_m\,b_m) \end{vmatrix}$$

Im Falle $m = 1$ haben wir es mit dem Produkt zweier Systeme von n Zahlen zu tun. § 31 ist also als eine Verallgemeinerung von § 30 anzusehen.

§ 32. Produkt zweier Determinanten.

Wenn $m = n$ ist, sind A und B zwei quadratische Matrizen mit n Zeilen.

Wendet man auf das Produkt AB mehrere Male den Satz 6 an (bezogen auf die Spalten), so ergibt sich, daß AB gleich

$$(1) \qquad \sum \begin{vmatrix} a_{1r_1}\,b_{1r_1}, & a_{1r_2}\,b_{2r_2} & \ldots & a_{1r_n}\,b_{nr_n} \\ a_{2r_1}\,b_{1r_1}, & a_{2r_2}\,b_{2r_2} & \ldots & a_{2r_n}\,b_{nr_n} \\ \cdot & \cdot & \cdot & \cdot \\ a_{nr_1}\,b_{1r_1}, & a_{nr_2}\,b_{2r_2} & \ldots & a_{nr_n}\,b_{nr_n} \end{vmatrix}$$

ist. Jede der Zahlen $r_1, r_2, \ldots, r_n$ kann die n Werte $1, 2, \ldots, n$ annehmen. Die Summe besteht also aus n^n Determinanten.

Nun ist aber nach Satz 5

$$\begin{vmatrix} a_{1r_1}\,b_{1r_1}, & a_{1r_2}\,b_{2r_2} & \ldots & a_{1r_n}\,b_{nr_n} \\ a_{2r_1}\,b_{1r_1}, & a_{2r_2}\,b_{2r_2} & \ldots & a_{2r_n}\,b_{nr_n} \\ \cdot & \cdot & \cdot & \cdot \\ a_{nr_1}\,b_{1r_1}, & a_{nr_2}\,b_{2r_2} & \ldots & a_{nr_n}\,b_{nr_n} \end{vmatrix} = \begin{vmatrix} a_{1r_1} & a_{1r_2} & \ldots & a_{1r_n} \\ a_{2r_1} & a_{2r_2} & \ldots & a_{2r_n} \\ \cdot & \cdot & \cdot & \cdot \\ a_{nr_1} & a_{nr_2} & \ldots & a_{nr_n} \end{vmatrix} b_{1r_1}\, b_{2r_2} \ldots b_{nr_n}.$$

Wenn zwei von den Indizes $r_1, r_2, \ldots, r_n$ einander gleich sind, hat die Determinante

$$\begin{vmatrix} a_{1r_1} & a_{1r_2} & \ldots & a_{1r_n} \\ a_{2r_1} & a_{2r_2} & \ldots & a_{2r_n} \\ \cdot & \cdot & \cdot & \cdot \\ a_{nr_1} & a_{nr_2} & \ldots & a_{nr_n} \end{vmatrix} \tag{2}$$

zwei übereinstimmende Spalten, ist also (vgl. Satz 3) gleich Null.

Wir können uns daher auf diejenigen Wertsysteme $r_1, r_2, \ldots, r_n$ beschränken, die aus lauter verschiedenen Zahlen bestehen. Die Summation bei (1) erstreckt sich dann über alle Permutationen von $1, 2, \ldots, n$.

Setzen wir

$$\mathfrak{A} = \begin{vmatrix} a_{11} & a_{12} & \ldots & a_{1n} \\ a_{21} & a_{22} & \ldots & a_{2n} \\ \cdot & \cdot & \cdot & \cdot \\ a_{n1} & a_{n2} & \ldots & a_{nn} \end{vmatrix},$$

so ist die Determinante (2) gleich $\pm \mathfrak{A}$ (vgl. § 13). In (2) lautet das Hauptglied

$$a_{1r_1} a_{2r_2} \ldots a_{nr_n}.$$

Dieses Glied hat in $\mathfrak{A}$ den Faktor

$$\operatorname{sgn} \begin{pmatrix} 1 & 2 & \ldots & n \\ r_1 & r_2 & \ldots & r_n \end{pmatrix}.$$

Die Determinante (2) ist demnach gleich

$$\mathfrak{A} \operatorname{sgn} \begin{pmatrix} 1 & 2 & \ldots & n \\ r_1 & r_2 & \ldots & r_n \end{pmatrix},$$

und die Summe (1) läßt sich so schreiben:

$$\mathfrak{A} \sum \operatorname{sgn} \begin{pmatrix} 1 & 2 & \ldots & n \\ r_1 & r_2 & \ldots & r_n \end{pmatrix} b_{1r_1} b_{2r_2} \ldots b_{nr_n}.$$

Setzen wir

$$\mathfrak{B} = \begin{vmatrix} b_{11} & b_{12} & \ldots & b_{1n} \\ b_{21} & b_{22} & \ldots & b_{2n} \\ \cdot & \cdot & \cdot & \cdot \\ b_{n1} & b_{n2} & \ldots & b_{nn} \end{vmatrix},$$

so ist (vgl. § 9)

$$\mathfrak{B} = \sum \operatorname{sgn} \begin{pmatrix} 1 & 2 & \ldots & n \\ r_1 & r_2 & \ldots & r_n \end{pmatrix} b_{1r_1} b_{2r_2} \ldots b_{nr_n}.$$

Die Summe (1) wird also gleich $\mathfrak{A}\mathfrak{B}$.

Satz 23. Das Produkt der beiden Matrizen

$$\begin{matrix} a_{11} & a_{12} & \ldots & a_{1n} \\ a_{21} & a_{22} & \ldots & a_{2n} \\ \cdot & \cdot & \cdot & \cdot \\ a_{n1} & a_{n2} & \ldots & a_{nn} \end{matrix} \quad \text{und} \quad \begin{matrix} b_{11} & b_{12} & \ldots & b_{1n} \\ b_{21} & b_{22} & \ldots & b_{2n} \\ \cdot & \cdot & \cdot & \cdot \\ b_{n1} & b_{n2} & \ldots & b_{nn} \end{matrix}$$

ist gleich dem Produkt ihrer Determinanten.

Wir können diesen Satz auch so formulieren:

Satz 24. Das Produkt der beiden Determinanten

$$\begin{vmatrix} a_{11} & a_{12} & \dots & a_{1n} \\ a_{21} & a_{22} & \dots & a_{2n} \\ \cdot & \cdot & \cdot & \cdot \\ a_{n1} & a_{n2} & \dots & a_{nn} \end{vmatrix} \quad \text{und} \quad \begin{vmatrix} b_{11} & b_{12} & \dots & b_{1n} \\ b_{21} & b_{22} & \dots & b_{2n} \\ \cdot & \cdot & \cdot & \cdot \\ b_{n1} & b_{n2} & \dots & b_{nn} \end{vmatrix}$$

läßt sich als n-reihige Determinante schreiben, und zwar hat man

$$\begin{vmatrix} a_{11} & a_{12} & \dots & a_{1n} \\ a_{21} & a_{22} & \dots & a_{2n} \\ \cdot & \cdot & \cdot & \cdot \\ a_{n1} & a_{n2} & \dots & a_{nn} \end{vmatrix} \cdot \begin{vmatrix} b_{11} & b_{12} & \dots & b_{1n} \\ b_{21} & b_{22} & \dots & b_{2n} \\ \cdot & \cdot & \cdot & \cdot \\ b_{n1} & b_{n2} & \dots & b_{nn} \end{vmatrix} = \begin{vmatrix} (a_1 b_1) & (a_1 b_2) & \dots & (a_1 b_n) \\ (a_2 b_1) & (a_2 b_2) & \dots & (a_2 b_n) \\ \cdot & \cdot & \cdot & \cdot \\ (a_n b_1) & (a_n b_2) & \dots & (a_n b_n) \end{vmatrix},$$

wobei $(a_r b_s) = a_{r1} b_{s1} + a_{r2} b_{s2} + \dots + a_{rn} b_{sn}$ ist.

Man nennt diese Multiplikation zweier Determinanten die **Multiplikation nach Zeilen.** Es gibt noch drei andere Arten, zwei Determinanten zu multiplizieren. Man kann vor der Multiplikation die Zeilen von $\mathfrak{A}$ oder die Zeilen von $\mathfrak{B}$ oder auch die Zeilen von $\mathfrak{A}$ und die Zeilen von $\mathfrak{B}$ als Spalten schreiben und dann nach Zeilen multiplizieren. Die Elemente der Produktdeterminante entstehen dann durch Komposition der Spalten von $\mathfrak{A}$ mit den Zeilen von $\mathfrak{B}$ oder der Zeilen von $\mathfrak{A}$ mit den Spalten von $\mathfrak{B}$ oder der Spalten von $\mathfrak{A}$ mit den Spalten von $\mathfrak{B}$. Endlich kann man noch die beiden Faktoren $\mathfrak{A}$ und $\mathfrak{B}$ vertauschen.

So läßt sich z. B. das Produkt von

$$D = \begin{vmatrix} b_1 & b_2 \\ c_1 & c_2 \end{vmatrix} \quad \text{und} \quad \Delta = \begin{vmatrix} \beta_1 & \beta_2 \\ \gamma_1 & \gamma_2 \end{vmatrix}$$

zunächst auf folgende vier Arten als zweireihige Determinante schreiben:

$$\begin{vmatrix} b_1\beta_1 + b_2\beta_2, & b_1\gamma_1 + b_2\gamma_2 \\ c_1\beta_1 + c_2\beta_2, & c_1\gamma_1 + c_2\gamma_2 \end{vmatrix}$$

(Zeilen von D mit den Zeilen von Δ komponiert),

$$\begin{vmatrix} b_1\beta_1 + b_2\gamma_1, & b_1\beta_2 + b_2\gamma_2 \\ c_1\beta_1 + c_2\gamma_1, & c_1\beta_2 + c_2\gamma_2 \end{vmatrix}$$

(Zeilen von D mit den Spalten von Δ komponiert),

$$\begin{vmatrix} b_1\beta_1 + c_1\beta_2, & b_1\gamma_1 + c_1\gamma_2 \\ b_2\beta_1 + c_2\beta_2, & b_2\gamma_1 + c_2\gamma_2 \end{vmatrix}$$

(Spalten von D mit den Zeilen von Δ komponiert),

$$\begin{vmatrix} b_1\beta_1 + c_1\gamma_1, & b_1\beta_2 + c_1\gamma_2 \\ b_2\beta_1 + c_2\gamma_1, & b_2\beta_2 + c_2\gamma_2 \end{vmatrix}$$

(Spalten von D mit den Spalten von Δ komponiert).

Vertauscht man D mit Δ, so erhält man vier andere Ausdrücke für $D\Delta$, die aber aus den obigen durch Umklappung um die Hauptdiagonale entstehen.

§ 33. Das Quadrat der Vandermondeschen Determinante.

Um eine Anwendung des Multiplikationssatzes der Determinanten zu haben, wollen wir das Quadrat der in § 21 betrachteten Vandermondeschen Determinante berechnen.

Multiplizieren wir

$$V_n = \begin{vmatrix} a_1^{n-1} & a_1^{n-2} & \ldots & 1 \\ a_2^{n-1} & a_2^{n-2} & \ldots & 1 \\ \cdot & \cdot & \cdot & \cdot \\ a_n^{n-1} & a_n^{n-2} & \ldots & 1 \end{vmatrix}$$

mit sich selbst, indem wir Spalten mit Spalten zusammensetzen, so ergibt sich

$$V_n^2 = \begin{vmatrix} s_{2n-2} & s_{2n-3} & \ldots & s_{n-1} \\ s_{2n-3} & s_{2n-4} & \ldots & s_{n-2} \\ \cdot & \cdot & \cdot & \cdot \\ s_{n-1} & s_{n-2} & \ldots & s_0 \end{vmatrix}.$$

Dabei hat s_k folgende Bedeutung:

$$s_k = a_1^k + a_2^k + \ldots + a_n^k. \qquad (k = 0, 1, 2, \ldots)$$

s_0 ist also gleich n.

Aus § 21 wissen wir, daß V_n^2 gleich

$$\begin{array}{r} (a_1 - a_2)^2 (a_1 - a_3)^2 \ldots (a_1 - a_n)^2 \\ (a_2 - a_3)^2 \ldots (a_2 - a_n)^2 \\ \cdot \quad \cdot \quad \cdot \quad \cdot \quad \cdot \quad \cdot \quad \cdot \\ (a_{n-1} - a_n)^2 \end{array}$$

ist, also gleich dem Quadrat des Differenzenprodukts der n Zahlen a_1, $a_2, \ldots, a_n$. Das Quadrat des Differenzenprodukts läßt sich demnach durch die Potenzsummen s_k ausdrücken, und zwar in Form einer Determinante, deren Elemente solche Potenzsummen sind.

§ 34. Produkt rechteckiger Matrizen.

Wenn wir zwei rechteckige Matrizen

$$\begin{matrix} a_{11} & a_{12} & \ldots & a_{1n} \\ a_{21} & a_{22} & \ldots & a_{2n} \\ \cdot & \cdot & \cdot & \cdot \\ a_{m1} & a_{m2} & \ldots & a_{mn} \end{matrix} \quad \text{und} \quad \begin{matrix} b_{11} & b_{12} & \ldots & b_{1n} \\ b_{21} & b_{22} & \ldots & b_{2n} \\ \cdot & \cdot & \cdot & \cdot \\ b_{m1} & b_{m2} & \ldots & b_{mn} \end{matrix} \qquad (m \gtreqless n)$$

nach Zeilen multiplizieren, so ist es erlaubt, in jeder Matrix k Spalten mit lauter Nullen als $(n+1)^{\text{te}}$, $(n+2)^{\text{te}}, \ldots, (n+k)^{\text{te}}$ Spalte hinzuzufügen. Dabei bleiben nämlich die Elemente $(a_r\, b_s)$ der Produktdeterminante völlig unverändert.

Im Falle $m > n$ können wir durch Hinzufügen von $m - n$ Spalten mit lauter Nullen die Matrizen quadratisch machen. Dann wird nach Satz 23 ihr Produkt gleich dem Produkt von zwei m-reihigen Determinanten, deren jede wenigstens eine Spalte mit lauter Nullen enthält, also gleich Null ist.

Satz 25. **Multipliziert man zwei Matrizen mit m Zeilen und n Spalten, so ist die Produktdeterminante im Falle $m > n$ gleich Null.**

Da wir den Fall $m = n$ schon in § 32 untersucht haben, bleibt nur noch der Fall $m < n$ übrig.

In diesem Falle ist das Produkt der beiden Matrizen gleich der folgenden Summe (vgl. Satz 6):

$$\sum \begin{vmatrix} a_{1r_1} b_{1r_1}, a_{1r_2} b_{2r_2} & \ldots & a_{1r_m} b_{mr_m} \\ a_{2r_1} b_{1r_1}, a_{2r_2} b_{2r_2} & \ldots & a_{2r_m} b_{mr_m} \\ \cdot & \cdot & \cdot \\ a_{mr_1} b_{1r_1}, a_{mr_2} b_{2r_2} & \ldots & a_{mr_m} b_{mr_m} \end{vmatrix},$$

d. h. gleich

$$(1) \qquad \sum \begin{vmatrix} a_{1r_1} & a_{1r_2} & \ldots & a_{1r_m} \\ a_{2r_1} & a_{2r_2} & \ldots & a_{2r_m} \\ \cdot & \cdot & \cdot & \cdot \\ a_{mr_1} & a_{mr_2} & \ldots & a_{mr_m} \end{vmatrix} b_{1r_1}\, b_{2r_2} \ldots b_{mr_m}.$$

Jeder von den Indizes $r_1, r_2, \ldots, r_m$ nimmt die Werte $1, 2, \ldots, n$ an, so daß die Summe aus n^m Gliedern besteht. Wir können aber von denjenigen Systemen $r_1, r_2, \ldots, r_m$ absehen, bei denen zwei Indizes gleich sind, weil ihnen verschwindende Glieder von (1) entsprechen.

Die Glieder der Summe (1) lassen sich in Gruppen zusammenfassen, und zwar wollen wir alle Glieder, die aus einem bestimmten durch Vertauschung der Indizes $r_1, r_2, \ldots, r_m$ entstehen, mit diesem zu einer Gruppe rechnen.

Die Summe der Glieder einer solchen Gruppe läßt sich also in folgender Weise schreiben:

$$(2) \qquad \sum \begin{vmatrix} a_{1\varrho_1} & a_{1\varrho_2} & \ldots & a_{1\varrho_m} \\ a_{2\varrho_1} & a_{2\varrho_2} & \ldots & a_{2\varrho_m} \\ \cdot & \cdot & \cdot & \cdot \\ a_{m\varrho_1} & a_{m\varrho_2} & \ldots & a_{m\varrho_m} \end{vmatrix} b_{1\varrho_1}\, b_{2\varrho_2} \ldots b_{m\varrho_m}.$$

Diese Summe besteht aus $m!$ Gliedern und $\varrho_1, \varrho_2, \ldots, \varrho_m$ ist eine Permutation von $r_1, r_2, \ldots, r_m$ *). Die Determinanten

$$\begin{vmatrix} a_{1\varrho_1} & a_{1\varrho_2} & \ldots & a_{1\varrho_m} \\ a_{2\varrho_1} & a_{2\varrho_2} & \ldots & a_{2\varrho_m} \\ \cdot & \cdot & \cdot & \cdot \\ a_{m\varrho_1} & a_{m\varrho_2} & \ldots & a_{m\varrho_m} \end{vmatrix} \quad \text{und} \quad \begin{vmatrix} a_{1r_1} & a_{1r_2} & \ldots & a_{1r_m} \\ a_{2r_1} & a_{2r_2} & \ldots & a_{2r_m} \\ \cdot & \cdot & \cdot & \cdot \\ a_{mr_1} & a_{mr_2} & \ldots & a_{mr_m} \end{vmatrix}$$

unterscheiden sich (vgl. § 13) nur um den Faktor $+1$ oder -1. Das Hauptglied der ersten Determinante ist in der zweiten mit dem Faktor

$$\operatorname{sgn}\begin{pmatrix} 1 & 2 & \ldots & m \\ \varrho_1 & \varrho_2 & \ldots & \varrho_m \end{pmatrix}$$

behaftet. Als Hauptpaarung zwischen den Systemen $1, 2, \ldots, m$ und $r_1, r_2, \ldots, r_m$ gilt dabei

$$\begin{pmatrix} 1 & 2 & \ldots & m \\ r_1 & r_2 & \ldots & r_m \end{pmatrix}.$$

Die beiden Determinanten unterscheiden sich also um den Faktor $\operatorname{sgn}\begin{pmatrix} 1 & 2 & \ldots & m \\ \varrho_1 & \varrho_2 & \ldots & \varrho_m \end{pmatrix}$, und die Summe (2) läßt sich in folgender Weise schreiben:

$$\begin{vmatrix} a_{1r_1} & a_{1r_2} & \ldots & a_{1r_m} \\ a_{2r_1} & a_{2r_2} & \ldots & a_{2r_m} \\ \cdot & \cdot & \cdot & \cdot \\ a_{mr_1} & a_{mr_2} & \ldots & a_{mr_m} \end{vmatrix} \sum \operatorname{sgn}\begin{pmatrix} 1 & 2 & \ldots & m \\ \varrho_1 & \varrho_2 & \ldots & \varrho_m \end{pmatrix} b_{1\varrho_1} b_{2\varrho_2} \ldots b_{1r_m}.$$

Nun ist aber

$$\sum \operatorname{sgn}\begin{pmatrix} 1 & 2 & \ldots & m \\ \varrho_1 & \varrho_2 & \ldots & \varrho_m \end{pmatrix} b_{1\varrho_1} b_{2\varrho_2} \ldots b_{m\varrho_m} = \begin{vmatrix} b_{1r_1} & b_{1r_2} & \ldots & b_{1r_m} \\ b_{2r_1} & b_{2r_2} & \ldots & b_{2r_m} \\ \cdot & \cdot & \cdot & \cdot \\ b_{mr_1} & b_{mr_2} & \ldots & b_{mr_m} \end{vmatrix}.$$

Die Summe (2) wird also gleich

$$\begin{vmatrix} a_{1r_1} & a_{1r_2} & \ldots & a_{1r_m} \\ a_{2r_1} & a_{2r_2} & \ldots & a_{2r_m} \\ \cdot & \cdot & \cdot & \cdot \\ a_{mr_1} & a_{mr_2} & \ldots & a_{mr_m} \end{vmatrix} \cdot \begin{vmatrix} b_{1r_1} & b_{1r_2} & \ldots & b_{1r_m} \\ b_{2r_1} & b_{2r_2} & \ldots & b_{2r_m} \\ \cdot & \cdot & \cdot & \cdot \\ b_{mr_1} & b_{mr_2} & \ldots & b_{mr_m} \end{vmatrix},$$

und (1) ist die Summe aller dieser Produkte.

Um zu wissen, wie viele solcher Produkte es gibt, braucht man nur zu ermitteln, auf wie viele Arten sich unter n Dingen m $(< n)$ Dinge herausgreifen lassen, oder wie viele Kombinationen von n Dingen zur m^{ten} Klasse existieren.

---

*) Wir dürfen annehmen, daß $r_1 < r_2 < \ldots < r_m$ ist.

Wir wissen, daß es $\binom{n}{m} = \frac{n!}{m!\,(n-m)!}$ solche Kombinationen gibt.

Satz 26. Das Produkt zweier Matrizen mit m Zeilen und n Spalten findet man im Falle $m < n$, indem man jede m-reihige Determinante der einen Matrix mit der entsprechenden Determinante der andern Matrix multipliziert und alle diese Produkte addiert.

Das Produkt der beiden Matrizen ist also gleich dem Produkt zweier Systeme von $\binom{n}{m}$ Zahlen im Sinne von § 30. Um das eine System zu erhalten, schreibt man die m-reihigen Determinanten der einen Matrix in irgendeiner Reihenfolge auf. Das andere System besteht aus den entsprechenden Determinanten der andern Matrix.

§ 35. Anderer Beweis des Multiplikationssatzes der Determinanten.

Das Produkt der Determinanten

$$\mathfrak{A} = \begin{vmatrix} a_{11} & a_{12} & \dots & a_{1n} \\ a_{21} & a_{22} & \dots & a_{2n} \\ \cdot & \cdot & \cdot & \cdot \\ a_{n1} & a_{n2} & \dots & a_{nn} \end{vmatrix} \quad \text{und} \quad \mathfrak{B} = \begin{vmatrix} b_{11} & b_{12} & \dots & b_{1n} \\ b_{21} & b_{22} & \dots & b_{2n} \\ \cdot & \cdot & \cdot & \cdot \\ b_{n1} & b_{n2} & \dots & b_{nn} \end{vmatrix}$$

kann man durch eine $(2n)$-reihige Determinante darstellen.

Entwickelt man nämlich die $(2n)$-reihige Determinante

$$\begin{vmatrix} a_{11} & a_{12} & \dots & a_{1n} & 0 & 0 & \dots & 0 \\ a_{21} & a_{22} & \dots & a_{2n} & 0 & 0 & \dots & 0 \\ \cdot & \cdot & \cdot & \cdot & \cdot & \cdot & \cdot & \cdot \\ a_{n1} & a_{n2} & \dots & a_{nn} & 0 & 0 & \dots & 0 \\ c_{11} & c_{12} & \dots & c_{1n} & b_{11} & b_{12} & \dots & b_{1n} \\ c_{21} & c_{22} & \dots & c_{2n} & b_{21} & b_{22} & \dots & b_{2n} \\ \cdot & \cdot & \cdot & \cdot & \cdot & \cdot & \cdot & \cdot \\ c_{n1} & c_{n2} & \dots & c_{nn} & b_{n1} & b_{n2} & \dots & b_{nn} \end{vmatrix}$$

nach den n ersten Zeilen (vgl. § 19), so reduziert sich diese Entwickelung auf ein einziges Glied. Denn in den n ersten Zeilen ist $\mathfrak{A}$ die einzige von Null verschiedene Determinante und ihr algebraisches Komplement ist $\mathfrak{B}$.

Die Elemente c_{rs} können wir ganz beliebig wählen.

Wir wollen nun alle c_{rs} mit zwei verschiedenen Indizes gleich Null setzen, alle c_{rs} mit gleichen Indizes aber gleich -1. Die $(2n)$-reihige Determinante lautet dann

$$\begin{vmatrix} a_{11} & a_{12} & \ldots & a_{1n} & 0 & 0 & \ldots & 0 \\ a_{21} & a_{22} & \ldots & a_{2n} & 0 & 0 & \ldots & 0 \\ . & . & . & . & . & . & . & . \\ a_{n1} & a_{n2} & \ldots & a_{nn} & 0 & 0 & \ldots & 0 \\ -1 & 0 & \ldots & 0 & b_{11} & b_{12} & \ldots & b_{1n} \\ 0 & -1 & \ldots & 0 & b_{21} & b_{22} & \ldots & b_{2n} \\ . & . & . & . & . & . & . & . \\ 0 & 0 & \ldots & -1 & b_{n1} & b_{n2} & \ldots & b_{nn} \end{vmatrix}.$$

Addieren wir hier zur $(n+s)^{\text{ten}}$ Spalte $(s = 1, 2, \ldots, n)$ die mit b_{1s} multiplizierte erste, ferner die mit b_{2s} multiplizierte zweite Spalte usw., schließlich die mit b_{ns} multiplizierte n^{te} Spalte, so bleibt die Determinante ungeändert (vgl. Satz 7). Andererseits hat sie nach dieser Umformung folgende Gestalt:

$$\begin{vmatrix} a_{11} & a_{12} & \ldots & a_{1n} & p_{11} & p_{12} & \ldots & p_{1n} \\ a_{21} & a_{22} & \ldots & a_{2n} & p_{21} & p_{22} & \ldots & p_{2n} \\ . & . & . & . & . & . & . & . \\ a_{n1} & a_{n2} & \ldots & a_{nn} & p_{n1} & p_{n2} & \ldots & p_{nn} \\ -1 & 0 & \ldots & 0 & 0 & 0 & \ldots & 0 \\ 0 & -1 & \ldots & 0 & 0 & 0 & \ldots & 0 \\ . & . & . & . & . & . & . & . \\ 0 & 0 & \ldots & -1 & 0 & 0 & \ldots & 0 \end{vmatrix}.$$

Dabei ist
$$p_{rs} = a_{r1} b_{1s} + a_{r2} b_{2s} + \ldots + a_{rn} b_{ns}.$$

p_{rs} entsteht also durch Komposition der r^{ten} Zeile von $\mathfrak{A}$ mit der s^{ten} Spalte von $\mathfrak{B}$.

Die obige $(2n)$-reihige Determinante entwickeln wir nun nach den n letzten Zeilen. Diese Entwickelung reduziert sich auf ein einziges Glied, weil es in den n letzten Zeilen nur eine von Null verschiedene Determinante gibt, nämlich

$$\begin{vmatrix} -1 & 0 & \ldots & 0 \\ 0 & -1 & \ldots & 0 \\ . & . & . & . \\ 0 & 0 & \ldots & -1 \end{vmatrix} = (-1)^n.$$

Ihr Komplement ist
$$\begin{vmatrix} p_{11} & p_{12} & \ldots & p_{1n} \\ p_{21} & p_{22} & \ldots & p_{2n} \\ . & . & . & . \\ p_{n1} & p_{n2} & \ldots & p_{nn} \end{vmatrix}.$$

Um das algebraische Komplement zu erhalten, muß man noch den Faktor

$$(-1)^{1+2+\dots+n+(n+1)+(n+2)+\dots+2n}$$

hinzufügen (vgl. Satz 11). Nun ist aber

$$\begin{aligned} 1+2+\dots+n+(n+1)+(n+2)+\dots+2n \\ =2(1+2+\dots+n)+n^2. \end{aligned}$$

Der fragliche Faktor ist also $(-1)^{n^2}$ und die $(2n)$-reihige Determinante, d. h. $\mathfrak{A}\mathfrak{B}$, wird gleich

$$\begin{vmatrix} p_{11} & p_{12} & \cdots & p_{1n} \\ p_{21} & p_{22} & \cdots & p_{2n} \\ \cdot & \cdot & \cdot & \cdot \\ p_{n1} & p_{n2} & \cdots & p_{nn} \end{vmatrix};$$

denn $(-1)^{n^2+n}$ ist gleich 1, weil

$$n^2+n=n(n+1)$$

eine gerade Zahl ist.

§ 36. Anderer Beweis des Multiplikationssatzes rechteckiger Matrizen.

Auch der Multiplikationssatz rechteckiger Matrizen läßt sich durch das in § 35 benutzte Verfahren beweisen.

Wenn die beiden Matrizen

$$\begin{matrix} a_{11} & a_{12} & \cdots & a_{1n} \\ a_{21} & a_{22} & \cdots & a_{2n} \\ \cdot & \cdot & \cdot & \cdot \\ a_{m1} & a_{m2} & \cdots & a_{mn} \end{matrix} \quad \text{und} \quad \begin{matrix} b_{11} & b_{12} & \cdots & b_{1n} \\ b_{21} & b_{22} & \cdots & b_{2n} \\ \cdot & \cdot & \cdot & \cdot \\ b_{m1} & b_{m2} & \cdots & b_{mn} \end{matrix}$$

zu multiplizieren sind und m kleiner als n ist, so bilden wir die folgende $(m+n)$-reihige Determinante

$$D=\begin{vmatrix} 0 & 0 & \cdots & 0 & a_{11} & a_{12} & \cdots & a_{1n} \\ 0 & 0 & \cdots & 0 & a_{21} & a_{22} & \cdots & a_{2n} \\ \cdot & \cdot & \cdot & \cdot & \cdot & \cdot & \cdot & \cdot \\ 0 & 0 & \cdots & 0 & a_{m1} & a_{m2} & \cdots & a_{mn} \\ b_{11} & b_{21} & \cdots & b_{m1} & -1 & 0 & \cdots & 0 \\ b_{12} & b_{22} & \cdots & b_{m2} & 0 & -1 & \cdots & 0 \\ \cdot & \cdot & \cdot & \cdot & \cdot & \cdot & \cdot & \cdot \\ b_{1n} & b_{2n} & \cdots & b_{mn} & 0 & 0 & \cdots & -1 \end{vmatrix}.$$

Addieren wir zu der s^{ten} Spalte die mit b_{s1} multiplizierte $(m+1)^{\text{te}}$, die mit b_{s2} multiplizierte $(m+2)^{\text{te}}$, ..., die mit b_{sn} multiplizierte $(m+n)^{\text{te}}$ Spalte $(s = 1, 2, \ldots, m)$, so wird

$$D = \begin{vmatrix} (a_1 b_1) & (a_1 b_2) & \ldots & (a_1 b_m) & a_{11} & a_{12} & \ldots & a_{1n} \\ (a_2 b_1) & (a_2 b_2) & \ldots & (a_2 b_m) & a_{21} & a_{22} & \ldots & a_{2n} \\ \cdot & \cdot & \cdot & \cdot & \cdot & \cdot & \cdot & \cdot \\ (a_m b_1) & (a_m b_2) & \ldots & (a_m b_m) & a_{m1} & a_{m2} & \ldots & a_{mn} \\ 0 & 0 & \ldots & 0 & -1 & 0 & \ldots & 0 \\ 0 & 0 & \ldots & 0 & 0 & -1 & \ldots & 0 \\ \cdot & \cdot & \cdot & \cdot & \cdot & \cdot & \cdot & \cdot \\ 0 & 0 & \ldots & 0 & 0 & 0 & \ldots & -1 \end{vmatrix}.$$

Entwickeln wir nach den n letzten Zeilen, so ergibt sich

$$D = (-1)^n \begin{vmatrix} (a_1 b_1) & (a_1 b_2) & \ldots & (a_1 b_m) \\ (a_2 b_1) & (a_2 b_2) & \ldots & (a_2 b_m) \\ \cdot & \cdot & \cdot & \cdot \\ (a_m b_1) & (a_m b_2) & \ldots & (a_m b_m) \end{vmatrix}.$$

$(-1)^n D$ ist also das Produkt der beiden Matrizen im Sinne von § 31.

Wir können nun aber auf D, ohne vorher eine Umformung vorzunehmen, den Laplaceschen Satz anwenden. Entwickeln wir nach den m ersten Zeilen, so kommen nur die Determinanten

$$M = \begin{vmatrix} a_{1r_1} & a_{1r_2} & \ldots & a_{1r_m} \\ a_{2r_1} & a_{2r_2} & \ldots & a_{2r_m} \\ \cdot & \cdot & \cdot & \cdot \\ a_{mr_1} & a_{mr_2} & \ldots & a_{mr_m} \end{vmatrix}$$

in Frage. Dabei sind $r_1, r_2, \ldots, r_m$ Zahlen aus der Reihe $1, 2, \ldots, n$, und es ist

$$r_1 < r_2 < \ldots < r_m .$$

Es handelt sich jetzt darum, das algebraische Komplement von M zu finden.

Um das Komplement K von M zu erhalten, müssen wir in D die m ersten Zeilen und die Spalten mit den Indizies $m + r_1$, $m + r_2$, ..., $m + r_m$ streichen. Die m ersten Spalten der Determinante K lauten

$$\begin{matrix} b_{11} & b_{21} & \ldots & b_{m1} \\ b_{12} & b_{22} & \ldots & b_{m2} \\ \cdot & \cdot & \cdot & \cdot \\ b_{1n} & b_{2n} & \ldots & b_{mn}, \end{matrix}$$

und in ihren $n - m$ letzten Spalten gibt es nur $n - m$ von Null verschiedene Elemente. Die Zeilenindizes $\varrho_1, \varrho_2, \ldots, \varrho_{n-m}$ dieser Elemente sind die Zahlen, die in der Reihe $1, 2, \ldots, n$ stehen bleiben, wenn man $r_1, r_2, \ldots, r_m$ darin streicht.

In den $n-m$ letzten Spalten von K ist also nur **eine** von Null verschiedene Determinante enthalten, und sie hat den Wert $(-1)^{n-m}$. Ihr Komplement in K ist

$$M' = \begin{vmatrix} b_{1r_1} & b_{2r_1} & \dots & b_{mr_1} \\ b_{1r_2} & b_{2r_2} & \dots & b_{mr_2} \\ \cdot & \cdot & \cdot & \cdot \\ b_{1r_m} & b_{2r_m} & \dots & b_{mr_m} \end{vmatrix}.$$

Um das algebraische Komplement zu haben, muß man den Faktor $(-1)^\sigma$ hinzufügen, wobei

$$\sigma = \varrho_1 + \varrho_2 + \dots + \varrho_{n-m} + (m+1) + (m+2) + \dots + n$$

ist.

K hat dann nach dem Laplaceschen Satz den Wert

$$(-1)^{n-m+\sigma} M'.$$

Das algebraische Komplement $\bar{M}$ von M ergibt sich aus K durch Multiplikation mit $(-1)^\tau$, wobei

$$\tau = 1 + 2 + \dots + m + (m + r_1) + (m + r_2) + \dots + (m + r_m),$$

so daß

$$M\bar{M} = (-1)^{n-m+\sigma+\tau} M M'$$

ist.

Offenbar wird nun

$$\sigma + \tau = m^2 + 2(1 + 2 + \dots + n),$$

also

$$(-1)^{n-m+\sigma+\tau} = (-1)^{n-m+m^2} = (-1)^n,$$

weil

$$m^2 - m = m(m-1)$$

eine gerade Zahl ist.

Auf Grund des Laplaceschen Satzes haben wir

$$D = \sum M\bar{M} = (-1)^n \sum M M'.$$

Andererseits war aber $(-1)^n D$ das Produkt der beiden betrachteten Matrizen. Also ist dieses Produkt gleich $\sum M M'$, d. h. gleich

$$\sum \begin{vmatrix} a_{1r_1} & a_{1r_2} & \dots & a_{1r_m} \\ a_{2r_1} & a_{2r_2} & \dots & a_{2r_m} \\ \cdot & \cdot & \cdot & \cdot \\ a_{mr_1} & a_{mr_2} & \dots & a_{mr_m} \end{vmatrix} \cdot \begin{vmatrix} b_{1r_1} & b_{1r_2} & \dots & b_{1r_m} \\ b_{2r_1} & b_{2r_2} & \dots & b_{2r_m} \\ \cdot & \cdot & \cdot & \cdot \\ b_{mr_1} & b_{mr_2} & \dots & b_{mr_m} \end{vmatrix}.$$

Siebentes Kapitel.

Determinanten, deren Elemente Minoren einer andern sind.

§ 37. Reziproke Determinanten.

Jedes Element a_{rs} der Determinante

$$D = \begin{vmatrix} a_{11} & a_{12} & \dots & a_{1n} \\ a_{21} & a_{22} & \dots & a_{2n} \\ \cdot & \cdot & \cdot & \cdot \\ a_{n1} & a_{n2} & \dots & a_{nn} \end{vmatrix}$$

hat ein algebraisches Komplement A_{rs}. Um A_{rs} zu erhalten, muß man in D die r^{te} Zeile und die s^{te} Spalte streichen und dann mit $(-1)^{r+s}$ multiplizieren.

Die Determinante

$$\varDelta = \begin{vmatrix} A_{11} & A_{12} & \dots & A_{1n} \\ A_{21} & A_{22} & \dots & A_{2n} \\ \cdot & \cdot & \cdot & \cdot \\ A_{n1} & A_{n2} & \dots & A_{nn} \end{vmatrix}$$

nennt man die zu D reziproke Determinante.

Man erhält also zu einer gegebenen Determinante D die reziproke, indem man jedes Element von D durch sein algebraisches Komplement ersetzt.

Multiplizieren wir D und $\varDelta$ nach Zeilen, so ergibt sich

$$D\varDelta = \begin{vmatrix} D & 0 & \dots & 0 \\ 0 & D & \dots & 0 \\ \cdot & \cdot & \cdot & \cdot \\ 0 & 0 & \dots & D \end{vmatrix}.$$

In der Tat ist $a_{r1} A_{s1} + a_{r2} A_{s2} + \dots + a_{rn} A_{sn}$

im Falle $r \gtrless s$ gleich Null und im Falle $r = s$ gleich D (vgl. § 20). In der Produktdeterminante sind daher die Hauptelemente gleich D und die übrigen Elemente alle gleich Null. Sie hat also den Wert D^n, so daß

$$D\varDelta = D^n$$

ist.

Wenn D nicht verschwindet, so folgt hieraus

$$\varDelta = D^{n-1}.$$

Satz 27. **Die reziproke einer von Null verschiedenen n-reihigen Determinante ist ebenfalls von Null verschieden. Sie ist nämlich gleich der $(n-1)^{\text{ten}}$ Potenz dieser Determinante.**

§ 38. Die Minoren der reziproken Determinante.

M sei ein p-reihiger Minor von Δ $(1 \leqq p < n)$. Seine Zeilenindizes seien $r_1, r_2, \ldots, r_p$, seine Spaltenindizes $s_1, s_2, \ldots, s_p$. Mit $\varrho_1, \varrho_2, \ldots, \varrho_{n-p}$ wollen wir die Zeilenindizes und mit $\sigma_1, \sigma_2, \ldots, \sigma_{n-p}$ die Spaltenindizes seines Komplements M′ bezeichnen. Jedesmal sind die Indizes nach zunehmender Größe geordnet.

Wenn wir in Δ die Hauptelemente von M′ durch 1 ersetzen und alle übrigen Elemente in den Zeilen $\varrho_1, \varrho_2, \ldots, \varrho_{n-p}$ durch 0, so entsteht eine n-reihige Determinante $\bar{\Delta}$, die gleich εM ist; ε hat den Wert:

$$\varepsilon = (-1)^{r_1 + \cdots + r_p + s_1 + \cdots + s_p}.$$

Entwickelt man nämlich $\bar{\Delta}$ nach den Zeilen $\varrho_1, \varrho_2, \ldots, \varrho_{n-p}$, so reduziert sich die Entwickelung auf ein Glied, weil in den genannten Zeilen nur eine von Null verschiedene Determinante vorhanden ist, die den Wert 1 und das algebraische Komplement εM hat.

Wir wollen jetzt $\bar{\Delta}$ und D nach Zeilen multiplizieren. Dann läßt sich von der Produktdeterminante $\bar{\Delta}D$ folgendes sagen:

In den Zeilen $r_1, r_2, \ldots, r_p$ sind die Hauptelemente*) gleich D, weil

$$a_{r1} A_{r1} + a_{r2} A_{r2} + \ldots + a_{rn} A_{rn} = D,$$

alle übrigen Elemente aber gleich Null, weil im Falle $s \gtrless r$

$$a_{s1} A_{r1} + a_{s2} A_{r2} + \ldots + a_{sn} A_{rn} = 0$$

ist.

Die Elemente der Zeilen $\varrho_1, \varrho_2, \ldots, \varrho_{n-p}$ in $\bar{\Delta}D$ lauten

$$\begin{matrix} a_{1\sigma_1} & a_{2\sigma_1} & \ldots a_{n\sigma_1} \\ a_{1\sigma_2} & a_{2\sigma_2} & \ldots a_{n\sigma_2} \\ \cdot & \cdot & \cdot \\ a_{1\sigma_{n-p}} & a_{2\sigma_{n-p}} & \ldots a_{n\sigma_{n-p}}. \end{matrix}$$

$\bar{\Delta}D$ wird also nach dem Laplaceschen Satze gleich

$$D^p \begin{vmatrix} a_{\varrho_1\sigma_1} & a_{\varrho_2\sigma_1} & \ldots a_{\varrho_{n-p}\sigma_1} \\ a_{\varrho_1\sigma_2} & a_{\varrho_2\sigma_2} & \ldots a_{\varrho_{n-p}\sigma_2} \\ \cdot & \cdot & \cdot \\ a_{\varrho_1\sigma_{n-p}} & a_{\varrho_2\sigma_{n-p}} & \ldots a_{\varrho_{n-p}\sigma_{n-p}} \end{vmatrix}$$

oder, was dasselbe ist, gleich

$$D^p \begin{vmatrix} a_{\varrho_1\sigma_1} & a_{\varrho_1\sigma_2} & \ldots a_{\varrho_1\sigma_{n-p}} \\ a_{\varrho_2\sigma_1} & a_{\varrho_2\sigma_2} & \ldots a_{\varrho_2\sigma_{n-p}} \\ \cdot & \cdot & \cdot \\ a_{\varrho_{n-p}\sigma_1} & a_{\varrho_{n-p}\sigma_2} & \ldots a_{\varrho_{n-p}\sigma_{n-p}} \end{vmatrix}.$$

---

*) Das heißt: die Elemente mit gleichen Indizes.

Da $\bar{\varDelta} = \varepsilon \mathsf{M}$ war, so ergibt sich im Falle D ungleich Null

$$\mathsf{M} = D^{p-1}\varepsilon \begin{vmatrix} a_{\varrho_1\sigma_1} & a_{\varrho_1\sigma_2} & \dots & a_{\varrho_1\sigma_{n-p}} \\ a_{\varrho_2\sigma_1} & a_{\varrho_2\sigma_2} & \dots & a_{\varrho_2\sigma_{n-p}} \\ \cdot & \cdot & \cdot & \cdot \\ a_{\varrho_{n-p}\sigma_1} & a_{\varrho_{n-p}\sigma_2} & \dots & a_{\varrho_{n-p}\sigma_{n-p}} \end{vmatrix}.$$

Bezeichnen wir mit M den Minor von D, der dem Minor M entspricht, d. h. dieselben Zeilen- und Spaltenindizes wie M hat, so läßt sich die obige Formel auch so schreiben:

$$\mathsf{M} = D^{p-1}\bar{M}.$$

Dabei bedeutet $\bar{M}$ das algebraische Komplement von M in der Determinante D.

Satz 28. D sei eine von Null verschiedene Determinante und $\varDelta$ die reziproke von ihr. Ist dann M ein p-reihiger Minor von $\varDelta$ und M der entsprechende Minor von D, so unterscheidet sich M von dem algebraischen Komplement von M nur um den Faktor D^{p-1}.

Wir können auch sagen:

Das algebraische Komplement von M' unterscheidet sich von M' nur um den Faktor D^{p-1}.

M' ist das Komplement von M, also der Minor von D, der dem Minor M' entspricht.

Die algebraischen Komplemente der Elemente von $\varDelta$ sind hiernach gleich den entsprechenden Elementen von D, multipliziert mit dem Faktor D^{n-2}. Die reziproke Determinante der Reziproken ist also wieder die ursprüngliche Determinante, nur daß alle Elemente den Faktor D^{n-2} erhalten haben.

§ 39. Die Reziproke einer verschwindenden Determinante.

Wir haben bisher angenommen, daß D von Null verschieden ist. Jetzt wollen wir den Fall $D = 0$ erledigen. Und zwar beweisen wir folgenden Satz:

Satz 29. Wenn eine Determinante gleich Null ist, so hat ihre Reziproke entweder den Rang 1 oder den Rang 0.

Wenn $D = 0$, so ist der Rang von D entweder gleich $n - 1$ oder kleiner als $n - 1$. Im letzten Falle sind alle A_{rs} gleich Null, d. h. die zu D reziproke Determinante hat den Rang Null. Im ersten Falle haben die linearen Gleichungen

$$\begin{aligned} a_{11}\, x_1 + a_{12}\, x_2 + \dots + a_{1n}\, x_n &= 0, \\ a_{21}\, x_1 + a_{22}\, x_2 + \dots + a_{2n}\, x_u &= 0, \\ \cdot\quad \cdot\quad \cdot\quad \cdot\quad \cdot\quad \cdot\quad \cdot\quad \cdot\quad & \cdot \\ a_{u1}\, x_1 + a_{n2}\, x_2 + \dots + a_{nn}\, x_n &= 0 \end{aligned}$$

nur eine unabhängige Lösung (vgl. Satz 21), aus der sich jede andre durch Multiplikation mit einem Faktor ergibt. Diese unabhängige Lösung sei

$$x_1 = B_1, \quad x_2 = B_2, \ldots \quad x_n = B_n.$$

Dann läßt sich jede Lösung in der Form

$$\lambda B_1, \quad \lambda B_2, \ldots, \quad \lambda B_n$$

schreiben. Nun ist offenbar

$$A_{r1}, \quad A_{r2}, \ldots, \quad A_{rn} \quad (r = 1, 2, \ldots, n)$$

eine Lösung unseres Systems. Also gibt es eine Zahl A_r, so daß man hat

$$A_{r1} = A_r B_1, \quad A_{r2} = A_r B_2, \ldots, \quad A_{rn} = A_r B_n.$$

Die n^2 Elemente A_{rs} der reziproken Determinante drücken sich somit durch die $2n$ Zahlen

$$A_1, A_2, \ldots, A_n \quad \text{und} \quad B_1, B_2, \ldots, B_n$$

in der Form aus:

$$A_{rs} = A_r B_s. \quad (r, s = 1, 2, \ldots, n).$$

Daraus folgt, daß alle zweireihigen Determinanten

$$\begin{vmatrix} A_{r_1 s_1} & A_{r_1 s_2} \\ A_{r_2 s_1} & A_{r_2 s_2} \end{vmatrix}$$

gleich Null sind. Eine solche Determinante ist nämlich gleich

$$\begin{vmatrix} A_{r_1} B_{s_1} & A_{r_1} B_{s_2} \\ A_{r_2} B_{s_1} & A_{r_2} B_{s_2} \end{vmatrix} = A_{r_1} A_{r_2} \begin{vmatrix} B_{s_1} & B_{s_2} \\ B_{s_1} & B_{s_2} \end{vmatrix} = 0.$$

Die Sätze in § 37 und § 38 gelten also auch im Falle $D = 0$. Denn in der Matrix der reziproken Determinante verschwinden dann alle mehr als einreihigen Determinanten.

Daß die Sätze 27 und 28 im Falle $D = 0$ ihre Gültigkeit bewahren, können wir auch aus den Betrachtungen in § 15 entnehmen. Ersetzen wir die Hauptelemente $a_{11}, a_{22}, \ldots, a_{nn}$ durch

$$a_{11} + \frac{1}{p}, \quad a_{22} + \frac{1}{p}, \ldots, \quad a_{nn} + \frac{1}{p} \quad (p = 1, 2, \ldots),$$

so ist D von Null verschieden, sobald nur p genügend groß ist. Dann also gelten die Sätze 27 und 28. Lassen wir nun p unbegrenzt zunehmen, so ergibt sich mit Hilfe von § 15, daß unsere Sätze im Falle $D = 0$ bestehen bleiben.

§ 40. Die reziproke Determinante eines Produkts zweier Determinanten.

Wir wollen die beiden Determinanten

$$\begin{vmatrix} a_{11} & a_{12} & \ldots & a_{1n} \\ a_{21} & a_{22} & \ldots & a_{2n} \\ \cdot & \cdot & \cdot & \cdot \\ a_{n1} & a_{n2} & \ldots & a_{nn} \end{vmatrix} \quad \text{und} \quad \begin{vmatrix} b_{11} & b_{12} & \ldots & b_{1n} \\ b_{21} & b_{22} & \ldots & b_{2n} \\ \cdot & \cdot & \cdot & \cdot \\ b_{n1} & b_{n2} & \ldots & b_{nn} \end{vmatrix}$$

miteinander multiplizieren, und zwar nach Zeilen.

Um zu der Produktdeterminante

$$\begin{vmatrix} (a_1 b_1) & (a_1 b_2) & \ldots & (a_1 b_n) \\ (a_2 b_1) & (a_2 b_2) & \ldots & (a_2 b_n) \\ \cdot & \cdot & \cdot & \cdot \\ (a_n b_1) & (a_n b_2) & \ldots & (a_n b_n) \end{vmatrix}$$

die reziproke zu bilden, muß man das algebraische Komplement c_{rs} von $(a_r b_s)$ aufsuchen.

$(-1)^{r+s} c_{rs}$ ist das Produkt zweier Matrizen, die man erhält, indem man in der Matrix

$$\begin{matrix} a_{11} & a_{12} & \ldots & a_{1n} \\ a_{21} & a_{22} & \ldots & a_{2n} \\ \cdot & \cdot & \cdot & \cdot \\ a_{n1} & a_{n2} & \ldots & a_{nn} \end{matrix}$$

die r^{te} Zeile und in der Matrix

$$\begin{matrix} b_{11} & b_{12} & \ldots & b_{1n} \\ b_{21} & b_{22} & \ldots & b_{2n} \\ \cdot & \cdot & \cdot & \cdot \\ b_{n1} & b_{n2} & \ldots & b_{nn} \end{matrix}$$

die s^{te} Zeile streicht. Dieses Produkt kann man aber nach § 34 auch durch Komposition der $(n-1)$-reihigen Determinanten beider Matrizen gewinnen. Die $(n-1)$-reihigen Determinanten der ersten Matrix lauten:

$$(-1)^{r+1} A_{r1}, \ (-1)^{r+2} A_{r2}, \ \ldots, \ (-1)^{r+n} A_{rn},$$

die der zweiten:

$$(-1)^{s+1} B_{s1}, \ (-1)^{s+2} B_{s2}, \ \ldots, \ (-1)^{s+n} B_{sn}.$$

Das fragliche Produkt wird demnach gleich

$$(-1)^{r+s} (A_{r1} B_{s1} + A_{r2} B_{s2} + \ldots + A_{rn} B_{sn})$$

und c_{rs} gleich

$$A_{r1} B_{s1} + A_{r2} B_{s2} + \ldots + A_{rn} B_{sn} = (A_r B_s).$$

Man erhält also die Elemente c_{rs}, indem man die reziproken Determinanten der beiden gegebenen nach Zeilen multipliziert.

§ 41. Das Theorem von Sylvester.

Wir wollen die $n-1$ letzten Zeilen von

$$A = \begin{vmatrix} a_{11} & a_{12} & \dots & a_{1n} \\ a_{21} & a_{22} & \dots & a_{2n} \\ \cdot & \cdot & \cdot & \cdot \\ a_{n1} & a_{n2} & \dots & a_{nn} \end{vmatrix}$$

mit a_{11} multiplizieren. Dann erhalten wir (vgl. Satz 5)

$$a_{11}^{n-1} A = \begin{vmatrix} a_{11} & a_{12} & \dots & a_{1n} \\ a_{11} a_{21} & a_{11} a_{22} & \dots & a_{11} a_{2n} \\ \cdot & \cdot & \cdot & \cdot \\ a_{11} a_{n1} & a_{11} a_{n2} & \dots & a_{11} a_{nn} \end{vmatrix}.$$

Subtrahieren wir jetzt von der zweiten Zeile die mit a_{21} multiplizierte erste Zeile, von der dritten die mit a_{31} multiplizierte erste, ..., von der n^{ten} die mit a_{n1} multiplizierte erste, so ergibt sich (vgl. Satz 7)

$$a_{11}^{n-1} A = \begin{vmatrix} a_{11} & a_{12} & \dots & a_{1n} \\ 0 & a_{11} a_{22} - a_{12} a_{21} & \dots & a_{11} a_{2n} - a_{1n} a_{21} \\ \cdot & \cdot & \cdot & \cdot \\ 0 & a_{11} a_{n2} - a_{12} a_{n1} & \dots & a_{11} a_{nn} - a_{1n} a_{n1} \end{vmatrix},$$

d. h. (vgl. Satz 14)

$$a_{11}^{n-1} A = a_{11} \begin{vmatrix} a_{11} a_{22} - a_{12} a_{21}, & \dots, & a_{11} a_{2n} - a_{1n} a_{21} \\ \cdot & \cdot & \cdot \\ a_{11} a_{n2} - a_{12} a_{n1}, & \dots, & a_{11} a_{nn} - a_{1n} a_{n1} \end{vmatrix}.$$

Im Falle a_{11} ungleich Null folgt hieraus

$$(1)\quad a_{11}^{n-2} A = \begin{vmatrix} a_{11} a_{22} - a_{12} a_{21}, & a_{11} a_{23} - a_{13} a_{21}, & \dots, & a_{11} a_{2n} - a_{1n} a_{21} \\ a_{11} a_{32} - a_{12} a_{31}, & a_{11} a_{33} - a_{13} a_{31}, & \dots, & a_{11} a_{3n} - a_{1n} a_{31} \\ \cdot & \cdot & \cdot & \cdot \\ a_{11} a_{n2} - a_{12} a_{n1}, & a_{11} a_{n3} - a_{13} a_{n1}, & \dots, & a_{11} a_{nn} - a_{1n} a_{n1} \end{vmatrix}.$$

Die Formel gilt aber auch für $a_{11} = 0$*). Dann wird nämlich die rechte Seite gleich

$$(-1)^{n-1} a_{12} a_{13} \dots a_{1n} \begin{vmatrix} a_{21} & a_{21} & \dots & a_{21} \\ a_{31} & a_{31} & \dots & a_{31} \\ \cdot & \cdot & \cdot & \cdot \\ a_{n1} & a_{n1} & \dots & a_{n1} \end{vmatrix}.$$

Im Falle $n > 2$ sind also in (1) beide Seiten gleich Null. Im Falle $n = 2$ reduziert sich die Formel (1) auf $A = A$, wenn wir a_{11}^0 durch 1 ersetzen.

*) Man kann sich hiervon auch dadurch überzeugen, daß man zuerst $a_{11} \neq 0$ annimmt und dann a_{11} nach Null konvergieren läßt.

Die Elemente der Determinante rechts in (1) sind die zweireihigen Minoren von A, welche a_{11} als einreihige Unterdeterminante enthalten, oder die zweireihigen Superdeterminanten von a_{11}.

Setzen wir zur Abkürzung

$$\begin{vmatrix} a_{11} & a_{1s} \\ a_{r1} & a_{rs} \end{vmatrix} = b_{rs} \quad (r, s = 2, 3, \ldots n),$$

so läßt sich Formel (1) so schreiben:

$$\overline{(1)} \qquad a_{11}^{n-2} A = \begin{vmatrix} b_{22} & b_{23} & \ldots & b_{2n} \\ b_{32} & b_{33} & \ldots & b_{3n} \\ \cdot & \cdot & \cdot & \cdot \\ b_{n2} & b_{n3} & \ldots & b_{nn} \end{vmatrix}.$$

Auf die Determinante

$$B = \begin{vmatrix} b_{22} & b_{23} & \ldots & b_{2n} \\ b_{32} & b_{33} & \ldots & b_{3n} \\ \cdot & \cdot & \cdot & \cdot \\ b_{n2} & b_{n3} & \ldots & b_{nn} \end{vmatrix}$$

können wir wieder die Formel (1) anwenden. Setzen wir

$$\begin{vmatrix} b_{22} & b_{2s} \\ b_{r2} & b_{rs} \end{vmatrix} = \beta_{rs} \quad (r, s = 3, 4, \ldots, n),$$

so ist

$$(2) \qquad b_{22}^{n-3} B = \begin{vmatrix} \beta_{33} & \beta_{34} & \ldots & \beta_{3n} \\ \beta_{43} & \beta_{44} & \ldots & \beta_{4n} \\ \cdot & \cdot & \cdot & \cdot \\ \beta_{n3} & \beta_{n4} & \ldots & \beta_{nn} \end{vmatrix}.$$

Formel (1) liefert aber, angewandt auf die Determinante

$$c_{rs} = \begin{vmatrix} a_{11} & a_{12} & a_{1s} \\ a_{21} & a_{22} & a_{2s} \\ a_{r1} & a_{r2} & a_{rs} \end{vmatrix} \quad (r, s = 3, 4, \ldots, n),$$

die Gleichung

$$a_{11} c_{rs} = \begin{vmatrix} b_{22} & b_{2s} \\ b_{r2} & b_{rs} \end{vmatrix} = \beta_{rs},$$

so daß (2) folgende Gestalt annimmt:

$$b_{22}^{n-3} B = a_{11}^{n-2} \begin{vmatrix} c_{33} & c_{34} & \ldots & c_{3n} \\ c_{43} & c_{44} & \ldots & c_{4n} \\ \cdot & \cdot & \cdot & \cdot \\ c_{n3} & c_{n4} & \ldots & c_{nn} \end{vmatrix}.$$

Hieraus ergibt sich unter Beachtung von $(\overline{1})$

$$(2) \qquad b_{22}^{n-3} A = \begin{vmatrix} c_{33} & c_{34} & \dots & c_{3n} \\ c_{43} & c_{44} & \dots & c_{4n} \\ \cdot & \cdot & \cdot & \cdot \\ c_{n3} & c_{n4} & \dots & c_{nn} \end{vmatrix}.$$

Hierbei haben wir $a_{11} \neq 0$ angenommen. Die Formel (2) gilt aber auch für $a_{11} = 0$, wie sich sofort ergibt, wenn man a_{11} nach Null konvergieren läßt.

Die Elemente der Determinante

$$C = \begin{vmatrix} c_{33} & c_{34} & \dots & c_{3n} \\ c_{43} & c_{44} & \dots & c_{4n} \\ \cdot & \cdot & \cdot & \cdot \\ c_{n3} & c_{n4} & \dots & c_{nn} \end{vmatrix}$$

sind die dreireihigen Superdeterminanten von

$$b_{22} = \begin{vmatrix} a_{11} & a_{12} \\ a_{21} & a_{22} \end{vmatrix}.$$

Man kann hiernach folgenden Satz vermuten:

Satz 30. Die aus den $(h+1)$-reihigen Superdeterminanten von

$$\begin{vmatrix} a_{11} & a_{12} & \dots & a_{1h} \\ a_{21} & a_{22} & \dots & a_{2h} \\ \cdot & \cdot & \cdot & \cdot \\ a_{h1} & a_{h2} & \dots & a_{hh} \end{vmatrix}$$

gebildete Determinante ist gleich

$$\begin{vmatrix} a_{11} & a_{12} & \dots & a_{1h} \\ a_{21} & a_{22} & \dots & a_{2h} \\ \cdot & \cdot & \cdot & \cdot \\ a_{h1} & a_{h2} & \dots & a_{hh} \end{vmatrix}^{n-h-1} \begin{vmatrix} a_{11} & a_{12} & \dots & a_{1n} \\ a_{21} & a_{22} & \dots & a_{2n} \\ \cdot & \cdot & \cdot & \cdot \\ a_{n1} & a_{n2} & \dots & a_{nn} \end{vmatrix} \qquad (1 \leqq h < n).$$

Um sich von der Richtigkeit des Satzes zu überzeugen, braucht man nur zu beweisen, daß er richtig bleibt, wenn man h durch $h+1$ ersetzt $(h < n)$ *). Das geschieht aber in folgender Weise.

Setzen wir zur Abkürzung

$$b_{rs} = \begin{vmatrix} a_{11} & a_{12} & \dots & a_{1h} & a_{1s} \\ a_{21} & a_{22} & \dots & a_{2h} & a_{2s} \\ \cdot & \cdot & \cdot & \cdot & \cdot \\ a_{h1} & a_{h2} & \dots & a_{hh} & a_{hs} \\ a_{r1} & a_{r2} & \dots & a_{rh} & a_{rs} \end{vmatrix} \qquad (r, s = h+1, \dots, n),$$

*) Für $h = 1$ und $h = 2$ gilt der Satz.

so lautet die Formel des Satzes 30

$$
(3)\qquad \begin{vmatrix} b_{h+1,h+1} & b_{h+1,h+2} & \dots & b_{h+1,n} \\ b_{h+2,h+1} & b_{h+2,h+2} & \dots & b_{h+2,n} \\ \cdot & \cdot & \cdot & \cdot \\ b_{n,h+1} & b_{n,h+2} & \dots & b_{nn} \end{vmatrix}
= \begin{vmatrix} a_{11} & a_{12} & \dots & a_{1h} \\ a_{21} & a_{22} & \dots & a_{2h} \\ \cdot & \cdot & \cdot & \cdot \\ a_{h1} & a_{h2} & \dots & a_{hh} \end{vmatrix}^{n-h-1}
\begin{vmatrix} a_{11} & a_{12} & \dots & a_{1n} \\ a_{21} & a_{22} & \dots & a_{2n} \\ \cdot & \cdot & \cdot & \cdot \\ a_{n1} & a_{n2} & \dots & a_{nn} \end{vmatrix}.
$$

Nun ist aber

$$
(4)\qquad b_{h+1,h+1}^{n-h-2} \begin{vmatrix} b_{h+1,h+1} & b_{h+1,h+2} & \dots & b_{h+1,n} \\ b_{h+2,h+1} & b_{h+2,h+2} & \dots & b_{h+2,n} \\ \cdot & \cdot & \cdot & \cdot \\ b_{n,h+1} & b_{n,h+2} & \dots & b_{nn} \end{vmatrix}
= \begin{vmatrix} \beta_{h+2,h+2} & \dots & \beta_{h+2,n} \\ \cdot & \cdot & \cdot \\ \beta_{n,h+2} & \dots & \beta_{nn} \end{vmatrix}.
$$

Dabei hat β_{rs} folgende Bedeutung:

$$
\beta_{rs} = \begin{vmatrix} b_{h+1,h+1} & b_{h+1,s} \\ b_{r,h+1} & b_{rs} \end{vmatrix} \qquad (r,\ s = h+2, \dots, n).
$$

Wendet man nunmehr auf die Determinante

$$
\begin{vmatrix} a_{11} & a_{12} & \dots & a_{1,h+1} & a_{1s} \\ a_{21} & a_{22} & \dots & a_{2,h+1} & a_{2s} \\ \cdot & \cdot & \cdot & \cdot & \cdot \\ a_{h+1,1} & a_{h+1,2} & \dots & a_{h+1,h+1} & a_{h+1,s} \\ a_{r1} & a_{r2} & \dots & a_{r,h+1} & a_{rs} \end{vmatrix}
$$

den Satz 30 an, so ergibt sich

$$
\beta_{rs} = \begin{vmatrix} a_{11} & a_{12} & \dots & a_{1h} \\ a_{21} & a_{22} & \dots & a_{2h} \\ \cdot & \cdot & \cdot & \cdot \\ a_{h1} & a_{h2} & \dots & a_{hh} \end{vmatrix} \cdot
\begin{vmatrix} a_{11} & a_{12} & \dots & a_{1,h+1} & a_{1s} \\ a_{21} & a_{22} & \dots & a_{2,h+1} & a_{2s} \\ \cdot & \cdot & \cdot & \cdot & \cdot \\ a_{h+1,1} & a_{h+1,2} & \dots & a_{h+1,h+1} & a_{h+1,s} \\ a_{r1} & a_{r2} & \dots & a_{r,h+1} & a_{rs} \end{vmatrix}.
$$

Setzt man also

$$
c_{rs} = \begin{vmatrix} a_{11} & a_{12} & \dots & a_{1,h+1} & a_{1s} \\ a_{21} & a_{22} & \dots & a_{2,h+1} & a_{2s} \\ \cdot & \cdot & \cdot & \cdot & \cdot \\ a_{h+1,1} & a_{h+1,2} & \dots & a_{h+1,h+1} & a_{h+1,s} \\ a_{r1} & a_{r2} & \dots & a_{r,h+1} & a_{rs} \end{vmatrix} \qquad (r,\ s = h+2, \dots, n),
$$

so wird

$$
\begin{vmatrix} \beta_{h+2,h+2} & \dots & \beta_{h+2,n} \\ \cdot & \cdot & \cdot \\ \beta_{n,h+2} & \dots & \beta_{nn} \end{vmatrix}
= \begin{vmatrix} a_{11} & \dots & a_{1h} \\ \cdot & \cdot & \cdot \\ a_{h1} & \dots & a_{hh} \end{vmatrix}^{n-h-1}
\begin{vmatrix} c_{h+2,h+2} & \dots & c_{h+2,n} \\ \cdot & \cdot & \cdot \\ c_{n,h+2} & \dots & c_{nn} \end{vmatrix}.
$$

Die Formel (4) liefert also unter Berücksichtigung von (3)

$$\begin{vmatrix} c_{h+2,h+2} & c_{h+2,h+3} & \dots & c_{h+2,n} \\ c_{h+3,h+2} & c_{h+3,h+3} & \dots & c_{h+3,n} \\ \cdot & \cdot & \cdot & \cdot \\ c_{n,h+2} & c_{n,h+3} & \dots & c_{nn} \end{vmatrix}$$

$$= \begin{vmatrix} a_{11} & a_{12} & \dots & a_{1,h+1} \\ a_{21} & a_{22} & \dots & a_{2,h+1} \\ \cdot & \cdot & \cdot & \cdot \\ a_{h+1,1} & a_{h+1,2} & \dots & a_{h+1,h+1} \end{vmatrix}^{n-h-2} \begin{vmatrix} a_{11} & a_{12} & \dots & a_{1n} \\ a_{21} & a_{22} & \dots & a_{2n} \\ \cdot & \cdot & \cdot & \cdot \\ a_{n1} & a_{n2} & \dots & a_{nn} \end{vmatrix}.$$

Dies ist aber der Satz 30, nur daß h durch $h+1$ ersetzt ist.

Wir haben hierbei angenommen, daß

$$\begin{vmatrix} a_{11} & a_{12} & \dots & a_{1h} \\ a_{21} & a_{22} & \dots & a_{2h} \\ \cdot & \cdot & \cdot & \cdot \\ a_{h1} & a_{h2} & \dots & a_{hh} \end{vmatrix}$$

ungleich Null ist; denn es wurde durch

$$\begin{vmatrix} a_{11} & a_{12} & \dots & a_{1h} \\ a_{21} & a_{22} & \dots & a_{2h} \\ \cdot & \cdot & \cdot & \cdot \\ a_{h1} & a_{h2} & \dots & a_{hh} \end{vmatrix}^{n-h-1}$$

dividiert.

Ersetzt man $a_{11}, a_{22}, \dots, a_{hh}$ durch

$$a_{11}+\frac{1}{p},\ a_{22}+\frac{1}{p},\ \dots,\ a_{hh}+\frac{1}{p}$$

und läßt p die Folge 1, 2, ... durchlaufen, dann ist bei genügend großem p

$$\begin{vmatrix} a_{11}+\frac{1}{p} & a_{12} & \dots & a_{1h} \\ a_{21} & a_{22}+\frac{1}{p} & \dots & a_{2h} \\ \cdot & \cdot & \cdot & \cdot \\ a_{h1} & a_{h2} & \dots & a_{hh}+\frac{1}{p} \end{vmatrix}$$

von Null verschieden, so daß also Satz 30 anwendbar ist. Bei der Ausführung des Grenzüberganges hat man sich auf § 15 zu stützen. Es ergibt sich dann die Allgemeingültigkeit des Satzes 30.

Für den Fall $n = h + 2$ ist das Sylvestersche Theorem ein Spezialfall von Satz 28 im § 38.

§ 42. Geränderte Determinanten.

Von der Determinante

$$R_1 = \begin{vmatrix} a_{11} & a_{12} & \dots & a_{1n} & x_1 \\ a_{21} & a_{22} & \dots & a_{2n} & x_2 \\ \cdot & \cdot & \cdot & \cdot & \cdot \\ a_{n1} & a_{n2} & \dots & a_{nn} & x_n \\ y_1 & y_2 & \dots & y_n & z \end{vmatrix}$$

sagen wir, daß sie aus

$$A = \begin{vmatrix} a_{11} & a_{12} & \dots & a_{1n} \\ a_{21} & a_{22} & \dots & a_{2n} \\ \cdot & \cdot & \cdot & \cdot \\ a_{n1} & a_{n2} & \dots & a_{nn} \end{vmatrix}$$

durch **Ränderung** entstanden ist, und nennen sie eine **geränderte Determinante**. Solche Determinanten traten in § 41 auf.

Die Determinante

$$R_2 = \begin{vmatrix} a_{11} & a_{12} & \dots & a_{1n} & x_{11} & x_{12} \\ a_{21} & a_{22} & \dots & a_{2n} & x_{21} & x_{22} \\ \cdot & \cdot & \cdot & \cdot & \cdot & \cdot \\ a_{n1} & a_{n2} & \dots & a_{nn} & x_{n1} & x_{n2} \\ y_{11} & y_{12} & \dots & y_{1n} & z_{11} & z_{12} \\ y_{21} & y_{22} & \dots & y_{2n} & z_{21} & z_{22} \end{vmatrix}$$

entsteht aus A durch zweimalige Ränderung. Rändert man die Determinante A p-mal, so ergibt sich

$$R_p = \begin{vmatrix} a_{11} & a_{12} & \dots & a_{1n} & x_{11} & x_{12} & \dots & x_{1p} \\ a_{21} & a_{22} & \dots & a_{2n} & x_{21} & x_{22} & \dots & x_{2p} \\ \cdot & \cdot & \cdot & \cdot & \cdot & \cdot & \cdot & \cdot \\ a_{n1} & a_{n2} & \dots & a_{nn} & x_{n1} & x_{n2} & \dots & x_{np} \\ y_{11} & y_{12} & \dots & y_{1n} & z_{11} & z_{12} & \dots & z_{1p} \\ y_{21} & y_{22} & \dots & y_{2n} & z_{21} & z_{22} & \dots & z_{2p} \\ \cdot & \cdot & \cdot & \cdot & \cdot & \cdot & \cdot & \cdot \\ y_{p1} & y_{p2} & \dots & y_{pn} & z_{p1} & z_{p2} & \dots & z_{pp} \end{vmatrix}.$$

Wir wollen zuerst die einfach geränderte Determinante betrachten. Entwickeln wir R_1 nach der letzten Spalte, so erhalten wir

$$R_1 = \sum_{\mu=1}^{n} (-1)^{n+1+\mu} x_\mu Y_\mu + zA.$$

Y_μ entsteht aus R_1 durch Streichung der letzten Spalte und der μ^{ten} Zeile. Bezeichnen wir mit $\mathfrak{A}_{\mu\nu}$ das Komplement von $a_{\mu\nu}$ in A, so ergibt sich durch Entwickelung von Y_μ nach der letzten Zeile

$$Y_\mu = \sum_{\nu=1}^{n} (-1)^{n+\nu} y_\nu \mathfrak{A}_{\mu\nu},$$

so daß
$$R_1 = \sum_{\mu,\nu} (-1)^{2n+1+\mu+\nu} \mathfrak{A}_{\mu\nu} x_\mu y_\nu + zA$$
ist $(\mu, \nu = 1, 2, \ldots, n)$.
$$(-1)^{\mu+\nu} \mathfrak{A}_{\mu\nu} = A_{\mu\nu}$$
stellt das algebraische Komplement von $a_{\mu\nu}$ in A dar. Wir können also auch schreiben:
$$R_1 = zA - \sum_{\mu,\nu} A_{\mu\nu} x_\mu y_\nu \qquad (\mu, \nu = 1, 2, \ldots, n).$$

Wir wollen von dieser Formel eine Anwendung machen. Nehmen wir an, daß $A = 0$ ist. Wie wir aus § 39 wissen, lassen sich dann $2n$ Zahlen $A_1, A_2, \ldots, A_n$ und $B_1, B_2, \ldots, B_n$ so wählen, daß man hat
$$A_{\mu\nu} = A_\mu B_\nu .$$
Hiernach wird
$$R_1 = -\sum A_\mu B_\nu x_\mu y_\mu ,$$
d. h.
$$R_1 = -\left(\sum_\mu A_\mu x_\mu\right) \left(\sum_\nu B_\nu y_\nu\right).$$

Es gilt also folgender Satz:

Wenn in einer Determinante das Komplement eines Elements a_{rs} gleich Null ist, so zerlegt sich die Determinante in zwei Faktoren. Der eine ist linear und homogen in den Elementen, die mit a_{rs} in derselben Zeile, der andre linear und homogen in den Elementen, die mit a_{rs} in derselben Spalte stehen.

Bei der p-fach geänderten Determinante R_p behandeln wir zunächst nur den Fall, daß alle z gleich Null sind.

Wenn $p > n$ ist, reduziert sich die Determinante
$$R_p = \begin{vmatrix} a_{11} & a_{12} & \ldots & a_{1n} & x_{11} & x_{12} & \ldots & x_{1p} \\ a_{21} & a_{22} & \ldots & a_{2n} & x_{21} & x_{22} & \ldots & x_{2p} \\ . & . & . & . & . & . & . & . \\ a_{n1} & a_{n2} & \ldots & a_{nn} & x_{n1} & x_{n2} & \ldots & x_{np} \\ y_{11} & y_{12} & \ldots & y_{1n} & 0 & 0 & \ldots & 0 \\ y_{21} & y_{22} & \ldots & y_{2n} & 0 & 0 & \ldots & 0 \\ . & . & . & . & . & . & . & . \\ y_{p1} & y_{p2} & \ldots & y_{pn} & 0 & 0 & \ldots & 0 \end{vmatrix}$$
auf Null. Denn alle p-reihigen Determinanten, die in den p letzten Spalten enthalten sind, verschwinden, weil sie wenigstens eine Zeile mit lauter Nullen aufweisen.

Im Falle $p = n$ ergibt sich durch Entwickelung nach den n letzten Spalten

$$R_n = \varepsilon \begin{vmatrix} x_{11} & x_{12} & \dots & x_{1n} \\ x_{21} & x_{22} & \dots & x_{2n} \\ \cdot & \cdot & \cdot & \cdot \\ x_{n1} & x_{n2} & \dots & x_{nn} \end{vmatrix} \begin{vmatrix} y_{11} & y_{12} & \dots & y_{1n} \\ y_{21} & y_{22} & \dots & y_{2n} \\ \cdot & \cdot & \cdot & \cdot \\ y_{n1} & y_{n2} & \dots & y_{nn} \end{vmatrix}.$$

Dabei ist (vgl. § 18 u. 19)

$$\varepsilon = (-1)^{1+2+\dots+n+(n+1)+(n+2)+\dots+2n},$$

d. h.

$$\varepsilon = (-1)^{n(2n+1)} = (-1)^n.$$

Nun bleibt noch der Fall $p < n$ übrig. Die Entwickelung nach den p letzten Spalten liefert

$$\sum (-1)^{r_1+\dots+r_p+(n+1)+\dots+(n+p)} \begin{vmatrix} x_{r_1 1} & x_{r_1 2} & \dots & x_{r_1 p} \\ x_{r_2 1} & x_{r_2 2} & \dots & x_{r_2 p} \\ \cdot & \cdot & \cdot & \cdot \\ x_{r_p 1} & x_{r_p 2} & \dots & x_{r_p p} \end{vmatrix} \cdot \begin{vmatrix} a_{\varrho_1 1} & a_{\varrho_1 2} & \dots & a_{\varrho_1 n} \\ \cdot & \cdot & \cdot & \cdot \\ a_{\varrho_{n-p} 1} & a_{\varrho_{n-p} 2} & \dots & a_{\varrho_{n-p} n} \\ y_{11} & y_{12} & \dots & y_{1n} \\ \cdot & \cdot & \cdot & \cdot \\ y_{p1} & y_{p2} & \dots & y_{pn} \end{vmatrix}$$

$r_1, r_2, \dots, r_p$ sind p Zahlen aus der Reihe $1, 2, \dots, n$, und es ist $r_1 < r_2 < \dots < r_p$. Streicht man in $1, 2, \dots, n$ die Zahlen $r_1, r_2, \dots, r_p$, dann bleiben $\varrho_1, \varrho_2, \dots, \varrho_{n-p}$ übrig.

Entwickelt man jetzt

$$\begin{vmatrix} a_{\varrho_1 1} & a_{\varrho_1 2} & \dots & a_{\varrho_1 n} \\ \cdot & \cdot & \cdot & \cdot \\ a_{\varrho_{n-p} 1} & a_{\varrho_{n-p} 2} & \dots & a_{\varrho_{n-p} n} \\ y_{11} & y_{12} & \dots & y_{1n} \\ \cdot & \cdot & \cdot & \cdot \\ y_{p1} & y_{p2} & \dots & y_{pn} \end{vmatrix}$$

nach den p letzten Zeilen, so findet man

$$\sum (-1)^{s_1+\dots+s_p+n-p+1+\dots+n}$$

$$\begin{vmatrix} y_{1s_1} & y_{1s_2} & \dots & y_{1s_p} \\ y_{2s_1} & y_{2s_2} & \dots & y_{2s_p} \\ \cdot & \cdot & \cdot & \cdot \\ y_{ps_1} & y_{ps_2} & \dots & y_{ps_p} \end{vmatrix} \begin{vmatrix} a_{\varrho_1\sigma_1} & a_{\varrho_1\sigma_2} & \dots & a_{\varrho_1\sigma_{n-p}} \\ a_{\varrho_2\sigma_1} & a_{\varrho_2\sigma_2} & \dots & a_{\varrho_2\sigma_{n-p}} \\ \cdot & \cdot & \cdot & \cdot \\ a_{\varrho_{n-p}\sigma_1} & a_{\varrho_{n-p}\sigma_2} & \dots & a_{\varrho_{n-p}\sigma_{n-p}} \end{vmatrix}.$$

$s_1, s_2, \dots, s_p$ $(s_1 < s_2 < \dots < s_p)$ sind p Zahlen aus der Reihe $1, 2, \dots, n$ und $\sigma_1, \sigma_2, \dots, \sigma_{n-p}$ bleiben übrig, wenn man in $1, 2, \dots, n$ die Zahlen $s_1, s_2, \dots, s_p$ streicht.

$$(-1)^{r_1+\dots+r_p+s_1+\dots+s_p} \begin{vmatrix} a_{\varrho_1\sigma_1} & a_{\varrho_1\sigma_2} & \dots & a_{\varrho_1\sigma_{n-p}} \\ a_{\varrho_2\sigma_1} & a_{\varrho_2\sigma_2} & \dots & a_{\varrho_2\sigma_{n-p}} \\ \cdot & \cdot & \cdot & \cdot \\ a_{\varrho_{n-p}\sigma_1} & a_{\varrho_{n-p}\sigma_2} & \dots & a_{\varrho_{n-p}\sigma_{n-p}} \end{vmatrix}$$

ist das algebraische Komplement von

$$\begin{vmatrix} a_{r_1 s_1} & a_{r_1 s_2} & \dots & a_{r_1 s_p} \\ a_{r_2 s_1} & a_{r_2 s_2} & \dots & a_{r_2 s_p} \\ \cdot & \cdot & \cdot & \cdot \\ a_{r_p s_1} & a_{r_p s_2} & \dots & a_{r_p s_p} \end{vmatrix}$$

in A. Wir wollen diesen p-reihigen Minor mit

$$A_{\substack{r_1 r_2 \dots r_p \\ s_1 s_2 \dots s_p}}$$

bezeichnen und sein algebraisches Komplement mit

$$\bar{A}_{\substack{r_1 r_2 \dots r_p \\ s_1 s_2 \dots s_p}}.$$

Da

$$(n+1) + \dots + (n+p) + (n-p+1) + \dots + n = p\,(2n+1)$$

ist, so ergibt sich schließlich

$$R_p = (-1)^p \sum \begin{vmatrix} x_{r_1 1} & x_{r_1 2} & \dots & x_{r_1 p} \\ x_{r_2 1} & x_{r_2 2} & \dots & x_{r_2 p} \\ \cdot & \cdot & \cdot & \cdot \\ x_{r_p 1} & x_{r_p 2} & \dots & x_{r_p p} \end{vmatrix} \begin{vmatrix} y_{1 s_1} & y_{1 s_2} & \dots & y_{1 s_p} \\ y_{2 s_1} & y_{2 s_2} & \dots & y_{2 s_p} \\ \cdot & \cdot & \cdot & \cdot \\ y_{p s_1} & y_{p s_2} & \dots & y_{p s_p} \end{vmatrix} \bar{A}_{\substack{r_1 r_2 \dots r_p \\ s_1 s_2 \dots s_p}}.$$

Zum Schluß betrachten wir noch die zweifach geränderte Determinante

$$R_2 = \begin{vmatrix} a_{11} & \dots & a_{1n} & x_{11} & x_{12} \\ \cdot & \cdot & \cdot & \cdot & \cdot \\ a_{n1} & \dots & a_{nn} & x_{n1} & x_{n2} \\ y_{11} & \dots & y_{1n} & z_{11} & z_{12} \\ y_{21} & \dots & y_{2n} & z_{21} & z_{22} \end{vmatrix}.$$

Die Glieder, die kein z enthalten, sind im Falle $n > 2$ zusammen gleich*)

$$\sum \begin{vmatrix} x_{r_1 1} & x_{r_1 2} \\ x_{r_2 1} & x_{r_2 2} \end{vmatrix} \begin{vmatrix} y_{1 s_1} & y_{1 s_2} \\ y_{2 s_1} & y_{2 s_2} \end{vmatrix} \bar{A}_{\substack{r_1 r_2 \\ s_1 s_2}}.$$

Um die übrigen Glieder zu finden, entwickeln wir nach den beiden letzten Spalten und lassen alles fort, was mit keinem z behaftet ist. Da finden wir zunächst

$$A \begin{vmatrix} z_{11} & z_{12} \\ z_{21} & z_{22} \end{vmatrix},$$

*) Im Falle $n = 2$ ist $\bar{A}_{\substack{12 \\ 12}} = 1$ zu setzen. Im Falle $n < 2$ gibt es kein Glied, das von den z frei ist.

außerdem aber noch eine Summe von Gliedern, die nur ein einziges z enthalten.

Will man z. B. die Glieder finden, die z_{11} und kein anderes z als Faktor enthalten, so braucht man nur in R_2 diese andern z gleich Null zu setzen und in der so entstehenden Determinante

$$\begin{vmatrix} a_{11} \dots a_{1n} & x_{11} & x_{12} \\ \dots & \dots & \dots \\ a_{n1} \dots a_{nn} & x_{n1} & x_{n2} \\ y_{11} \dots y_{1n} & z_{11} & 0 \\ y_{21} \dots y_{2n} & 0 & 0 \end{vmatrix}$$

das algebraische Komplement von z_{11} aufzusuchen. Dieses lautet, mit z_{11} multipliziert,

$$z_{11} \begin{vmatrix} a_{11} \dots a_{1n} & x_{12} \\ \dots & \dots \\ a_{n1} \dots a_{nn} & x_{n2} \\ y_{21} \dots y_{2n} & 0 \end{vmatrix}.$$

Die Summe der Glieder, die z_{22} und kein anderes z als Faktor enthalten, ist

$$z_{22} \begin{vmatrix} a_{11} \dots a_{1n} & x_{11} \\ \dots & \dots \\ a_{n1} \dots a_{nn} & x_{n1} \\ y_{11} \dots y_{1n} & 0 \end{vmatrix}.$$

Die Glieder, die z_{12} bzw. z_{21} und kein anderes z als Faktor enthalten, geben zusammen

$$-z_{12} \begin{vmatrix} a_{11} \dots a_{1n} & x_{11} \\ \dots & \dots \\ a_{n1} \dots a_{nn} & x_{n1} \\ y_{21} \dots y_{2n} & 0 \end{vmatrix} \quad \text{bzw.} \quad -z_{21} \begin{vmatrix} a_{11} \dots a_{1n} & x_{12} \\ \dots & \dots \\ a_{n1} \dots a_{nn} & x_{n2} \\ y_{11} \dots y_{1n} & 0 \end{vmatrix}.$$

Die vier letzten Determinanten können wir nach der letzten Zeile und letzten Spalte entwickeln und erhalten dann bezüglich

$$\begin{aligned} &-z_{11} \sum A_{rs}\, x_{r2}\, y_{2s}, \\ &-z_{22} \sum A_{rs}\, x_{r1}\, y_{1s}, \\ &+z_{12} \sum A_{rs}\, x_{r1}\, y_{2s}, \\ &+z_{21} \sum A_{rs}\, x_{r2}\, y_{1s}. \end{aligned}$$

Diese vier Ausdrücke haben eine Summe, die sich so schreiben läßt:

$$\sum A_{rs} \begin{vmatrix} 0 & x_{r1} & x_{r2} \\ y_{1s} & z_{11} & z_{12} \\ y_{2s} & z_{21} & z_{22} \end{vmatrix}.$$

Setzen wir statt A_{rs} der Gleichförmigkeit halber

$$\overline{A}_{\substack{r\\s}},$$

so ergibt sich für R_2 folgende Entwickelung:

$$R_2 = A\begin{vmatrix} z_{11} & z_{12} \\ z_{21} & z_{22} \end{vmatrix} + \sum \overline{A}_{\substack{r\\s}} \begin{vmatrix} 0 & x_{r1} & x_{r2} \\ y_{1s} & z_{11} & z_{12} \\ y_{2s} & z_{21} & z_{22} \end{vmatrix} + \sum \overline{A}_{\substack{r_1 r_2\\s_1 s_2}} \begin{vmatrix} 0 & 0 & -x_{r_1 1} & x_{r_1 2} \\ 0 & 0 & x_{r_2 1} & x_{r_2 2} \\ y_{1s_1} & y_{1s_2} & z_{11} & z_{12} \\ y_{2s_1} & y_{2s_2} & z_{21} & z_{22} \end{vmatrix}.$$

Hiernach kann man voraussagen, wie die Entwickelung von R_p aussehen wird. Sie wird lauten:

$$R_p = A\begin{vmatrix} z_{11} & \dots & z_{1p} \\ . & . & . \\ z_{p1} & \dots & z_{pp} \end{vmatrix} + \sum \overline{A}_{\substack{r\\s}} \begin{vmatrix} 0 & x_{r1} & \dots & x_{rp} \\ y_{1s} & z_{11} & \dots & z_{1p} \\ . & . & . & . \\ y_{ps} & z_{p1} & \dots & z_{pp} \end{vmatrix}$$

$$+ \sum \overline{A}_{\substack{r_1 r_2\\s_1 s_2}} \begin{vmatrix} 0 & 0 & x_{r_1 1} & \dots & x_{r_1 p} \\ 0 & 0 & x_{r_2 1} & \dots & x_{r_2 p} \\ y_{1s_1} & y_{1s_2} & z_{11} & \dots & z_{1p} \\ . & . & . & . & . \\ y_{ps_1} & y_{ps_2} & z_{p1} & \dots & z_{pp} \end{vmatrix} + \sum \overline{A}_{\substack{r_1 r_2 r_3\\s_1 s_2 s_3}} \begin{vmatrix} 0 & 0 & 0 & x_{r_1 1} & \dots & x_{r_1 p} \\ 0 & 0 & 0 & x_{r_2 1} & \dots & x_{r_2 p} \\ 0 & 0 & 0 & x_{r_3 1} & \dots & x_{r_3 p} \\ y_{1s_1} & y_{1s_2} & y_{1s_3} & z_{11} & \dots & z_{1p} \\ . & . & . & . & . & . \\ y_{ps_1} & y_{ps_2} & y_{ps_3} & z_{p1} & \dots & z_{pp} \end{vmatrix}$$

$$+ \dots\dots\dots\dots$$

Im Falle $n \leqq p$ ist für

$$\overline{A}_{\substack{12\dots n\\12\dots n}}$$

1 zu setzen.

Die in der Entwickelung von R_p auftretenden geränderten Determinanten sind Null, sobald ihre Reihenzahl größer als $2p$ ist.

Setzen wir

$$Z = \begin{vmatrix} z_{11} & z_{12} & \dots & z_{1p} \\ z_{21} & z_{22} & \dots & z_{2p} \\ . & . & . & . \\ z_{p1} & z_{p2} & \dots & z_{pp} \end{vmatrix},$$

so wird

$$\begin{vmatrix} 0 & x_{r1} & \dots & x_{rp} \\ y_{1s} & z_{11} & \dots & z_{1p} \\ . & . & . & . \\ y_{ps} & z_{p1} & \dots & z_{pp} \end{vmatrix} = \begin{vmatrix} z_{11} & \dots & z_{1p} & y_{1s} \\ . & . & . & . \\ z_{p1} & \dots & z_{pp} & y_{ps} \\ x_{r1} & \dots & x_{rp} & 0 \end{vmatrix} = -\sum \overline{Z}_{\substack{\varrho\\\sigma}}\, x_{r\sigma}\, y_{\varrho s},$$

ferner

$$\begin{vmatrix} 0 & 0 & x_{r_1 1} & \dots & x_{r_1 p} \\ 0 & 0 & x_{r_2 1} & \dots & x_{r_2 p} \\ y_{1s_1} & y_{1s_2} & z_{11} & \dots & z_{1p} \\ . & . & . & . & . \\ y_{ps_1} & y_{ps_2} & z_{p1} & \dots & z_{pp} \end{vmatrix} = \begin{vmatrix} z_{11} & \dots & z_{1p} & y_{1s_1} & y_{1s_2} \\ . & . & . & . & . \\ z_{p1} & \dots & z_{pp} & y_{ps_1} & y_{ps_2} \\ x_{r_1 1} & \dots & x_{r_1 p} & 0 & 0 \\ x_{r_2 1} & \dots & x_{r_2 p} & 0 & 0 \end{vmatrix}$$

$$= \sum \overline{Z}_{\substack{\varrho_1 \varrho_2\\\sigma_1 \sigma_2}} \begin{vmatrix} x_{r_1 \sigma_1} & x_{r_1 \sigma_2} \\ x_{r_2 \sigma_1} & x_{r_2 \sigma_2} \end{vmatrix} \begin{vmatrix} y_{\varrho_1 s_1} & y_{\varrho_1 s_2} \\ y_{\varrho_2 s_1} & y_{\varrho_2 s_2} \end{vmatrix}$$

usw. Hiernach ist

$$R_p = A\,Z - \sum_{s\ \sigma} \overline{A}_r \overline{Z}_\varrho\, x_{r\sigma}\, y_{\varrho s} + \sum_{s_1 s_2\ \sigma_1\sigma_2} \overline{A}_{r_1 r_2} \overline{Z}_{\varrho_1\varrho_2} \begin{vmatrix} x_{r_1\sigma_1} & x_{r_1\sigma_2} \\ x_{r_2\sigma_1} & x_{r_2\sigma_2} \end{vmatrix} \begin{vmatrix} y_{\varrho_1 s_1} & y_{\varrho_1 s_2} \\ y_{\varrho_2 s_1} & y_{\varrho_2 s_2} \end{vmatrix}$$

$$- \sum_{s_1 s_2 s_3\ \sigma_1\sigma_2\sigma_3} \overline{A}_{r_1 r_2 r_3} \overline{Z}_{\varrho_1\varrho_2\varrho_3} \begin{vmatrix} x_{r_1\sigma_1} & x_{r_1\sigma_2} & x_{r_1\sigma_3} \\ x_{r_2\sigma_1} & x_{r_2\sigma_2} & x_{r_2\sigma_3} \\ x_{r_3\sigma_1} & x_{r_3\sigma_2} & x_{r_3\sigma_3} \end{vmatrix} \begin{vmatrix} y_{\varrho_1 s_1} & y_{\varrho_1 s_2} & y_{\varrho_1 s_3} \\ y_{\varrho_2 s_1} & y_{\varrho_2 s_2} & y_{\varrho_2 s_3} \\ y_{\varrho_3 s_1} & y_{\varrho_3 s_2} & y_{\varrho_3 s_3} \end{vmatrix} + \cdots$$

Die r, s sind Zahlen aus der Reihe $1, 2, \ldots, n$; die ϱ, σ Zahlen aus der Reihe $1, 2, \ldots, p$, und man hat $r_1 < r_2 < \ldots$, $s_1 < s_2 < \ldots$, $\varrho_1 < \varrho_2 < \ldots$, $\sigma_1 < \sigma_2 < \ldots$

In dieser Form läßt sich die Formel leicht verifizieren. Man teilt die Glieder der Determinante R_p in Klassen, je nachdem sie einen Faktor x, zwei Faktoren x usw. enthalten. Die Glieder einer solchen Klasse liefern dann immer einen Bestandteil der obigen Entwickelung. Die genaue Durchführung dieses Beweises überlassen wir dem Leser.

§ 43. Andere Berechnung von R_p.

Mit A_{rs} bezeichnen wir das algebraische Komplement von a_{rs} in

$$A = \begin{vmatrix} a_{11} & a_{12} & \ldots & a_{1n} \\ a_{21} & a_{22} & \ldots & a_{2n} \\ \cdot & \cdot & \cdot & \cdot \\ a_{n1} & a_{n2} & \ldots & a_{nn} \end{vmatrix}$$

und mit $Z_{\varrho\sigma}$ das algebraische Komplement von $z_{\varrho\sigma}$ in

$$Z = \begin{vmatrix} z_{11} & z_{12} & \ldots & z_{1p} \\ z_{21} & z_{22} & \ldots & z_{2p} \\ \cdot & \cdot & \cdot & \cdot \\ z_{p1} & z_{p2} & \ldots & z_{pp} \end{vmatrix}.$$

Multiplizieren wir

$$R_p = \begin{vmatrix} a_{11} & a_{12} & \ldots & a_{1n} & x_{11} & x_{12} & \ldots & x_{1p} \\ a_{21} & a_{22} & \ldots & a_{2n} & x_{21} & x_{22} & \ldots & x_{2p} \\ \cdot & \cdot & \cdot & \cdot & \cdot & \cdot & \cdot & \cdot \\ a_{n1} & a_{n2} & \ldots & a_{nn} & x_{n1} & x_{n2} & \ldots & x_{np} \\ y_{11} & y_{12} & \ldots & y_{1n} & z_{11} & z_{12} & \ldots & z_{1p} \\ y_{21} & y_{22} & \ldots & y_{2n} & z_{21} & z_{22} & \ldots & z_{2p} \\ \cdot & \cdot & \cdot & \cdot & \cdot & \cdot & \cdot & \cdot \\ y_{p1} & y_{p2} & \ldots & y_{pn} & z_{p1} & z_{p2} & \ldots & z_{pp} \end{vmatrix}$$

mit

$$A^{n-1} = \begin{vmatrix} A_{11} & A_{12} & \ldots & A_{1n} & 0 & 0 & \ldots & 0 \\ A_{21} & A_{22} & \ldots & A_{2n} & 0 & 0 & \ldots & 0 \\ \cdot & \cdot & \cdot & \cdot & \cdot & \cdot & \cdot & \cdot \\ A_{n1} & A_{n2} & \ldots & A_{nn} & 0 & 0 & \ldots & 0 \\ 0 & 0 & \ldots & 0 & 1 & 0 & \ldots & 0 \\ 0 & 0 & \ldots & 0 & 0 & 1 & \ldots & 0 \\ \cdot & \cdot & \cdot & \cdot & \cdot & \cdot & \cdot & \cdot \\ 0 & 0 & \ldots & 0 & 0 & 0 & \ldots & 1 \end{vmatrix},$$

so ergibt sich

$$A^{n-1} R_p = \begin{vmatrix} A & 0 & \dots & 0 & x_{11} & x_{12} & \dots & x_{1p} \\ 0 & A & \dots & 0 & x_{21} & x_{22} & \dots & x_{2p} \\ \cdot & \cdot & \cdot & \cdot & \cdot & \cdot & \cdot & \cdot \\ 0 & 0 & \dots & A & x_{n1} & x_{n2} & \dots & x_{np} \\ (A_1 y_1) & (A_2 y_1) & \dots & (A_n y_1) & z_{11} & z_{12} & \dots & z_{1p} \\ (A_1 y_2) & (A_2 y_2) & \dots & (A_n y_2) & z_{21} & z_{22} & \dots & z_{2p} \\ \cdot & \cdot & \cdot & \cdot & \cdot & \cdot & \cdot & \cdot \\ (A_1 y_p) & (A_2 y_p) & \dots & (A_n y_p) & z_{p1} & z_{p2} & \dots & z_{pp} \end{vmatrix}.$$

Dabei haben wir

$$\sum_{\nu} A_{r\nu}\, y_{k\nu} = (A_r\, y_k)$$

gesetzt ($r = 1, 2, \dots, n$; $k = 1, 2, \dots, p$).

Multiplizieren wir jetzt noch $A^{n-1} R_p$ mit

$$Z^{p-1} = \begin{vmatrix} 1 & 0 & \dots & 0 & 0 & 0 & \dots & 0 \\ 0 & 1 & \dots & 0 & 0 & 0 & \dots & 0 \\ \cdot & \cdot & \cdot & \cdot & \cdot & \cdot & \cdot & \cdot \\ 0 & 0 & \dots & 1 & 0 & 0 & \dots & 0 \\ 0 & 0 & \dots & 0 & Z_{11} & Z_{12} & \dots & Z_{1p} \\ 0 & 0 & \dots & 0 & Z_{21} & Z_{22} & \dots & Z_{2p} \\ \cdot & \cdot & \cdot & \cdot & \cdot & \cdot & \cdot & \cdot \\ 0 & 0 & \dots & 0 & Z_{p1} & Z_{p2} & \dots & Z_{pp} \end{vmatrix},$$

so erhalten wir

$$A^{n-1} Z^{p-1} R_p = \begin{vmatrix} A & 0 & \dots & 0 & (Z_1 x_1) & (Z_2 x_1) & \dots & (Z_p x_1) \\ 0 & A & \dots & 0 & (Z_1 x_2) & (Z_2 x_2) & \dots & (Z_p x_2) \\ \cdot & \cdot & \cdot & \cdot & \cdot & \cdot & \cdot & \cdot \\ 0 & 0 & \dots & A & (Z_1 x_n) & (Z_2 x_n) & \dots & (Z_p x_n) \\ (A_1 y_1) & (A_2 y_1) & \dots & (A_n y_1) & Z & 0 & \dots & 0 \\ (A_1 y_2) & (A_2 y_2) & \dots & (A_n y_2) & 0 & Z & \dots & 0 \\ \cdot & \cdot & \cdot & \cdot & \cdot & \cdot & \cdot & \cdot \\ (A_1 y_p) & (A_2 y_p) & \dots & (A_n y_p) & 0 & 0 & \dots & Z \end{vmatrix},$$

wobei

$$\sum_{\varrho} Z_{k\varrho}\, x_{r\varrho} = (Z_k\, x_r)$$

gesetzt ist ($r = 1, 2, \dots, n$; $k = 1, 2, \dots, p$).

Wir wollen jetzt $A^{n-1} Z^{p-1} R_p$ nach den n ersten Zeilen entwickeln. Ein Minor, der die Zeilenindizes $1, 2, \dots, n$ und die Spaltenindizes

$$r_1', r_2', \dots, r_{n-\varrho}', n + k_1, n + k_2, \dots, n + k_\varrho$$

hat, wobei

$$1 \leqq r_1' < r_2' < \dots < r_{n-\varrho}' \leqq n$$

und

$$1 \leqq k_1 < k_2 < \dots < k_\varrho \leqq p$$

ist, läßt sich so schreiben:
$$\varepsilon A^{n-\varrho} \begin{vmatrix} (Z_{k_1} x_{r_1}) & \dots & (Z_{k_\varrho} x_{r_1}) \\ . & . & . \\ (Z_{k_1} x_{r_\varrho}) & \dots & (Z_{k_\varrho} x_{r_\varrho}) \end{vmatrix}.$$
$r_1, r_2, \dots, r_\varrho$ sind die Zahlen, die übrigbleiben, wenn man in der Reihe $1, 2, \dots, n$ die Zahlen $r'_1, r'_2, \dots, r'_{n-\varrho}$ streicht. Für ε gilt die Formel
$$\varepsilon = (-1)^{1 + \dots (n-\varrho) + r_1' + \dots + r'_{n-\varrho}}.$$

Das Komplement des obigen Minors ist in den p letzten Zeilen enthalten und hat die Spaltenindizes
$$r_1, r_2, \dots, r_\varrho, \; n + k'_1, \; n + k'_2, \dots, n + k'_{p-\varrho}.$$
$k'_1, k'_2, \dots, k'_{p-\varrho}$ bleiben übrig, wenn man in der Reihe $1, 2, \dots, p$ die Zahlen $k_1, k_2, \dots, k_\varrho$ streicht.

Das fragliche Komplement ist also gleich
$$\varepsilon' Z^{p-\varrho} \begin{vmatrix} (A_{r_1} y_{k_1}) & \dots & (A_{r_\varrho} y_{k_\varrho}) \\ . & . & . \\ (A_{r_1} y_{k_\varrho}) & \dots & (A_{r_\varrho} y_{k_\varrho}) \end{vmatrix}$$
und
$$\varepsilon' = (-1)^{(\varrho+1) + \dots + p + k_1' + \dots + k'_{p-\varrho}}.$$
Um das algebraische Komplement zu erhalten, muß man das Komplement mit
$$\varepsilon'' = (-1)^{1 + \dots + n + r_1' + \dots + r'_{n-\varrho} + (n+k_1) + \dots + (n+k_\varrho)}$$
multiplizieren.

Man bestätigt leicht, daß
$$\varepsilon \varepsilon' \varepsilon'' = (-1)^\varrho$$
ist. Nach dem Laplaceschen Satz hat man also

$$(1) \quad \begin{cases} A^{n-1} Z^{p-1} R_p = \\ \sum (-1)^\varrho A^{n-\varrho} Z^{p-\varrho} \begin{vmatrix} (Z_{k_1} x_{r_1}) & \dots & (Z_{k_\varrho} x_{r_1}) \\ . & . & . \\ (Z_{k_1} x_{r_\varrho}) & \dots & (Z_{k_\varrho} x_{r_\varrho}) \end{vmatrix} \begin{vmatrix} (A_{r_1} y_{k_1}) & \dots & (A_{r_\varrho} y_{k_1}) \\ . & . & . \\ (A_{r_1} y_{k_\varrho}) & \dots & (A_{r_\varrho} y_{k_\varrho}) \end{vmatrix}. \end{cases}$$

Nach § 34 ist
$$\begin{vmatrix} (Z_{k_1} x_{r_1}) & \dots & (Z_{k_\varrho} x_{r_1}) \\ . & . & . \\ (Z_{k_1} x_{r_\varrho}) & \dots & (Z_{k_\varrho} x_{r_\varrho}) \end{vmatrix}$$
gleich
$$\begin{Vmatrix} Z_{k_1 1} & \dots & Z_{k_1 p} \\ . & . & . \\ Z_{k_\varrho 1} & \dots & Z_{k_\varrho p} \end{Vmatrix} \cdot \begin{Vmatrix} x_{r_1 1} & \dots & x_{r_1 p} \\ . & . & . \\ x_{r_\varrho 1} & \dots & x_{r_\varrho p} \end{Vmatrix},$$
also gleich
$$\sum \begin{vmatrix} Z_{k_1 l_1} & \dots & Z_{k_1 l_\varrho} \\ . & . & . \\ Z_{k_\varrho l_1} & \dots & Z_{k_\varrho l_\varrho} \end{vmatrix} \begin{vmatrix} x_{r_1 l_1} & \dots & x_{r_1 l_\varrho} \\ . & . & . \\ x_{r_\varrho l_1} & \dots & x_{r_\varrho l_\varrho} \end{vmatrix}.$$

Ebenso ist

$$\begin{vmatrix} (A_{r_1} y_{k_1}) & \dots & (A_{r_\varrho} y_{k_1}) \\ \cdot & \cdot & \cdot \\ (A_{r_1} y_{k_\varrho}) & \dots & (A_{r_\varrho} y_{k_\varrho}) \end{vmatrix}$$

gleich

$$\begin{Vmatrix} A_{r_1 1} & \dots & A_{r_1 n} \\ \cdot & \cdot & \cdot \\ A_{r_\varrho 1} & \dots & A_{r_\varrho n} \end{Vmatrix} \cdot \begin{Vmatrix} y_{k_1 1} & \dots & y_{k_1 n} \\ \cdot & \cdot & \cdot \\ y_{k_\varrho 1} & \dots & y_{k_\varrho n} \end{Vmatrix},$$

also gleich

$$\sum \begin{vmatrix} A_{r_1 s_1} & \dots & A_{r_1 s_\varrho} \\ \cdot & \cdot & \cdot \\ A_{r_\varrho s_1} & \dots & A_{r_\varrho s_\varrho} \end{vmatrix} \begin{vmatrix} y_{k_1 s_1} & \dots & y_{k_1 s_\varrho} \\ \cdot & \cdot & \cdot \\ y_{k_\varrho s_1} & \dots & y_{k_\varrho s_\varrho} \end{vmatrix}.$$

Da nun

$$\begin{vmatrix} A_{r_1 s_1} & \dots & A_{r_1 s_\varrho} \\ \cdot & \cdot & \cdot \\ A_{r_\varrho s_1} & \dots & A_{r_\varrho s_\varrho} \end{vmatrix} = A^{\varrho-1} \bar{A}_{\substack{r_1 \dots r_\varrho \\ s_1 \dots s_\varrho}}$$

und

$$\begin{vmatrix} Z_{k_1 l_1} & \dots & Z_{k_1 l_\varrho} \\ \cdot & \cdot & \cdot \\ Z_{k_\varrho l_1} & \dots & Z_{k_\varrho l_\varrho} \end{vmatrix} = Z^{\varrho-1} \bar{Z}_{\substack{k_1 \dots k_\varrho \\ l_1 \dots l_\varrho}}$$

ist, so finden wir

$$A^{n-\varrho} Z^{p-\varrho} \begin{vmatrix} (Z_{k_1} x_{r_1}) & \dots & (Z_{k_\varrho} x_{r_1}) \\ \cdot & \cdot & \cdot \\ (Z_{k_1} x_{r_\varrho}) & \dots & (Z_{k_\varrho} x_{r_\varrho}) \end{vmatrix} \begin{vmatrix} (A_{r_1} y_{k_1}) & \dots & (A_{r_\varrho} y_{k_1}) \\ \cdot & \cdot & \cdot \\ (A_{r_1} y_{k_\varrho}) & \dots & (A_{r_\varrho} y_{k_\varrho}) \end{vmatrix}$$

$$= A^{n-1} Z^{p-1} \sum (-1)^\varrho \bar{A}_{\substack{r_1 \dots r_\varrho \\ s_1 \dots s_\varrho}} \bar{Z}_{\substack{k_1 \dots k_\varrho \\ l_1 \dots l_\varrho}} \begin{vmatrix} x_{r_1 l_1} & \dots & x_{r_1 l_\varrho} \\ \cdot & \cdot & \cdot \\ x_{r_\varrho l_1} & \dots & x_{r_\varrho l_\varrho} \end{vmatrix} \begin{vmatrix} y_{k_1 s_1} & \dots & y_{k_1 s_\varrho} \\ \cdot & \cdot & \cdot \\ y_{k_\varrho s_1} & \dots & y_{k_\varrho s_\varrho} \end{vmatrix}.$$

Setzen wir dies in Gleichung (1) ein und dividieren durch $A^{n-1} Z^{p-1}$, so ergibt sich die Entwickelung, die wir in § 42 fanden. Der Fall $AZ = 0$ erledigt sich durch eine Stetigkeitsbetrachtung.

§ 44. Zweiter Beweis des Sylvesterschen Satzes.

Unter Benutzung von § 42 wollen wir jetzt den Sylvesterschen Satz noch einmal beweisen.

Wir setzen

$$\begin{vmatrix} a_{11} & a_{12} & \dots & a_{1h} \\ a_{21} & a_{22} & \dots & a_{2h} \\ \cdot & \cdot & \cdot & \cdot \\ a_{h1} & a_{h2} & \dots & a_{hh} \end{vmatrix} = M$$

und bezeichnen mit $M_{\varrho\sigma}$ das algebraische Komplement von $a_{\varrho\sigma}$ in M. Dann ist die geränderte Determinante

$$b_{rs} = \begin{vmatrix} a_{11} & a_{12} & \dots & a_{1h} & a_{1s} \\ a_{21} & a_{22} & \dots & a_{2h} & a_{2s} \\ . & . & . & . & . \\ a_{h1} & a_{h2} & \dots & a_{hh} & a_{hs} \\ a_{r1} & a_{r2} & \dots & a_{rh} & a_{rs} \end{vmatrix} \quad (r, s = h+1, \dots, n)$$

nach § 42 gleich

$$a_{rs} M - \sum_{\varrho,\sigma}^{1,\dots,h} a_{\varrho s}\, a_{r\sigma} M_{\varrho\sigma}.$$

Das Produkt

$$M \begin{vmatrix} b_{h+1,h+1} & \dots & b_{h+1,n} \\ . & . & . \\ b_{n,h+1} & \dots & b_{nn} \end{vmatrix}$$

können wir durch folgende n-reihige Determinante darstellen:

$$\begin{vmatrix} a_{11} & \dots & a_{1h} & a_{1,h+1} & \dots & a_{1n} \\ . & . & . & . & . & . \\ a_{h1} & \dots & a_{hh} & a_{h,h+1} & \dots & a_{hn} \\ 0 & \dots & 0 & b_{h+1,h+1} & \dots & b_{h+1,n} \\ . & . & . & . & . & . \\ 0 & \dots & 0 & b_{n,h+1} & \dots & b_{nn} \end{vmatrix}.$$

Wir addieren in dieser Determinante zu der $(h+1)^{\text{ten}}$ Zeile

die mit $\sum_\sigma a_{h+1,\sigma} M_{1\sigma}$ multiplizierte erste Zeile,

die mit $\sum_\sigma a_{h+1,\sigma} M_{2\sigma}$ multiplizierte zweite Zeile,

. . . . ,

die mit $\sum_\sigma a_{h+1,\sigma} M_{h\sigma}$ multiplizierte h^{te} Zeile.

Ebenso addieren wir zur $(h+2)^{\text{ten}}$ Zeile

die mit $\sum_\sigma a_{h+2,\sigma} M_{1\sigma}$ multiplizierte erste Zeile,

die mit $\sum_\sigma a_{h+2,\sigma} M_{2\sigma}$ multiplizierte zweite Zeile,

. . . . ,

die mit $\sum_\sigma a_{h+2,\sigma} M_{h\sigma}$ multiplizierte h^{te} Zeile.

Ähnlich machen wir es bei den folgenden Zeilen bis zur n^{ten}.

Nach dieser Umformung, die an dem Wert der Determinante nichts ändert, steht an der Stelle von b_{rs}

$$a_{rs} M .$$

Die h ersten Elemente der r^{ten} Zeile ($r = h + 1, \ldots, n$) lauten:

$$\sum_{\varrho, \sigma} a_{\varrho 1}\, a_{r\sigma}\, M_{\varrho\sigma}, \ldots, \sum_{\varrho, \sigma} a_{\varrho h}\, a_{r\sigma}\, M_{\varrho\sigma}.$$

Nun ist aber von den Summen

$$\sum_{\varrho} a_{\varrho 1}\, M_{\varrho\sigma} \quad (\sigma = 1, 2, \ldots, h)$$

nur die erste von Null verschieden, und zwar gleich M.

Ebenso ist von den Summen

$$\sum_{\varrho} a_{\varrho 2}\, M_{\varrho\sigma} \quad (\sigma = 1, 2, \ldots, h)$$

nur die zweite gleich M, während die übrigen verschwinden, usw.

Daraus geht hervor, daß

$$\sum_{\varrho, \sigma} a_{\varrho 1}\, a_{r\sigma}\, M_{\varrho\sigma} = M a_{r1} ,$$

$$\sum_{\varrho, \sigma} a_{\varrho 2}\, a_{r\sigma}\, M_{\varrho\sigma} = M a_{r2} ,$$

$$\cdots\cdots\cdots\cdots$$

$$\sum_{\varrho, \sigma} a_{\varrho h}\, a_{r\sigma}\, M_{\varrho\sigma} = M a_{rh}$$

ist. Unsere n-reihige Determinante lautet also

$$\begin{vmatrix} a_{11} & \ldots a_{1h} & a_{1, h+1} & \ldots a_{1n} \\ \cdot & \cdot & \cdot & \cdot \\ a_{h1} & \ldots a_{hh} & a_{h, h+1} & \ldots a_{hn} \\ M a_{h+1,1} & \ldots M a_{h+1,h} & M a_{h+1, h+1} & \ldots M a_{h+1, n} \\ \cdot & \cdot & \cdot & \cdot \\ M a_{n1} & \ldots M a_{nh} & M a_{n, h+1} & \ldots M a_{nn} \end{vmatrix}$$

und ist gleich

$$M^{n-h} \begin{vmatrix} a_{11} & a_{12} & \ldots & a_{1n} \\ a_{21} & a_{22} & \ldots & a_{2n} \\ \cdot & \cdot & \cdot & \cdot \\ a_{n1} & a_{n2} & \ldots & a_{nn} \end{vmatrix} .$$

Andererseits war die n-reihige Determinante gleich

$$M \begin{vmatrix} b_{h+1, h+1} & \ldots & b_{h+1, n} \\ \cdot & \cdot & \cdot \\ b_{n, h+1} & \ldots & b_{nn} \end{vmatrix} .$$

Im Falle $M \neq 0$, ergibt sich somit

$$\begin{vmatrix} b_{h+1,h+1} & \dots & b_{h+1,n} \\ \cdot & \cdot & \cdot \\ b_{n,h+1} & \dots & b_{nn} \end{vmatrix} = M^{n-h-1} \begin{vmatrix} a_{11} & a_{12} & \dots & a_{1n} \\ a_{21} & a_{22} & \dots & a_{2n} \\ \cdot & \cdot & \cdot & \cdot \\ a_{n1} & a_{n2} & \dots & a_{nn} \end{vmatrix}.$$

Diese Formel gilt aber auch im Falle $M = 0$. Um das zu erkennen, braucht man nur $a_{11}, a_{22}, \dots, a_{hh}$ durch

$$a_{11} + \frac{1}{p}, \quad a_{22} + \frac{1}{p}, \quad a_{hh} + \frac{1}{p}$$

zu ersetzen und p die Folge 1, 2, 3, ... durchlaufen zu lassen.

§ 45. Dritter Beweis des Sylvesterschen Satzes.

Betrachten wir die zu

$$A = \begin{vmatrix} a_{11} & a_{12} & \dots & a_{1n} \\ a_{21} & a_{22} & \dots & a_{2n} \\ \cdot & \cdot & \cdot & \cdot \\ a_{n1} & a_{n2} & \dots & a_{nn} \end{vmatrix}$$

reziproke Determinante

$$\begin{vmatrix} A_{11} & A_{12} & \dots & A_{1n} \\ A_{21} & A_{22} & \dots & A_{2n} \\ \cdot & \cdot & \cdot & \cdot \\ A_{n1} & A_{n2} & \dots & A_{nn} \end{vmatrix}$$

und in ihr den Minor

$$\mathfrak{M} = \begin{vmatrix} A_{h+1,h+1} & \dots & A_{h+1,n} \\ \cdot & \cdot & \cdot \\ A_{n,h+1} & \dots & A_{nn} \end{vmatrix}.$$

Streichen wir in diesem Minor die Zeile r und die Spalte s, so entsteht eine $(n - h - 1)$-reihige Determinante, die nach § 38 gleich

$$\begin{vmatrix} a_{11} & \dots & a_{1h} & a_{1s} \\ \cdot & \cdot & \cdot & \cdot \\ a_{h1} & \dots & a_{hh} & a_{hs} \\ a_{r1} & \dots & a_{rh} & a_{rs} \end{vmatrix} A^{n-h-2} = b_{rs} A^{n-h-2}$$

ist, multipliziert mit $(-1)^{r+s}$.

Das algebraische Komplement von A_{rs} in $\mathfrak{M}$ ist also

$$b_{rs} A^{n-h-2},$$

und die zu $\mathfrak{M}$ reziproke Determinante hat den Wert

$$A^{(n-h),(n-h-2)} \begin{vmatrix} b_{h+1,h+1} & \dots & b_{h+1,n} \\ \cdot & \cdot & \cdot \\ b_{n,h+1} & \dots & b_{nn} \end{vmatrix}.$$

Andererseits ist diese reziproke Determinante gleich

$$\mathfrak{M}^{n-h-1}$$

oder, da

$$\mathfrak{M} = \begin{vmatrix} a_{11} & \dots & a_{1h} \\ \cdot & \cdot & \cdot \\ a_{h1} & \dots & a_{hh} \end{vmatrix} A^{n-h-1},$$

gleich

$$A^{(n-h-1)^2} \begin{vmatrix} a_{11} & \dots & a_{1h} \\ \cdot & \cdot & \cdot \\ a_{h1} & \dots & a_{hh} \end{vmatrix}^{n-h-1}.$$

Daraus folgt

$$\begin{vmatrix} b_{h+1,h+1} & \dots & b_{h+1,n} \\ \cdot & \cdot & \cdot \\ b_{n,h+1} & \dots & b_{nn} \end{vmatrix} = A \begin{vmatrix} a_{11} & \dots & a_{1h} \\ \cdot & \cdot & \cdot \\ a_{h1} & \dots & a_{hh} \end{vmatrix}^{n-h-1}.$$

Das ist aber der Sylvestersche Satz. Der Fall $A = 0$ wird wieder durch eine Stetigkeitsbetrachtung erledigt.

§ 46. Der Sylvester-Frankesche Determinantensatz.

Der Sylvester-Frankesche Satz bezieht sich auf die Determinante, die man aus den m-reihigen Minoren einer n-reihigen Determinante A bilden kann ($m < n$). Wir denken uns die $\binom{n}{m}^2$ m-reihigen Minoren von A so angeordnet, daß in einer Zeile (Spalte) immer Minoren stehen, die in denselben m Zeilen (Spalten) enthalten sind.

Wir wollen die $N = \binom{n}{m}$ Kombinationen der Zahlen $1, 2, \dots, n$ zur m^{ten} Klasse in irgendeiner Reihenfolge mit $1, 2, \dots, N$ numerieren und unter $\mathfrak{M}_{rs}$ denjenigen m-reihigen Minor verstehen, dessen Zeilenindizes die Kombination r und dessen Spaltenindizes die Kombination s bilden. Die Determinante der m-reihigen Minoren läßt sich dann so schreiben:

$$A_m = \begin{vmatrix} \mathfrak{M}_{11} & \mathfrak{M}_{12} & \dots & \mathfrak{M}_{1N} \\ \mathfrak{M}_{21} & \mathfrak{M}_{22} & \dots & \mathfrak{M}_{2N} \\ \cdot & \cdot & \cdot & \cdot \\ \mathfrak{M}_{N1} & \mathfrak{M}_{N2} & \dots & \mathfrak{M}_{NN} \end{vmatrix}.$$

Bezeichnen wir mit σ_r die Summe der Indizes, aus denen die Kombination r besteht, so bleibt die obige Determinante ungeändert, wenn man jedes $\mathfrak{M}_{rs}$ durch

$$\mathfrak{M}'_{rs} = (-1)^{\sigma_r + \sigma_s} \mathfrak{M}_{rs}$$

ersetzt.

Denn A_m verwandelt sich in

$$\begin{vmatrix} \mathfrak{M}'_{11} & \mathfrak{M}'_{12} & \dots & \mathfrak{M}'_{1N} \\ \mathfrak{M}'_{21} & \mathfrak{M}'_{22} & \dots & \mathfrak{M}'_{2N} \\ \cdot & \cdot & \cdot & \cdot \\ \mathfrak{M}'_{N1} & \mathfrak{M}'_{N2} & \dots & \mathfrak{M}'_{NN} \end{vmatrix},$$

wenn man die Zeilen der Reihe nach mit

$$(-1)^{\sigma_1}, \quad (-1)^{\sigma_2}, \quad \dots, \quad (-1)^{\sigma_N}$$

multipliziert und dann mit den Spalten dasselbe macht. Dabei hat man aber A_m im ganzen mit

$$(-1)^{2(\sigma_1+\sigma_2+\dots+\sigma_N)} = 1$$

multipliziert.

Hieraus ersieht man, daß A_m in A_{n-m} übergeht, wenn man jedes Element $\mathfrak{M}_{rs}$ von A_m durch sein algebraisches Komplement $\overline{\mathfrak{M}}_{rs}$ in A ersetzt.

Bildet man das Produkt

$$A_m A_{n-m} = \begin{vmatrix} \mathfrak{M}_{11} & \dots & \mathfrak{M}_{1N} \\ \cdot & \cdot & \cdot \\ \mathfrak{M}_{N1} & \dots & \mathfrak{M}_{NN} \end{vmatrix} \begin{vmatrix} \overline{\mathfrak{M}}_{11} & \dots & \overline{\mathfrak{M}}_{1N} \\ \cdot & \cdot & \cdot \\ \overline{\mathfrak{M}}_{N1} & \dots & \overline{\mathfrak{M}}_{NN} \end{vmatrix},$$

indem man die Zeilen zusammensetzt, so ergibt sich (vgl. § 19)

$$A_m A_{n-m} = \begin{vmatrix} A & \dots & 0 \\ \cdot & \cdot & \cdot \\ 0 & \dots & A \end{vmatrix} = A^{\binom{n}{m}}.$$

Diese Formel werden wir benutzen, um das Sylvester-Frankesche Theorem zu beweisen.

Satz 31. Die aus den m-reihigen Minoren einer n-reihigen Determinante A gebildete Determinante A_m ist gleich einer Potenz von A, und zwar hat man

$$A_m = A^{\binom{n-1}{m-1}}.$$

Im Falle $m = 1$ ist dieser Satz trivial, ebenso im Falle $m = n$. Wenn $m = n - 1$ ist, fällt er mit Satz 27 in § 37 zusammen.

Um den Sylvester-Frankeschen Satz allgemein zu beweisen, wenden wir den Schluß von $n - 1$ auf n an. Wir nehmen an, daß er für $(n-1)$-reihige Determinanten bereits bewiesen ist, und zeigen, daß er dann auch für n-reihige Determinanten gilt.

Wir wollen alle Elemente von A mit Ausnahme von a_{nn} als Konstanten betrachten. Dann sind in der Formel

$$A_m A_{n-m} = A^{\binom{n}{m}}.$$

A_m, A_{n-m} und A Funktionen von a_{nn}, und zwar hat man

$$A = a_{nn} B + C,$$

wobei

$$B = \begin{vmatrix} a_{11} & a_{12} & \dots & a_{1,n-1} \\ a_{21} & a_{22} & \dots & a_{2,n-1} \\ \cdot & \cdot & \cdot & \cdot \\ a_{n-1,1} & a_{n-1,2} & \dots & a_{n-1,n-1} \end{vmatrix}$$

und

$$C = \begin{vmatrix} a_{11} & \dots & a_{1,n-1} & a_{1n} \\ \cdot & \cdot & \cdot & \cdot \\ a_{n-1,1} & \dots & a_{n-1,n-1} & a_{n-1,n} \\ a_{n1} & \dots & a_{n,n-1} & 0 \end{vmatrix}$$

ist.

Um zu ermitteln, wie A_m von a_{nn} abhängt, denken wir uns die Kombinationen von $1, 2, \dots, n$ zur m^{ten} Klasse in der Weise numeriert, daß zuerst die K Kombinationen stehen, in denen der Index n vorkommt.

Nur

$$\begin{matrix} \mathfrak{M}_{11} & \mathfrak{M}_{12} & \dots & \mathfrak{M}_{1K} \\ \mathfrak{M}_{21} & \mathfrak{M}_{22} & \dots & \mathfrak{M}_{2K} \\ \cdot & \cdot & \cdot & \cdot \\ \mathfrak{M}_{K1} & \mathfrak{M}_{K2} & \dots & \mathfrak{M}_{KK} \end{matrix}$$

enthalten dann a_{nn}. Dabei ist

$$K = \binom{n-1}{m-1}.$$

Von a_{nn} hängt $\mathfrak{M}_{rs}$ $(r, s = 1, 2, \dots, K)$ in folgender Weise ab:

$$\mathfrak{M}_{rs} = a_{nn} \mathfrak{N}_{rs} + \mathfrak{P}_{rs}.$$

$\mathfrak{N}_{rs}$ ist ein $(m-1)$-reihiger Minor von B. Da wir Satz 31 für $(n-1)$-reihige Determinanten als gültig annehmen, haben wir

$$\begin{vmatrix} \mathfrak{N}_{11} & \mathfrak{N}_{12} & \dots & \mathfrak{N}_{1K} \\ \mathfrak{N}_{21} & \mathfrak{N}_{22} & \dots & \mathfrak{N}_{2K} \\ \cdot & \cdot & \cdot & \cdot \\ \mathfrak{N}_{K1} & \mathfrak{N}_{K2} & \dots & \mathfrak{N}_{KK} \end{vmatrix} = B^{\binom{n-2}{m-2}}.$$

Hieraus können wir schließen, daß

$$\begin{vmatrix} \mathfrak{M}_{11} & \mathfrak{M}_{12} & \dots & \mathfrak{M}_{1K} \\ \mathfrak{M}_{21} & \mathfrak{M}_{22} & \dots & \mathfrak{M}_{2K} \\ \cdot & \cdot & \cdot & \cdot \\ \mathfrak{M}_{K1} & \mathfrak{M}_{K2} & \dots & \mathfrak{M}_{KK} \end{vmatrix} = a_{nn}^K B^{\binom{n-2}{m-2}} + \dots$$

ist, wobei die Punkte Glieder mit niedrigeren Potenzen von a_{nn} andeuten.

Das Komplement dieses K-reihigen Minors von A_m lautet

$$\begin{vmatrix} \mathfrak{M}_{K+1,K+1} & \dots & \mathfrak{M}_{K+1,N} \\ \cdot & \cdot & \cdot \\ \mathfrak{M}_{N,K+1} & \dots & \mathfrak{M}_{NN} \end{vmatrix}$$

und ist die aus den m-reihigen Minoren von B gebildete Determinante, also gleich

$$B^{\binom{n-2}{m-1}},$$

weil Satz 31 für $(n-1)$-reihige Determinanten richtig sein soll.

Jetzt ist leicht zu sagen, wie A_m von a_{nn} abhängt. Man braucht nur A_m nach den K ersten Zeilen zu entwickeln. Es ergibt sich dann

$$A_m = a_{nn}^K \, B^{\binom{n-2}{m-2}+\binom{n-2}{m-1}} + \ldots$$

Wieder deuten die Punkte Glieder mit niedrigeren Potenzen von a_{nn} an. Da

$$\binom{n-2}{m-2}+\binom{n-2}{m-1}=\binom{n-1}{m-1}=K$$

ist, so hat man

$$A_m = a_{nn}^K B^K + \ldots$$

A_m ist hiernach eine ganze rationale Funktion K^{ten} Grades von a_{nn}, deren höchster Koeffizient gleich B^K ist. Da $A_m A_{n-m}$ eine Potenz von A ist, so verschwindet A_m nur, wenn A verschwindet, d. h. für

$$a_{nn} = -\frac{C}{B}.$$

Die Wurzeln der Gleichung

$$A_m = a_{nn}^K \, B^K + \ldots = 0,$$

in der a_{nn} als die Unbekannte zu betrachten ist, sind demnach alle gleich $-C/B$. Man hat also

$$A_m = B^K\left(a_{nn}+\frac{C}{B}\right)^K,$$

d. h.

$$A_m = (a_{nn}\,B + C)^K = A^K.$$

Damit ist Satz 31 für n-reihige Determinanten bewiesen unter der Voraussetzung, daß er für $(n-1)$-reihige Determinanten gilt. Da er nun im Falle $n=2$ trivial ist, so gilt er für $n=3$, $n=4$ usw., d. h. er gilt allgemein.

Unser obiger Beweis stützt sich auf den Fundamentalsatz der Algebra, wonach eine ganze rationelle Funktion

$$f(x) = a_0 x^p + a_1 x^{p-1} + \ldots + a_p$$

sich in der Form

$$a_0(x-x_1)(x-x_2)\ldots(x-x_p)$$

schreiben läßt. $x_1, x_2, \ldots, x_p$ sind die Nullstellen von $f(x)$.

Wir können aber auch ohne den Fundamentalsatz der Algebra auskommen, wenn wir bemerken, daß

$$A_{n-m} = a_{nn}^L \, B^L + \ldots$$

ist, wobei wir

$$\binom{n-1}{n-m-1} = \binom{n-1}{m} = L$$

gesetzt haben.

Nehmen wir an, daß A_m sich K'-mal und A_{n-m} sich L'-mal durch

$$Ba_{nn} + C$$

teilen läßt, daß also

$$A_m = (Ba_{nn} + C)^{K'} \bar{A}_m,$$

$$A_{n-m} = (Ba_{nn} + C)^{L'} \bar{A}_{n-m}$$

ist und

$$\bar{A}_m = a_{nn}^{K-K'} B^{K-K'} + \ldots,$$

$$\bar{A}_{n-m} = a_{nn}^{L-L'} B^{L-L'} + \ldots$$

nicht mehr die Wurzel $-B/C$ zulassen.

Dann haben wir

$$A_m A_{n-m} = A^{K'+L'} \bar{A}_m \bar{A}_{n-m} = A^{\binom{n}{m}}.$$

Da nun

$$K + L = \binom{n-1}{m-1} + \binom{n-1}{m} = \binom{n}{m}$$

und

$$K' + L' \leqq K + L = \binom{n}{m}$$

ist, so folgt aus obiger Gleichung

$$\bar{A}_m \bar{A}_{n-m} = A^{\binom{n}{m} - K' - L'}.$$

Im Falle

$$K' + L' < \binom{n}{m}$$

enthielte die obige Gleichung einen Widerspruch, weil die rechte Seite für $a_{nn} = -C/B$ gleich Null, die linke Seite aber von Null verschieden wäre. Es ist somit

$$K' = K \quad \text{und} \quad L' = L,$$

also

$$\bar{A}_m = \bar{A}_{n-m} = 1$$

und

$$A_m = A^K, \quad A_{n-m} = A^L.$$

§ 47. Folgerungen aus dem Sylvester-Frankeschen Satz.

Wir wollen die beiden Determinanten

$$A_m = \begin{vmatrix} \mathfrak{M}_{11} & \mathfrak{M}_{12} & \ldots & \mathfrak{M}_{1N} \\ \mathfrak{M}_{21} & \mathfrak{M}_{22} & \ldots & \mathfrak{M}_{2N} \\ \cdot & \cdot & \cdot & \cdot \\ \mathfrak{M}_{N1} & \mathfrak{M}_{N2} & \ldots & \mathfrak{M}_{NN} \end{vmatrix}$$

und

$$A_{n-m} = \begin{vmatrix} \overline{\mathfrak{M}}_{11} & \overline{\mathfrak{M}}_{12} & \dots & \overline{\mathfrak{M}}_{1N} \\ \overline{\mathfrak{M}}_{21} & \overline{\mathfrak{M}}_{22} & \dots & \overline{\mathfrak{M}}_{2N} \\ \cdot & \cdot & \cdot & \cdot \\ \overline{\mathfrak{M}}_{N1} & \overline{\mathfrak{M}}_{N2} & \dots & \overline{\mathfrak{M}}_{NN} \end{vmatrix}$$

als **reziprok** bezeichnen. Für den Fall $m = 1$ stimmt diese Benennung mit der in § 37 eingeführten überein. $\overline{\mathfrak{M}}_{rs}$ bedeutet wie in § 46 das algebraische Komplement von $\mathfrak{M}_{rs}$.

Es gilt hier über die Minoren von A_m und A_{n-m} ein ähnlicher Satz wie im Falle $m = 1$ (vgl. Satz 28).

Satz 32. **Jeder Minor von A_m unterscheidet sich von dem algebraischen Komplement des entsprechenden Minors von A_{n-m} um einen Faktor, der gleich einer Potenz von A ist.**

Um dies z. B. für den Minor

$$M = \begin{vmatrix} \mathfrak{M}_{1r_1} & \mathfrak{M}_{1r_2} & \dots & \mathfrak{M}_{1r_p} \\ \mathfrak{M}_{2r_1} & \mathfrak{M}_{2r_2} & \dots & \mathfrak{M}_{2r_p} \\ \cdot & \cdot & \cdot & \cdot \\ \mathfrak{M}_{pr_1} & \mathfrak{M}_{pr_2} & \dots & \mathfrak{M}_{pr_p} \end{vmatrix}$$

zu beweisen, ersetzen wir in A_m die Hauptelemente des Komplements von M durch 1 und alle übrigen Elemente der Zeilen $p + 1$, $p + 2$, ..., N durch 0. Dann reduziert sich A_m auf

$$(-1)^\sigma M\,,$$

wobei

$$\sigma = (1 + \dots + p) + (r_1 + \dots + r_p)$$

ist.

Multiplizieren wir jetzt die Determinanten

$$(-1)^\sigma M \quad \text{und} \quad A_{n-m}$$

nach Zeilen, so ergibt sich unter Beachtung von Satz 13 A^p mal dem Komplement von

$$\overline{M} = \begin{vmatrix} \overline{\mathfrak{M}}_{1r_1} & \overline{\mathfrak{M}}_{1r_2} & \dots & \overline{\mathfrak{M}}_{1r_p} \\ \overline{\mathfrak{M}}_{2r_1} & \overline{\mathfrak{M}}_{2r_2} & \dots & \overline{\mathfrak{M}}_{2r_p} \\ \cdot & \cdot & \cdot & \cdot \\ \overline{\mathfrak{M}}_{pr_1} & \overline{\mathfrak{M}}_{pr_2} & \dots & \overline{\mathfrak{M}}_{pr_p} \end{vmatrix}$$

in A_{n-m}. Nennen wir dieses Komplement M', so wird also

$$(-1)^\sigma M A_{n-m} = M' A^p\,.$$

Nun ist nach dem Sylvester-Frankeschen Satz

$$A_{n-m} = A^{\binom{n-1}{m}}.$$

Wir haben somit

$$M = (-1)^\sigma M' A^{p - \binom{n-1}{m}}.$$

$(-1)^\sigma M'$ ist aber das algebraische Komplement von $\overline{M}$ in A_{n-m}.

§ 48. Der verallgemeinerte Sylvestersche Satz.

Wir betrachten in der Determinante

$$A = \begin{vmatrix} a_{11} & a_{12} & \dots & a_{1n} \\ a_{21} & a_{22} & \dots & a_{2n} \\ \cdot & \cdot & \cdot & \cdot \\ a_{n1} & a_{n2} & \dots & a_{nn} \end{vmatrix}$$

alle m-reihigen Superdeterminanten von

$$B = \begin{vmatrix} a_{11} & a_{12} & \dots & a_{1h} \\ a_{21} & a_{22} & \dots & a_{2h} \\ \cdot & \cdot & \cdot & \cdot \\ a_{h1} & a_{h2} & \dots & a_{hh} \end{vmatrix}. \qquad (h < m)$$

A_{rs} sei das algebraische Komplement von a_{rs} in A. Dann ist nach Satz 28 jeder $(n-m)$-reihige Minor von

$$C = \begin{vmatrix} A_{h+1,h+1} & \dots & A_{h+1,n} \\ \cdot & \cdot & \cdot \\ A_{n,h+1} & \dots & A_{nn} \end{vmatrix}$$

gleich einer jener m-reihigen Superdeterminanten multipliziert mit

$$A^{n-m-1}.$$

Die $\binom{n-h}{m-h}$-reihige Determinante D, die man aus den m-reihigen Superdeterminanten von B bilden kann, ist hiernach, wenn man sie mit

$$A^{(n-m-1)\binom{n-h}{m-h}}$$

multipliziert, gleich der Determinante der $(n-m)$-reihigen Minoren von C, also nach Satz 31 gleich

$$C^{\binom{n-h-1}{n-m-1}} \quad \text{oder} \quad C^{\binom{n-h-1}{m-h}}.$$

Nun hat man aber nach Satz 28

$$C = A^{n-h-1} B,$$

so daß die Gleichung

$$D A^{(n-m-1)\binom{n-h}{m-h}} = B^{\binom{n-h-1}{m-h}} A^{(n-h-1)\binom{n-h-1}{m-1}}$$

besteht. Da

$$(n-h-1)\binom{n-h-1}{m-h} - (n-m-1)\binom{n-h}{m-h} = \binom{n-h-1}{m-h-1},$$

so folgt aus der obigen Gleichung

$$D = B^{\binom{n-h-1}{m-1}} A^{\binom{n-h-1}{m-h-1}}.$$

Diese Formel enthält den verallgemeinerten Sylvesterschen Satz. Der Fall $A = 0$ erledigt sich durch eine Stetigkeitsbetrachtung.

Satz 33. Die aus den m-reihigen Superdeterminanten des Minors B gebildete Determinante ist gleich einer Potenz dieses Minors multipliziert mit einer Potenz der Determinante A.

Für $m = h + 1$ reduziert sich die Formel des Satzes auf

$$D = B^{n-h-1} A .$$

Dies ist das Sylvestersche Theorem aus § 41. Der obige Beweis des verallgemeinerten Satzes entspricht dem in § 45 gegebenen Beweise des speziellen Theorems.

Achtes Kapitel.

Symmetrische Determinanten.

§ 49. Definition.

Eine Determinante

$$\begin{vmatrix} a_{11} & a_{12} & \cdots & a_{1n} \\ a_{21} & a_{22} & \cdots & a_{2n} \\ \cdot & \cdot & \cdot & \cdot \\ a_{n1} & a_{n2} & \cdots & a_{nn} \end{vmatrix}$$

heißt symmetrisch, wenn ihre Matrix beim Herumklappen um die Hauptdiagonale ungeändert bleibt, d. h. wenn

$$a_{rs} = a_{sr}$$

ist ($r, s = 1, 2, \ldots, n$).

Wenn man eine beliebige Determinante nach Zeilen oder nach Spalten mit sich selbst multipliziert, so entsteht eine symmetrische Determinante.

Ein Minor einer Determinante soll wie in § 17 ein Hauptminor heißen, wenn seine Hauptelemente zugleich Hauptelemente der Determinante sind. Ein Hauptminor entsteht also, wenn man die Zeilen mit den Indizes $r_1, r_2, \ldots, r_p$ und die Spalten mit denselben Indizes unterdrückt.

Die Hauptminoren einer symmetrischen Determinante sind offenbar ebenfalls symmetrisch.

§ 50. Die Reziproke einer symmetrischen Determinante.

Wir wollen die Komplemente der Elemente a_{rs} und a_{sr} in einer symmetrischen Determinante betrachten.

$$\begin{matrix} a_{11} & a_{12} & \cdots & a_{1n} \\ a_{21} & a_{22} & \cdots & a_{2n} \\ \cdot & \cdot & \cdot & \cdot \\ a_{n1} & a_{n2} & \cdots & a_{nn} \end{matrix} \quad \text{und} \quad \begin{matrix} a_{11} & a_{21} & \cdots & a_{n1} \\ a_{12} & a_{22} & \cdots & a_{n2} \\ \cdot & \cdot & \cdot & \cdot \\ a_{1n} & a_{2n} & \cdots & a_{nn} \end{matrix}$$

sind, weil unsere Determinante symmetrisch ist, völlig identisch. Streichen wir also in beiden Matrizen die r^{te} Zeile und die s^{te} Spalte, so bleiben identische Matrizen übrig. Die erste ist aber die Matrix des Komplements von a_{rs}, die zweite entsteht aus der Matrix des Komplements von a_{sr} durch Herumklappen um die Hauptdiagonale.

Das Komplement von a_{rs} ist also gleich dem Komplement von a_{sr}. Multipliziert man beide mit $(-1)^{r+s}$, so ergibt sich die Gleichheit der algebraischen Komplemente von a_{rs} und a_{sr}.

Satz 34. Die Reziproke einer symmetrischen Determinante ist ebenfalls symmetrisch.

§ 51. Beispiele symmetrischer Determinanten.

Hankelsche Determinanten.

Hankel hat sich mit einer speziellen Art symmetrischer Determinanten beschäftigt, die folgende Gestalt haben:

$$\begin{vmatrix} x_1 & x_2 & \dots & x_n \\ x_2 & x_3 & \dots & x_{n+1} \\ \cdot & \cdot & \cdot & \cdot \\ x_n & x_{n+1} & \dots & x_{2n-1} \end{vmatrix}.$$

Wie man sieht, ist hier

$$a_{rs} = x_{r+s-1},$$

also

$$a_{rs} = a_{sr}.$$

Wir wollen die dreireihige Hankelsche Determinante

$$\begin{vmatrix} x_1 & x_2 & x_3 \\ x_2 & x_3 & x_4 \\ x_3 & x_4 & x_5 \end{vmatrix}$$

betrachten. Subtrahieren wir von der dritten Zeile die zweite und dann von der zweiten die erste, so ergibt sich

$$\begin{vmatrix} x_1 & x_2 & x_3 \\ x_2 - x_1 & x_3 - x_2 & x_4 - x_3 \\ x_3 - x_2 & x_4 - x_3 & x_5 - x_4 \end{vmatrix}.$$

Subtrahieren wir jetzt von der dritten Zeile die zweite, so kommt

$$\begin{vmatrix} x_1 & x_2 & x_3 \\ x_2 - x_1, & x_3 - x_2, & x_4 - x_3 \\ x_3 - 2x_2 + x_1, & x_4 - 2x_3 + x_2, & x_5 - 2x_4 + x_3 \end{vmatrix}.$$

Machen wir schließlich mit den Spalten dieser Determinante dasselbe, was wir mit den Zeilen der Hankelschen Determinante getan haben, so finden wir zunächst

$$\begin{vmatrix} x_1, & x_2 - x_1, & x_3 - x_2 \\ x_2 - x_1, & x_3 - 2x_2 + x_1, & x_4 - 2x_3 + x_2 \\ x_3 - 2x_2 + x_1, & x_4 - 3x_3 + 3x_2 - x_1, & x_5 - 3x_4 + 3x_3 - x_2 \end{vmatrix}$$

und dann

$$\begin{vmatrix} x_1, & x_2 - x_1, & x_3 - 2x_2 + x_1 \\ x_2 - x_1, & x_3 - 2x_2 + x_1, & x_4 - 3x_3 + 3x_2 - x_1 \\ x_3 - 2x_2 + x_1, & x_4 - 3x_3 + 3x_2 - x_1, & x_5 - 4x_4 + 6x_3 - 4x_2 + x_1 \end{vmatrix}$$

Die aus

$$x_1,\ x_2,\ x_3,\ x_4,\ x_5$$

gebildete Hankelsche Determinante bleibt also ungeändert, wenn man die x der Reihe nach durch

$$x_1,\ \Delta x_1,\ \Delta^2 x_1,\ \Delta^3 x_1,\ \Delta^4 x_1$$

ersetzt. Dabei ist

$$\begin{aligned} \Delta x_1 &= x_2 - x_1, \\ \Delta^2 x_1 &= x_3 - 2x_2 + x_1, \\ \Delta^3 x_1 &= x_4 - 3x_3 + 3x_2 - x_1, \\ \Delta^4 x_1 &= x_5 - 4x_4 + 6x_3 - 4x_2 + x_1 . \end{aligned}$$

Bildet man die sukzessiven Differenzenreihen von

$$x_1,\ x_2,\ x_3,\ x_4,\ x_5,$$

also

$$\begin{gathered} x_2 - x_1,\quad x_3 - x_2,\quad x_4 - x_3,\quad x_5 - x_4, \\ x_3 - 2x_2 + x_1,\quad x_4 - 2x_3 + x_2,\quad x_5 - 2x_4 + x_3, \\ x_4 - 3x_3 + 3x_2 - x_1,\quad x_5 - 3x_4 + 3x_3 - x_2, \\ x_5 - 4x_4 + 6x_3 - 4x_2 + x_1, \end{gathered}$$

so sind

$$\Delta x_1,\ \Delta^2 x_1,\ \Delta^3 x_1,\ \Delta^4 x_1$$

deren Anfangsglieder.

Es ist klar, daß man im allgemeinen Fall genau dieselben Betrachtungen anstellen kann.

Die Hankelsche Determinante

$$\begin{vmatrix} x_1 & x_2 & \dots x_n \\ x_2 & x_3 & \dots x_{n+1} \\ . & . & . \\ x_n & x_{n+1} & \dots x_{2n-1} \end{vmatrix}$$

ist gleich der Hankelschen Determinante

$$\begin{vmatrix} x_1, & \Delta x_1, & \dots, & \Delta^{n-1} x_1 \\ \Delta x_1, & \Delta^2 x_1, & \dots, & \Delta^n x_1 \\ . & . & . & . \\ \Delta^{n-1} x_1, & \Delta^n x_1, & \dots, & \Delta^{2n-2} x_1 \end{vmatrix}$$

Dabei sind $$\Delta x_1,\ \Delta^2 x_1,\ \ldots,\ \Delta^{2n-2} x_1$$
die Anfangsglieder der Differenzenreihen von
$$x_1,\ x_2,\ \ldots,\ x_{2n-1}.$$

Wenn die k^{te} Differenzenreihe von $x_1, x_2, \ldots, x_{2n-1}$ aus lauter gleichen Zahlen besteht, so nennt man $x_1, x_2, \ldots, x_{2n-1}$ **eine arithmetische Reihe k^{ter} Ordnung**. Alle folgenden Differenzenreihen (wenn es deren gibt) bestehen aus lauter Nullen.

Nehmen wir an, daß $x_1, x_2, \ldots, x_{2n-1}$ eine arithmetische Reihe $(n-1)^{\text{ter}}$ Ordnung ist. Dann haben wir
$$\Delta^n x_1 = 0,\quad \Delta^{n+1} x_1 = 0,\ \ldots,\ \Delta^{2n-2} x_1 = 0.$$

Die Determinante reduziert sich auf ein einziges Glied, nämlich*)
$$\pm a_{n1}\, a_{n-1,2} \ldots a_{1n} = \pm (\Delta^{n-1} x_1)^n.$$
Da es in der Reihe
$$n,\ n-1,\ \ldots,\ 1$$
genau
$$n-1+n-2+\ldots+1 = \frac{n(n-1)}{2}$$
Derangements gibt, so ist die **Hankelsche** Determinante gleich
$$(-1)^{\frac{n(n-1)}{2}} (\Delta^{n-1} x_1)^n.$$

Bilden $x_1, x_2, \ldots, x_{2n-1}$ eine arithmetische Reihe von niedrigerer als $(n-1)^{\text{ter}}$ Ordnung, so ist $\Delta^{n-1} x_1 = 0$, $\Delta^n x_1 = 0$ usw. **Die Hankelsche Determinante ist dann also gleich Null.**

Ist
$$x_2 = q x_1,\quad x_3 = q x_2,\quad \ldots,\quad x_{2n-1} = q x_{2n-2},$$
also $x_1, x_2, \ldots, x_{2n-1}$ eine geometrische Reihe, so lautet die erste Differenzenreihe
$$(q-1)x_1,\ (q-1)x_2,\ \ldots,\ (q-1)x_{2n-2},$$
die zweite Differenzenreihe
$$(q-1)^2 x_1,\ (q-1)^2 x_2,\ \ldots,\ (q-1)^2 x_{2n-3}$$
usw. Man hat daher
$$\Delta x_1 = (q-1)x_1,\quad \Delta^2 x_1 = (q-1)^2 x_1,\quad \ldots,\quad \Delta^{2n-2} x_1 = (q-1)^{2n-2} x_1.$$

---

*) a_{ns_1} ist gleich Null, wenn $s_1 > 1$ ist, a_{n-1,s_2} ist gleich Null, wenn $s_2 > 2$ ist usw. Daher muß $s_1 = 1$, $s_2 = 2, \ldots$ sein.

Die aus $x_1, \Delta x_1, \ldots, \Delta^{2n-2} x_1$ gebildete Hankelsche Determinante ist dann von folgender Form:

$$\begin{vmatrix} x_1, & (q-1)x_1, & \ldots, & (q-1)^{n-1}x_1 \\ (q-1)x_1, & (q-1)^2 x_1, & \ldots, & (q-1)^n x_1 \\ \cdot & \cdot & \cdot & \cdot \\ (q-1)^{n-1}x_1, & (q-1)^n x_1, & \ldots, & (q-1)^{2n-2}x_1 \end{vmatrix}.$$

Subtrahiert man von der zweiten Zeile die mit $q-1$ multiplizierte erste Zeile, so entsteht eine Zeile mit lauter Nullen.

Die Hankelsche Determinante ist also gleich Null, wenn $x_1, x_2, \ldots, x_{2n-1}$ eine geometrische Reihe bilden.

Zyklische Determinanten.

Als zyklische Determinante bezeichnet man eine Determinante von der Form

$$\begin{vmatrix} c_1 & c_2 & \ldots & c_n \\ c_2 & c_3 & \ldots & c_1 \\ \cdot & \cdot & \cdot & \cdot \\ c_n & c_1 & \ldots & c_{n-1} \end{vmatrix}.$$

Die $(k+1)^{\text{te}}$ Zeile einer solchen Determinante entsteht aus der k^{ten} durch zyklische Permutation, d. h. dadurch, daß das zweite Element zum ersten, das dritte zum zweiten, ..., das n^{te} zum $(n-1)^{\text{ten}}$ und das erste zum n^{ten} Element gemacht wird.

Wir wollen die Zahlen

$$c_{n+1}, \; c_{n+2}, \; \ldots$$

durch die Festsetzung definieren, daß

$$c_k = c_l$$

sein soll, sobald $k-l$ durch n teilbar ist. Danach haben wir

$$\begin{aligned} c_1 &= c_{n+1} = c_{2n+1} = \ldots, \\ c_2 &= c_{n+2} = c_{2n+2} = \ldots, \\ &\cdot \quad \cdot \quad \cdot \quad \cdot \\ c_n &= c_{2n} \;\; = c_{3n} \;\;\, = \ldots. \end{aligned}$$

Unsere zyklische Determinante läßt sich jetzt auch so schreiben:

$$\begin{vmatrix} c_1 & c_2 & \ldots & c_n \\ c_2 & c_3 & \ldots & c_{n+1} \\ \cdot & \cdot & \cdot & \cdot \\ c_n & c_{n+1} & \ldots & c_{2n-1} \end{vmatrix}.$$

Die zyklische Determinante ist also eine spezielle Hankelsche Determinante, nämlich die Hankelsche Determinante der $2n-1$ Zahlen

$$c_1,\ c_2,\ \ldots,\ c_n,\ c_1,\ c_2,\ \ldots,\ c_{n-1}.$$

Die zyklische Determinante läßt sich in n Faktoren zerlegen, wenn man sich der n^{ten} Einheitswurzeln bedient, d. h. der Wurzeln der Gleichung

$$x^n - 1 = 0.$$

Wir bezeichnen diese Wurzeln mit $x_1, x_2, \ldots, x_n$ und bilden aus ihnen die Determinante

$$V = \begin{vmatrix} 1 & x_1 & x_1^2 & \ldots & x_1^{n-1} \\ 1 & x_2 & x_2^2 & \ldots & x_2^{n-1} \\ \cdot & \cdot & \cdot & \cdot & \cdot \\ 1 & x_n & x_n^2 & \ldots & x_n^{n-1} \end{vmatrix}.$$

Mit ihr multiplizieren wir unsere zyklische Determinante, die wir C nennen, und zwar führen wir die Multiplikation nach Zeilen aus. Die Elemente der Produktdeterminante haben dann die Form:

$$c_h + c_{h+1}x + c_{h+2}x^2 + \ldots + c_{h+n-1}x^{n-1},$$

wobei h eine der Zahlen $1, 2, \ldots, n$ und x eine der Wurzeln $x_1, x_2, \ldots, x_n$ ist. Da $x^n = 1$ ist, können wir statt des obigen Ausdrucks auch schreiben:

$$(c_{n+1}x^{n-h+1} + \ldots + c_{h+n-1}x^{n-1}) + (c_h x^n + \ldots + c_n x^{2n-h})$$

oder, weil

$$c_{n+1} = c_1,\quad c_{n+2} = c_2,\quad \ldots,\quad c_{h+n-1} = c_{h-1}$$

ist,

$$c_1 x^{n-h+1} + \ldots + c_n x^{n-h+n},$$

d. h.

$$x^{n-h+1}(c_1 + c_2 x + \ldots + c_n x^{n-1}).$$

Setzen wir also

$$f(x) = c_1 + c_2 x + \ldots + c_n x^{n-1},$$

so lautet die Produktdeterminante CV:

$$\begin{vmatrix} x_1^n f(x_1), & x_2^n f(x_2), & \ldots, & x_n^n f(x_n) \\ x_1^{n-1} f(x_1), & x_2^{n-1} f(x_2), & \ldots, & x_n^{n-1} f(x_n) \\ \cdot & \cdot & \cdot & \cdot \\ x_1 f(x_1), & x_2 f(x_2), & \ldots, & x_n f(x_n) \end{vmatrix}$$

oder

$$f(x_1)\, f(x_2) \ldots f(x_n) \begin{vmatrix} x_1^n & x_1^{n-1} & \ldots & x_1 \\ x_2^n & x_2^{n-1} & \ldots & x_2 \\ \cdot & \cdot & \cdot & \cdot \\ x_n^n & x_n^{n-1} & \ldots & x_n \end{vmatrix}.$$

Nun ist aber

$$\begin{vmatrix} x_1^n & x_1^{n-1} & \dots & x_1 \\ x_2^n & x_2^{n-1} & \dots & x_2 \\ \cdot & \cdot & \cdot & \cdot \\ x_n^n & x_n^{n-1} & \dots & x_n \end{vmatrix} = (-1)^{\frac{(n-1)(n-2)}{2}} V.$$

Wir haben daher

$$C\,V = (-1)^{\frac{(n-1)(n-2)}{2}} f(x_1)\,f(x_2)\dots f(x_n)\cdot V.$$

V ist aber von Null verschieden (vgl. § 21), weil die n Wurzeln x_1, $x_2, \dots, x_n$ alle verschieden sind. Aus der obigen Gleichung folgt demnach

$$C = (-1)^{\frac{(n-1)(n-2)}{2}} f(x_1)\,f(x_2)\dots f(x_n)\,.$$

Zum Schluß wollen wir noch zeigen, daß sich das Produkt zweier zyklischer Determinanten (abgesehen vom Vorzeichen) als zyklische Determinante schreiben läßt.

Um dies für die beiden zyklischen Determinanten

$$C = \begin{vmatrix} c_1 & c_2 & c_3 \\ c_2 & c_3 & c_1 \\ c_3 & c_1 & c_2 \end{vmatrix} \quad \text{und} \quad \Gamma = \begin{vmatrix} \gamma_1 & \gamma_2 & \gamma_3 \\ \gamma_2 & \gamma_3 & \gamma_1 \\ \gamma_3 & \gamma_1 & \gamma_2 \end{vmatrix}$$

zu zeigen, multiplizieren wir C und

$$-\Gamma = \begin{vmatrix} \gamma_1 & \gamma_2 & \gamma_3 \\ \gamma_3 & \gamma_1 & \gamma_2 \\ \gamma_2 & \gamma_3 & \gamma_1 \end{vmatrix}$$

nach Zeilen*). Dadurch erhalten wir

$$-C\Gamma = \begin{vmatrix} c_1\gamma_1 + c_2\gamma_2 + c_3\gamma_3, & c_1\gamma_3 + c_2\gamma_1 + c_3\gamma_2, & c_1\gamma_2 + c_2\gamma_3 + c_3\gamma_1 \\ c_2\gamma_1 + c_3\gamma_2 + c_1\gamma_3, & c_2\gamma_3 + c_3\gamma_1 + c_1\gamma_2, & c_2\gamma_2 + c_3\gamma_3 + c_1\gamma_1 \\ c_3\gamma_1 + c_1\gamma_2 + c_2\gamma_3, & c_3\gamma_3 + c_1\gamma_1 + c_2\gamma_2, & c_3\gamma_2 + c_1\gamma_3 + c_2\gamma_1 \end{vmatrix}$$

oder

$$-C\Gamma = \begin{vmatrix} c_1\gamma_1 + c_2\gamma_2 + c_3\gamma_3, & c_1\gamma_3 + c_2\gamma_1 + c_3\gamma_2, & c_1\gamma_2 + c_2\gamma_3 + c_3\gamma_1 \\ c_1\gamma_3 + c_2\gamma_1 + c_3\gamma_2, & c_1\gamma_2 + c_2\gamma_3 + c_3\gamma_1, & c_1\gamma_1 + c_2\gamma_2 + c_3\gamma_3 \\ c_1\gamma_2 + c_2\gamma_3 + c_3\gamma_1, & c_1\gamma_1 + c_2\gamma_2 + c_3\gamma_3, & c_1\gamma_3 + c_2\gamma_1 + c_3\gamma_2 \end{vmatrix}.$$

Diese Determinante hat die Form

$$\begin{vmatrix} a_1 & a_2 & a_3 \\ a_2 & a_3 & a_1 \\ a_3 & a_1 & a_2 \end{vmatrix},$$

ist also eine zyklische Determinante.

*) Bei $-\Gamma$ entsteht die k^{te} Zeile aus der $(k+1)^{\text{ten}}$ durch zyklische Permutation, während es bei Γ umgekehrt ist.

Hat man zwei n-reihige zyklische Determinanten

$$C = \begin{vmatrix} c_1 & c_2 & \ldots & c_n \\ c_2 & c_3 & \ldots & c_1 \\ . & . & . & . \\ c_n & c_1 & \ldots & c_{n-1} \end{vmatrix} \quad \text{und} \quad \Gamma = \begin{vmatrix} \gamma_1 & \gamma_2 & \ldots & \gamma_n \\ \gamma_2 & \gamma_3 & \ldots & \gamma_1 \\ . & . & . & . \\ \gamma_n & \gamma_1 & \ldots & \gamma_{n-1} \end{vmatrix}$$

zu multiplizieren, so schreibe man die $n-1$ letzten Zeilen der zweiten Determinante in umgekehrter Reihenfolge, was einer Multiplikation dieser Determinante mit $(-1)^{1/2(n-1)(n-2)}$ entspricht. Dann wird das nach Zeilen gebildete Produkt

$$(-1)^{1/2(n-1)(n-2)}\, C\,\Gamma$$

eine zyklische Determinante.

Wir wollen jetzt noch eine spezielle zyklische Determinante betrachten, bei der die Glieder der ersten Zeile eine arithmetische Reihe erster Ordnung bilden. Eine solche Determinante hat folgendes Aussehen:

$$D = \begin{vmatrix} a, & a+d, & \ldots, a+(n-1)d \\ a+d, & a+2d, & \ldots, a \\ . & . & . \\ a+(n-1)d, & a, & \ldots, a+(n-2)d \end{vmatrix}.$$

Subtrahieren wir von der letzten Zeile die vorletzte, von der vorletzten die drittletzte usw., schließlich von der zweiten die erste, so erhalten wir

$$D = \begin{vmatrix} a & a+d & \ldots & a+(n-2)d & a+(n-1)d \\ d & d & \ldots & d & -(n-1)d \\ d & d & \ldots & -(n-1)d & d \\ . & . & . & . & . \\ d & -(n-1)d & \ldots & d & d \end{vmatrix}.$$

Ziehen wir jetzt die erste Spalte von allen folgenden ab, so kommt

$$D = \begin{vmatrix} a & d & \ldots & (n-2)d & (n-1)d \\ d & 0 & \ldots & 0 & -nd \\ d & 0 & \ldots & -nd & 0 \\ . & . & . & . & . \\ d & -nd & \ldots & 0 & 0 \end{vmatrix}.$$

Jetzt wollen wir die erste Spalte mit n multiplizieren und dann alle anderen Spalten zu ihr addieren. Dadurch gewinnen wir

$$nD = \begin{vmatrix} na + \frac{n(n-1)}{2}d & d & \ldots & (n-2)d & (n-1)d \\ 0 & 0 & \ldots & 0 & -nd \\ 0 & 0 & \ldots & -nd & 0 \\ . & . & . & . & . \\ 0 & -nd & \ldots & 0 & 0 \end{vmatrix}$$

oder

$$nD = \left(na + \frac{n(n-1)}{2}d\right) \begin{vmatrix} 0 & \dots & 0 & -nd \\ 0 & \dots & -nd & 0 \\ . & . & . & . \\ -nd & \dots & 0 & 0 \end{vmatrix}$$

Nun ist aber

$$\begin{vmatrix} 0 & \dots & 0 & -nd \\ 0 & \dots & -nd & 0 \\ . & . & . & . \\ -nd & \dots & 0 & 0 \end{vmatrix} = (-1)^{\frac{(n-1)(n-2)}{2}} \begin{vmatrix} -nd & 0 & \dots & 0 \\ 0 & -nd & \dots & 0 \\ . & . & . & . \\ 0 & 0 & \dots & -nd \end{vmatrix}$$

$$= (-1)^{\frac{n(n-1)}{2}} (nd)^{n-1},$$

mithin

$$D = (-1)^{\frac{n(n-1)}{2}} (nd)^{n-1} \left(a + \frac{n-1}{2} d\right).$$

Hiernach wird z. B.

$$\begin{vmatrix} 1 & 2 & \dots & n \\ 2 & 3 & \dots & 1 \\ . & . & . & . \\ n & 1 & \dots & n-1 \end{vmatrix} = (-1)^{\frac{n(n-1)}{2}} \frac{n+1}{2} n^{n-1}.$$

Die Smithsche Determinante.

Mit (r, s) wollen wir den größten gemeinsamen Teiler der positiven ganzen Zahlen r und s bezeichnen und die symmetrische Determinante

$$D = \begin{vmatrix} (1, 1) & (1, 2) & \dots & (1, n) \\ (2, 1) & (2, 2) & \dots & (2, n) \\ . & . & . & . \\ (n, 1) & (n, 2) & \dots & (n, n) \end{vmatrix}$$

berechnen.

Dies gelingt mit Hilfe der Funktion $\varphi(m)$, die der Leser aus der elementaren Zahlentheorie kennt. $\varphi(m)$ ist die Anzahl der Zahlen in der Reihe

$$1, 2, \dots, m,$$

die zu m relativ prim sind, d. h. mit m den größten gemeinsamen Teiler 1 haben. So ist z. B.

$$\varphi(1) = 1, \quad \varphi(2) = 1, \quad \varphi(3) = 2, \quad \varphi(4) = 2, \quad \varphi(5) = 4$$

usw.

Über $\varphi(m)$ gilt folgender Satz:

Wenn $t_1, t_2, \dots, t_p$ die sämtlichen Teiler von m sind (1 und m eingeschlossen), so ist

$$\varphi(t_1) + \varphi(t_2) + \dots + \varphi(t_p) = m.$$

Um diesen Satz zu beweisen, stellen wir die Frage:

Wie viele Zahlen gibt es in der Reihe 1, 2, ..., m, die mit m den größten gemeinsamen Teiler t haben? Dabei ist t irgendein Teiler von m.

Unter den Zahlen

$$t,\ 2t,\ \ldots,\ \frac{m}{t}t$$

haben genau $\varphi\left(\frac{m}{t}\right)$ mit m den größten gemeinsamen Teiler t. Denn kt und $\frac{m}{t}t$ haben dann und nur dann den größten gemeinsamen Teiler t, wenn k und $\frac{m}{t}$ relativ prim sind.

Es gibt also in der Reihe 1, 2, ..., m

$\varphi\left(\frac{m}{t_1}\right)$ Zahlen, die mit m den größten gemeinsamen Teiler t_1 haben,

$\varphi\left(\frac{m}{t_2}\right)$ Zahlen, die mit m den größten gemeinsamen Teiler t_2 haben,

usw.

Da jede der Zahlen 1, 2, ..., m mit m den größten gemeinsamen Teiler t_1 oder t_2 oder t_3 hat usw., so ist

$$m = \varphi\left(\frac{m}{t_1}\right) + \varphi\left(\frac{m}{t_2}\right) + \cdots + \varphi\left(\frac{m}{t_p}\right).$$

Die Zahlen

$$\frac{m}{t_1},\ \frac{m}{t_2},\ \ldots,\ \frac{m}{t_p}$$

bilden aber eine Permutation von $t_1, t_2, \ldots, t_p$, so daß

$$\varphi\left(\frac{m}{t_1}\right) + \cdots + \varphi\left(\frac{m}{t_p}\right) = \varphi(t_1) + \cdots + \varphi(t_p)$$

ist.

Mit Hilfe der soeben bewiesenen Eigenschaft der Funktion $\varphi(m)$ gelingt es nun, die Smithsche Determinante zu berechnen.

Wir wollen festsetzen, daß a_{kl} gleich 1 sein soll, wenn k durch l teilbar ist. Anderenfalls möge a_{kl} gleich Null sein.

Nach Einführung der Symbole a_{kl} können wir (r, s) in folgender Form schreiben:

$$(r, s) = a_{r1}a_{s1}\varphi(1) + a_{r2}a_{s2}\varphi(2) + \cdots + a_{rn}a_{sn}\varphi(n).$$

Denn

$$a_{rt}a_{st}\varphi(t)$$

ist nur dann von Null verschieden und gleich $\varphi(t)$, wenn t sowohl in r als auch in s enthalten ist. Die gemeinsamen Teiler von r und s sind aber identisch mit den Teilern von (r, s). Die obige Gleichung reduziert sich also auf

$$(r, s) = \sum \varphi(t),$$

wobei die Summation über alle Teiler von (r, s) zu erstrecken ist.

Die Smithsche Determinante ist nach dem Obigen das Produkt aus

$$\begin{vmatrix} a_{11} & a_{12} & \ldots & a_{1n} \\ a_{21} & a_{22} & \ldots & a_{2n} \\ . & . & . & . \\ a_{n1} & a_{n2} & \ldots & a_{nn} \end{vmatrix} \quad \text{und} \quad \begin{vmatrix} a_{11}\varphi(1), & a_{12}\varphi(2), & \ldots, & a_{1n}\varphi(n) \\ a_{21}\varphi(1), & a_{22}\varphi(2), & \ldots, & a_{2n}\varphi(n) \\ . & . & . & . \\ a_{n1}\varphi(1), & a_{n2}\varphi(2), & \ldots, & a_{nn}\varphi(n) \end{vmatrix}.$$

Nun ist a_{kl} gleich Null, wenn $k < l$, weil dann l kein Teiler von k sein kann. Außerdem ist $a_{kk} = 1$. Es wird daher

$$\begin{vmatrix} a_{11} & a_{12} & \ldots & a_{1n} \\ a_{21} & a_{22} & \ldots & a_{2n} \\ . & . & . & . \\ a_{n1} & a_{n2} & \ldots & a_{nn} \end{vmatrix} = \begin{vmatrix} 1 & 0 & \ldots & 0 \\ a_{21} & 1 & \ldots & 0 \\ . & . & . & . \\ a_{n1} & a_{n2} & \ldots & 1 \end{vmatrix} = 1,$$

und

$$\begin{vmatrix} a_{11}\varphi(1), & a_{12}\varphi(2), & \ldots, & a_{1n}\varphi(n) \\ a_{21}\varphi(1), & a_{22}\varphi(2), & \ldots, & a_{2n}\varphi(n) \\ . & . & . & . \\ a_{n1}\varphi(1), & a_{n2}\varphi(2), & \ldots, & a_{nn}\varphi(n) \end{vmatrix} = \varphi(1)\,\varphi(2)\ldots\varphi(n),$$

also

$$\begin{vmatrix} (1,1) & (1,2) & \ldots & (1,n) \\ (2,1) & (2,2) & \ldots & (2,n) \\ . & . & . & . \\ (n,1) & (n,2) & \ldots & (n,n) \end{vmatrix} = \varphi(1)\,\varphi(2)\ldots\varphi(n).$$

§ 52. Rang einer symmetrischen Determinante.

Satz 35. In einer symmetrischen Determinante vom Range r gibt es einen r-reihigen Hauptminor, der von Null verschieden ist.

Für den Fall, daß die symmetrische Determinante selbst r Reihen hat, ist der Satz selbstverständlich.

Um den anderen Fall zu erledigen, schicken wir eine Hilfsbetrachtung voraus, die sich auf beliebige Determinanten bezieht.

Die Matrix

$$(1) \qquad \left\{\begin{matrix} a_{11} & a_{12} & \ldots & a_{1n} \\ a_{21} & a_{22} & \ldots & a_{2n} \\ . & . & . & . \\ a_{n1} & a_{n2} & \ldots & a_{nn} \end{matrix}\right.$$

habe den Rang r und r sei kleiner als n. Sucht man in ihr r unabhängige Zeilen

$$(2)\qquad \begin{cases} c_{11}\, c_{12} \ldots c_{1n} \\ c_{21}\, c_{22} \ldots c_{2n} \\ \cdot\ \cdot\ \cdot\ \cdot\ \cdot\ \cdot \\ c_{r1}\, c_{r2} \ldots c_{rn} \end{cases}$$

aus, so ist jede Zeile von (1) eine lineare Kombination dieser r Zeilen (vgl. § 24). Man hat also

$$a_{kl} = \lambda_{1k}\, c_{1l} + \lambda_{2k}\, c_{2l} + \ldots + \lambda_{rk}\, c_{rl} \quad (k, l = 1, 2, \ldots, n).$$

Hieraus folgt, daß die r-reihige Determinante

$$(3)\qquad \begin{vmatrix} a_{k_1 l_1} & a_{k_1 l_2} & \ldots & a_{k_1 l_r} \\ a_{k_2 l_1} & a_{k_2 l_2} & \ldots & a_{k_2 l_r} \\ \cdot & \cdot & \cdot & \cdot \\ a_{k_r l_1} & a_{k_r l_2} & \ldots & a_{k_r l_r} \end{vmatrix}$$

gleich dem Produkt der beiden Determinanten

$$\begin{vmatrix} \lambda_{1k_1} & \lambda_{1k_2} & \ldots & \lambda_{1k_r} \\ \lambda_{2k_1} & \lambda_{2k_2} & \ldots & \lambda_{2k_r} \\ \cdot & \cdot & \cdot & \cdot \\ \lambda_{rk_1} & \lambda_{rk_2} & \ldots & \lambda_{rk_r} \end{vmatrix} \quad (1 \leqq k_1 < k_2 < \ldots < k_r \leqq n)$$

und

$$\begin{vmatrix} c_{1l_1} & c_{1l_2} & \ldots & c_{1l_r} \\ c_{2l_1} & c_{2l_2} & \ldots & c_{2l_r} \\ \cdot & \cdot & \cdot & \cdot \\ c_{rl_1} & c_{rl_2} & \ldots & c_{rl_r} \end{vmatrix} \quad (1 \leqq l_1 < l_2 < \ldots < l_r \leqq n)$$

ist. Man verbinde bei der Multiplikation die Spalten der ersten mit den Spalten der zweiten Determinante.

Setzen wir

$$\begin{vmatrix} \lambda_{1k_1} & \lambda_{1k_2} & \ldots & \lambda_{1k_r} \\ \lambda_{2k_1} & \lambda_{2k_2} & \ldots & \lambda_{2k_r} \\ \cdot & \cdot & \cdot & \cdot \\ \lambda_{rk_1} & \lambda_{rk_2} & \ldots & \lambda_{rk_r} \end{vmatrix} = L_{k_1 k_2 \ldots k_r},$$

so können wir schreiben

$$\begin{vmatrix} a_{k_1 l_1} & a_{k_1 l_2} & \ldots & a_{k_1 l_r} \\ a_{k_2 l_1} & a_{k_2 l_2} & \ldots & a_{k_2 l_r} \\ \cdot & \cdot & \cdot & \cdot \\ a_{k_r l_1} & a_{k_r l_2} & \ldots & a_{k_r l_r} \end{vmatrix} = L_{k_1 k_2 \ldots k_r} \begin{vmatrix} c_{1l_1} & c_{1l_2} & \ldots & c_{1l_r} \\ c_{2l_1} & c_{2l_2} & \ldots & c_{2l_r} \\ \cdot & \cdot & \cdot & \cdot \\ c_{rl_1} & c_{rl_2} & \ldots & c_{rl_r} \end{vmatrix}.$$

Die r-reihigen Determinanten der Matrix

$$\begin{matrix} a_{k_1 1} & a_{k_1 2} & \dots & a_{k_1 n} \\ a_{k_2 1} & a_{k_2 2} & \dots & a_{k_2 n} \\ \cdot & \cdot & \cdot & \cdot \\ a_{k_r 1} & a_{k_r 2} & \dots & a_{k_r n} \end{matrix}$$

sind also proportional zu den entsprechenden Determinanten der Matrix (2).

Denken wir uns die r-reihigen Determinanten der Matrix (1) in quadratischer Anordnung aufgeschrieben. In einer Zeile sollen immer diejenigen $\binom{n}{r}$ Determinanten stehen, die in denselben r Zeilen von (1) enthalten sind, in einer Spalte aber diejenigen $\binom{n}{r}$ Determinanten, die in denselben r Spalten von (1) enthalten sind. Die so entstehende quadratische Matrix wollen wir die Matrix der r-reihigen Determinanten von (1) nennen.

Dann können wir unser Resultat so aussprechen:

Satz 36. Hat eine quadratische Matrix den Rang r, so ist die Matrix ihrer r-reihigen Determinanten vom Range 1.

Dieser Satz, der offenbar auch im Falle $r = n$ gilt, ist als eine Verallgemeinerung von Satz 29 in § 39 zu betrachten.

Nunmehr ist der Beweis unseres Theorems über den Rang einer symmetrischen Determinante sehr einfach.

(3) sei eine von Null verschiedene Determinante der Matrix (1), die wir jetzt als symmetrisch voraussetzen. Wenn (3) kein Hauptminor ist, so hat man

$$\begin{Vmatrix} \begin{vmatrix} a_{k_1 k_1} & \dots & a_{k_1 k_r} \\ \cdot & \cdot & \cdot \\ a_{k_r k_1} & \dots & a_{k_r k_r} \end{vmatrix} & \begin{vmatrix} a_{k_1 l_1} & \dots & a_{k_1 l_r} \\ \cdot & \cdot & \cdot \\ a_{k_r l_1} & \dots & a_{k_r l_r} \end{vmatrix} \\ \begin{vmatrix} a_{l_1 k_1} & \dots & a_{l_1 k_r} \\ \cdot & \cdot & \cdot \\ a_{l_r k_1} & \dots & a_{l_r k_r} \end{vmatrix} & \begin{vmatrix} a_{l_1 l_1} & \dots & a_{l_1 l_r} \\ \cdot & \cdot & \cdot \\ a_{l_r l_1} & \dots & a_{l_r l_r} \end{vmatrix} \end{Vmatrix} = 0,$$

weil die Matrix der r-reihigen Determinanten den Rang 1 hat. Wegen $a_{rs} = a_{sr}$ ist nun

$$\begin{vmatrix} a_{l_1 k_1} & \dots & a_{l_1 k_r} \\ \cdot & \cdot & \cdot \\ a_{l_r k_1} & \dots & a_{l_r k_r} \end{vmatrix} = \begin{vmatrix} a_{k_1 l_1} & \dots & a_{k_1 l_r} \\ \cdot & \cdot & \cdot \\ a_{k_r l_1} & \dots & a_{k_r l_r} \end{vmatrix},$$

also

$$\begin{vmatrix} a_{k_1 k_1} & \dots & a_{k_1 k_r} \\ \cdot & \cdot & \cdot \\ a_{k_r k_1} & \dots & a_{k_r k_r} \end{vmatrix} \begin{vmatrix} a_{l_1 l_1} & \dots & a_{l_1 l_r} \\ \cdot & \cdot & \cdot \\ a_{l_r l_1} & \dots & a_{l_r l_r} \end{vmatrix} = \begin{vmatrix} a_{k_1 l_1} & \dots & a_{k_1 l_r} \\ \cdot & \cdot & \cdot \\ a_{k_r l_1} & \dots & a_{k_r l_r} \end{vmatrix}^2.$$

Da die Determinante (3) ungleich Null sein soll, so sind auch die Determinanten

$$\begin{vmatrix} a_{k_1 k_1} & \dots & a_{k_1 k_r} \\ \cdot & \cdot & \cdot \\ a_{k_r k_1} & \dots & a_{k_r k_r} \end{vmatrix} \quad \text{und} \quad \begin{vmatrix} a_{l_1 l_1} & \dots & a_{l_1 l_r} \\ \cdot & \cdot & \cdot \\ a_{l_r l_1} & \dots & a_{l_r l_r} \end{vmatrix}$$

von Null verschieden. Diese Determinanten sind aber r-reihige Hauptminoren unserer symmetrischen Determinante.

§ 53. Die Säkulargleichung.

Wir wollen die Determinante

$$D(x) = \begin{vmatrix} a_{11}+x & a_{12} & \dots & a_{1n} \\ a_{21} & a_{22}+x & \dots & a_{2n} \\ \cdot & \cdot & \cdot & \cdot \\ a_{n1} & a_{n2} & \dots & a_{nn}+x \end{vmatrix}$$

nach Potenzen von x entwickeln.

Zu diesem Zweck schreiben wir sie zunächst in folgender Form:

$$\begin{vmatrix} a_{11}+x, & a_{12}+0, & \dots, & a_{1n}+0 \\ a_{21}+0, & a_{22}+x, & \dots, & a_{2n}+0 \\ \cdot & \cdot & \cdot & \cdot \\ a_{n1}+0, & a_{n2}+0, & \dots, & a_{nn}+x \end{vmatrix}.$$

Diese Determinante zerlegt sich mit Hilfe von Satz 6 (§ 14) in 2^n Summanden. Man erhält einen solchen Summanden, indem man in jeder Spalte alle ersten oder alle zweiten Bestandteile der Binome beibehält.

Streicht man überall die zweiten Bestandteile, so bleibt

$$A = \begin{vmatrix} a_{11} & a_{12} & \dots & a_{1n} \\ a_{21} & a_{22} & \dots & a_{2n} \\ \cdot & \cdot & \cdot & \cdot \\ a_{n1} & a_{n2} & \dots & a_{nn} \end{vmatrix}$$

übrig.

Werden überall die ersten Bestandteile fortgelassen, so ergibt sich

$$\begin{vmatrix} x & 0 & \dots & 0 \\ 0 & x & \dots & 0 \\ \cdot & \cdot & \cdot & \cdot \\ 0 & 0 & \dots & x \end{vmatrix} = x^n.$$

Wenn in den Spalten $r_1, r_2, \dots, r_p$ $(r_1 < r_2 < \dots < r_p)$ die zweiten Bestandteile, in den übrigen Spalten aber die ersten Bestandteile beibehalten werden, so entsteht eine Determinante von folgender Beschaffenheit. In den Spalten $r_1, r_2, \dots, r_p$ sind die Hauptelemente gleich x, alle anderen Elemente aber gleich Null. Entwickeln wir also nach den Spalten $r_1, r_2, \dots, r_p$, so erhalten wir

$$x^p A_{\substack{r_1 r_2 \dots r_p \\ r_1 r_2 \dots r_p}}.$$

Dabei ist

$$A_{r_1 r_2 \ldots r_p}^{r_1 r_2 \ldots r_p}$$

derjenige Minor von A, der nach Streichung der Zeilen und Spalten mit den Indizes $r_1, r_2, \ldots, r_p$ übrigbleibt, d. h. ein $(n - p)$-reihiger Hauptminor von A.

Für $D(x)$ gilt also folgende Entwickelung:

$$D(x) = x^n + S_1 x^{n-1} + S_2 x^{n-2} + \ldots + S_n.$$

S_k ist die Summe aller k-reihigen Hauptminoren von A. Insbesondere ist S_n gleich A.

Wenn die Determinante A symmetrisch ist, nennt man die Gleichung

$$D(x) = x^n + S_1 x^{n-1} + S_2 x^{n-2} + \ldots + S_n = 0$$

die Säkulargleichung, weil sie in der Theorie der säkularen Störungen der Planeten vorkommt.

Über die Säkulargleichung gilt folgender Satz:

Satz 37. Wenn die Determinante

$$\begin{vmatrix} a_{11} & a_{12} & \ldots & a_{1n} \\ a_{21} & a_{22} & \ldots & a_{2n} \\ \cdot & \cdot & \cdot & \cdot \\ a_{n1} & a_{n2} & \ldots & a_{nn} \end{vmatrix}$$

symmetrisch ist und reelle Elemente hat, so sind die Wurzeln der Gleichung

$$\begin{vmatrix} a_{11} + x & a_{12} & \ldots & a_{1n} \\ a_{21} & a_{22} + x & \ldots & a_{2n} \\ \cdot & \cdot & \cdot & \cdot \\ a_{n1} & a_{n2} & \ldots & a_{nn} + x \end{vmatrix} = 0$$

sämtlich reell.

Es genügt offenbar zu zeigen, daß die Säkulargleichung keine rein imaginäre Wurzel hat, d. h. keine Wurzel von der Form

$$x = \beta i,$$

wobei β reell und i die imaginäre Einheit ist.

Ist nämlich

$$x = \alpha + \beta i$$

eine Wurzel von $D(x) = 0$, so ist βi eine Wurzel von

$$\begin{vmatrix} (a_{11} + \alpha) + x & a_{12} & \ldots & a_{1n} \\ a_{21} & (a_{22} + \alpha) + x & \ldots & a_{2n} \\ \cdot & \cdot & \cdot & \cdot \\ a_{n1} & a_{n2} & \ldots & (a_{nn} + \alpha) + x \end{vmatrix} = 0.$$

Um nun zu beweisen, daß $D(x) = 0$ keine rein imaginäre Wurzel hat, kann man in folgender Weise vorgehen.

Man bildet das Produkt aus $D(x)$ und

$$D(-x) = \begin{vmatrix} a_{11}-x & a_{12} & \dots & a_{1n} \\ a_{21} & a_{22}-x & \dots & a_{2n} \\ \cdot & \cdot & \cdot & \cdot \\ a_{n1} & a_{n2} & \dots & a_{nn}-x \end{vmatrix},$$

und zwar nach Zeilen. In der Produktdeterminante steht dann in der r^{ten} Zeile und s^{ten} Spalte $(r \gtreqless s)$

$$a_{r1}\, a_{s1} + a_{r2}\, a_{s2} + \dots + a_{rn}\, a_{sn} + (a_{sr} - a_{rs})x$$

oder wegen $a_{sr} = a_{rs}$

$$a_{r1}\, a_{s1} + a_{r2}\, a_{s2} + \dots + a_{rn}\, a_{sn}.$$

In der r^{ten} Zeile und der r^{ten} Spalte der Produktdeterminante haben wir

$$a_{r1}\, a_{r1} + a_{r2}\, a_{r2} + \dots + a_{rn}\, a_{rn} - x^2.$$

Es ist also

$$D(x)D(-x) = \begin{vmatrix} c_{11}-x^2 & c_{12} & \dots & c_{1n} \\ c_{21} & c_{22}-x^2 & \dots & c_{2n} \\ \cdot & \cdot & \cdot & \cdot \\ c_{n1} & c_{n2} & \dots & c_{nn}-x^2 \end{vmatrix},$$

wobei wir

$$a_{r1}\, a_{s1} + a_{r2}\, a_{s2} + \dots + a_{rn}\, a_{sn} = c_{rs}$$

gesetzt haben $(r, s = 1, 2, \dots, n)$.

Wäre nun $x = \beta i$ eine Wurzel von $D(x) = 0$, so hätten wir

$$D(\beta i) D(-\beta i) = 0,$$

d. h.

$$\begin{vmatrix} c_{11}+\beta^2 & c_{12} & \dots & c_{1n} \\ c_{21} & c_{22}+\beta^2 & \dots & c_{2n} \\ \cdot & \cdot & \cdot & \cdot \\ c_{n1} & c_{n2} & \dots & c_{nn}+\beta^2 \end{vmatrix} = 0.$$

Wir wollen jetzt mit σ_p die Summe aller p-reihigen Hauptminoren von

$$\begin{vmatrix} c_{11} & c_{12} & \dots & c_{1n} \\ c_{21} & c_{22} & \dots & c_{2n} \\ \cdot & \cdot & \cdot & \cdot \\ c_{n1} & c_{n2} & \dots & c_{nn} \end{vmatrix}$$

bezeichnen. Dann läßt sich die obige Gleichung so schreiben:

$$\beta^{2n} + \sigma_1\, \beta^{2n-2} + \sigma_2\, \beta^{2n-4} + \dots + \sigma_n = 0.$$

Nun ist

$$\begin{vmatrix} c_{r_1 r_1} & c_{r_1 r_2} & \dots & c_{r_1 r_p} \\ c_{r_2 r_1} & c_{r_2 r_2} & \dots & c_{r_2 r_p} \\ \cdot & \cdot & \cdot & \cdot \\ c_{r_p r_1} & c_{r_p r_2} & \dots & c_{r_p r_p} \end{vmatrix}$$

das Produkt der Matrix

$$\begin{matrix} a_{r_1 1} & a_{r_1 2} & \dots & a_{r_1 n} \\ a_{r_2 1} & a_{r_2 2} & \dots & a_{r_2 n} \\ \cdot & \cdot & \cdot & \cdot \\ a_{r_p 1} & a_{r_p 2} & \dots & a_{r_p n} \end{matrix}$$

mit sich selbst. Nach § 34 hat man aber

$$\left\| \begin{matrix} a_{r_1 1} & a_{r_1 2} & \dots & a_{r_1 n} \\ a_{r_2 1} & a_{r_2 2} & \dots & a_{r_2 n} \\ \cdot & \cdot & \cdot & \cdot \\ a_{r_p 1} & a_{r_p 2} & \dots & a_{r_p n} \end{matrix} \right\|^2 = \sum \left| \begin{matrix} a_{r_1 s_1} & a_{r_1 s_2} & \dots & a_{r_1 s_p} \\ a_{r_2 s_1} & a_{r_2 s_2} & \dots & a_{r_2 s_p} \\ \cdot & \cdot & \cdot & \cdot \\ a_{r_p s_1} & a_{r_p s_2} & \dots & a_{r_p s_p} \end{matrix} \right|^2 .$$

Da die Elemente a_{rs} reell sind, so ist diese Summe sicher nicht negativ. Man hat also auch

$$\sigma_1 \geqq 0\,, \quad \sigma_2 \geqq 0\,, \quad \dots, \quad \sigma_n \geqq 0\,.$$

Solange $\beta \gtreqless 0$, ist daher

$$\beta^{2n} + \sigma_1\, \beta^{2n-2} + \sigma_2\, \beta^{2n-4} + \dots + \sigma_n$$

positiv.

§ 54. Zweiter Beweis des Satzes über die Säkulargleichung.

Wenn $\alpha + \beta i$ eine Wurzel von $D(x) = 0$ ist, so gibt es ein von 0, 0, ..., 0 verschiedenes Wertsystem $x_1, x_2, \dots, x_n$, das den Gleichungen

$$\begin{aligned} &(a_{11} + \alpha + \beta i)\, x_1 + a_{12}\, x_2 + \dots + a_{1n}\, x_n = 0\,, \\ &a_{21}\, x_1 + (a_{22} + \alpha + \beta i)\, x_2 + \dots + a_{2n}\, x_n = 0\,, \\ &\cdot\ \cdot\ \cdot\ \cdot\ \cdot\ \cdot\ \cdot\ \cdot\ \cdot\ \cdot\ \cdot\ \cdot\ \cdot\ \cdot\ \cdot \\ &a_{n1} x_1 + a_{n2} x_2 + \dots + (a_{nn} + \alpha + \beta i)\, x_n = 0 \end{aligned}$$

genügt, denn die Determinante dieses Systems ist gleich $D(\alpha + \beta i)$, also gleich Null.

Die obigen Gleichungen können wir auch so schreiben:

$$(1) \qquad \begin{cases} a_{11}\, x_1 + a_{12}\, x_2 + \dots + a_{1n}\, x_n + (\alpha + \beta i)\, x_1 = 0\,, \\ a_{21}\, x_1 + a_{22}\, x_2 + \dots + a_{2n}\, x_n + (\alpha + \beta i)\, x_2 = 0\,, \\ \cdot\ \cdot\ \cdot\ \cdot\ \cdot\ \cdot\ \cdot\ \cdot\ \cdot\ \cdot\ \cdot\ \cdot\ \cdot\ \cdot\ \cdot \\ a_{n1}\, x_1 + a_{n2}\, x_2 + \dots + a_{nn}\, x_n + (\alpha + \beta i)\, x_n = 0\,. \end{cases}$$

Zerlegen wir $x_1, x_2, \dots, x_n$ in ihren reellen und imaginären Teil, setzen wir also

$$x_1 = y_1 + z_1 i, \quad x_2 = y_2 + z_2 i, \quad \dots, \quad x_n = y_n + z_n i,$$

wobei die y und die z reell sind, so spaltet sich (1) in die beiden folgenden Systeme:

$$(2) \qquad \begin{cases} a_{11}\, y_1 + a_{12}\, y_2 + \dots + a_{1n}\, y_n + \alpha\, y_1 - \beta\, z_1 = 0, \\ a_{21}\, y_1 + a_{22}\, y_2 + \dots + a_{2n}\, y_n + \alpha\, y_2 - \beta\, z_2 = 0, \\ \cdot\ \cdot\ \cdot\ \cdot\ \cdot\ \cdot\ \cdot\ \cdot\ \cdot\ \cdot\ \cdot\ \cdot\ \cdot\ \cdot\ \cdot \\ a_{n1}\, y_1 + a_{n2}\, y_2 + \dots + a_{nn}\, y_n + \alpha\, y_n - \beta\, z_n = 0 \end{cases}$$

und

$$(3)\qquad \begin{cases} a_{11} z_1 + a_{12} z_2 + \ldots + a_{1n} z_n + \alpha z_1 + \beta y_1 = 0, \\ a_{21} z_1 + a_{22} z_2 + \ldots + a_{2n} z_n + \alpha z_2 + \beta y_2 = 0, \\ \ldots\ldots\ldots\ldots\ldots\ldots\ldots\ldots \\ a_{n1} z_1 + a_{n2} z_2 + \ldots + a_{nn} z_n + \alpha z_n + \beta y_n = 0. \end{cases}$$

Hierbei haben wir benutzt, daß die a_{rs} reell sind.

Nun wollen wir die Gleichungen (2) der Reihe nach mit $z_1, z_2, \ldots, z_n$ multiplizieren und dann addieren. Dadurch erhalten wir

$$(4)\qquad \sum a_{rs} z_r y_s + \alpha \sum y_r z_r - \beta \sum z^2_r = 0 \quad (r, s = 1, 2, \ldots, n).$$

Multiplizieren wir die Gleichungen (3) der Reihe nach mit $y_1, y_2, \ldots, y_n$ und addieren dann, so kommt

$$(5)\qquad \sum a_{sr} z_r y_s + \alpha \sum y_s z_s + \beta \sum y_s^2 = 0 \quad (r, s = 1, 2, \ldots, n).$$

Durch Subtraktion ergibt sich aus (4) und (5) unter Berücksichtigung von $a_{rs} = a_{sr}$

$$(6)\qquad \beta \sum (y^2_r + z^2_r) = 0.$$

Wäre nun

$$\sum (y^2_r + z^2_r) = 0,$$

so hätte man

$$y_1 = y_2 = \ldots = y_n = 0 \quad \text{und} \quad z_1 = z_2 = \ldots = z_n = 0,$$

mithin

$$x_1 = x_2 = \ldots = x_n = 0,$$

während doch $x_1, x_2, \ldots, x_n$ von $0, 0, \ldots, 0$ verschieden ist.

Sicher ist also

$$\sum (y^2_r + z^2_r) > 0,$$

so daß aus (6)

$$\beta = 0$$

folgt.

Damit ist aber gezeigt, daß die Säkulargleichung nur reelle Wurzeln hat.

§ 55. Verallgemeinerung der Säkulargleichung.

Wir wollen eine Determinante

$$\begin{vmatrix} a_{11} & a_{12} & \ldots & a_{1n} \\ a_{21} & a_{22} & \ldots & a_{2n} \\ \cdot & \cdot & \cdot & \cdot \\ a_{n1} & a_{n2} & \ldots & a_{nn} \end{vmatrix}$$

mit komplexen Elementen betrachten, die so beschaffen ist, daß immer a_{rs} und a_{sr} konjugiert komplex sind.

Wenn also

$$a_{rs} = \alpha_{rs} + \beta_{rs} i$$

ist, so soll immer

$$a_{sr} = \alpha_{rs} - \beta_{rs} i$$

sein. Die Hauptelemente sind dann reell, weil aus

$$\alpha_{rr} + \beta_{rr} i = \alpha_{rr} - \beta_{rr} i$$

$\beta_{rr} = 0$ folgt.

Wenn man eine solche Determinante um die Hauptdiagonale herumklappt, so wird jedes Element durch die konjugiert komplexe Zahl ersetzt.

Es läßt sich zeigen, daß die Gleichung

$$D(x) = \begin{vmatrix} a_{11} + x & a_{12} & \dots & a_{1n} \\ a_{21} & a_{22} + x & \dots & a_{2n} \\ \cdot & \cdot & \cdot & \cdot \\ a_{n1} & a_{n2} & \dots & a_{nn} + x \end{vmatrix} = 0$$

nur reelle Wurzeln hat. Auch hier genügt es zu wissen, daß eine solche Gleichung keine rein imaginäre Wurzel hat.

Um dies zu beweisen, multiplizieren wir $D(x)$ mit

$$D(-x) = \begin{vmatrix} a_{11} - x & a_{21} & \dots & a_{n1} \\ a_{12} & a_{22} - x & \dots & a_{n2} \\ \cdot & \cdot & \cdot & \cdot \\ a_{1n} & a_{2n} & \dots & a_{nn} - x \end{vmatrix},$$

und zwar nach Zeilen. Dadurch erhalten wir

$$D(x)\,D(-x) = \begin{vmatrix} c_{11} - x^2 & c_{12} & \dots & c_{1n} \\ c_{21} & c_{22} - x^2 & \dots & c_{2n} \\ \cdot & \cdot & \cdot & \cdot \\ c_{n1} & c_{n2} & \dots & c_{nn} - x^2 \end{vmatrix},$$

wobei

$$c_{rs} = a_{r1}\,a_{1s} + a_{r2}\,a_{2s} + \dots + a_{rn}\,a_{ns}$$

ist. Denn die r^{te} Zeile von $D(x)$ liefert mit der s^{ten} Zeile von $D(-x)$

$$a_{r1}\,a_{1s} + a_{r2}\,a_{2s} + \dots + a_{rn}\,a_{ns} = c_{rs} \quad (r \gtreqless s)$$

und die r^{te} Zeile von $D(x)$ mit der r^{ten} Zeile von $D(-x)$

$$a_{r1}\,a_{1r} + a_{r2}\,a_{2r} + \dots + a_{rn}\,a_{nr} - x^2 = c_{rr} - x^2.$$

Wäre nun βi eine Wurzel von $D(x) = 0$, so müßte

$$D(\beta i)\,D(-\beta i) = \begin{vmatrix} c_{11} + \beta^2 & c_{12} & \dots & c_{1n} \\ c_{21} & c_{22} + \beta^2 & \dots & c_{2n} \\ \cdot & \cdot & \cdot & \cdot \\ c_{n1} & c_{n2} & \dots & c_{nn} + \beta^2 \end{vmatrix} = 0$$

sein.

Nun ist
$$\begin{vmatrix} c_{r_1 r_1} & c_{r_1 r_2} & \dots & c_{r_1 r_p} \\ c_{r_2 r_1} & c_{r_2 r_2} & \dots & c_{r_2 r_p} \\ \cdot & \cdot & \cdot & \cdot \\ c_{r_p r_1} & c_{r_p r_2} & \dots & c_{r_p r_p} \end{vmatrix}$$
das Produkt der beiden Matrizen
$$\begin{matrix} a_{r_1 1} & a_{r_1 2} & \dots & a_{r_1 n} \\ a_{r_2 1} & a_{r_2 2} & \dots & a_{r_2 n} \\ \cdot & \cdot & \cdot & \cdot \\ a_{r_p 1} & a_{r_p 2} & \dots & a_{r_p n} \end{matrix} \quad \text{und} \quad \begin{matrix} a_{1 r_1} & a_{2 r_1} & \dots & a_{n r_1} \\ a_{1 r_2} & a_{2 r_2} & \dots & a_{n r_2} \\ \cdot & \cdot & \cdot & \cdot \\ a_{1 r_p} & a_{2 r_p} & \dots & a_{n r_p} \end{matrix}$$
also gleich
$$\sum \begin{vmatrix} a_{r_1 s_1} & a_{r_1 s_2} & \dots & a_{r_1 s_p} \\ a_{r_2 s_1} & a_{r_2 s_2} & \dots & a_{r_2 s_p} \\ \cdot & \cdot & \cdot & \cdot \\ a_{r_p s_1} & a_{r_p s_2} & \dots & a_{r_p s_p} \end{vmatrix} \begin{vmatrix} a_{s_1 r_1} & a_{s_2 r_1} & \dots & a_{s_p r_1} \\ a_{s_1 r_2} & a_{s_2 r_2} & \dots & a_{s_p r_2} \\ \cdot & \cdot & \cdot & \cdot \\ a_{s_1 r_p} & a_{s_2 r_p} & \dots & a_{s_p r_p} \end{vmatrix}$$
Offenbar sind die beiden Determinanten
$$\begin{vmatrix} a_{r_1 s_1} & a_{r_1 s_2} & \dots & a_{r_1 s_p} \\ a_{r_2 s_1} & a_{r_2 s_2} & \dots & a_{r_2 s_p} \\ \cdot & \cdot & \cdot & \cdot \\ a_{r_p s_1} & a_{r_p s_2} & \dots & a_{r_p s_p} \end{vmatrix} \quad \text{und} \quad \begin{vmatrix} a_{s_1 r_1} & a_{s_2 r_1} & \dots & a_{s_p r_1} \\ a_{s_1 r_2} & a_{s_2 r_2} & \dots & a_{s_p r_2} \\ \cdot & \cdot & \cdot & \cdot \\ a_{s_1 r_p} & a_{s_2 r_p} & \dots & a_{s_p r_p} \end{vmatrix}$$
konjugiert komplex; denn die entsprechenden Elemente sind es.

Wir sehen also, daß die Hauptminoren von
$$\begin{vmatrix} c_{11} & c_{12} & \dots & c_{1n} \\ c_{21} & c_{22} & \dots & c_{2n} \\ \cdot & \cdot & \cdot & \cdot \\ c_{n1} & c_{n2} & \dots & c_{nn} \end{vmatrix}$$
positiv oder jedenfalls nicht negativ sind. Dasselbe gilt von den Zahlen $\sigma_1, \sigma_2, \dots, \sigma_n$, wenn σ_p die Summe aller p-reihigen Hauptminoren bedeutet.

Da
$$D(\beta i)\, D(-\beta i) = \beta^{2n} + \sigma_1 \beta^{2n-2} + \sigma_2 \beta^{2n-4} + \dots + \sigma_n$$
ist, so haben wir im Falle $\beta \gtrless 0$
$$D(\beta i)\, D(-\beta i) > 0.$$

Damit ist bewiesen, daß $D(x) = 0$ nur reelle Wurzeln hat. In diesem Resultat ist Satz 37 als Spezialfall enthalten.

Wenn in einer Determinante A die Elemente a_{kl} und a_{lk} stets konjugiert komplex sind, so hat die Determinante ihrer m-reihigen Minoren dieselbe Eigenschaft. Dabei müssen aber in einer Zeile (Spalte) lauter Minoren mit gleichen Zeilen- (Spalten-) Indizes stehen. Hat nun A den Rang r, so hat die Determinante der r-reihigen Minoren den Rang 1. Daraus folgt, daß nicht alle r-reihigen Hauptminoren von A gleich Null sind (vgl. § 52).

Neuntes Kapitel.

Schiefsymmetrische Determinanten.

§ 56. Definition.

Schiefsymmetrisch nennt man die Determinante

$$A = \begin{vmatrix} a_{11} & a_{12} & \dots & a_{1n} \\ a_{21} & a_{22} & \dots & a_{2n} \\ \cdot & \cdot & \cdot & \cdot \\ a_{n1} & a_{n2} & \dots & a_{nn} \end{vmatrix}$$

wenn zwischen den a_{rs} die Relationen

$$a_{rs} = -a_{sr} \qquad (r, s = 1, 2, \dots, n)$$

bestehen.

Je zwei Elemente, die symmetrisch zur Hauptdiagonale liegen, sind also entgegengesetzt gleich, während die Hauptelemente gleich Null sind.

Die Hauptminoren von A sind offenbar ebenfalls schiefsymmetrisch.

§ 57. Schiefsymmetrische Determinanten von ungerader Ordnung.

Nach Satz 1 läßt sich die schiefsymmetrische Determinante A so schreiben:

$$A = \begin{vmatrix} a_{11} & a_{21} & \dots & a_{n1} \\ a_{12} & a_{22} & \dots & a_{n2} \\ \cdot & \cdot & \cdot & \cdot \\ a_{1n} & a_{2n} & \dots & a_{nn} \end{vmatrix}.$$

Da nun $a_{rs} = -a_{sr}$ ist, hat man nach Satz 5

$$A = (-1)^n \begin{vmatrix} a_{11} & a_{12} & \dots & a_{1n} \\ a_{21} & a_{22} & \dots & a_{2n} \\ \cdot & \cdot & \cdot & \cdot \\ a_{n1} & a_{n2} & \dots & a_{nn} \end{vmatrix} = (-1)^n A.$$

Hieraus folgt im Falle eines ungeraden n

$$A = -A, \quad \text{d. h.} \quad A = 0.$$

Satz 38. Eine schiefsymmetrische Determinante von ungerader Ordnung ist gleich Null.

§ 58. Die Minoren einer schiefsymmetrischen Determinante.

Die beiden Minoren

$$\begin{vmatrix} a_{r_1 s_1} & \ldots & a_{r_1 s_p} \\ \cdot & \cdot & \cdot \\ a_{r_p s_1} & \ldots & a_{r_p s_p} \end{vmatrix} \quad \text{und} \quad \begin{vmatrix} a_{s_1 r_1} & \ldots & a_{s_1 r_p} \\ \cdot & \cdot & \cdot \\ a_{s_p r_1} & \ldots & a_{s_p r_p} \end{vmatrix}$$

stehen in der Beziehung zueinander, daß die Zeilenindizes des einen die Spaltenindizes des anderen sind. Zwei solche Minoren pflegt man als konjugiert zu bezeichnen.

Konjugierte Minoren einer schiefsymmetrischen Determinante sind gleich oder entgegengesetzt gleich, je nachdem sie von gerader oder ungerader Ordnung sind.

In der Tat ist

$$\begin{vmatrix} a_{s_1 r_1} & \ldots & a_{s_1 r_p} \\ \cdot & \cdot & \cdot \\ a_{s_p r_1} & \ldots & a_{s_p r_p} \end{vmatrix} = (-1)^p \begin{vmatrix} a_{r_1 s_1} & \ldots & a_{r_p s_1} \\ \cdot & \cdot & \cdot \\ a_{r_1 s_p} & \ldots & a_{r_p s_p} \end{vmatrix} = (-1)^p \begin{vmatrix} a_{r_1 s_1} & \ldots & a_{r_1 s_p} \\ \cdot & \cdot & \cdot \\ a_{r_p s_1} & \ldots & a_{r_p s_p} \end{vmatrix}.$$

Die Komplemente von a_{rs} und a_{sr} sind konjugierte Minoren. Sie sind also gleich oder entgegengesetzt gleich, je nachdem die Ordnung der schiefsymmetrischen Determinante ungerade oder gerade ist. Dasselbe gilt von den algebraischen Komplementen, da sie aus den Komplementen durch Multiplikation mit $(-1)^{r+s}$ entstehen. Es besteht also folgender Satz:

Satz 39. Die Reziproke einer schiefsymmetrischen Determinante ist symmetrisch oder schiefsymmetrisch, je nachdem die Ordnung ungerade oder gerade ist.

§ 59. Schiefsymmetrische Determinanten von gerader Ordnung.

Eine schiefsymmetrische Determinante zweiter Ordnung hat folgende Form:

$$\begin{vmatrix} 0 & a_{12} \\ -a_{12} & 0 \end{vmatrix}.$$

Man findet, daß

$$\begin{vmatrix} 0 & a_{12} \\ -a_{12} & 0 \end{vmatrix} = a_{12}^2$$

ist, also gleich dem Quadrat von a_{12}.

Bei der schiefsymmetrischen Determinante vierter Ordnung

$$\begin{vmatrix} 0 & a_{12} & a_{13} & a_{14} \\ -a_{12} & 0 & a_{23} & a_{24} \\ -a_{13} & -a_{23} & 0 & a_{34} \\ -a_{14} & -a_{24} & -a_{34} & 0 \end{vmatrix}$$

besteht eine ähnliche Eigenschaft. Sie ist nämlich gleich.

$$(a_{12}\, a_{34} - a_{13}\, a_{24} + a_{14}\, a_{23})^2,$$

also wieder das Quadrat eines Ausdrucks, der sich aus den Elementen ganz und rational zusammensetzt, d. h. mittels der Operationen der Addition, Subtraktion und Multiplikation.

Man kann hiernach folgenden Satz vermuten:

Satz 40. Jede schiefsymmetrische Determinante gerader Ordnung läßt sich als Quadrat einer ganzen rationalen Funktion der Elemente schreiben.

Wir beweisen dies durch einen Schluß von $n - 2$ auf n. Wir nehmen also an, daß der Satz für schiefsymmetrische Determinanten $(n - 2)^{\text{ter}}$ Ordnung bereits bewiesen ist, und zeigen, daß er dann auch für solche von n^{ter} Ordnung gilt (n gerade). Da wir ihn im Falle $n = 2$ und $n = 4$ bestätigt fanden, so gilt er allgemein.

Entwickeln wir die schiefsymmetrische Determinante

$$A = \begin{vmatrix} a_{11} & a_{12} & \cdots & a_{1n} \\ a_{21} & a_{22} & \cdots & a_{2n} \\ \cdot & \cdot & \cdot & \cdot \\ a_{n1} & a_{n2} & \cdots & a_{nn} \end{vmatrix}$$

nach der letzten Zeile und letzten Spalte (vgl. § 42), so ergibt sich

$$A = -\sum a_{rn}\, a_{ns}\, A_{rs} = \sum a_{rn}\, a_{sn}\, A_{rs}.$$

$$(r,\ s = 1,\ 2,\ \ldots,\ n - 1)$$

A_{rs} ist das algebraische Komplement von a_{rs} in der Determinante

$$B = \begin{vmatrix} a_{11} & a_{12} & \cdots & a_{1,n-1} \\ a_{21} & a_{22} & \cdots & a_{2,n-1} \\ \cdot & \cdot & \cdot & \cdot \\ a_{n-1,1} & a_{n-1,2} & \cdots & a_{n-1,n-1} \end{vmatrix},$$

die nach Satz 38 gleich Null ist. Da n gerade ist, so ist die reziproke Determinante von B symmetrisch. Man hat also

$$A_{rs} = A_{sr}.$$

Wegen $B = 0$ sind in der reziproken Determinante alle zweireihigen Minoren gleich Null (vgl. § 39). Insbesondere ist

$$\begin{vmatrix} A_{rr} & A_{rs} \\ A_{sr} & A_{ss} \end{vmatrix} = A_{rr} A_{ss} - A_{rs}^2 = 0 .$$

Wir setzen voraus, daß Satz 40 für $(n-2)$-reihige schiefsymmetrische bereits bewiesen ist. Solche Determinanten sind A_{rr} und A_{ss}. Es ist also

$$A_{rr} = \alpha_r^2, \quad (r = 1, 2, \ldots, n-1)$$

und jedes α_r setzt sich aus den Elementen von A durch Additionen, Subtraktionen und Multiplikationen zusammen. Die Vorzeichen der α_r können wir noch beliebig wählen.

Nehmen wir an, daß $\alpha_1 \neq 0$ ist. Nachdem wir uns dann bei α_1 für ein bestimmtes Vorzeichen entschieden haben, wollen wir $\alpha_2, \ldots, \alpha_n$ so wählen, daß

$$A_{1r} = \alpha_1 \cdot \alpha_r$$

wird $(r = 2, 3, \ldots, n)$. Das können wir, weil

$$A_{1r}^2 = A_{11} A_{rr} = \alpha_1^2 \alpha_r^2$$

ist.

Jetzt sind $\alpha_1, \alpha_2, \ldots, \alpha_n$ völlig bestimmt. Man überzeugt sich leicht, daß

$$A_{rs} = \alpha_r \alpha_s \quad (r, s = 1, 2, \ldots, n-1)$$

ist. Man hat nämlich

$$\begin{vmatrix} A_{11} & A_{1s} \\ A_{r1} & A_{rs} \end{vmatrix} = 0 ,$$

also

$$\alpha_1^2 A_{rs} = \alpha_1^2 \alpha_r \alpha_s ,$$

woraus wegen $\alpha_1 \neq 0$ das Behauptete folgt.

Sollte $\alpha_1 = 0$ sein, so gehe man statt von α_1 von irgendeinem anderen α_r aus, das nicht gleich Null ist. Sollten $\alpha_1, \alpha_2, \ldots, \alpha_n$ alle verschwinden, so sind auch alle A_{rs} gleich Null, und man hat $A_{rs} = \alpha_r \alpha_s \cdot (r, s = 1, 2, \ldots, n-1)$.

Auf Grund der Relationen

$$A_{rs} = \alpha_r \alpha_s \quad (r, s = 1, 2, \ldots, n-1)$$

wird nun

$$A = \sum \alpha_r \alpha_s a_{rn} a_{sn} = (a_{1n} \alpha_1 + a_{2n} \alpha_2 + \ldots + a_{n-1,n} \alpha_{n-1})^2 .$$

§ 60. Zweiter Beweis des Satzes 40.

Dem Glied

$$\operatorname{sgn}\begin{pmatrix}1 & 2 & \dots & n\\ r_1 & r_2 & \dots & r_n\end{pmatrix} a_{1r_1}\, a_{2r_2} \dots a_{nr_n}$$

der Determinante

$$A = \begin{vmatrix} a_{11} & a_{12} & \dots & a_{1n}\\ a_{21} & a_{22} & \dots & a_{2n}\\ \cdot & \cdot & \cdot & \cdot\\ a_{n1} & a_{n2} & \dots & a_{nn}\end{vmatrix}$$

wollen wir die Substitution (vgl. § 7)

$$S = \begin{pmatrix}1 & 2 & \dots & n\\ r_1 & r_2 & \dots & r_n\end{pmatrix}$$

zuordnen. Dann sind die $n!$ Glieder von A mit den $n!$ Substitutionen der Zahlen $1, 2, \dots, n$ gepaart.

$$\operatorname{sgn}\begin{pmatrix}1 & 2 & \dots & n\\ r_1 & r_2 & \dots & r_n\end{pmatrix}$$

ist gleich $+1$ oder -1, je nachdem S eine gerade oder eine ungerade Substitution ist.

Wir denken uns jede Substitution in ihre Zyklen zerlegt und berücksichtigen dabei auch die eingliedrigen Zyklen.

Wenn die Determinante A schiefsymmetrisch ist, so entspricht jeder Substitution S, in der ein eingliedriger Zyklus vorkommt, ein verschwindendes Glied von A. Enthält S den eingliedrigen Zyklus (r), so tritt in dem zugehörigen Determinantenglied der Faktor a_{rr} auf, der gleich Null ist.

Alle Substitutionen, die eingliedrige Zyklen enthalten, können wir also beiseitelassen.

Wir betrachten jetzt diejenigen Substitutionen, in denen ein Zyklus mit ungerader Elementzahl vorkommt. Enthält eine Substitution mehrere solche Zyklen, so soll unter ihnen der Zyklus der erste heißen, in dem das niedrigste Element auftritt.

S sei eine Substitution von der betrachteten Art und der erste Zyklus mit ungerader Elementzahl sei $(r_1\, r_2 \dots r_p)$. p ist eine der Zahlen 3, 5, ... Ersetzen wir den Zyklus $(r_1\, r_2 \dots r_p)$ durch $(r_p\, r_{p-1} \dots r_1)$, so entsteht eine von S verschiedene Substitution $\overline{S}$ und man hat (vgl. § 7)

$$\operatorname{sgn} S = \operatorname{sgn} \overline{S}.$$

$(r_p\, r_{p-1} \dots r_1)$ ist bei $\overline{S}$ der erste Zyklus mit ungerader Elementzahl. Kehrt man also den ersten derartigen Zyklus bei $\overline{S}$ um, so gelangt man wieder zu S.

Die beiden Determinantenglieder, die zu S und zu $\bar{S}$ gehören, unterscheiden sich nur in p Faktoren. An die Stelle von

$$a_{r_1 r_2} \dots a_{r_{p-1} r_p} a_{r_p r_1}$$

tritt beim Übergange von S zu $\bar{S}$

$$a_{r_p r_{p-1}} \dots a_{r_2 r_1} a_{r_1 r_p} = (-1)^p a_{r_1 r_2} \dots a_{r_{p-1} r_p} a_{r_p r_1}$$
$$= - a_{r_1 r_2} \dots a_{r_{p-1} r_p} a_{r_p r_1}.$$

Die zu S und S gehörigen Determinantenglieder sind somit entgegengesetzt gleich und heben sich auf.

Wir brauchen hiernach nur solche Substitutionen in Betracht zu ziehen, wo jeder Zyklus eine gerade Zahl von Elementen enthält. Denn den übrigen Substitutionen entsprechen Determinantenglieder, deren Summe gleich Null ist.

Hieraus ergibt sich auf eine neue Weise, daß eine schiefsymmetrische Determinante von ungerader Ordnung gleich Null ist (vgl. Satz 38). Denn eine Substitution, die sich auf eine ungerade Anzahl von Elementen bezieht, kann nicht in lauter Zyklen mit gerader Elementzahl zerfallen.

Wir wollen jetzt die Ordnung n der schiefsymmetrischen Determinante A als gerade voraussetzen.

S sei eine Substitution, in der jeder Zyklus eine gerade Elementzahl aufweist. In jedem Zyklus schreiben wir das niedrigste Element als erstes. Ist

$$(r_1 r_2 \dots r_{2\varrho})$$

ein Zyklus von S, so entsprechen ihm folgende Faktoren des zu S gehörigen Determinantengliedes:

$$a_{r_1 r_2}, a_{r_2 r_3}, \dots, a_{r_{2\varrho-1} r_{2\varrho}}, a_{r_{2\varrho} r_1}.$$

Wir wollen sie in zwei Klassen sondern. Zur ersten Klasse rechnen wir

$$a_{r_1 r_2}, a_{r_3 r_4}, \dots, a_{r_{2\varrho-1} r_{2\varrho}},$$

zur zweiten Klasse

$$a_{r_2 r_3}, a_{r_4 r_5}, \dots, a_{r_{2\varrho} r_1}.$$

Machen wir dies für alle Zyklen $(r_1 r_2 \dots r_{2\varrho})$, $(s_1 s_2 \dots s_{2\sigma})$, ... von S, so geben die Faktoren erster Klasse das Produkt

$$P = a_{r_1 r_2} \dots a_{r_{2\varrho-1} r_{2\varrho}} a_{s_1 s_2} \dots a_{s_{2\sigma-1} s_{2\sigma}} \dots,$$

die Faktoren zweiter Klasse das Produkt

$$Q = a_{r_2 r_3} \dots a_{r_{2\varrho} r_1} a_{s_2 s_3} \dots a_{s_{2\sigma} s_1} \dots.$$

Sowohl in P als auch in Q haben wir $n/2$ Faktoren mit durchweg verschiedenen Indizes.

$$(\mathfrak{P}) \quad r_1, r_2, \ldots, r_{2\varrho-1}, r_{2\varrho}, s_1, s_2, \ldots, s_{2\sigma-1}, s_{2\sigma}, \ldots$$

und

$$(\mathfrak{Q}) \quad r_2, r_3, \ldots, r_{2\varrho}, r_1, \quad s_2, s_3, \ldots, s_{2\sigma}, s_1, \ldots$$

sind also Permutationen von 1, 2, ..., n. Die erste enthalte p, die zweite q Derangements. Dann ist nach § 6 (Schluß)

$$\operatorname{sgn} S = (-1)^{p+q};$$

denn man hat

$$S = \binom{\mathfrak{P}}{\mathfrak{Q}}.$$

Das zu S gehörige Determinantenglied lautet demnach

$$(-1)^p P \cdot (-1)^q Q.$$

Man gelangt von diesem Produkt auf folgende Weise zu S zurück. 1 stehe in den Doppelindizes von P mit k_2 zusammen, k_2 in den Doppelindizes von Q mit k_3. Im Falle $k_3 = 1$ ist $(1\, k_2)$ ein Zyklus von S. Wenn k_3 noch nicht gleich 1 ist, so suche man den Index k_4 auf, der in P mit k_3 zusammensteht, dann den Index k_5, der in Q mit k_4 zusammensteht, und fahre fort, bis man zu 1 gelangt und einen Zyklus von S gewinnt. Darauf beginne man mit dem niedrigsten der noch übrigen Indizes wieder einen Zyklus. Man sieht zunächst nach, mit welchem Index er in P zusammensteht, usw.

Wenn man in dem Produkt P zwei Faktoren vertauscht, so bleibt

$$(-1)^p P$$

ungeändert. Denn diese Vertauschung läßt sich durch zwei Vertauschungen je zweier Indizes in $\mathfrak{P}$ bewirken.

Ebenso bleibt $(-1)^p P$ ungeändert, wenn man die beiden Indizes irgendeines Faktors a_{rs} von P vertauscht. Denn dadurch verwandelt sich $(-1)^p$ in $-(-1)^p$ und andererseits tritt an die Stelle von a_{rs} der Faktor $a_{sr} = -a_{rs}$.

Aus dem Obigen geht nun hervor, daß

$$A = \left(\sum (-1)^p P\right)^2$$

ist, wobei sich die Summation über alle verschiedenen Ausdrücke $(-1)^p P$ erstreckt. Als verschieden betrachten wir solche Ausdrücke, die auch nicht identisch werden, wenn man die Relationen $a_{rs} = -a_{sr}$ benutzt.

Wie viele solche Ausdrücke $(-1)^p P$ gibt es? Der Index 1 kann mit jedem der $n-1$ Indizes $2, 3, \ldots, n$ zusammenstehen. Wenn ein Glied z. B. den Faktor a_{12} enthält, so kann 3 mit jedem der $n-3$ Indizes $4, 5, \ldots, n$ verbunden sein. Enthält ein Glied die Faktoren $a_{12}\,a_{34}$, so kann 5 mit jedem der $n-5$ Indizes $6, 7, \ldots, n$ vereinigt sein usw. Man sieht auf diese Weise, daß es

$$(n-1)(n-3)\ldots 3\cdot 1$$

verschiedene Ausdrücke $(-1)^p P$ gibt.

Beispiel.

Um die obigen Betrachtungen dem Leser noch klarer zu machen, wollen wir den Fall $n=4$ als Beispiel benutzen.

Es gibt hier folgende Ausdrücke $(-1)^p P$:

$$a_{12}\,a_{34},\ a_{13}\,a_{42},\ a_{14}\,a_{23}.$$

Das Quadrat von

$$\sum(-1)^p P = a_{12}\,a_{34} + a_{13}\,a_{42} + a_{14}\,a_{23}$$

wird

$$\begin{aligned} &a_{12}\,a_{34}\cdot a_{12}\,a_{34} + a_{12}\,a_{34}\cdot a_{13}\,a_{42} + a_{12}\,a_{34}\cdot a_{14}\,a_{23}\\ +\,&a_{13}\,a_{42}\cdot a_{12}\,a_{34} + a_{13}\,a_{42}\cdot a_{13}\,a_{42} + a_{13}\,a_{42}\cdot a_{14}\,a_{23}\\ +\,&a_{14}\,a_{23}\cdot a_{12}\,a_{34} + a_{14}\,a_{23}\cdot a_{13}\,a_{42} + a_{14}\,a_{23}\cdot a_{14}\,a_{23}. \end{aligned}$$

Die den einzelnen Gliedern entsprechenden Substitutionen sind folgende:

$$\begin{array}{lll} (12)\,(34), & (1243), & (1234),\\ (1342), & (13)\,(24), & (1324),\\ (1432), & (1423), & (14)\,(23). \end{array}$$

Das sind gerade die Substitutionen in den Elementen 1, 2, 3, 4, die nur Zyklen mit gerader Elementzahl enthalten. Die zugehörigen Glieder der schiefsymmetrischen Determinante

$$A = \begin{vmatrix} a_{11} & a_{12} & a_{13} & a_{14}\\ a_{21} & a_{22} & a_{23} & a_{24}\\ a_{31} & a_{32} & a_{33} & a_{34}\\ a_{41} & a_{42} & a_{43} & a_{44} \end{vmatrix}$$

geben folgende Summe:

$$\begin{aligned} &a_{12}\,a_{21}\,a_{34}\,a_{43} - a_{12}\,a_{24}\,a_{43}\,a_{31} - a_{14}\,a_{23}\,a_{34}\,a_{41}\\ -\,&a_{13}\,a_{34}\,a_{42}\,a_{21} + a_{13}\,a_{31}\,a_{24}\,a_{42} - a_{13}\,a_{32}\,a_{24}\,a_{41}\\ -\,&a_{14}\,a_{43}\,a_{32}\,a_{21} - a_{14}\,a_{42}\,a_{23}\,a_{31} + a_{14}\,a_{41}\,a_{23}\,a_{32}. \end{aligned}$$

In Anbetracht der Relationen $a_{rs} = -a_{sr}$ ist sie mit dem oben angegebenen Quadrat von

$$a_{12}\,a_{34} + a_{13}\,a_{42} + a_{14}\,a_{23}$$

identisch.

§ 61. Pfaffsche Aggregate.

In § 60 zeigten wir, daß eine schiefsymmetrische Determinante n^{ter} Ordnung (n gerade) das Quadrat einer aus

$$1 \cdot 3 \dots (n-1)$$

Gliedern bestehenden Summe

$$\sum (-1)^p P$$

ist. Dabei bedeutet P ein Produkt von der Form

$$a_{r_1 r_2} a_{r_3 r_4} \dots a_{r_{n-1} r_n},$$

wo

$$r_1, r_2, \dots, r_n$$

eine Permutation von 1, 2, ..., n mit p Derangements darstellt. Je zwei Glieder jener Summe werden auch dann nicht identisch, wenn man die Relationen $a_{rs} = -a_{sr}$ berücksichtigt.

Man nennt $\Sigma(-1)^p P$ ein Pfaffsches Aggregat und bezeichnet es nach Jacobi mit

$$(1, 2, \dots, n).$$

Die Glieder von $(1, 2, \dots, n)$, die den Faktor $a_{k_1 k_2}$ enthalten, haben die Form

$$(-1)^p a_{k_1 k_2} a_{r_3 r_4} \dots a_{r_{n-1} r_n},$$

wobei $r_3, r_4, \dots, r_n$ eine Permutation der Zahlen $k_3, k_4, \dots, k_n$ ist, die in der Reihe 1, 2, ..., n übrigbleiben, wenn man k_1 und k_2 streicht. In der Permutation

$$k_1, k_2, r_3, r_4, \dots, r_n$$

mögen k Derangements von k_1 und k_2 herrühren. Dann ist

$$p = k + \bar{p},$$

wenn wir mit $\bar{p}$ die Anzahl der Derangements in $r_3, r_4, \dots, r_n$ bezeichnen. Es wird hiernach

$$(-1)^p a_{k_1 k_2} a_{r_3 r_4} \dots a_{r_{n-1} r_n} = (-1)^k a_{k_1 k_2} \cdot (-1)^{\bar{p}} a_{r_3 r_4} \dots a_{r_{n-1} r_n},$$

und die Summe aller Glieder von $(1, 2, \dots, n)$, die den Faktor $a_{k_1 k_2}$ enthalten, lautet

$$(-1)^k a_{k_1 k_2} \sum (-1)^{\bar{p}} a_{r_3 r_4} \dots a_{r_{n-1} r_n} = (-1)^k a_{k_1 k_2} (k_3, k_4, \dots, k_n).$$

$(k_3, k_4, \dots, k_n)$ wollen wir das Komplement und

$$(-1)^k (k_3, k_4, \dots, k_n)$$

das algebraische Komplement von $a_{k_1 k_2}$ in $(1, 2, \dots, n)$ nennen.

Bezeichnen wir dieses algebraische Komplement mit $\mathfrak{A}_{k_1 k_2}$, so läßt sich (1, 2, ..., n) so schreiben:

$$(1, 2, \ldots, n) = a_{k1}\mathfrak{A}_{k1} + a_{k2}\mathfrak{A}_{k2} + \ldots + a_{kn}\mathfrak{A}_{kn}\ ^{*)}.$$

In jedem Glied von (1, 2, ..., n) kommt nämlich der Index k vor. Ersetzt man die Elemente

$$a_{k1},\ a_{k2},\ \ldots,\ a_{kn}$$

bezüglich durch

$$a_{l1},\ a_{l2},\ \ldots,\ a_{ln},$$

wobei $l \gtreqless k$ sein soll, so geht (1, 2, ..., n) in

$$a_{l1}\mathfrak{A}_{k1} + a_{l2}\mathfrak{A}_{k2} + \ldots + a_{ln}\mathfrak{A}_{kn}$$

über; denn $\mathfrak{A}_{k1}, \mathfrak{A}_{k2}, \ldots, \mathfrak{A}_{kn}$ sind von dem Index k gänzlich frei. Das Quadrat von (1, 2, ..., n), d. h. die schiefsymmetrische Determinante

$$\begin{vmatrix} a_{11} & a_{12} & \ldots & a_{1n} \\ a_{21} & a_{22} & \ldots & a_{2n} \\ \cdot & \cdot & \cdot & \cdot \\ a_{n1} & a_{n2} & \ldots & a_{nn} \end{vmatrix}$$

verwandelt sich dabei in eine Determinante mit zwei übereinstimmenden Zeilen (und Spalten). Daraus folgt, daß

$$a_{l1}\mathfrak{A}_{k1} + a_{l2}\mathfrak{A}_{k2} + \ldots + a_{ln}\mathfrak{A}_{kn} = 0$$

ist, sobald l von k verschieden.

§ 62. Die Reziproke einer schiefsymmetrischen Determinante gerader Ordnung.

(1, 2, ..., n) sei ungleich Null und $\mathfrak{A}_{kl}$ das algebraische Komplement von a_{kl} in (1, 2, ..., n), A_{kl} aber das algebraische Komplement von a_{kl} in der Determinante $(1, 2, \ldots, n)^2$.

Um die Beziehung zwischen $\mathfrak{A}_{kl}$ und A_{kl} zu finden, bedenke man, daß

$$a_{k1}A_{k1} + a_{k2}A_{k2} + \ldots + a_{kn}A_{kn} = (1, 2, \ldots, n)^2$$

und

$$a_{s1}A_{k1} + a_{s2}A_{k2} + \ldots + a_{sn}A_{kn} = 0 \quad (s \gtreqless k),$$

außerdem aber

$$a_{k1}\mathfrak{A}_{k1} + a_{k2}\mathfrak{A}_{k2} + \ldots + a_{kn}\mathfrak{A}_{kn} = (1, 2, \ldots, n)$$

und

$$a_{s1}\mathfrak{A}_{k1} + a_{s2}\mathfrak{A}_{k2} + \ldots + a_{sn}\mathfrak{A}_{kn} = 0 \quad (s \gtreqless k).$$

---

*) Das Glied mit a_{kk} fällt wegen $a_{kk} = 0$ fort, wie wir auch $\mathfrak{A}_{kk}$ wählen. Wir wollen aber $\mathfrak{A}_{kk} = 0$ setzen.

Man ersieht hieraus, daß

$$\frac{A_{k1}}{(1,\,2,\,\ldots,\,n)},\quad \frac{A_{k2}}{(1,\,2,\,\ldots,\,n)},\quad \ldots,\quad \frac{A_{kn}}{(1,\,2,\,\ldots,\,n)}$$

und

$$\mathfrak{A}_{k1},\ \mathfrak{A}_{k2},\ \ldots,\ \mathfrak{A}_{kn}$$

dasselbe System von n linearen Gleichungen mit nichtverschwindender Determinante befriedigen.

Da ein solches System nur eine Lösung hat, so folgt

$$\frac{A_{kl}}{(1,\,2,\,\ldots,\,n)} = \mathfrak{A}_{kl}$$

oder

$$A_{kl} = (1,\,2,\,\ldots,\,n)\,\mathfrak{A}_{kl}.$$

Durch eine Stetigkeitsbetrachtung überzeugt man sich, daß diese Formel auch im Falle $(1,\,2,\,\ldots,\,n) = 0$ gilt.

Die algebraischen Komplemente von a_{kl} in dem Pfaffschen Aggregat $(1,\,2,\,\ldots,\,n)$ und in der Determinante $(1,\,2,\,\ldots,\,n)^2$ unterscheiden sich also nur um den Faktor $(1,\,2,\,\ldots,\,n)$.

§ 63. Lineare Gleichungen mit einer von Null verschiedenen schiefsymmetrischen Determinante.

Das System

$$(1)\qquad \begin{cases} a_{11}\,x_1 + a_{12}\,x_2 + \ldots + a_{1n}\,x_n = b_1, \\ a_{21}\,x_1 + a_{22}\,x_2 + \ldots + a_{2n}\,x_n = b_2, \\ \cdots\cdots\cdots\cdots\cdots\cdots \\ a_{n1}\,x_1 + a_{n2}\,x_2 + \ldots + a_{nn}\,x_n = b_n, \end{cases}$$

dessen Determinante schiefsymmetrisch und von Null verschieden sein soll, hat nach § 22 nur die Lösung

$$x_1 = \frac{b_1 A_{11} + b_2 A_{21} + \ldots + b_n A_{n1}}{(1,\,2,\,\ldots,\,n)^2},$$

$$x_2 = \frac{b_1 A_{12} + b_2 A_{22} + \ldots + b_n A_{n2}}{(1,\,2,\,\ldots,\,n)^2},$$

$$\cdots\cdots\cdots\cdots\cdots\cdots$$

$$x_n = \frac{b_1 A_{1n} + b_n A_{2n} + \ldots + b_n A_{nn}}{(1,\,2,\,\ldots,\,n)^2}.$$

Wegen der Relationen

$$A_{kl} = (1,\,2,\,\ldots,\,n)\,\mathfrak{A}_{kl}$$

nimmt diese Lösung folgende einfachere Form an:

$$x_1 = \frac{b_1 \mathfrak{A}_{11} + b_2 \mathfrak{A}_{21} + \ldots + b_n \mathfrak{A}_{n1}}{(1, 2, \ldots, n)},$$

$$x_2 = \frac{b_1 \mathfrak{A}_{12} + b_2 \mathfrak{A}_{22} + \ldots + b_n \mathfrak{A}_{n2}}{(1, 2, \ldots, n)},$$

$$\cdots\cdots\cdots\cdots$$

$$x_n = \frac{b_1 \mathfrak{A}_{1n} + b_2 \mathfrak{A}_{2n} + \ldots + b_n \mathfrak{A}_{nn}}{(1, 2, \ldots, n)}.$$

Der Ausdruck

$$b_1 \mathfrak{A}_{1k} + b_2 \mathfrak{A}_{2k} + \ldots + b_n \mathfrak{A}_{nk}$$

entsteht aus

$$a_{1k} \mathfrak{A}_{1k} + a_{2k} \mathfrak{A}_{2k} + \ldots + a_{nk} \mathfrak{A}_{nk}$$

oder aus $(1, 2, \ldots, n)$, indem man

$$a_{1k}, a_{2k}, \ldots, a_{nk}$$

bezüglich durch

$$b_1, b_2, \ldots, b_n$$

ersetzt.

Schreibt man statt $b_1, b_2, \ldots, b_n$

$$a_{1,n+1}, \; a_{2,n+1}, \; \ldots, \; a_{n,n+1} \quad \text{oder} \quad -a_{n+1,1}, \; -a_{n+1,2}, \; \ldots, \; -a_{n+1,n},$$

so geht

$$b_1 \mathfrak{A}_{1k} + b_2 \mathfrak{A}_{2k} + \ldots + b_n \mathfrak{A}_{nk}$$

dadurch aus $(1, 2, \ldots, n)$ hervor, daß man den Index k durch $n + 1$ ersetzt.

Es gilt also für die Auflösung des Systems folgende Regel, die ein Analogon der Cramerschen Regel ist (vgl. § 22):

Man ersetze in $P = (1, 2, \ldots, n)$ den Index k durch $n + 1$. Das so entstehende Aggregat heiße P_k. Dann lautet die Lösung des Systems (1):

$$x_1 = \frac{P_1}{P}, \quad x_2 = \frac{P_2}{P}, \quad \ldots, \quad x_n = \frac{P_n}{P}.$$

§ 64. Rang einer schiefsymmetrischen Determinante.

Die schiefsymmetrische Determinante

$$(1) \qquad \begin{vmatrix} a_{11} & a_{12} & \ldots & a_{1n} \\ a_{21} & a_{22} & \ldots & a_{2n} \\ \cdot & \cdot & \cdot & \cdot \\ a_{n1} & a_{n2} & \ldots & a_{nn} \end{vmatrix}$$

habe den Rang r. Dann ist (vgl. § 52) die Matrix ihrer r-reihigen Minoren vom Range 1.

Ist nun z. B.

$$\begin{vmatrix} a_{k_1 l_1} & a_{k_1 l_2} & \dots & a_{k_1 l_r} \\ a_{k_2 l_1} & a_{k_2 l_2} & \dots & a_{k_2 l_r} \\ \cdot & \cdot & \cdot & \cdot \\ a_{k_r l_1} & a_{k_r l_2} & \dots & a_{k_r l_r} \end{vmatrix}$$

von Null verschieden ($k_1 < k_2 < \dots < k_r$ und $l_1 < l_2 < \dots < l_r$), so müssen wegen

$$\begin{vmatrix} a_{k_1 k_1} & a_{k_1 k_2} & \dots & a_{k_1 k_r} \\ a_{k_2 k_1} & a_{k_2 k_2} & \dots & a_{k_2 k_r} \\ \cdot & \cdot & \cdot & \cdot \\ a_{k_r k_1} & a_{k_r k_2} & \dots & a_{k_r k_r} \end{vmatrix} \begin{vmatrix} a_{l_1 l_1} & a_{l_1 l_2} & \dots & a_{l_1 l_r} \\ a_{l_2 l_1} & a_{l_2 l_2} & \dots & a_{l_2 l_r} \\ \cdot & \cdot & \cdot & \cdot \\ a_{l_r l_1} & a_{l_r l_2} & \dots & a_{l_r l_r} \end{vmatrix}$$

$$= \begin{vmatrix} a_{k_1 l_1} & a_{k_1 l_2} & \dots & a_{k_1 l_r} \\ a_{k_2 l_1} & a_{k_2 l_2} & \dots & a_{k_2 l_r} \\ \cdot & \cdot & \cdot & \cdot \\ a_{k_r l_1} & a_{k_r l_2} & \dots & a_{k_r l_r} \end{vmatrix} \begin{vmatrix} a_{l_1 k_1} & a_{l_1 k_2} & \dots & a_{l_1 k_r} \\ a_{l_2 k_1} & a_{l_2 k_2} & \dots & a_{l_2 k_r} \\ \cdot & \cdot & \cdot & \cdot \\ a_{l_r k_1} & a_{l_r k_2} & \dots & a_{l_r k_r} \end{vmatrix}$$

$$= (-1)^r \begin{vmatrix} a_{k_1 l_1} & a_{k_1 l_2} & \dots & a_{k_1 l_r} \\ a_{k_2 l_1} & a_{k_2 l_2} & \dots & a_{k_2 l_r} \\ \cdot & \cdot & \cdot & \cdot \\ a_{k_r l_1} & a_{k_r l_2} & \dots & a_{k_r l_r} \end{vmatrix}^2$$

auch

$$\begin{vmatrix} a_{k_1 k_1} & a_{k_1 k_2} & \dots & a_{k_1 k_r} \\ a_{k_2 k_1} & a_{k_2 k_2} & \dots & a_{k_2 k_r} \\ \cdot & \cdot & \cdot & \cdot \\ a_{k_r k_1} & a_{k_r k_2} & \dots & a_{k_r k_r} \end{vmatrix}, \quad \begin{vmatrix} a_{l_1 l_1} & a_{l_1 l_2} & \dots & a_{l_1 l_r} \\ a_{l_2 l_1} & a_{l_2 l_2} & \dots & a_{l_2 l_r} \\ \cdot & \cdot & \cdot & \cdot \\ a_{l_r l_1} & a_{l_r l_2} & \dots & a_{l_r l_r} \end{vmatrix}$$

ungleich Null sein.

Damit ist der folgende Satz bewiesen:

Satz 41. In einer schiefsymmetrischen Determinante vom Range r gibt es einen von Null verschiedenen r-reihigen Hauptminor.

Da eine schiefsymmetrische Determinante von ungerader Ordnung den Wert Null hat, so muß der Rang r stets gerade sein.

Wenn in dem Symbol

$$(1, 2, \dots, n)$$

gewisse Zahlen gestrichen werden, so entsteht ein ähnliches Symbol

$$(k_1, k_2, \dots, k_p).$$

Wir wollen $(k_1, k_2, \dots, k_p)$ einen p-gliedrigen Minor von $(1, 2, \dots, n)$ nennen. Im Falle eines geraden p ist $(k_1, k_2, \dots, k_p)$ ein Pfaffsches Aggregat. Im Falle eines ungeraden p soll $(k_1, k_2, \dots, k_p) = 0$ sein.

Hat die schiefsymmetrische Determinante (1) den Rang r, so gibt es nach Satz 41 unter den r-gliedrigen Minoren von $(1, 2, \ldots, n)$ einen von Null verschiedenen. Alle mehr als r-gliedrigen Minoren von $(1, 2, \ldots, n)$ sind dagegen gleich Null.

$(k_1, k_2, \ldots, k_p)$ sei ein nichtverschwindender Minor vor $(1, 2, \ldots, n)$. Dagegen seien alle $(p+2)$-gliedrigen Minoren, in denen $(k_1, k_2, \ldots, k_p)$ als Minor steckt, gleich Null. Dann ist der Rang von (1) gleich p.

Es sei z. B.*)

$$(1, 2, \ldots, p) \neq 0$$

und $$(1, 2, \ldots, p, k, l) = 0 \qquad (k, l = p+1, \ldots, n).$$

Bezeichnen wir mit

$$\mathfrak{B}_{kk}, \ \mathfrak{B}_{kl}, \ \mathfrak{B}_{lk}, \ \mathfrak{B}_{ll}$$

die algebraischen Komplemente von

$$a_{kk}, \ a_{kl}, \ a_{lk} \ a_{ll}$$

in der schiefsymmetrischen Determinante

$$\begin{vmatrix} a_{11} & \ldots & a_{1p} & a_{1k} & a_{1l} \\ . & . & . & . & . \\ a_{k1} & \ldots & a_{pp} & a_{pk} & a_{pl} \\ a_{k1} & \ldots & a_{kp} & a_{kk} & a_{kl} \\ a_{l1} & \ldots & a_{lp} & a_{lk} & a_{ll} \end{vmatrix} = (1, 2, \ldots, p, k, l)^2,$$

so ist nach Satz 28

$$\begin{vmatrix} \mathfrak{B}_{kk} & \mathfrak{B}_{kl} \\ \mathfrak{B}_{lk} & \mathfrak{B}_{ll} \end{vmatrix} = (1, 2, \ldots, p)^2 (1, 2, \ldots, p, k, l)^2 = 0.$$

Nach Satz 38 hat man nun

$$\mathfrak{B}_{kk} = \mathfrak{B}_{ll} = 0.$$

Es ergibt sich somit

$$\mathfrak{B}_{kl} = -\mathfrak{B}_{lk} = 0.$$

Wir sehen hieraus, daß in (1) alle $(p+1)$-reihigen Superdeterminanten von

$$\begin{vmatrix} a_{11} & a_{12} & \ldots & a_{1p} \\ a_{21} & a_{22} & \ldots & a_{2p} \\ . & . & . & . \\ a_{p1} & a_{p2} & \ldots & a_{pp} \end{vmatrix}$$

gleich Null sind. Nach Satz 18 können wir also schließen, daß (1) den Rang p hat.

Um den Rang der Determinante (1) zu finden, kann man jetzt so verfahren.

Man sucht in $(1, 2, \ldots, n)$ einen zweigliedrigen Minor, der von Null verschieden ist. Gibt es keinen solchen, so hat (1) den Rang 0. Andern-

*) Durch Vertauschung von $1, 2, \ldots, n$ läßt sich dieser Fall herbeiführen.

falls lassen sich die Indizes 1, 2 ..., n so vertauschen, daß gerade (1, 2) von Null verschieden ist.

Sind alle Aggregate (1, 2, k, l) gleich Null (k, $l = 3, \ldots, n$), so ist (1) vom Range 2. Andernfalls läßt sich durch Vertauschung von 3, 4, ..., n bewirken daß gerade (1, 2, 3, 4) von Null verschieden ist.

Sind alle Aggregate (1, 2, 3, 4, k, l) gleich Null (k, $l = 5, \ldots, n$), so hat (1) den Rang 4. Andernfalls läßt sich durch Vertauschung von 5, 6, ..., n bewirken, daß gerade (1, 2, 3, 4, 5, 6) von Null verschieden ist. Usw.

Wir sehen hieraus, daß nach geeigneter Vertauschung der Indizes 1, 2, ..., n die Aggregate

$$(1,\ 2),\quad (1,\ 2,\ 3,\ 4),\ \ldots,\ (1,\ 2,\ \ldots,\ r)$$

von Null verschieden sind, während die Aggregate

$$(1,\ 2,\ \ldots,\ r,\ k,\ l)$$

verschwinden (k, $l = r + 1, \ldots, n$)*). r ist dabei der Rang von (1).

Bei einer symmetrischen Determinante läßt sich etwas Ähnliches erreichen. Es gilt nämlich auch für symmetrische Determinanten der folgende Satz.

Wenn die $(p+1)$-reihigen und $(p+2)$-reihigen Hauptminoren, in denen ein von Null verschiedener p-reihiger Hauptminor steckt, alle verschwinden, so ist der Rang der symmetrischen Determinante gleich p**).

Hieraus ergibt sich leicht, daß eine symmetrische Determinante

$$\begin{vmatrix} a_{11} & a_{12} & \ldots & a_{1n} \\ a_{21} & a_{22} & \ldots & a_{2n} \\ \cdot & \cdot & \cdot & \cdot \\ a_{n1} & a_{n2} & \ldots & a_{nn} \end{vmatrix}$$

vom Range r nach geeigneter Vertauschung der Indizes 1, 2, ..., n von folgender Beschaffenheit ist:

In der Reihe

$$1,\quad a_{11},\quad \begin{vmatrix} a_{11} & a_{12} \\ a_{21} & a_{22} \end{vmatrix},\ \ldots,\ \begin{vmatrix} a_{11} & a_{12} & \ldots & a_{1r} \\ a_{21} & a_{22} & \ldots & a_{2r} \\ \cdot & \cdot & \cdot & \cdot \\ a_{r1} & a_{r2} & \ldots & a_{rr} \end{vmatrix}$$

sind das erste und letzte Glied von Null verschieden und nie zwei benachbarte Glieder gleich Null.

---

*) Man denke sich (1) eventuell durch Nullen gerändert.

**) Beweis ebenso wie bei der schiefsymmetrischen Determinante.

§ 65. Lineare Gleichungen mit verschwindender schiefsymmetrischer Determinante.

Wir betrachten das System (1) in § 63, dessen Determinante schiefsymmetrisch und gleich Null sein soll. n braucht also jetzt nicht gerade zu sein.

Aus § 29 wissen wir, daß das System dann und nur dann Lösungen besitzt, wenn die beiden Matrizen

$$(1)\qquad \begin{matrix} a_{11} & a_{12} & \dots & a_{1n} \\ a_{21} & a_{22} & \dots & a_{2n} \\ \cdot & \cdot & \cdot & \cdot \\ a_{n1} & a_{n2} & \dots & a_{nn} \end{matrix}$$

und

$$(2)\qquad \begin{matrix} a_{11} & a_{12} & \dots & a_{1n} & b_1 \\ a_{21} & a_{22} & \dots & a_{2n} & b_2 \\ \cdot & \cdot & \cdot & \cdot & \cdot \\ a_{n1} & a_{n2} & \dots & a_{nn} & b_n \end{matrix}$$

gleichen Rang haben.

Nun ist der Rang der schiefsymmetrischen Matrix

$$(3)\qquad \begin{matrix} a_{11} & a_{12} & \dots & a_{1n} & b_1 \\ a_{21} & a_{22} & \dots & a_{2n} & b_2 \\ \cdot & \cdot & \cdot & \cdot & \cdot \\ a_{n1} & a_{n2} & \dots & a_{nn} & b_n \\ -b_1 & -b_2 & \dots & -b_n & 0 \end{matrix}$$

höchstens um 1 höher als der von (2).

Bezeichnen wir also mit r_1, r_2, r_3 den Rang von (1) bzw. (2) bzw. (3), so ist

$$r_1 = r_2 \quad \text{und} \quad r_2 \leqq r_3 \leqq r_2 + 1,$$

also auch

$$r_1 \leqq r_3 \leqq r_1 + 1.$$

Da r_1 und r_3 gerade Zahlen sind, so folgt hieraus

$$r_3 = r_1.$$

Wenn $r_1 = r_3$ ist, so muß auch $r_1 = r_2$ sein. Denn es ist immer $r_1 \leqq r_2 \leqq r_3$.

Ein Gleichungssystem

$$\begin{matrix} a_{11}\, x_1 + a_{12}\, x_2 + \dots + a_{1n}\, x_n = b_1, \\ a_{21}\, x_1 + a_{22}\, x_2 + \dots + a_{2n}\, x_n = b_2, \\ \cdot \quad \cdot \quad \cdot \quad \cdot \quad \cdot \quad \cdot \quad \cdot \quad \cdot \\ a_{n1}\, x_1 + a_{n2}\, x_2 + \dots + a_{nn}\, x_n = b_n \end{matrix}$$

mit schiefsymmetrischer Determinante hat also dann und nur dann eine Lösung, wenn die Matrizen (1) und (3) von gleichem Range sind.

Bezeichnen wir den gemeinsamen Rang von (1) und (3) mit r, so läßt sich durch Vertauschung der Indizes 1, 2, ..., n erreichen, daß

$$(1,\ 2,\ \ldots,\ r) \neq 0$$

ist. Nach § 24 sind dann die $n + 1 - r$ letzten Zeilen von (3) lineare Kombinationen der r ersten*). Wir dürfen uns deshalb auf die r ersten Gleichungen des Systems beschränken. Diese schreiben wir in folgender Form:

$$\begin{array}{l} a_{11}\, x_1 + \ldots + a_{1r}\, x_r = -\,(a_{1,\,r+1}\, x_{r+1} + \ldots + a_{1n}\, x_n) + b_1 \\ \quad \cdot \quad \cdot \quad \cdot \quad \cdot \quad \cdot \quad \cdot \quad \cdot \quad \cdot \quad \cdot \quad \cdot \quad \cdot \quad \cdot \quad \cdot \\ a_{r1}\, x_1 + \ldots + a_{rr}\, x_r = -\,(a_{r,\,r+1}\, x_{r+1} + \ldots + a_{rn}\, x_n) + b_r \end{array}$$

und wenden auf sie das in § 63 dargelegte Verfahren an.

Wir wollen

$$(1,\ 2,\ \ldots,\ r) = P$$

setzen und unter

$$P_{kj} \quad (k = 1,\ 2,\ \ldots,\ r;\quad j = r+1,\ \ldots,\ n+1)$$

das Pfaffsche Aggregat verstehen, das aus P entsteht, wenn man k in j verwandelt**). Dann ist nach § 63

$$x_1 = \frac{-P_{1,\,r+1}\, x_{r+1} - \ldots - P_{1n}\, x_n + P_{1,\,n+1}}{P},$$

$$x_2 = \frac{-P_{2,\,r+1}\, x_{r+1} - \ldots - P_{2n}\, x_n + P_{2,\,n+1}}{P},$$

$$\cdot \quad \cdot \quad \cdot \quad \cdot \quad \cdot \quad \cdot \quad \cdot \quad \cdot \quad \cdot \quad \cdot \quad \cdot \quad \cdot$$

$$x_r = \frac{-P_{r,\,r+1}\, x_{r+1} - \ldots - P_{rn}\, x_n + P_{r,\,n+1}}{P}.$$

Dabei darf man $x_{r+1},\ \ldots,\ x_n$ ganz beliebig wählen.

Da auch die letzte Zeile der Matrix (3) eine lineare Kombination der r ersten ist, so erfüllen diese Werte der x auch die Gleichung

$$b_1\, x_1 + b_2\, x_2 + \ldots + b_n\, x_n = 0.$$

§ 66. Determinanten gerader Ordnung, dargestellt durch Pfaffsche Aggregate.

Wir betrachten eine Determinante von gerader Ordnung 2ν und schreiben sie in folgender Weise:

$$(1) \qquad D = \begin{vmatrix} a_1, & a_1', & b_1, & b_1', & \ldots \\ a_2, & a_2', & b_2, & b_2', & \ldots \\ \cdot & \cdot & \cdot & \cdot & \cdot \\ a_n, & a_n', & b_n, & b_n', & \ldots \end{vmatrix}.$$

---

*) Den trivialen Fall $r = 0$ lassen wir beiseite.

**) Statt $b_1,\ b_2,\ \ldots,\ b_n$ schreiben wir wie in § 63 $a_{1,\,n+1},\ \ldots,\ a_{n,\,n+1}$.

Vertauschen wir die erste und zweite Spalte, die dritte und vierte Spalte usw., so multipliziert sich D mit dem Faktor $(-1)^\nu$. Es ist also

$$D = (-1)^\nu \begin{vmatrix} a_1', & a_1, & b_1', & b_1, & \dots \\ a_2', & a_2, & b_2', & b_2, & \dots \\ \cdot & \cdot & \cdot & \cdot & \cdot \\ a_n', & a_n, & b_n', & b_n, & \dots \end{vmatrix}$$

oder (vgl. Satz 5)

$$(2) \qquad D = \begin{vmatrix} a_1', & -a_1, & b_1', & -b_1, & \dots \\ a_2', & -a_2, & b_2', & -b_2, & \dots \\ \cdot & \cdot & \cdot & \cdot & \cdot \\ a_n', & -a_n, & b_n', & -b_n, & \dots \end{vmatrix}.$$

Aus (1) und (2) ergibt sich nun durch Multiplikation nach Zeilen

$$(3) \qquad D^2 = \begin{vmatrix} p_{11} & p_{12} & \cdots & p_{1n} \\ p_{21} & p_{22} & \cdots & p_{2n} \\ \cdot & \cdot & \cdot & \cdot \\ p_{n1} & p_{n2} & \cdots & p_{nn} \end{vmatrix},$$

wenn wir

$$a_r a_s' - a_r' a_s + b_r b_s' - b_r' b_s + \dots = p_{rs}$$

setzen.

Da offenbar

$$p_{rs} = -p_{sr},$$

so ist die Determinante (3) schiefsymmetrisch.

Mit $(1, 2, \dots, n)$ werde das Pfaffsche Aggregat bezeichnet, dessen Quadrat die Determinante (3) ist. Dann folgt aus (3)

$$(4) \qquad D = (1, 2, \dots, n).$$

Daß das Vorzeichen der rechten Seite richtig gewählt ist, erkennt man durch folgende Überlegung.

In $(1, 2, \dots, n)$ tritt das Glied

$$p_{12}\, p_{34} \cdots p_{n-1,n}$$

mit dem Zeichen $+$ auf. Nun ist aber

$$\begin{aligned} p_{12} &= a_1 a_2' - \dots\dots\dots \\ p_{34} &= \dots + b_3 b_4' - \dots, \\ &\cdot\ \cdot\ \cdot\ \cdot\ \cdot\ \cdot\ \cdot\ \cdot \end{aligned}$$

In dem ausgerechneten Produkt $p_{12}\, p_{34} \dots p_{n-1,n}$ kommt also das Hauptglied von D, d. h.

$$a_1 a_2' b_3 b_4' \dots$$

mit dem Zeichen $+$ vor, wie in D selbst, und kein anderes Glied von $(1, 2, \dots, n)$ enthält $a_1 a_2' b_3 b_4' \dots$ als Bestandteil.

Wir wollen Formel (4) auf die Determinante

$$D = \begin{vmatrix} a_1 & a_1' & b_1 & b_1' \\ a_2 & a_2' & b_2 & b_2' \\ a_3 & a_3' & b_3 & b_3' \\ a_4 & a_4' & b_4 & b_4' \end{vmatrix}$$

anwenden. Setzen wir

$$p_{rs} = a_r\, a_s' - a_s\, a_r' + b_r\, b_s' - b_s\, b_r',$$

so wird

$$D = p_{12}\, p_{34} + p_{13}\, p_{42} + p_{14}\, p_{23},$$

weil die rechte Seite gleich (1, 2, 3, 4) ist.

Falls die Determinante (1) selbst schiefsymmetrisch ist, enthält die Formel (4) den Satz, daß das Quadrat eines Pfaffschen Aggregats sich wieder als Pfaffsches Aggregat schreiben läßt, und zwar mit derselben Gliederzahl.

§ 67. Schiefe Determinanten.

Wenn man die Hauptelemente einer schiefsymmetrischen Determinante durch irgendwelche Zahlen ersetzt, so entsteht eine Determinante, die man als schief bezeichnet. In einer solchen Determinante ist also

$$a_{sr} = -\, a_{rs} \qquad (r \gtrless s).$$

Wenn die Hauptelemente einer schiefen Determinante alle gleich x sind, so können wir sie in folgender Form schreiben:

$$D(x) = \begin{vmatrix} a_{11} + x & a_{12} & \dots & a_{1n} \\ a_{21} & a_{22} + x & \dots & a_{2n} \\ \cdot & \cdot & \cdot & \cdot \\ a_{n1} & a_{n2} & \dots & a_{nn} + x \end{vmatrix} \qquad (a_{sr} = -\, a_{rs}).$$

Nach § 53 ist diese Determinante gleich

$$x^n + S_1\, x^{n-1} + S_2\, x^{n-2} + \dots + S_n,$$

wobei S_k die Summe aller k-reihigen Hauptminoren in der schiefsymmetrischen Determinante

$$D = \begin{vmatrix} a_{11} & a_{12} & \dots & a_{1n} \\ a_{21} & a_{22} & \dots & a_{2n} \\ \cdot & \cdot & \cdot & \cdot \\ a_{n1} & a_{n2} & \dots & a_{nn} \end{vmatrix}$$

bedeutet.

Da jeder Hauptminor einer schiefsymmetrischen Determinante selbst schiefsymmetrisch ist, so verschwinden nach Satz 38 alle S mit ungeradem Index, während alle S mit geradem Index Summen von Quadraten sind (vgl. Satz 40).

Die schiefe Determinante $D(x)$ reduziert sich also auf

$$x^n + S_2\, x^{n-2} + S_4\, x^{n-4} + \dots$$

Wenn $x > 0$ ist, so wird

$$D(\pm x) = (\pm 1)^n \{x^n + S_2\, x^{n-2} + S_4\, x^{n-4} + \dots\}.$$

Die Klammer besteht aus lauter nichtnegativen Gliedern, und eins von ihnen, nämlich x^n, ist positiv. Wir sehen hieraus, daß die Gleichung

$$D(x) = 0$$

keine von Null verschiedene reelle Wurzel haben kann. Die Wurzel $x = 0$ hat sie nur dann, wenn $D = 0$ ist.

§ 68. Kontinuanten.

Die Kontinuanten sind schiefe Determinanten von der Form

$$K_n = \begin{vmatrix} x_1 & 1 & 0 \dots 0 \\ -1 & x_2 & 1 \dots 0 \\ 0 & -1 & x_3 \dots 0 \\ \cdot & \cdot & \cdot \quad \cdot \\ 0 & 0 & 0 \dots x_n \end{vmatrix}.$$

Die Elemente

$$a_{12},\ a_{23},\ \dots,\ a_{n-1,n}$$

sind gleich 1, die Elemente

$$a_{21},\ a_{32},\ \dots,\ a_{n,n-1}$$

gleich -1 und die Hauptelemente gleich $x_1, x_2, \dots, x_n$. Alle andern Elemente sind gleich Null.

Wenn man die Kontinuante K_n ausrechnet, so ist jedes Glied von ihr das Produkt gewisser x, versehen mit dem Koeffizienten 1.

In der Tat ist

$$K_1 = x_1,$$
$$K_2 = x_1 x_2 + 1$$

usw.

Um uns von der Allgemeingültigkeit des Satzes zu überzeugen, entwickeln wir K_n nach der letzten Zeile. Dann erhalten wir

$$K_n = x_n K_{n-1} + \begin{vmatrix} x_1 & 1 & 0 & \dots & 0 & 0 \\ -1 & x_2 & 1 & \dots & 0 & 0 \\ 0 & -1 & x_3 & \dots & 0 & 0 \\ \cdot & \cdot & \cdot & \cdot & \cdot & \cdot \\ 0 & 0 & 0 & \dots & -1 & 1 \end{vmatrix}.$$

Entwickeln wir die letzte Determinante (die aus K_n durch Streichung der letzten Zeile und vorletzten Spalte entsteht) nach der letzten Spalte, so ergibt sich

$$K_n = x_n K_{n-1} + K_{n-2}.$$

Diese Formel hätten wir auch direkt gewinnen können, und zwar durch Entwickelung von K_n nach der letzten Zeile und letzten Spalte (vgl. § 42).

Wenn K_{n-1} und K_{n-2} aus lauter Gliedern mit dem Koeffizienten 1 bestehen, so gilt dies wegen der obigen Rekursionsformel auch für K_n. Nun haben K_1 und K_2 die in Rede stehende Eigenschaft, folglich auch $K_3, K_4, \ldots$

Auf Grund der Rekursionsformel ist es leicht, die Gliederzahl von K_n zu berechnen. Nennen wir sie k_n, so ist offenbar

$$k_n = k_{n-1} + k_{n-2}.$$

Da

$$k_1 = 1, \; k_2 = 2$$

ist, so folgt

$$k_3 = k_1 + k_2 = 3,$$
$$k_4 = k_2 + k_3 = 5,$$
$$k_5 = k_3 + k_4 = 8$$

usw.

Die Folge $k_1, k_2, k_3, \ldots$ oder $1, 2, 3, 5, 8, \ldots$ hat die Eigenschaft, daß vom dritten Gliede ab jedes Glied die Summe der beiden vorhergehenden ist.

Setzt man wie gewöhnlich

$$(a+b)^n = \sum_{k=0}^{n} \binom{n}{k} a^{n-k} b^k,$$

so wird

$$(a+b)^{n+1} = (a+b)(a+b)^n$$
$$= \sum \binom{n}{k} a^{n-k+1} b^k + \sum \binom{n}{k} a^{n-k} b^{k+1}.$$

Andererseits ist

$$(a+b)^{n+1} = \sum_{j=0}^{n+1} \binom{n+1}{j} a^{n+1-j} b^j.$$

Durch Vergleichung der beiden Ausdrücke für $(a+b)^{n+1}$ erkennt man, daß

$$\binom{n+1}{j} = \binom{n}{j} + \binom{n}{j-1}$$

ist. Wenn man vereinbart, daß $\binom{n}{k}$ für $k = -1, -2, \ldots$ und für $k = n+1, n+2, \ldots$ gleich Null sein soll, so gilt diese Formel ganz allgemein.

Mit c_s werde nun die Summe aller $\binom{n}{k}$ bezeichnet, bei denen $n + k = s$ ist. Dann folgt aus der obigen Formel

$$c_s = c_{s-1} + c_{s-2} \quad (s \geqq 3).$$

Die Folge $c_1, c_2, c_3, \ldots$ hat also auch die Eigenschaft, daß vom dritten ab jedes Glied die Summe der beiden vorhergehenden ist. Da

$$c_1 = \binom{1}{0} = 1, \quad c_2 = \binom{2}{0} + \binom{1}{1} = 2,$$

so stimmen die Folgen

$$k_1, k_2, k_3, \ldots \quad \text{und} \quad c_1, c_2, c_3, \ldots$$

in ihren beiden ersten Gliedern überein. Daraus folgt aber wegen

$$k_n = k_{n-1} + k_{n-2} \quad \text{und} \quad c_n = c_{n-1} + c_{n-2},$$

daß sie in allen Gliedern übereinstimmen. Es ist also

$$k_n = \binom{n}{0} + \binom{n-1}{1} + \binom{n-2}{2} + \cdots$$

Der Name **Kontinuante** hat seinen Ursprung in der Beziehung, die zwischen diesen Determinanten und den **Kettenbrüchen** (fractions continues) besteht.

Aus der Rekursionsformel $K_n = x_n K_{n-1} + K_{n-2}$ ergibt sich

$$\frac{K_n}{K_{n-1}} = x_n + \frac{K_{n-2}}{K_{n-1}}$$

oder, wenn wir

$$\frac{K_n}{K_{n-1}} = Q_n$$

setzen,

$$Q_n = x_n + \frac{1}{Q_{n-1}}.$$

Aus demselben Grunde ist aber

$$Q_{n-1} = x_{n-1} + \frac{1}{Q_{n-1}},$$

$$\cdots\cdots\cdots\cdots$$

$$Q_3 = x_3 + \frac{1}{Q_2}.$$

Da nun

$$Q_2 = \frac{K_2}{K_1} = \frac{x_1 x_2 + 1}{x_1} = x_2 + \frac{1}{x_1}$$

ist, so folgt aus den obigen Gleichungen

$$\frac{K_n}{K_{n-1}} = x_n + \cfrac{1}{x_{n-1} + \cfrac{1}{x_{n-2} + \cdots + \cfrac{1}{x_1}}}.$$

Ein Kettenbruch läßt sich also als Quotient von zwei Kontinuanten darstellen.

Ersetzen wir $x_1, x_2, \ldots, x_n$ durch $x_n, x_{n-1}, \ldots, x_1$ und kehren in K_n und K_{n-1} die Reihenfolge der Zeilen und Spalten um, so finden wir, daß der Kettenbruch

$$x_1 + \cfrac{1}{x_2 + \cdots + \cfrac{1}{x_n}}$$

gleich dem Quotienten von

$$\begin{vmatrix} x_1 & 1 & 0 & \ldots & 0 \\ -1 & x_2 & 1 & \ldots & 0 \\ 0 & -1 & x_3 & \ldots & 0 \\ \cdot & \cdot & \cdot & \cdot & \cdot \\ 0 & 0 & 0 & \ldots & x_n \end{vmatrix}$$

durch

$$\begin{vmatrix} x_2 & 1 & 0 & \ldots & 0 \\ -1 & x_3 & 1 & \ldots & 0 \\ 0 & -1 & x_4 & \ldots & 0 \\ \cdot & \cdot & \cdot & \cdot & \cdot \\ 0 & 0 & 0 & \ldots & x_n \end{vmatrix}$$

ist.

Ersetzt man in K_n alle x durch 1, so wird offenbar

$$K_n = k_n.$$

Daraus folgt, daß die Determinante

$$\begin{vmatrix} 1 & 1 & 0 & \ldots & 0 \\ -1 & 1 & 1 & \ldots & 0 \\ 0 & -1 & 1 & \ldots & 0 \\ \cdot & \cdot & \cdot & \cdot & \cdot \\ 0 & 0 & 0 & \ldots & 1 \end{vmatrix}$$

den Wert k_n hat.

Zehntes Kapitel.

Orthogonale Determinanten.

§ 69. Definition.

Die Determinante

$$A = \begin{vmatrix} a_{11} & a_{12} & \dots & a_{1n} \\ a_{21} & a_{22} & \dots & a_{2n} \\ \cdot & \cdot & \cdot & \cdot \\ a_{n1} & a_{n2} & \dots & a_{nn} \end{vmatrix}$$

heißt orthogonal, wenn das Produkt von zwei verschiedenen Spalten gleich Null, das Produkt jeder Spalte mit sich selbst aber gleich 1 ist (vgl. § 30)*).

Es gelten also bei einer orthogonalen Determinante die Relationen

$$a_{1r} a_{1s} + a_{2r} a_{2s} + \dots + a_{nr} a_{ns} = 0 \qquad (r \gtrless s)$$

und

$$a_{1r} a_{1r} + a_{2r} a_{2r} + \dots + a_{nr} a_{nr} = 1 .$$

Setzt man

$$\begin{aligned} y_1 &= a_{11} x_1 + a_{12} x_2 + \dots + a_{1n} x_n , \\ y_2 &= a_{21} x_1 + a_{22} x_2 + \dots + a_{2n} x_n , \\ &\cdot \quad \cdot \quad \cdot \quad \cdot \quad \cdot \quad \cdot \quad \cdot \quad \cdot \\ y_n &= a_{n1} x_1 + a_{n2} x_2 + \dots + a_{nn} x_n \end{aligned}$$

und fordert, daß für alle Werte der x

$$y_1^2 + y_2^2 + \dots + y_n^2 = x_1^2 + x_2^2 + \dots + x_n^2$$

sein soll, so findet man gerade die eben angegebenen Relationen. Sie lassen sich also in der einen Gleichung $\sum y_\nu^2 = \sum x_\nu^2$ zusammenfassen.

Multipliziert man A mit sich selbst, und zwar nach Spalten, so ergibt sich auf Grund dieser Relationen

$$A^2 = \begin{vmatrix} 1 & 1 & \dots & 0 \\ 0 & 1 & \dots & 0 \\ \cdot & \cdot & \cdot & \cdot \\ 0 & 0 & \dots & 1 \end{vmatrix} = 1.$$

Daraus folgt

Satz 42. **Eine orthogonale Determinante ist entweder gleich 1 oder gleich -1.**

---

*) Die Elemente a_{rs} setzen wir als reell voraus.

§ 70. Die Reziproke einer orthogonalen Determinante.

Löst man die Gleichungen

$$\begin{aligned} a_{11} x_1 + a_{21} x_2 + \dots + a_{n1} x_n &= b_1, \\ a_{12} x_1 + a_{22} x_2 + \dots + a_{n2} x_n &= b_2, \\ \cdot\ \cdot\ \cdot\ \cdot\ \cdot\ \cdot\ \cdot\ & \cdot\ \cdot\ \cdot\ \cdot \\ a_{1n} x_1 + a_{2n} x_2 + \dots + a_{nn} x_n &= b_n \end{aligned}$$

nach der Cramerschen Regel auf (vgl. § 22), so ergibt sich*)

$$x_r = \frac{b_1 A_{r1} + b_2 A_{r2} + \dots + b_n A_{rn}}{A} \qquad (r = 1, 2, \dots, n).$$

Für den Fall, daß $b_s = 1$ ist und alle anderen b gleich Null, hat man also

$$x_1 = \frac{A_{1s}}{A}, \quad x_2 = \frac{A_{2s}}{A}, \quad \dots, \quad x_n = \frac{A_{ns}}{A}.$$

Aus § 69 ist aber zu entnehmen, daß in diesem Falle die Gleichungen durch

$$x_1 = a_{1s}, \quad x_2 = a_{2s}, \quad \dots \quad x_n = a_{ns}$$

befriedigt werden. Da es nur eine Lösung gibt, so folgt

$$a_{rs} = \frac{A_{rs}}{A}.$$

Satz 43. In einer orthogonalen Determinante, die den Wert 1 hat, ist jedes Element gleich seinem algebraischen Komplement. In einer orthogonalen Determinante mit dem Wert -1 sind die Elemente und ihre algebraischen Komplemente entgegengesetzt gleich.

Mit Hilfe der Relationen $a_{rs} = A_{rs} : A$ erkennt man, daß in einer orthogonalen Determinante das Produkt von zwei verschiedenen Zeilen gleich Null und das Produkt einer Zeile mit sich selbst gleich 1 ist. Man hat in der Tat

$$a_{r1} a_{s1} + a_{r2} a_{s2} + \dots + a_{rn} a_{sn} = \frac{a_{r1} A_{s1} + a_{r2} A_{s2} + \dots + a_{rn} A_{sn}}{A}.$$

Der Zähler dieses Bruches ist aber gleich Null oder gleich A, je nachdem $r \gtrless s$ oder $r = s$.

Satz 44. Eine orthogonale Determinante bleibt orthogonal, wenn man sie um die Hauptdiagonale herumklappt.

§ 71. Produkt von zwei orthogonalen Determinanten.

Satz 45. Das Produkt von zwei orthogonalen Determinanten ist wieder eine orthogonale Determinante.

*) A_{rs} ist das algebraische Komplement von a_{rs} in A.

Multipliziert man die beiden orthogonalen Determinanten

$$\begin{vmatrix} a_{11} & a_{12} & \dots & a_{1n} \\ a_{21} & a_{22} & \dots & a_{2n} \\ \cdot & \cdot & \cdot & \cdot \\ a_{n1} & a_{n2} & \dots & a_{nn} \end{vmatrix} \quad \text{und} \quad \begin{vmatrix} b_{11} & b_{12} & \dots & b_{1n} \\ b_{21} & b_{22} & \dots & b_{2n} \\ \cdot & \cdot & \cdot & \cdot \\ b_{n1} & b_{n2} & \dots & b_{nn} \end{vmatrix}$$

nach Zeilen, so entsteht eine Determinante

$$\begin{vmatrix} c_{11} & c_{12} & \dots & c_{1n} \\ c_{21} & c_{22} & \dots & c_{2n} \\ \cdot & \cdot & \cdot & \cdot \\ c_{n1} & c_{n2} & \dots & c_{nn} \end{vmatrix},$$

in welcher

$$c_{rs} = a_{r1} b_{s1} + a_{r2} b_{s2} + \dots + a_{rn} b_{sn}$$

ist.

Danach wird

$$c_{rs} c_{rt} = \Big(\sum_\mu a_{r\mu} b_{s\mu}\Big)\Big(\sum_\nu a_{r\nu} b_{t\nu}\Big) = \sum_{\mu,\nu} a_{r\mu} a_{r\nu} b_{s\mu} b_{t\nu}.$$

Summiert man über die Werte $r = 1, 2, \dots, n$, so ergibt sich, da

$$\sum_r a_{r\mu} a_{r\nu} = 0 \quad (\mu \gtrless \nu), \qquad \sum_r a_{r\mu} a_{r\mu} = 1$$

ist,

$$\sum_r c_{rs} c_{rt} = \sum_\mu b_{s\mu} b_{t\mu}.$$

Man hat also

$$\sum_r c_{rs} c_{rt} = 0 \quad (s \gtrless t), \qquad \sum_r c_{rs} c_{rs} = 1,$$

weil

$$\sum_\mu b_{s\mu} b_{t\mu} = 0 \quad (s \gtrless t), \qquad \sum_\mu b_{s\mu} b_{s\mu} = 1.$$

§ 72. Sätze von Brioschi und Siacci.

Die Sätze von Brioschi beziehen sich auf die Gleichung

$$D(x) = \begin{vmatrix} a_{11} + x & a_{12} & \dots & a_{1n} \\ a_{21} & a_{22} + x & \dots & a_{2n} \\ \cdot & \cdot & \cdot & \cdot \\ a_{n1} & a_{n2} & \dots & a_{nn} + x \end{vmatrix} = 0$$

unter der Voraussetzung, daß $D(0) = A$ eine orthogonale Determinante ist.

Multipliziert man $D(x)$ mit

$$D(-x) = \begin{vmatrix} a_{11} - x & a_{12} & \dots & a_{1n} \\ a_{21} & a_{22} - x & \dots & a_{2n} \\ \cdot & \cdot & \cdot & \cdot \\ a_{n1} & a_{n2} & \dots & a_{nn} - x \end{vmatrix},$$

und zwar nach Zeilen, so ergibt sich (vgl. Satz 44)

$$D(x)\,D(-x) = \begin{vmatrix} 1-x^2, & (a_{21}-a_{12})\,x, & \ldots, & (a_{n1}-a_{1n})\,x \\ (a_{12}-a_{21})\,x, & 1-x^2, & \ldots, & (a_{n2}-a_{2n})\,x \\ \cdot & \cdot & \cdot & \cdot \\ (a_{1n}-a_{n1})\,x, & (a_{2n}-a_{n2})\,x, & \ldots, & 1-x^2 \end{vmatrix}.$$

Hieraus folgt für $x \gtrless 0$

$$D(x)\,D(-x) = x^n \begin{vmatrix} \frac{1}{x}-x, & a_{21}-a_{12}, & \ldots, & a_{n1}-a_{1n} \\ a_{12}-a_{21}, & \frac{1}{x}-x, & \ldots, & a_{n2}-a_{2n} \\ \cdot & \cdot & \cdot & \cdot \\ a_{1n}-a_{n1}, & a_{2n}-a_{n2}, & \ldots, & \frac{1}{x}-x \end{vmatrix}$$

oder, wenn man

$$\frac{1}{x}-x = z$$

und

$$a_{sr}-a_{rs} = \beta_{rs}$$

setzt,

$$\frac{D(x)\,D(-x)}{x^n} = \begin{vmatrix} \beta_{11}+z & \beta_{12} & \ldots & \beta_{1n} \\ \beta_{21} & \beta_{22}+z & \ldots & \beta_{2n} \\ \cdot & \cdot & \cdot & \cdot \\ \beta_{n1} & \beta_{n2} & \ldots & \beta_{nn}+z \end{vmatrix}.$$

Da

$$\beta_{rs} = -\beta_{sr},$$

so können wir uns auf § 67 stützen. Dort sahen wir, daß die Gleichung

$$\begin{vmatrix} \beta_{11}+z & \beta_{12} & \ldots & \beta_{1n} \\ \beta_{21} & \beta_{22}+z & \ldots & \beta_{2n} \\ \cdot & \cdot & \cdot & \cdot \\ \beta_{n1} & \beta_{n2} & \ldots & \beta_{nn}+z \end{vmatrix} = 0$$

außer etwa $z = 0$ keine reelle Wurzel haben kann.

Daraus folgt, daß die Gleichung

$$D(x) = 0$$

keine reelle Wurzel zuläßt, die von 1 und -1 verschieden ist.

Schreibt man $D(x)$ in der Form

$$D(x) = x^n + S_1\,x^{n-1} + \ldots S_n,$$

so ist, wie wir wissen, S_k die Summe der k-reihigen Hauptminoren von A.

Nach Satz 43 wird aber z. B.

$$A^k \begin{vmatrix} a_{11} & a_{12} & \dots & a_{1k} \\ a_{21} & a_{22} & \dots & a_{2k} \\ \cdot & \cdot & \cdot & \cdot \\ a_{k1} & a_{k2} & \dots & a_{kk} \end{vmatrix} = \begin{vmatrix} A\,a_{11} & A\,a_{12} & \dots & A\,a_{1k} \\ A\,a_{21} & A\,a_{22} & \dots & A\,a_{2k} \\ \cdot & \cdot & \cdot & \cdot \\ A\,a_{k1} & A\,a_{k2} & \dots & A\,a_{kk} \end{vmatrix} = \begin{vmatrix} A_{11} & A_{12} & \dots & A_{1k} \\ A_{21} & A_{22} & \dots & A_{2k} \\ \cdot & \cdot & \cdot & \cdot \\ A_{k1} & A_{k2} & \dots & A_{kk} \end{vmatrix}.$$

Unter Anwendung von Satz 28 in § 38 ergibt sich also

$$A^k \begin{vmatrix} a_{11} & a_{12} & \dots & a_{1k} \\ a_{21} & a_{22} & \dots & a_{2k} \\ \cdot & \cdot & \cdot & \cdot \\ a_{k1} & a_{k2} & \dots & a_{kk} \end{vmatrix} = A^{k-1} \begin{vmatrix} a_{k+1,k+1} & a_{k+1,k+2} & \dots & a_{k+1,n} \\ a_{k+2,k+1} & a_{k+2,k+2} & \dots & a_{k+2,n} \\ \cdot & \cdot & \cdot & \cdot \\ a_{n,k+1} & a_{n,k+2} & \dots & a_{nn} \end{vmatrix}$$

oder, da $A = \pm 1$,

$$\begin{vmatrix} a_{11} & a_{12} & \dots & a_{1k} \\ a_{21} & a_{22} & \dots & a_{2k} \\ \cdot & \cdot & \cdot & \cdot \\ a_{k1} & a_{k2} & \dots & a_{kk} \end{vmatrix} = \pm \begin{vmatrix} a_{k+1,k+1} & a_{k+1,k+2} & \dots & a_{k+1,n} \\ a_{k+2,k+1} & a_{k+2,k+2} & \dots & a_{k+2,n} \\ \cdot & \cdot & \cdot & \cdot \\ a_{n,k+1} & a_{n,k+2} & \dots & a_{nn} \end{vmatrix}.$$

Ähnliches gilt für jeden Minor einer orthogonalen Determinante.

Jeder Minor einer orthogonalen Determinante A ist gleich seinem algebraischen Komplement, multipliziert mit A.

Die Summe der k-reihigen Hauptminoren ist hiernach gleich der mit A multiplizierten Summe der $(n-k)$-reihigen Hauptminoren, oder in Formeln:

$$S_k = \pm S_{n-k}. \quad (A = \pm 1).$$

Man sieht hieraus, daß in der Gleichung $D(x) = 0$ gleich weit von den Enden entfernte Koeffizienten gleich oder entgegengesetzt gleich sind, je nachdem A gleich 1 oder -1 ist.

Dies läßt sich auch auf folgendem Wege erkennen. Man multipliziert $D(x)$ mit A, und zwar nach Zeilen. Dabei ergibt sich

$$(1) \qquad A\,D(x) = \begin{vmatrix} 1 + a_{11}x & a_{12}x & \dots & a_{1n}x \\ a_{21}x & 1 + a_{22}x & \dots & a_{2n}x \\ \cdot & \cdot & \cdot & \cdot \\ a_{n1}x & a_{n2}x & \dots & 1 + a_{nn}x \end{vmatrix} = x^n D\left(\frac{1}{x}\right),$$

und $D(x) = 0$ ist also eine reziproke Gleichung.

Wenn n ungerade ist und man setzt

$$x = -A,$$

so wird, da $A = \pm 1$,

$$\frac{1}{x} = -A \quad \text{und} \quad x^n = -A.$$

Die Identität (1) liefert dann

$$A\,D(-A) = -A\,D(-A),$$

also

$$D(-A) = 0.$$

Bei ungeradem n hat demnach die Gleichung $D(x) = 0$ die Wurzel $x = -A$.

Wenn n gerade ist und $A = -1$, so hat $D(x) = 0$ die Wurzeln $x = +1$ und $x = -1$. Im Falle $A = -1$ liefert nämlich die Identität (1) bei geradem n

$$D(\pm 1) = 0.$$

Der Satz, daß $D(x) = 0$ eine reziproke Gleichung ist, steckt als Spezialfall in einem Theorem von Siacci. Der eine Teil dieses Theorems lautet so:

$$\begin{vmatrix} a_{11} & a_{12} & \dots & a_{1n} \\ a_{21} & a_{22} & \dots & a_{2n} \\ \cdot & \cdot & \cdot & \cdot \\ a_{n1} & a_{n2} & \dots & a_{nn} \end{vmatrix} \quad \text{und} \quad \begin{vmatrix} b_{11} & b_{12} & \dots & b_{1n} \\ b_{21} & b_{22} & \dots & b_{2n} \\ \cdot & \cdot & \cdot & \cdot \\ b_{n1} & b_{n2} & \dots & b_{nn} \end{vmatrix}$$

seien zwei orthogonale Determinanten, die denselben Wert (+1 oder −1) haben. Dann ist

$$\varphi(\lambda, \mu) = \begin{vmatrix} \lambda_1 a_{11} + \mu_1 b_{11}, & \lambda_2 a_{12} + \mu_2 b_{12}, & \dots, & \lambda_n a_{1n} + \mu_n b_{1n} \\ \lambda_1 a_{21} + \mu_1 b_{21}, & \lambda_2 a_{22} + \mu_2 b_{22}, & \dots, & \lambda_n a_{2n} + \mu_n b_{2n} \\ \cdot & \cdot & \cdot & \cdot \\ \lambda_1 a_{n1} + \mu_1 b_{n1}, & \lambda_2 a_{n2} + \mu_2 b_{n2}, & \dots, & \lambda_n a_{nn} + \mu_n b_{nn} \end{vmatrix}$$

gleich

$$\varphi(\mu, \lambda) = \begin{vmatrix} \mu_1 a_{11} + \lambda_1 b_{11}, & \mu_2 a_{12} + \lambda_2 b_{12}, & \dots, & \mu_n a_{1n} + \lambda_n b_{1n} \\ \mu_1 a_{21} + \lambda_1 b_{21}, & \mu_2 a_{22} + \lambda_2 b_{22}, & \dots, & \mu_n a_{2n} + \lambda_n b_{2n} \\ \cdot & \cdot & \cdot & \cdot \\ \mu_1 a_{n1} + \lambda_1 b_{n1}, & \mu_2 a_{n2} + \lambda_2 b_{n2}, & \dots, & \mu_n a_{nn} + \lambda_n b_{nn} \end{vmatrix}.$$

Multipliziert man $\varphi(\lambda, \mu)$ mit

$$\begin{vmatrix} b_{11} & b_{12} & \dots & b_{1n} \\ b_{21} & b_{22} & \dots & b_{2n} \\ \cdot & \cdot & \cdot & \cdot \\ b_{n1} & b_{n2} & \dots & b_{nn} \end{vmatrix} = \pm 1,$$

und zwar nach Spalten, so ergibt sich

$$\pm\,\varphi(\lambda, \mu) = \begin{vmatrix} \lambda_1 c_{11} + \mu_1, & \lambda_1 c_{12}, & \dots, & \lambda_1 c_{1n} \\ \lambda_2 c_{21} & \lambda_2 c_{22} + \mu_2, & \dots, & \lambda_2 c_{2n} \\ \cdot & \cdot & \cdot & \cdot \\ \lambda_n c_{n1} & \lambda_n c_{n2}, & \dots, & \lambda_n c_{nn} + \mu_n \end{vmatrix}.$$

Dabei ist

$$c_{rs} = a_{1r} b_{1s} + a_{2r} b_{2s} + \ldots + a_{nr} b_{ns}.$$

Multipliziert man $\varphi(\mu, \lambda)$ mit

$$\begin{vmatrix} a_{11} & a_{12} & \ldots & a_{1n} \\ a_{21} & a_{22} & \ldots & a_{2n} \\ \cdot & \cdot & \cdot & \cdot \\ a_{n1} & a_{n2} & \ldots & a_{nn} \end{vmatrix} = \pm 1,$$

und zwar wieder nach Spalten, so findet man

$$\pm \varphi(\mu, \lambda) = \begin{vmatrix} \lambda_1 c_{11} + \mu_1, & \lambda_1 c_{21}, & \ldots, & \lambda_1 c_{n1} \\ \lambda_2 c_{12} & \lambda_2 c_{22} + \mu_2, & \ldots, & \lambda_2 c_{n2} \\ \cdot & \cdot & \cdot & \cdot \\ \lambda_n c_{1n} & \lambda_n c_{2n}, & \ldots, & \lambda_n c_{nn} + \mu_n \end{vmatrix}.$$

Hieraus folgt durch Entwickelung nach den μ:

$$\varphi(\lambda, \mu) = \varphi(\mu, \lambda).$$

Der andre Teil des Theorems von Siacci lautet:

Haben die orthogonalen Determinanten, aus denen $\varphi(\lambda, \mu)$ und $\varphi(\mu, \lambda)$ gebildet sind, entgegengesetzte Werte, so besteht die Identität

$$\varphi(\lambda, \mu) = -\varphi(\mu, \lambda).$$

Wenn wir aus den beiden orthogonalen Determinanten

$$A = \begin{vmatrix} a_{11} & a_{12} & \ldots & a_{1n} \\ a_{21} & a_{22} & \ldots & a_{2n} \\ \cdot & \cdot & \cdot & \cdot \\ a_{n1} & a_{n2} & \ldots & a_{nn} \end{vmatrix} \quad \text{und} \quad \begin{vmatrix} 1 & 0 & \ldots & 0 \\ 0 & 1 & \ldots & 0 \\ \cdot & \cdot & \cdot & \cdot \\ 0 & 0 & \ldots & 1 \end{vmatrix}$$

die Determinante

$$\begin{vmatrix} \lambda a_{11} + \mu_1, & \lambda a_{12}, & \ldots, & \lambda a_{1n} \\ \lambda a_{21}, & \lambda a_{22} + \mu_2, & \ldots, & \lambda a_{2n} \\ \cdot & \cdot & \cdot & \cdot \\ \lambda a_{n1}, & \lambda a_{n2}, & \ldots, & \lambda a_{nn} + \mu_n \end{vmatrix}$$

zusammensetzen, so ist sie nach dem Theorem von Siacci gleich

$$A \begin{vmatrix} \mu_1 a_{11} + \lambda, & \mu_2 a_{12}, & \ldots, & \mu_n a_{1n} \\ \mu_1 a_{21}, & \mu_2 a_{22} + \lambda, & \ldots, & \mu_n a_{2n} \\ \cdot & \cdot & \cdot & \cdot \\ \mu_1 a_{n1}, & \mu_2 a_{n2}, & \ldots, & \mu_n a_{nn} + \lambda \end{vmatrix}$$

oder gleich

$$A\,\mu_1\mu_2\ldots\mu_n\begin{vmatrix} a_{11}+\dfrac{\lambda}{\mu_1}, & a_{12}, & \ldots, & a_{1n} \\ a_{21}, & a_{22}+\dfrac{\lambda}{\mu_2}, & \ldots & a_{2n} \\ \cdot & \cdot & \cdot & \cdot \\ a_{n1}, & a_{n2}, & \ldots, & a_{nn}+\dfrac{\lambda}{\mu_n}\end{vmatrix}.$$

Wir wollen nun annehmen, daß

$$\mu_1\mu_2\ldots\mu_n = A$$

ist. Dann ergibt sich, wenn wir noch $\lambda = 1$ setzen,

$$\begin{vmatrix} a_{11}+\mu_1, & a_{12}, & \ldots, & a_{1n} \\ a_{21}, & a_{22}+\mu_2, & \ldots, & a_{2n} \\ \cdot & \cdot & \cdot & \cdot \\ a_{n1}, & a_{n2}, & \ldots, & a_{nn}+\mu_n\end{vmatrix} = \begin{vmatrix} a_{11}+\dfrac{1}{\mu_1}, & a_{12}, & \ldots, & a_{1n} \\ a_{21}, & a_{22}+\dfrac{1}{\mu_2}, & \ldots, & a_{2n} \\ \cdot & \cdot & \cdot & \cdot \\ a_{n1}, & a_{n2}, & \ldots, & a_{nn}+\dfrac{1}{\mu_n}\end{vmatrix}.$$

Hierin liegt folgender Satz von Siacci:

Addiert man zu den Hauptelementen einer orthogonalen Determinante Zahlen, deren Produkt gleich der orthogonalen Determinante ist (also gleich $+1$ bzw. -1), so bleibt die neue Determinante ungeändert, wenn jede von diesen Zahlen durch ihren reziproken Wert ersetzt wird.

Schließlich beweisen wir noch ein Theorem über die Determinante $\mathfrak{A}$, die aus der orthogonalen Determinante

$$A = \begin{vmatrix} a_{11} & a_{12} & \ldots & a_{1n} \\ a_{21} & a_{22} & \ldots & a_{2n} \\ \cdot & \cdot & \cdot & \cdot \\ a_{n1} & a_{n2} & \ldots & a_{nn}\end{vmatrix}$$

dadurch entsteht, daß man zu den Hauptelementen 1 addiert. Die reziproke Determinante von

$$\mathfrak{A} = \begin{vmatrix} a_{11}+1, & a_{12}, & \ldots, & a_{1n} \\ a_{21}, & a_{22}+1, & \ldots, & a_{2n} \\ \cdot & \cdot & \cdot & \cdot \\ a_{n1}, & a_{n2}, & \ldots, & a_{nn}+1\end{vmatrix}$$

sei

$$\begin{vmatrix} \mathfrak{A}_{11} & \mathfrak{A}_{12} & \ldots & \mathfrak{A}_{1n} \\ \mathfrak{A}_{21} & \mathfrak{A}_{22} & \ldots & \mathfrak{A}_{2n} \\ \cdot & \cdot & \cdot & \cdot \\ \mathfrak{A}_{n1} & \mathfrak{A}_{n2} & \ldots & \mathfrak{A}_{nn}\end{vmatrix}.$$

Der zu beweisende Satz bezieht sich gerade auf die Elemente $\mathfrak{A}_{rr}$ dieser Determinante.

$\mathfrak{A}_{rr}$ entsteht aus der Determinante

$$\begin{vmatrix} \lambda_1 a_{11} + \mu_1, & \lambda_2 a_{12}, & \ldots, & \lambda_n a_{1n} \\ \lambda_1 a_{21}, & \lambda_2 a_{22} + \mu_2, \ldots, & & \lambda_n a_{2n} \\ \cdot & \cdot & \cdot & \cdot \\ \lambda_1 a_{n1}, & \lambda_2 a_{n2}, & \ldots, & \lambda_n a_{nn} + \mu_n \end{vmatrix},$$

indem man $\lambda_r = 0$ und alle anderen λ gleich 1 setzt, ebenso alle μ gleich 1.

Die obige Determinante ist aber, wie wir wissen, gleich

$$A \begin{vmatrix} \mu_1 a_{11} + \lambda_1, & \mu_2 a_{12}, & \ldots, & \mu_n a_{1n} \\ \mu_1 a_{21}, & \mu_2 a_{22} + \lambda_2, \ldots, & & \mu_n a_{2n} \\ \cdot & \cdot & \cdot & \cdot \\ \mu_1 a_{n1} & \mu_2 a_{n2}, & \ldots, & \mu_n a_{nn} + \lambda_n \end{vmatrix}.$$

Setzt man hier $\lambda_r = 0$ und alle übrigen λ sowie alle μ gleich 1, so geht die Determinante offenbar in

$$\mathfrak{A} - \mathfrak{A}_{rr}$$

über; denn sie unterscheidet sich von $\mathfrak{A}$ nur dadurch, daß a_{rr} an die Stelle von $a_{rr} + 1$ getreten ist.

Wir haben also die Gleichung

$$\mathfrak{A}_{rr} = A(\mathfrak{A} - \mathfrak{A}_{rr})$$

oder, da $A^2 = 1$ ist,

$$A\mathfrak{A}_{rr} = \mathfrak{A} - \mathfrak{A}_{rr},$$

d. h.

$$(1 + A)\mathfrak{A}_{rr} = \mathfrak{A}.$$

Wenn man in der Determinante

$$\begin{vmatrix} b_{11} & b_{12} & \ldots & b_{1n} \\ b_{21} & b_{22} & \ldots & b_{2n} \\ \cdot & \cdot & \cdot & \cdot \\ b_{n1} & b_{n2} & \ldots & b_{nn} \end{vmatrix}$$

$b_{rr} = b_{ss} = 0$ $(r \gtrless s)$ und alle übrigen Hauptelemente gleich 1 macht, ferner $b_{rs} = b_{sr} = 1$ und alle andern Elemente außerhalb der Hauptdiagonale gleich Null, so entsteht eine orthogonale Determinante mit dem Wert -1.

Wir wollen jetzt in

$$\varphi(\lambda, \mu) = \begin{vmatrix} \lambda_1 a_{11} + \mu_1 b_{11}, & \lambda_2 a_{12} + \mu_2 b_{12}, & \ldots, & \lambda_n a_{1n} + \mu_n b_{1n} \\ \lambda_1 a_{21} + \mu_1 b_{21}, & \lambda_2 a_{22} + \mu_2 b_{22}, & \ldots, & \lambda_n a_{2n} + \mu_n b_{2n} \\ \cdot & \cdot & \cdot & \cdot \\ \lambda_1 a_{n1} + \mu_n b_{n1}, & \lambda_2 a_{n2} + \mu_2 b_{n2}, & \ldots, & \lambda_n a_{nn} + \mu_n b_{nn} \end{vmatrix}$$

$\lambda_s = 0$ und $\mu_r = 0$ setzen, alle andern λ, μ aber gleich 1. Dann geht $\varphi(\lambda, \mu)$ in $\mathfrak{A}_{rs}$ über. Nun ist aber nach dem Theorem von Siacci

$$A\,\varphi(\lambda, \mu) = -\varphi(\mu, \lambda).$$

Bei $\varphi(\mu, \lambda)$ stehen in der r^{ten} Spalte lauter Nullen und nur an der s^{ten} Stelle eine 1. In der s^{ten} Spalte stehen die Glieder

$$a_{1s}, a_{2s}, \ldots, a_{ns}.$$

In den übrigen Spalten hat $\varphi(\mu, \lambda)$ dieselben Glieder wie $\mathfrak{A}$. Daraus ergibt sich

$$\varphi(\mu, \lambda) = \mathfrak{A}_{sr},$$

und man hat daher

$$\mathfrak{A}_{rs} = -A\,\mathfrak{A}_{sr}.$$

Addiert man zu den Hauptelementen einer orthogonalen Determinante A die Einheit, so entsteht eine Determinante $\mathfrak{A}$, deren Reziproke im Falle $A = 1$ schief und im Falle $A = -1$ symmetrisch ist.

Im Falle $A = 1$ sind die Hauptelemente der reziproken Determinante alle gleich $\frac{1}{2}\mathfrak{A}$. Das ergibt sich aus der Formel $(1 + A)\,\mathfrak{A}_{rr} = \mathfrak{A}$.

Nach Satz 28 in § 38 ist

$$\begin{vmatrix} \mathfrak{A}_{rr} & \mathfrak{A}_{rs} \\ \mathfrak{A}_{sr} & \mathfrak{A}_{ss} \end{vmatrix} = \mathfrak{A}\,\mathfrak{A}_{\substack{rs\\rs}},$$

wobei $\mathfrak{A}_{\substack{rs\\rs}}$ den Minor von $\mathfrak{A}$ bezeichnet, der aus $\mathfrak{A}$ durch Streichung der Zeilen und Spalten mit den Indizes r, s entsteht. Aus der obigen Gleichung folgt wegen $\mathfrak{A}_{sr} = -A\,\mathfrak{A}_{rs}$

$$\mathfrak{A}_{rr}\,\mathfrak{A}_{ss} + A\,\mathfrak{A}_{rs}^2 = \mathfrak{A}\,\mathfrak{A}_{\substack{rs\\rs}}$$

oder nach Multiplikation mit $(1 + A)^2$

$$\mathfrak{A}^2 + A(1 + A)^2\,\mathfrak{A}_{rs}^2 = \mathfrak{A}(1 + A)^2\,\mathfrak{A}_{\substack{rs\\rs}},$$

d. h.

$$A(1 + A)^2\,\mathfrak{A}_{rs}^2 = \mathfrak{A}\{(1 + A)^2\,\mathfrak{A}_{\substack{rs\\rs}} - \mathfrak{A}\}.$$

Im Falle $A = 1$ hat man also

$$2\mathfrak{A}_{rr} = \mathfrak{A},$$
$$4\mathfrak{A}_{rs}^2 = \mathfrak{A}\{4\mathfrak{A}_{\substack{rs\\rs}} - \mathfrak{A}\}.$$

Wenn nun $\mathfrak{A} = 0$ ist, so sind auch alle $(n - 1)$-reihigen Minoren von $\mathfrak{A}$ gleich Null.

§ 73. Die Cayleyschen Formeln.

Zwischen den n^2 Elementen einer orthogonalen Determinante

$$A = \begin{vmatrix} a_{11} & a_{12} & \dots & a_{1n} \\ a_{21} & a_{22} & \dots & a_{2n} \\ \cdot & \cdot & \cdot & \cdot \\ a_{n1} & a_{n2} & \dots & a_{nn} \end{vmatrix}$$

bestehen der Definition gemäß die Relationen

$$a_{1r}\,a_{1s} + a_{2r}\,a_{2s} + \dots + a_{nr}\,a_{ns} = 0 \qquad (r \gtreqless s),$$
$$a_{1r}\,a_{1r} + a_{2r}\,a_{2r} + \dots + a_{nr}\,a_{nr} = 1.$$

Ihre Anzahl ist

$$\frac{n(n-1)}{2} + n = \frac{n(n+1)}{2}.$$

Wenn n^2 Veränderliche $\frac{n(n+1)}{2}$ Relationen unterworfen sind, so kann man vermuten, daß

$$n^2 - \frac{n(n+1)}{2} = \frac{n(n-1)}{2}$$

Veränderliche unabhängig sind.

In der Tat wird sich herausstellen, daß die Elemente einer n-reihigen orthogonalen Determinante sich als Funktionen von $\frac{1}{2}n(n-1)$ Parametern, und zwar als rationale Funktionen, darstellen lassen.

Wir wollen annehmen, daß $A = 1$ ist, und die in § 72 betrachtete Determinante

$$\mathfrak{A} = \begin{vmatrix} a_{11}+1 & a_{12} & \dots & a_{1n} \\ a_{21} & a_{22}+1 & \dots & a_{2n} \\ \cdot & \cdot & \cdot & \cdot \\ a_{n1} & a_{n2} & \dots & a_{nn}+1 \end{vmatrix}$$

bilden.

Aus § 72 läßt sich entnehmen, daß die zu $\mathfrak{A}$ reziproke Determinante

$$\bar{\mathfrak{A}} = \begin{vmatrix} \mathfrak{A}_{11} & \mathfrak{A}_{12} & \dots & \mathfrak{A}_{1n} \\ \mathfrak{A}_{21} & \mathfrak{A}_{22} & \dots & \mathfrak{A}_{2n} \\ \cdot & \cdot & \cdot & \cdot \\ \mathfrak{A}_{n1} & \mathfrak{A}_{n2} & \dots & \mathfrak{A}_{nn} \end{vmatrix}$$

schief ist und alle ihre Hauptelemente gleich $\frac{1}{2}\mathfrak{A}$ sind. Es bestehen also die Relationen

$$\mathfrak{A}_{rs} = -\mathfrak{A}_{sr} \quad (r \gtreqless s), \qquad \mathfrak{A}_{rr} = \tfrac{1}{2}\mathfrak{A}.$$

Demnach gibt es in $\bar{\mathfrak{A}}$ nur

$$\tfrac{1}{2}n(n-1) + 1$$

verschiedene Elemente.

Nach § 37 ist nun $\overline{\mathfrak{A}} = \mathfrak{A}^{n-1}$,
und für die algebraischen Komplemente $\overline{\mathfrak{A}}_{rs}$ der $\mathfrak{A}_{rs}$ in $\overline{\mathfrak{A}}$ gelten die Gleichungen

$$\overline{\mathfrak{A}}_{rs} = \mathfrak{A}^{n-2} a_{rs} \quad (r \gtrless s),$$
$$\overline{\mathfrak{A}}_{rr} = \mathfrak{A}^{n-2} (a_{rr} + 1).$$

Daraus folgt, wenn $\mathfrak{A}$ von Null verschieden ist,

$$a_{rs} = \frac{\overline{\mathfrak{A}}_{rs}}{\mathfrak{A}^{n-2}} \quad (r \gtrless s),$$
$$a_{rr} = -1 + \frac{\overline{\mathfrak{A}}_{rr}}{\mathfrak{A}^{n-2}}$$

oder

(1)
$$\begin{cases} a_{rs} = \dfrac{\mathfrak{A}\overline{\mathfrak{A}}_{rs}}{\overline{\mathfrak{A}}} \quad (r \gtrless s), \\ a_{rr} = -1 + \dfrac{\mathfrak{A}\overline{\mathfrak{A}}_{rr}}{\overline{\mathfrak{A}}}. \end{cases}$$

Hiermit sind die Elemente der orthogonalen Determinante rational ausgedrückt durch die $\frac{1}{2} n(n-1) + 1$ Zahlen

$$\begin{array}{l} \mathfrak{A},\ \mathfrak{A}_{12},\ \mathfrak{A}_{13},\ \ldots,\ \mathfrak{A}_{1n}, \\ \qquad\quad \mathfrak{A}_{23},\ \ldots,\ \mathfrak{A}_{2n}, \\ \qquad\qquad \cdot\ \cdot\ \cdot\ \cdot\ \cdot\ \cdot \\ \qquad\qquad\qquad \mathfrak{A}_{n-1,n}. \end{array}$$

Dividieren wir die Brüche
$$\frac{\mathfrak{A}\overline{\mathfrak{A}}_{rs}}{\overline{\mathfrak{A}}} \quad \text{und} \quad \frac{\mathfrak{A}\overline{\mathfrak{A}}_{rr}}{\overline{\mathfrak{A}}}$$

im Zähler und Nenner durch $\mathfrak{A}^n$, so ergeben sich für die Elemente von A rationale Ausdrücke in

(2)
$$\begin{cases} \dfrac{\mathfrak{A}_{12}}{\mathfrak{A}},\ \dfrac{\mathfrak{A}_{13}}{\mathfrak{A}},\ \ldots,\ \dfrac{\mathfrak{A}_{1n}}{\mathfrak{A}}, \\ \qquad \dfrac{\mathfrak{A}_{23}}{\mathfrak{A}},\ \ldots,\ \dfrac{\mathfrak{A}_{2n}}{\mathfrak{A}}, \\ \qquad\qquad \cdot\ \cdot\ \cdot\ \cdot\ \cdot \\ \qquad\qquad\qquad \dfrac{\mathfrak{A}_{n-1,n}}{\mathfrak{A}}. \end{cases}$$

Wir wollen jetzt zeigen, daß die Determinante A, deren Elemente durch die Gleichungen (1) bestimmt sind, stets orthogonal ist und den Wert 1 hat, wie man auch die $\frac{1}{2} n(n-1)$ Parameter (2) wählen mag.

Wir gehen also jetzt von einer beliebigen schiefen Determinante $\overline{\mathfrak{A}}$ aus, deren Hauptelemente alle gleich und von Null verschieden sind*).

*) Ihren gemeinsamen Wert nennen wir $\frac{1}{2}\mathfrak{A}$. Nach § 67 kann $\overline{\mathfrak{A}}$ nicht gleich Null sein.

Aus den Formeln (1) berechnen wir die Elemente von A und wollen beweisen, daß A orthogonal und gleich 1 ist.

$x_1, x_2, \ldots, x_n$ seien n Veränderliche. Zu ihnen mögen die Veränderlichen $y_1, y_2, \ldots, y_n$ in folgender Beziehung stehen:

$$(3)\qquad \begin{cases} y_1 = \mathfrak{A}_{11}x_1 + \mathfrak{A}_{12}x_2 + \ldots + \mathfrak{A}_{1n}x_n, \\ y_2 = \mathfrak{A}_{21}x_1 + \mathfrak{A}_{22}x_2 + \ldots + \mathfrak{A}_{2n}x_n, \\ \cdot\;\cdot\;\cdot\;\cdot\;\cdot\;\cdot\;\cdot\;\cdot\;\cdot\;\cdot\;\cdot\;\cdot\;\cdot \\ y_n = \mathfrak{A}_{n1}x_1 + \mathfrak{A}_{n2}x_2 + \ldots + \mathfrak{A}_{nn}x_n. \end{cases}$$

Die Veränderlichen $z_1, z_2, \ldots, z_n$ seien mit $x_1, x_2, \ldots, x_n$ durch die Gleichungen

$$(4)\qquad \begin{cases} z_1 = \mathfrak{A}_{11}x_1 + \mathfrak{A}_{21}x_2 + \ldots + \mathfrak{A}_{n1}x_n, \\ z_2 = \mathfrak{A}_{12}x_1 + \mathfrak{A}_{22}x_2 + \ldots + \mathfrak{A}_{n2}x_n, \\ \cdot\;\cdot\;\cdot\;\cdot\;\cdot\;\cdot\;\cdot\;\cdot\;\cdot\;\cdot\;\cdot\;\cdot\;\cdot \\ z_n = \mathfrak{A}_{1n}x_1 + \mathfrak{A}_{2n}x_2 + \ldots + \mathfrak{A}_{nn}x_n \end{cases}$$

verbunden.

Die $\mathfrak{A}_{rs}$ sind die Elemente von $\overline{\mathfrak{A}}$. Es ist also

$$\mathfrak{A}_{rr} = \tfrac{1}{2}\mathfrak{A} \quad \text{und} \quad \mathfrak{A}_{rs} = -\mathfrak{A}_{sr} \qquad (r \gtrless s).$$

Daraus folgt

$$(5)\qquad y_1 + z_1 = \mathfrak{A}x_1,\; y_2 + z_2 = \mathfrak{A}x_2,\; \ldots,\; y_n + z_n = \mathfrak{A}x_n.$$

Löst man die Gleichungen (3) und (4) nach der Cramerschen Regel auf, so ergibt sich

$$(\overline{3})\qquad \begin{cases} \overline{\mathfrak{A}}x_1 = \overline{\mathfrak{A}}_{11}y_1 + \overline{\mathfrak{A}}_{21}y_2 + \ldots + \overline{\mathfrak{A}}_{n1}y_n, \\ \overline{\mathfrak{A}}x_2 = \overline{\mathfrak{A}}_{12}y_1 + \overline{\mathfrak{A}}_{22}y_2 + \ldots + \overline{\mathfrak{A}}_{n2}y_n, \\ \cdot\;\cdot\;\cdot\;\cdot\;\cdot\;\cdot\;\cdot\;\cdot\;\cdot\;\cdot\;\cdot\;\cdot\;\cdot \\ \overline{\mathfrak{A}}x_n = \overline{\mathfrak{A}}_{1n}y_1 + \overline{\mathfrak{A}}_{2n}y_2 + \ldots + \overline{\mathfrak{A}}_{nn}y_n \end{cases}$$

und

$$(\overline{4})\qquad \begin{cases} \overline{\mathfrak{A}}x_1 = \overline{\mathfrak{A}}_{11}z_1 + \overline{\mathfrak{A}}_{12}z_2 + \ldots + \overline{\mathfrak{A}}_{1n}z_n, \\ \overline{\mathfrak{A}}x_2 = \overline{\mathfrak{A}}_{21}z_1 + \overline{\mathfrak{A}}_{22}z_2 + \ldots + \overline{\mathfrak{A}}_{2n}z_n, \\ \cdot\;\cdot\;\cdot\;\cdot\;\cdot\;\cdot\;\cdot\;\cdot\;\cdot\;\cdot\;\cdot\;\cdot\;\cdot \\ \overline{\mathfrak{A}}x_n = \overline{\mathfrak{A}}_{n1}z_1 + \overline{\mathfrak{A}}_{n2}z_2 + \ldots + \overline{\mathfrak{A}}_{nn}z_n. \end{cases}$$

Unter Beachtung von (1) und (5) lassen sich die Systeme $(\overline{3})$ und $(\overline{4})$ auch so schreiben:

$$(3')\qquad \begin{cases} z_1 = a_{11}y_1 + a_{21}y_2 + \ldots + a_{n1}y_n, \\ z_2 = a_{12}y_1 + a_{22}y_2 + \ldots + a_{n2}y_n, \\ \cdot\;\cdot\;\cdot\;\cdot\;\cdot\;\cdot\;\cdot\;\cdot\;\cdot\;\cdot\;\cdot\;\cdot\;\cdot \\ z_n = a_{1n}y_1 + a_{2n}y_2 + \ldots + a_{nn}y_n \end{cases}$$

und

$$(4')\qquad \begin{cases} y_1 = a_{11}z_1 + a_{12}z_2 + \ldots + a_{1n}z_n, \\ y_2 = a_{21}z_1 + a_{22}z_2 + \ldots + a_{2n}z_n, \\ \cdot\;\cdot\;\cdot\;\cdot\;\cdot\;\cdot\;\cdot\;\cdot\;\cdot\;\cdot\;\cdot\;\cdot\;\cdot \\ y_n = a_{n1}z_1 + a_{n2}z_n + \ldots + a_{nn}z_n. \end{cases}$$

Setzt man die Werte $y_1, y_2, \ldots, y_n$, wie sie durch die Gleichungen (4') geliefert werden, in (3') ein, so kommt

$$z_s = \sum_r a_{rs}(a_{r1} z_1 + a_{r2} z_2 + \ldots + a_{rn} z_n) \quad (s = 1, 2, \ldots, n).$$

Da man den z beliebige Werte beilegen darf (weil sich die Gleichungen (4) nach den x auflösen lassen), so folgt hieraus

$$\sum_r a_{rs} a_{rt} = 0 \quad (s \gtrless t), \qquad \sum_r a_{rs} a_{rs} = 1.$$

Die Determinante A ist also orthogonal.

Um zu beweisen, daß A den Wert 1 hat, multipliziere man

$$A = \begin{vmatrix} -1 + \frac{\mathfrak{A}\,\overline{\mathfrak{A}}_{11}}{\overline{\mathfrak{A}}}, & \frac{\mathfrak{A}\,\overline{\mathfrak{A}}_{12}}{\overline{\mathfrak{A}}}, & \ldots, & \frac{\mathfrak{A}\,\overline{\mathfrak{A}}_{1n}}{\overline{\mathfrak{A}}} \\ \frac{\mathfrak{A}\,\overline{\mathfrak{A}}_{21}}{\overline{\mathfrak{A}}}, & -1 + \frac{\mathfrak{A}\,\overline{\mathfrak{A}}_{22}}{\overline{\mathfrak{A}}}, & \ldots; & \frac{\mathfrak{A}\,\overline{\mathfrak{A}}_{2n}}{\overline{\mathfrak{A}}} \\ \cdot & \cdot & \cdot & \cdot \\ \frac{\mathfrak{A}\,\overline{\mathfrak{A}}_{n1}}{\overline{\mathfrak{A}}}, & \frac{\mathfrak{A}\,\overline{\mathfrak{A}}_{n2}}{\overline{\mathfrak{A}}}, & \ldots, & -1 + \frac{\mathfrak{A}\,\overline{\mathfrak{A}}_{nn}}{\overline{\mathfrak{A}}} \end{vmatrix}$$

mit

$$\overline{\mathfrak{A}} = \begin{vmatrix} \mathfrak{A}_{11} & \mathfrak{A}_{12} & \ldots & \mathfrak{A}_{1n} \\ \mathfrak{A}_{21} & \mathfrak{A}_{22} & \ldots & \mathfrak{A}_{2n} \\ \cdot & \cdot & \cdot & \cdot \\ \mathfrak{A}_{n1} & \mathfrak{A}_{n2} & \ldots & \mathfrak{A}_{nn} \end{vmatrix},$$

etwa nach Zeilen. Dann ergibt sich*)

$$A\overline{\mathfrak{A}} = \begin{vmatrix} \mathfrak{A}_{11} & \mathfrak{A}_{12} & \ldots & \mathfrak{A}_{1n} \\ \mathfrak{A}_{21} & \mathfrak{A}_{22} & \ldots & \mathfrak{A}_{2n} \\ \cdot & \cdot & \cdot & \cdot \\ \mathfrak{A}_{n1} & \mathfrak{A}_{n2} & \ldots & \mathfrak{A}_{nn} \end{vmatrix} = \overline{\mathfrak{A}}.$$

Daraus ist zu ersehen, daß A den Wert 1 hat.

§ 74. Zweireihige und dreireihige orthogonale Determinanten.

Um die Elemente einer zweireihigen orthogonalen Determinante vom Werte 1 zu finden, gehen wir nach § 73 von einer zweireihigen schiefen Determinante mit gleichen Hauptelementen aus:

$$\overline{\mathfrak{A}} = \begin{vmatrix} \lambda & \mu \\ -\mu & \lambda \end{vmatrix}.$$

Die reziproke Determinante lautet

$$\begin{vmatrix} \lambda & \mu \\ -\mu & \lambda \end{vmatrix}.$$

*) Man bedenke, daß $\mathfrak{A}_{rr} = \frac{1}{2}\mathfrak{A}$ und $\mathfrak{A}_{rs} = -\mathfrak{A}_{sr}$ ist $(r \gtrless s)$.

Die Formeln (1) in § 73 liefern dann:

$$a_{11} = -1 + \frac{2\lambda^2}{\lambda^2+\mu^2}, \quad a_{12} = \frac{2\lambda\mu}{\lambda^2+\mu^2},$$

$$a_{21} = -\frac{2\lambda\mu}{\lambda^2+\mu^2}, \quad a_{22} = -1 + \frac{2\lambda^2}{\lambda^2+\mu^2}$$

oder

$$a_{11} = \frac{\lambda^2-\mu^2}{\lambda^2+\mu^2}, \quad a_{12} = \frac{2\lambda\mu}{\lambda^2+\mu^2},$$

$$a_{21} = -\frac{2\lambda\mu}{\lambda^2+\mu^2}, \quad a_{22} = \frac{\lambda^2-\mu^2}{\lambda^2+\mu^2}.$$

Dividieren wir Zähler und Neuner durch λ^2 und setzen $\lambda/\mu = t$, so ergibt sich

$$a_{11} = \frac{1-t^2}{1+t^2}, \quad a_{12} = \frac{2t}{1+t^2},$$

$$a_{21} = -\frac{2t}{1+t^2}, \quad a_{22} = \frac{1-t^2}{1+t^2}.$$

In dieser Form lassen sich aber nur solche orthogonale Determinanten vom Werte 1 darstellen, bei welchen

$$\mathfrak{A} = \begin{vmatrix} a_{11}+1 & a_{12} \\ a_{21} & a_{22}+1 \end{vmatrix}$$

von Null verschieden ist. Z. B. läßt sich die orthogonale Determinante

$$\begin{vmatrix} -1 & 0 \\ 0 & -1 \end{vmatrix}$$

nicht so schreiben. Man findet sie aber, wenn man t über alle Grenzen wachsen läßt.

Dies ist übrigens die einzige Determinante, die hier eine Ausnahme macht. Soll die orthogonale Determinante

$$\begin{vmatrix} a_{11} & a_{12} \\ a_{21} & a_{22} \end{vmatrix}$$

gleich 1 sein und die Eigenschaft $\mathfrak{A} = 0$ besitzen, so hat man

$$a_{11} + a_{22} = -2.$$

Nun ist aber

$$(a_{11} + a_{22})^2 + (a_{12} - a_{21})^2 = 4,$$

weil

$$a_{11}^2 + a_{12}^2 = a_{21}^2 + a_{22}^2 = 1$$

und

$$a_{11}a_{22} - a_{12}a_{21} = 1.$$

Also folgt $$a_{12} = a_{21},$$
mithin $$a_{11} = a_{22} = -1$$
und $$a_{12} = a_{21} = 0.$$

Eine dreireihige orthogonale Determinante gewinnen wir, wenn wir von der schiefen Determinante

$$\overline{\mathfrak{A}} = \begin{vmatrix} \lambda & \mu & \nu \\ -\mu & \lambda & \varrho \\ -\nu & -\varrho & \lambda \end{vmatrix} = \lambda(\lambda^2 + \mu^2 + \nu^2 + \varrho^2)$$

ausgehen. Ihre Reziproke lautet

$$\begin{vmatrix} \lambda^2 + \varrho^2, & \mu\lambda - \nu\varrho, & \mu\varrho + \lambda\nu \\ -\mu\lambda - \nu\varrho, & \lambda^2 + \nu^2, & \lambda\varrho - \mu\nu \\ \mu\varrho - \lambda\nu, & -\lambda\varrho - \mu\nu, & \lambda^2 + \mu^2 \end{vmatrix}.$$

Die Formeln (1) in § 73 liefern

$$a_{11} = -1 + \frac{2(\lambda^2 + \varrho^2)}{(\lambda^2 + \mu^2 + \nu^2 + \varrho^2)},$$

$$a_{12} = \frac{2(\mu\lambda - \nu\varrho)}{\lambda^2 + \mu^2 + \nu^2 + \varrho^2},$$

$$a_{13} = \frac{2(\mu\varrho + \lambda\nu)}{\lambda^2 + \mu^2 + \nu^2 + \varrho^2},$$

$$a_{21} = -\frac{2(\mu\lambda + \nu\varrho)}{\lambda^2 + \mu^2 + \nu^2 + \varrho^2},$$

$$a_{22} = -1 + \frac{2(\lambda^2 + \nu^2)}{\lambda^2 + \mu^2 + \nu^2 + \varrho^2},$$

$$a_{23} = \frac{2(\lambda\varrho - \mu\nu)}{\lambda^2 + \mu^2 + \nu^2 + \varrho^2},$$

$$a_{31} = \frac{2(\mu\varrho - \lambda\nu)}{\lambda^2 + \mu^2 + \nu^2 + \varrho^2},$$

$$a_{32} = -\frac{2(\lambda\varrho + \mu\nu)}{\lambda^2 + \mu^2 + \nu^2 + \varrho^2},$$

$$a_{33} = -1 + \frac{2(\lambda^2 + \mu^2)}{\lambda^2 + \mu^2 + \nu^2 + \varrho^2}.$$

Setzen wir

$$\frac{\mu}{\lambda} = t, \quad \frac{\nu}{\lambda} = s, \quad \frac{\varrho}{\lambda} = r,$$

so lautet die dreireihige orthogonale Determinante:

$$\begin{vmatrix} \frac{1+r^2-s^2-t^2}{1+r^2+s^2+t^2}, & \frac{2(t-rs)}{1+r^2+s^2+t^2}, & \frac{2(s+rt)}{1+r^2+s^2+t^2} \\ \frac{-2(t+rs)}{1+r^2+s^2+t^2}, & \frac{1+s^2-r^2-t^2}{1+r^2+s^2+t^2}, & \frac{2(r-st)}{1+r^2+s^2+t^2} \\ \frac{-2(s-rt)}{1+r^2+s^2+t^2}, & \frac{-2(r+st)}{1+r^2+s^2+t^2}, & \frac{1+t^2-r^2-s^2}{1+r^2+s^2+t^2} \end{vmatrix}.$$

Auch hier sind wieder diejenigen orthogonalen Determinanten ausgeschlossen, bei welchen

$$\mathfrak{A} = \begin{vmatrix} a_{11}+1, & a_{12}, & a_{13} \\ a_{21}, & a_{22}+1, & a_{23} \\ a_{31}, & a_{32}, & a_{33}+1 \end{vmatrix} = 0$$

ist, also z. B. die folgende:

$$\begin{vmatrix} -1 & 0 & 0 \\ 0 & -1 & 0 \\ 0 & 0 & 1 \end{vmatrix}.$$

Elftes Kapitel.

Resultanten und Diskriminanten.

§ 75. Binäre Formen n^{ten} Grades.

Eine binäre Form n^{ten} Grades ist ein Ausdruck von folgender Gestalt:

(1) $$a_0 x^n + a_1 x^{n-1} y + a_2 x^{n-2} y^2 + \ldots + a_n y^n .$$

Eine binäre Form ersten Grades

$$a_0 x + a_1 y$$

nennt man auch eine lineare und eine binäre Form zweiten Grades

$$a_0 x^2 + a_1 x y + a_2 y^2$$

eine quadratische Form.

Wir nehmen immer an, daß die Koeffizienten der Form (1) nicht alle gleich Null sind. Wenn wir also von einer binären Form n^{ten} Grades reden, so meinen wir einen Ausdruck (1), in welchem nicht alle Koeffizienten verschwinden*).

*) Die Koeffizienten betrachten wir als komplexe Zahlen.

Aus der Algebra setzen wir folgenden Satz als bekannt voraus, den man den Fundamentalsatz der Algebra nennt.

Eine binäre Form n^{ten} Grades läßt sich als Produkt von n Linearformen darstellen:

$$a_0 x^n + a_1 x^{n-1} y + \dots + a_n y^n$$
$$= (\alpha_1 x + \beta_1 y)(\alpha_2 x + \beta_2 y) + \dots + (\alpha_n x + \beta_n y).$$

Diese Linearformen sind durch die Form (1) völlig bestimmt. Dabei muß man aber zwei Linearformen, die sich nur um einen konstanten Faktor unterscheiden, als nicht verschieden betrachten. Zwei Linearformen

$$\alpha x + \beta y \quad \text{und} \quad \gamma x + \delta y$$

gelten also nur dann als verschieden, wenn

$$\begin{vmatrix} \alpha & \beta \\ \gamma & \delta \end{vmatrix} \neq 0$$

ist.

Daß (1) sich wirklich nur auf eine Weise in Linearformen zerlegen läßt, erkennt man sofort.

Ist nämlich

$$\begin{cases} (\alpha_1 x + \beta_1 y)(\alpha_2 x + \beta_2 y) \dots (\alpha_n x + \beta_n y) \\ = (\alpha_1' x + \beta_1' y)(\alpha_2' x + \beta_2' y) \dots (\alpha_n' x + \beta_n' y), \end{cases}$$

so folgt, daß für

$$x = -\beta_1', \quad y = \alpha_1'$$

die linke Seite verschwinden muß. Es muß daher ein Faktor, z. B.

$$\alpha_1 x + \beta_1 y,$$

für $x = -\beta_1'$, $y = \alpha_1'$ gleich Null sein, d. h. es muß die Gleichung

$$\alpha_1' \beta_1 - \alpha_1 \beta_1' = 0$$

gelten. Sie sagt aber aus, daß

$$\alpha_1' x + \beta_1' y \quad \text{und} \quad \alpha_1 x + \beta_1 y$$

nicht wesentlich verschieden sind.

Wählen wir α_1'', β_1'' so, daß

$$\begin{vmatrix} \alpha_1' & \beta_1' \\ \alpha_1'' & \beta_1'' \end{vmatrix} \neq 0$$

ist*), so wird, wenn wir

$$x = -\beta_1' + \varepsilon \beta_1'', \quad y = \alpha_1' - \varepsilon \alpha_1'' \quad (\varepsilon \gtreqless 0)$$

setzen,

$$\alpha_1' x + \beta_1' y = \varepsilon \begin{vmatrix} \alpha_1' & \beta_1' \\ \alpha_1'' & \beta_1'' \end{vmatrix}.$$

*) Das ist möglich, weil α_1', β_1' nicht beide Null sind.

Dividieren wir nun in (2), sooft es geht, rechts und links durch ε und lassen dann ε nach Null konvergieren, so muß auf wenigstens einer Seite ein von Null verschiedener Grenzwert herauskommen*), also auch auf der anderen Seite. Dies bedeutet aber, daß $\alpha_1' x + \beta_1' y$ links und rechts gleich oft als Faktor vorkommt. Dasselbe gilt von $\alpha_2' x + \beta_2' y$ usw.

§ 76. Resultante von zwei binären Formen.

Wir betrachten zwei binäre Formen vom m^{ten} bzw. n^{ten} Grade:

$$f(x, y) = a_0 x^m + a_1 x^{m-1} y + \ldots + a_m y^m,$$
$$g(x, y) = b_0 x^n + b_1 x^{n-1} y + \ldots + b_n y^n.$$

Jede denken wir uns in ihre Linearfaktoren zerlegt. Es kann sein, daß ein gewisser Linearfaktor $\alpha x + \beta y$ bei beiden Formen vorkommt. Dies ist offenbar dann und nur dann der Fall, wenn sich x, y $(\neq 0, 0)$ so wählen lassen, daß

(1) $$f(x, y) = 0 \quad \text{und} \quad g(x, y) = 0$$

wird.

Wir stellen nun die Frage:

Wann haben die beiden Formen f und g einen gemeinsamen Linearfaktor?

x und y mögen sich so wählen lassen, daß die Gleichungen (1) bestehen, ohne daß x und y beide verschwinden. Dann gelten für dieses Wertsystem x, y auch die Gleichungen

$$0 = x^{n-1} f = a_0 x^{m+n-1} + \ldots + a_m x^{n-1} y^m,$$
$$0 = x^{n-2} y f = a_0 x^{m+n-2} y + \ldots + a_m x^{n-2} y^{m+1},$$
$$\cdots\cdots\cdots\cdots\cdots\cdots\cdots$$
$$0 = y^{n-1} f = a_0 x^m y^{n-1} + \ldots + a_m y^{m+n-1},$$
$$0 = x^{m-1} g = b_0 x^{m+n-1} + \ldots + b_n x^{m-1} y^n,$$
$$0 = x^{m-2} y g = b_0 x^{m+n-2} y + \ldots + b_n x^{m-2} y^{n+1},$$
$$\cdots\cdots\cdots\cdots\cdots\cdots\cdots$$
$$0 = y^{m-1} g = b_0 x^n y^{m-1} + \ldots + b_n y^{m+n-1}.$$

Sie bilden ein System von $m + n$ linearen homogenen Gleichungen, das die Lösung

$$x^{m+n-1}, \quad x^{m+n-2} y, \quad \ldots, \quad y^{m+n-1}$$

zuläßt. Die Lösung besteht, da x, y nicht beide verschwinden, nicht aus lauter Nullen. Nach Satz 20 in § 26 muß daher die Determinante des Systems gleich Null sein.

*) Es ist nämlich $\lim(\alpha x + \beta y) = \alpha_1' \beta - \alpha \beta_1'$.

f und g haben also nur dann einen Linearfaktor gemein, wenn die Determinante

$$(2)\qquad \begin{vmatrix} a_0 & a_1 & \dots & a_{m+n-1} \\ 0 & a_0 & \dots & a_{m+n-2} \\ \cdot & \cdot & \cdot & \cdot \\ 0 & 0 & \dots & a_m \\ b_0 & b_1 & \dots & b_{m+n-1} \\ 0 & b_0 & \dots & b_{m+n-1} \\ \cdot & \cdot & \cdot & \cdot \\ 0 & 0 & \dots & b_n \end{vmatrix}$$

verschwindet. Dabei sind

$$a_{m+1},\ a_{m+2},\ \dots,\ a_{m+n-1}$$

und

$$b_{n+1},\ b_{n+2},\ \dots,\ b_{n+m-1}$$

gleich Null zu setzen.

Die Determinante (2) nennt man die **Resultante** von f und g.

Die Resultante einer quadratischen Form

$$a_0x^2 + a_1xy + a_2y^2$$

und einer Linearform

$$b_0x + b_1y$$

lautet hiernach

$$\begin{vmatrix} a_0 & a_1 & a_2 \\ b_0 & b_1 & 0 \\ 0 & b_0 & b_1 \end{vmatrix},$$

die Resultante der beiden quadratischen Formen

$$a_0x^2 + a_1xy + a_2y^2 \quad \text{und} \quad b_0x^2 + b_1xy + b_2y^2$$

wird

$$\begin{vmatrix} a_0 & a_1 & a_2 & 0 \\ 0 & a_0 & a_1 & a_2 \\ b_0 & b_1 & b_2 & 0 \\ 0 & b_0 & b_1 & b_2 \end{vmatrix}.$$

Wir wollen jetzt zeigen, daß f und g einen Linearfaktor gemein haben, sobald die Resultante verschwindet.

Wenn die Determinante (2) gleich Null ist, so besteht (vgl. § 24) zwischen ihren Zeilen eine lineare Relation. Nun sind aber diese Zeilen nichts anderes als die Koeffizientensysteme der Formen

$$x^{n-1}f,\ x^{n-2}yf,\ \dots,\ y^{n-1}f,\ x^{m-1}g,\ x^{m-2}yg,\ \dots,\ y^{m-1}g.$$

Es lassen sich also $m + n$ Zahlen

$$B_0,\ B_1,\ \dots,\ B_{n-1},\ A_0,\ A_1,\ \dots,\ A_{m-1}$$

finden, die nicht alle Null sind und für alle Werte der x, y die Gleichung

$$(3)\qquad \begin{cases} (A_0x^{m-1} + A_1x^{m-2}y + \dots + A_{m-1}y^{m-1})g \\ = (B_0x^{n-1} + B_1x^{n-2}y + \dots + B_{n-1}y^{n-1})f \end{cases}$$

erfüllen.

Wären alle A gleich Null, so müßten auch alle B verschwinden. Sonst könnten wir x, y so wählen, daß die rechte Seite ungleich Null ist*).

Es sind also weder alle A noch alle B gleich Null.

Denken wir uns die Formen

$$F = A_0 x^{m-1} + A_1 x^{m-1} y + \ldots + A_{m-1} y^{m-1}$$

und

$$G = B_0 x^{n-1} + B_1 x^{n-1} y + \ldots + B_{n-1} y^{n-1}$$

in ihre Linearfaktoren zerlegt, ebenso f und g. Dann muß jeder Linearfaktor, der auf der linken Seite von (3) p-mal vorkommt, auch auf der rechten Seite p-mal vorkommen. Unter den Linearfaktoren von f gibt es nun sicher einen, der in F weniger oft als in f auftritt; denn der Grad von F ist niedriger als der von f. Dieser Linearfaktor muß also in g vorkommen. Er ist ein gemeinsamer Faktor von f und g.

§ 77. f und g haben mehrere gemeinsame Linearfaktoren.

f und g mögen mehr als einen, etwa $k+1$ gemeinsame Linearfaktoren haben.

q sei das Produkt von k dieser Faktoren. Dann sind

$$\frac{f}{q} = \bar{f} \quad \text{und} \quad \frac{g}{q} = \bar{g}$$

binäre Formen vom $(m-k)^{\text{ten}}$ bzw. $(n-k)^{\text{ten}}$ Grade, die noch einen gemeinsamen Linearfaktor besitzen.

Es besteht daher nach § 76 zwischen den Formen**)

$$\begin{array}{llll} x^{n-k-1}\bar{f}, & x^{n-k-2}y\bar{f}, & \ldots, & y^{n-k-1}\bar{f}, \\ x^{m-k-1}\bar{g}, & x^{m-k-2}y\bar{g}, & \ldots, & x^{m-k-1}\bar{g} \end{array}$$

eine lineare Relation, folglich auch zwischen den Formen

$$(1) \qquad \left\{\begin{array}{llll} x^{n-k-1}f, & x^{n-k-2}yf, & \ldots, & y^{n-k-1}f, \\ x^{m-k-1}g, & x^{m-k-2}yg, & \ldots, & y^{m-k-1}g. \end{array}\right.$$

Das bedeutet aber folgendes: Streicht man in der Resultante von f und g von den n ersten Zeilen die k ersten, ebenso von den m letzten Zeilen die k ersten, und außerdem die k ersten Spalten, so entsteht eine Matrix, deren Rang kleiner als $m+n-2k$ ist, d. h. kleiner als die Anzahl ihrer Zeilen.

Umgekehrt folgt, wenn dies der Fall ist, daß zwischen den Formen (1) eine lineare Relation besteht. Die $m+n-2k$ Zahlen

$$A_0, A_1, \ldots, A_{m-k-1}, B_0, B_1, \ldots, B_{n-k-1}$$

*) Das folgt aus dem obenerwähnten Fundamentalsatz.

**) d. h. zwischen den Koeffizientensystemen der Formen.

lassen sich nämlich so bestimmen, daß für alle Werte x, y

$$(2)\quad \begin{cases} (A_0 x^{m-k-1} + A_1 x^{m-k-2} y + \dots + A_{m-k-1} y^{m-k-1}) g \\ = (B_0 x^{n-k-1} + B_1 x^{n-k-2} y + \dots + B_{n-k-1} y^{n-k-1}) f \end{cases}$$

ist, ohne daß die A, B alle verschwinden. Wären alle A gleich Null, so müßten auch alle B gleich Null sein. Es sind also weder alle A noch alle B gleich Null.

Denkt man sich nun die Formen

$$\varphi = A_0 x^{m-k-1} + A_1 x^{m-k-2} y + \dots + A_{m-k-1} y^{m-k-1}$$

und

$$\psi = B_0 x^{n-k-1} + B_1 x^{n-k-2} y + \dots + B_{n-k-1} y^{n-k-1}$$

in Linearfaktoren zerlegt, ebenso f und g, so müssen in (2) links und rechts dieselben Linearfaktoren stehen. Von den m Linearfaktoren der Form f können höchstens $m - k - 1$ bei F vorkommen. Wenigstens $k + 1$ von ihnen kommen also bei g vor. D. h. f und g haben wenigstens $k + 1$ gemeinsame Linearfaktoren.

Will man z. B. erkennen, wie viele Linearfaktoren die beiden Formen

$$f = a_0 x^4 + a_1 x^3 y + a_2 x^2 y^2 + a_3 x y^3 + a_4 y^4$$

und

$$g = b_0 x^3 + b_1 x^2 y + b_2 x y^2 + b_3 y^3$$

gemein haben, so muß man aus

$$(3)\quad \begin{cases} a_0 & a_1 & a_2 & a_3 & a_4 & 0 & 0 \\ 0 & a_0 & a_1 & a_2 & a_3 & a_4 & 0 \\ 0 & 0 & a_0 & a_1 & a_2 & a_3 & a_4 \\ b_0 & b_1 & b_2 & b_3 & 0 & 0 & 0 \\ 0 & b_0 & b_1 & b_2 & b_3 & 0 & 0 \\ 0 & 0 & b_0 & b_1 & b_2 & b_3 & 0 \\ 0 & 0 & 0 & b_0 & b_1 & b_2 & b_3 \end{cases}$$

die folgenden Matrizen herleiten:

$$(4)\quad \begin{cases} a_0 & a_1 & a_2 & a_3 & a_4 & 0 \\ 0 & a_0 & a_1 & a_2 & a_3 & a_4 \\ b_0 & b_1 & b_2 & b_3 & 0 & 0 \\ 0 & b_0 & b_1 & b_2 & b_3 & 0 \\ 0 & 0 & b_0 & b_1 & b_2 & b_3 \end{cases}$$

(durch Streichung der ersten a-Zeile, der ersten b-Zeile und der ersten Spalte),

$$(5)\quad \begin{cases} a_0 & a_1 & a_2 & a_3 & a_4 \\ b_0 & b_1 & b_2 & b_3 & 0 \\ 0 & b_0 & b_1 & b_2 & b_3 \end{cases}$$

(durch Streichung der beiden ersten a-Zeilen, der beiden ersten b-Zeilen und der beiden ersten Spalten).

Dann sind folgende Fälle möglich:

1. Rang von (3) gleich 7. f und g haben keinen gemeinsamen Linearfaktor.
2. Rang von (3) kleiner als 7, Rang von (4) gleich 5. f und g haben einen gemeinsamen Linearfaktor.
3. Rang von (4) kleiner als 5, Rang von (5) gleich 3. f und g haben zwei gemeinsame Linearfaktoren.
4. Rang von (5) kleiner als 3. f und g haben drei gemeinsame Linearfaktoren.

Nehmen wir z. B. an, daß der Fall 3 vorliegt. Dann besteht zwischen den Formen

$$\begin{array}{l} a_0 x^5 + a_1 x^4 y + a_2 x^3 y^2 + a_3 x^2 y^3 + a_4 x y^4, \\ \qquad a_0 x^4 y + a_1 x^3 y^2 + a_2 x^2 y^3 + a_3 x y^4 + a_4 y^5, \\ b_0 x^5 + b_1 x^4 y + b_2 x^3 y^2 + b_3 x^2 y^3, \\ \qquad b_0 x^4 y + b_1 x^3 y^2 + b_2 x^2 y^3 + b_3 x y^4, \\ \qquad\qquad b_0 x^3 y^2 + b_1 x^2 y^3 + b_2 x y^4 + b_3 y^5 \end{array}$$

eine lineare Relation, aber nicht zwischen den Formen

$$\begin{array}{l} a_0 x^4 + a_1 x^3 y + a_2 x^2 y^2 + a_3 x y^3 + a_4 y^4, \\ b_0 x^4 + b_1 x^3 y + b_2 x^2 y^2 + b_3 x y^3, \\ \qquad b_0 x^3 y + b_1 x^2 y^2 + b_2 x y^3 + b_3 y^4. \end{array}$$

Es besteht mit anderen Worten eine Identität von der Form

$$(A_0 x^2 + A_1 x y + A_2 y^2) g = (B_0 x + B_1 y) f \qquad (6)$$
$$(A,\ B \text{ nicht alle Null}),$$

aber keine von der Form

$$(A_0 x + A_1 y) g = B_0 f.$$

Daraus ersehen wir, daß in (6) die Formen

$$F = A_0 x^2 + A_1 x y + A_2 y^2, \quad G = B_0 x + B_1 y$$

keinen gemeinsamen Linearfaktor haben. Es müssen daher alle Linearfaktoren von F ebensooft in f vorkommen, d. h. f ist durch F teilbar. Setzen wir $f = qF$, so wird $g = qG$, und q ist vom zweiten Grade. Offenbar stellt q das Produkt der gemeinsamen Linearfaktoren von f und g dar.

§ 78. Resultante von Formen gleichen Grades.

Die Resultante der beiden binären Formen n^{ten} Grades

$$\begin{array}{l} f = a_0 x^n + a_1 x^{n-1} y + \ldots + a_n y^n, \\ g = b_0 x^n + b_1 x^{n-1} y + \ldots + a_n y^n \end{array}$$

setzt sich aus den zweireihigen Determinanten der Matrix

$$(1)\qquad \begin{cases} a_0\, a_1 \ldots a_n \\ b_0\, b_1 \ldots b_n \end{cases}$$

zusammen (durch Multiplikationen, Additionen und Subtraktionen).

Man erkennt dies, wenn man in der Determinante

$$\begin{vmatrix} a_0 & a_1 & \ldots & \ldots & 0 \\ 0 & a_0 & \ldots & \ldots & 0 \\ . & . & . & . & . \\ 0 & 0 & \ldots a_0\, a_1 & \ldots & a_n \\ b_0 & b_1 & \ldots & \ldots & 0 \\ 0 & b_0 & \ldots & \ldots & 0 \\ . & . & . & . & . \\ 0 & 0 & \ldots b_0\, b_1 & \ldots & b_n \end{vmatrix}$$

den Zeilen $1, 2, \ldots, 2n$ die Reihenfolge

$$1, n+1, \quad 2, n+2, \ldots, \quad n, 2n$$

gibt, wobei sich die Determinante nur mit dem Faktor $(-1)^{\frac{n(n-1)}{2}}$ multipliziert.

Entwickelt man nun

$$(2)\qquad \begin{vmatrix} a_0 & a_1 & \ldots & \ldots & 0 \\ b_0 & b_1 & \ldots & \ldots & 0 \\ 0 & a_0 & \ldots & \ldots & 0 \\ 0 & b_0 & \ldots & \ldots & 0 \\ . & . & . & . & . \\ 0 & 0 & \ldots a_0\, a_1 & \ldots & a_n \\ 0 & 0 & \ldots b_0\, b_1 & \ldots & b_n \end{vmatrix}$$

nach den beiden ersten Zeilen, so ergibt sich

$$\sum \begin{vmatrix} a_r & a_s \\ b_r & b_s \end{vmatrix} M_{rs} \qquad (r < s)$$

und M_{rs} ist, abgesehen vom Vorzeichen, die Determinante, die aus (2) durch Streichung der Zeilen 1 und 2 sowie der Spalten $r+1$ und $s+1$ entsteht. Diese Determinante kann man wieder nach den beiden ersten Zeilen entwickeln usw.

Es ergibt sich auf diese Weise, daß die Resultante von f und g eine Summe von Produkten ist, deren jedes n zweireihige Determinanten von (1) als Faktoren enthält.

Z. B. läßt sich die Resultante zweier quadratischer Formen

$$a_0 x^2 + a_1 x y + a_2 y^2,$$
$$b_0 x^2 + b_1 x y + b_2 y^2$$

so schreiben:

$$-\begin{vmatrix} a_0 & a_1 & a_2 & 0 \\ b_0 & b_1 & b_2 & 0 \\ 0 & a_0 & a_1 & a_2 \\ 0 & b_0 & b_1 & b_2 \end{vmatrix}.$$

Entwickelt man nach den beiden ersten Zeilen, so findet man

$$-\begin{vmatrix} a_0 & a_1 \\ b_0 & b_1 \end{vmatrix} \begin{vmatrix} a_1 & a_2 \\ b_1 & b_2 \end{vmatrix} + \begin{vmatrix} a_0 & a_2 \\ b_0 & b_2 \end{vmatrix}^2$$

oder, wenn man zur Abkürzung $a_r b_s - a_s b_r = p_{rs}$ setzt:

$$-p_{01}\,p_{12} + p_{02}^2 .$$

Die Resultante der beiden quadratischen Formen ist also gleich der zweireihigen symmetrischen Determinante

$$-\begin{vmatrix} p_{01} & p_{02} \\ p_{02} & p_{12} \end{vmatrix}.$$

Bei zwei kubischen Formen

$$a_0 x^3 + a_1 x^2 y + a_2 x y^2 + a_3 y^3 ,$$
$$b_0 x^3 + b_1 x^2 y + b_2 x y^2 + b_3 y^3$$

lautet die Resultante

$$-\begin{vmatrix} a_0 & a_1 & a_2 & a_3 & 0 & 0 \\ b_0 & b_1 & b_2 & b_3 & 0 & 0 \\ 0 & a_0 & a_1 & a_2 & a_3 & 0 \\ 0 & b_0 & b_1 & b_2 & b_3 & 0 \\ 0 & 0 & a_0 & a_1 & a_2 & a_3 \\ 0 & 0 & b_0 & b_1 & b_2 & b_3 \end{vmatrix}$$

$$= -p_{01}\begin{vmatrix} a_1 & a_2 & a_3 & 0 \\ b_1 & b_2 & b_3 & 0 \\ a_0 & a_1 & a_2 & a_3 \\ b_0 & b_1 & b_2 & b_3 \end{vmatrix} + p_{02}\begin{vmatrix} a_0 & a_2 & a_3 & 0 \\ b_0 & b_2 & b_3 & 0 \\ 0 & a_1 & a_2 & a_3 \\ 0 & b_1 & b_2 & b_3 \end{vmatrix} - p_{03}\begin{vmatrix} a_0 & a_1 & a_3 & 0 \\ b_0 & b_1 & b_3 & 0 \\ 0 & a_0 & a_2 & a_3 \\ 0 & b_0 & b_2 & b_3 \end{vmatrix}$$

$$= -p_{01}(p_{12}p_{23} - p_{13}^2 + p_{23}p_{03}) + p_{02}(p_{02}p_{23} - p_{03}p_{13}) - p_{03}(p_{01}p_{23} - p_{03}^2).$$

Auf Grund der Identität

$$\begin{vmatrix} a_0 & a_1 & a_2 & a_3 \\ b_0 & b_1 & b_2 & b_3 \\ a_0 & a_1 & a_2 & a_3 \\ b_0 & b_1 & b_2 & b_3 \end{vmatrix} = 2\,(p_{01}\,p_{23} + p_{02}\,p_{31} + p_{03}\,p_{12}) = 0$$

kann man statt

$$p_{01}\,p_{23}$$

auch schreiben

$$p_{02}\,p_{13} - p_{03}\,p_{12} .$$

Dann wird die Resultante gleich

$$\begin{aligned} &- p_{01}\left\{(p_{12} + p_{03})\,p_{23} - p_{13}^2\right\} \\ &+ p_{02}\left\{p_{02}\,p_{23} - p_{03}\,p_{13}\right\} \\ &- p_{03}\left\{p_{02}\,p_{13} - (p_{12} + p_{03})\,p_{03}\right\}. \end{aligned}$$

Dies ist aber die dreireihige symmetrische Determinante

$$-\begin{vmatrix} p_{01} & p_{02} & p_{03} \\ p_{02} & p_{12}+p_{03} & p_{13} \\ p_{03} & p_{13} & p_{23} \end{vmatrix}.$$

Man kann hiernach vermuten, daß sich die Resultante von zwei Formen n^{ten} Grades als n-reihige symmetrische Determinante schreiben läßt, deren Elemente sich additiv aus den p_{rs} zusammensetzen. Diesen allgemeinen Satz hat Cayley bewiesen.

Zwölftes Kapitel.

Lineare und quadratische Formen.

§ 79. Systeme linearer Formen und lineare Transformationen.

Eine lineare Form in n Veränderlichen $x_1, x_2, \ldots, x_n$ ist ein Ausdruck von folgender Gestalt:

$$a_1 x_1 + a_2 x_2 + \ldots + a_n x_n .$$

Die a sind Konstanten.

Wir wollen ein System von m linearen Formen betrachten:

$$\begin{aligned} f_1 &= a_{11} x_1 + a_{12} x_2 + \ldots + a_{1n} x_n, \\ f_2 &= a_{21} x_1 + a_{22} x_2 + \ldots + a_{2n} x_n, \\ &\ldots\ldots\ldots\ldots\ldots \\ f_m &= a_{m1} x_1 + a_{m2} x_2 + \ldots + a_{mn} x_n. \end{aligned}$$

Der Rang der Matrix

(1) $$\left\{\begin{matrix} a_{11} & a_{12} & \ldots & a_{1n} \\ a_{21} & a_{22} & \ldots & a_{2n} \\ \cdot & \cdot & \cdot & \cdot \\ a_{m1} & a_{m2} & \ldots & a_{mn} \end{matrix}\right.$$

heißt der Rang des Systems $f_1, f_2, \ldots, f_m$.

Setzt man

(2) $$\left\{\begin{aligned} x_1 &= c_{11} x_1' + c_{12} x_2' + \ldots + c_{1n} x_n', \\ x_2 &= c_{21} x_1' + c_{22} x_2' + \ldots + c_{2n} x_n', \\ &\ldots\ldots\ldots\ldots\ldots \\ x_n &= c_{n1} x_1' + c_{n2} x_2' + \ldots + c_{nn} x_n', \end{aligned}\right.$$

so nennt man diese Operation eine lineare Transformation.

Die Determinante

(3) $$C = \begin{vmatrix} c_{11} & c_{12} & \ldots & c_{1n} \\ c_{21} & c_{22} & \ldots & c_{2n} \\ \cdot & \cdot & \cdot & \cdot \\ c_{n1} & c_{n2} & \ldots & c_{nn} \end{vmatrix}$$

heißt die Determinante der Transformation. Ist sie gleich Null, so spricht man von einer **singulären** Transformation.

Unterwirft man nun die Formen $f_1, f_2, \ldots, f_m$ der linearen Transformation (2), setzt man also in ihnen

$$x_\nu = c_{\nu 1} x'_1 + c_{\nu 2} x'_2 + \ldots + c_{\nu n} x'_n \qquad (\nu = 1, 2, \ldots, n),$$

so verwandeln sie sich in

$$\begin{aligned} f'_1 &= a'_{11} x'_1 + a'_{12} x'_2 + \ldots + a'_{1n} x'_n, \\ f'_2 &= a'_{21} x'_1 + a'_{22} x'_2 + \ldots + a'_{2n} x'_n, \\ &\cdot \quad \cdot \quad \cdot \quad \cdot \quad \cdot \quad \cdot \quad \cdot \quad \cdot \\ f'_m &= a'_{m1} x'_1 + a'_{m2} x'_2 + \ldots + a'_{mn} x'_n. \end{aligned}$$

Die neuen Koeffizienten hängen mit den alten durch die Formeln zusammen:

$$a'_{rs} = a_{r1} c_{1s} + a_{r2} c_{2s} + \ldots + a_{rn} c_{ns}.$$

a'_{rs} entsteht durch Komposition der r^{ten} Zeile von (1) mit der s^{ten} Spalte von (3).

Die Determinante

$$\begin{vmatrix} a'_{r_1 s_1} & a'_{r_1 s_2} & \ldots & a'_{r_1 s_\mu} \\ a'_{r_2 s_1} & a'_{r_2 s_2} & \ldots & a'_{r_2 s_\mu} \\ \cdot & \cdot & \cdot & \cdot \\ a'_{r_\mu s_1} & a'_{r_\mu s_2} & \ldots & a'_{r_\mu s_\mu} \end{vmatrix}$$

ist somit das Produkt der beiden Matrizen

$$\begin{matrix} a_{r_1 1} & a_{r_1 2} & \ldots & a_{r_1 n} \\ a_{r_2 1} & a_{r_2 2} & \ldots & a_{r_2 n} \\ \cdot & \cdot & \cdot & \cdot \\ a_{r_\mu 1} & a_{r_\mu 2} & \ldots & a_{r_\mu n} \end{matrix}$$

und

$$\begin{matrix} c_{1 s_1} & c_{2 s_1} & \ldots & c_{n s_1} \\ c_{1 s_2} & c_{2 s_2} & \ldots & c_{n s_2} \\ \cdot & \cdot & \cdot & \cdot \\ c_{1 s_\mu} & c_{2 s_\mu} & \ldots & c_{n s_\mu}, \end{matrix}$$

also nach § 34 gleich

$$\sum \left| \begin{matrix} a_{r_1 t_1} & \ldots & a_{r_1 t_\mu} \\ \cdot & \cdot & \cdot \\ a_{r_\mu t_1} & \ldots & a_{r_\mu t_\mu} \end{matrix} \right| \cdot \left| \begin{matrix} c_{t_1 s_1} & \ldots & c_{t_\mu s_1} \\ \cdot & \cdot & \cdot \\ c_{t_1 s_\mu} & \ldots & c_{t_\mu s_\mu} \end{matrix} \right|.$$

Jede μ-reihige Determinante der Matrix

$$(4) \qquad \left\{ \begin{matrix} a'_{11} & a'_{12} & \ldots & a'_{1n} \\ a'_{21} & a'_{22} & \ldots & a'_{2n} \\ \cdot & \cdot & \cdot & \cdot \\ a'_{m1} & a'_{m2} & \ldots & a'_{mn} \end{matrix} \right.$$

ist eine lineare Kombination von μ-reihigen Determinanten der Matrix (1). Daraus können wir schließen, daß der Rang von (4) nicht höher ist als der von (1). Wenn nämlich alle μ-reihigen Determinanten in (1) gleich Null sind, so gilt dasselbe von allen μ-reihigen Determinanten in (4).

Ist die Transformation (2) nicht singulär, so lassen sich die Gleichungen (2) nach $x'_1, x'_2, \ldots, x'_n$ auflösen.

Wir bezeichnen mit C_{rs} das algebraische Komplement von c_{rs} in der Determinante C und setzen

$$\frac{C_{rs}}{C} = \gamma_{sr}.$$

Dann lautet die Auflösung von (2) nach $x'_1, x'_2, \ldots, x'_n$

$$\text{(5)} \qquad \left\{\begin{array}{l} x'_1 = \gamma_{11}\, x_1 + \gamma_{12}\, x_2 + \cdots + \gamma_{1n}\, x_n, \\ x'_2 = \gamma_{21}\, x_1 + \gamma_{22}\, x_2 + \cdots + \gamma_{2n}\, x_n, \\ \cdot\ \cdot\ \cdot\ \cdot\ \cdot\ \cdot\ \cdot\ \cdot\ \cdot\ \cdot\ \cdot\ \cdot \\ x'_n = \gamma_{n1}\, x_1 + \gamma_{n2}\, x_2 + \cdots + \gamma_{nn}\, x_n. \end{array}\right.$$

Unterwirft man die Formen $f'_1, f'_2, \ldots, f'_m$ der linearen Transformation (5), so gelangt man zu $f_1, f_2, \ldots, f_m$ zurück. Der Rang der Matrix (1) ist daher nicht höher als der von (4). Keine der beiden Matrizen (1) und (4) hat also einen höheren Rang als die andre. Daraus ergibt sich folgender Satz:

Bei einer linearen Transformation, die nicht singulär ist, bleibt der Rang eines Systems linearer Formen ungeändert.

§ 80. Die Determinante als Invariante.

Wir wollen die n linearen Formen

$$\begin{array}{l} f_1 = a_{11}\, x_1 + a_{12}\, x_2 + \cdots + a_{1n}\, x_n, \\ f_2 = a_{21}\, x_1 + a_{22}\, x_2 + \cdots + a_{2n}\, x_n, \\ \cdot\ \cdot\ \cdot\ \cdot\ \cdot\ \cdot\ \cdot\ \cdot\ \cdot\ \cdot\ \cdot\ \cdot \\ f_n = a_{n1}\, x_1 + a_{n2}\, x_2 + \cdots + a_{nn}\, x_n \end{array}$$

der linearen Transformation in § 79 unterwerfen. Sie mögen dabei in

$$\begin{array}{l} f'_1 = a'_{11}\, x'_1 + a'_{12}\, x'_2 + \cdots + a'_{1n}\, x'_n, \\ f'_2 = a'_{21}\, x'_1 + a'_{22}\, x'_2 + \cdots + a'_{2n}\, x'_n, \\ \cdot\ \cdot\ \cdot\ \cdot\ \cdot\ \cdot\ \cdot\ \cdot\ \cdot\ \cdot\ \cdot\ \cdot \\ f'_n = a'_{n1}\, x'_1 + a'_{n2}\, x'_2 + \cdots + a'_{nn}\, x'_n \end{array}$$

übergehen.

Setzen wir

$$A = \begin{vmatrix} a_{11} & \ldots & a_{1n} \\ \cdot & \cdot\ \cdot & \cdot \\ a_{n1} & \ldots & a_{nn} \end{vmatrix} \quad \text{und} \quad A' = \begin{vmatrix} a'_{11} & \ldots & a'_{1n} \\ \cdot & \cdot\ \cdot & \cdot \\ a'_{n1} & \ldots & a'_{nn} \end{vmatrix},$$

so gilt die Gleichung $\qquad A' = AC.$

Es ist nämlich (vgl. § 79)

$$a'_{rs} = a_{r1}\, c_{1s} + a_{r2}\, c_{2s} + \ldots + a_{rn}\, a_{ns}.$$

Unterwirft man n lineare Formen in n Veränderlichen einer linearen Transformation, so multipliziert sich die Determinante der Formen mit der Transformationsdeterminante.

Man sagt auf Grund dieser Eigenschaft, daß die Determinante der n Formen eine Invariante ist, und zwar gegenüber allen linearen Transformationen.

§ 81. Bilineare Formen.

Wenn in einer linearen Form

$$a_1 x_1 + a_2 x_2 + \ldots + a_n x_n$$

die Koeffizienten durch lineare Formen in den Veränderlichen $y_1, y_2, \ldots, y_n$ ersetzt werden, so entsteht eine bilineare Form. Eine solche Form ist also ein Ausdruck von folgender Gestalt:

(1) $$f = \sum a_{rs}\, x_r\, y_s \qquad (r, s = 1, 2, \ldots, n).$$

Die Determinante der a_{rs} heißt die Determinante von f.

Wenn man die x oder die y einer linearen Transformation unterwirft, so geht die Bilinearform wieder in eine Bilinearform über.

Um uns im folgenden bequemer ausdrücken zu können, wollen wir die quadratische Matrix

$$\begin{matrix} \alpha_{11} & \alpha_{12} & \cdots & \alpha_{1n} \\ \alpha_{12} & \alpha_{22} & \cdots & \alpha_{2n} \\ \cdot & \cdot & \cdot & \cdot \\ \alpha_{n1} & \alpha_{n2} & \cdots & \alpha_{nn} \end{matrix}$$

das Produkt von

$$\begin{matrix} \beta_{11} & \beta_{12} & \cdots & \beta_{1n} \\ \beta_{21} & \beta_{22} & \cdots & \beta_{2n} \\ \cdot & \cdot & \cdot & \cdot \\ \beta_{n1} & \beta_{n2} & \cdots & \beta_{nn} \end{matrix} \quad \text{und} \quad \begin{matrix} \beta'_{11} & \beta'_{12} & \cdots & \beta'_{1n} \\ \beta'_{21} & \beta'_{22} & \cdots & \beta'_{2n} \\ \cdot & \cdot & \cdot & \cdot \\ \beta'_{n1} & \beta'_{n2} & \cdots & \beta'_{nn} \end{matrix}$$

(in dieser Reihenfolge) nennen, wenn

$$\alpha_{rs} = \beta_{r1}\beta'_{1s} + \beta_{r2}\beta'_{2s} + \ldots + \beta_{rn}\beta'_{ns}$$

ist $(r, s = 1, 2, \ldots, n)$.

Wir drücken die Beziehung zwischen den drei Matrizen durch folgende Formel aus:

$$\begin{pmatrix} \alpha_{11} & \alpha_{12} & \dots & \alpha_{1n} \\ \alpha_{21} & \alpha_{22} & \dots & \alpha_{2n} \\ \cdot & \cdot & \cdot & \cdot \\ \alpha_{n1} & \alpha_{n2} & \dots & \alpha_{nn} \end{pmatrix} = \begin{pmatrix} \beta_{11} & \beta_{12} & \dots & \beta_{1n} \\ \beta_{21} & \beta_{22} & \dots & \beta_{2n} \\ \cdot & \cdot & \cdot & \cdot \\ \beta_{n1} & \beta_{n2} & \dots & \beta_{nn} \end{pmatrix} \begin{pmatrix} \beta'_{11} & \beta'_{12} & \dots & \beta'_{1n} \\ \beta'_{21} & \beta'_{22} & \dots & \beta'_{2n} \\ \cdot & \cdot & \cdot & \cdot \\ \beta'_{n1} & \beta'_{n2} & \dots & \beta'_{nn} \end{pmatrix}.$$

Diese Formel bedeutet also, daß die r^{te} Zeile der α-Matrix erhalten wird, indem man die r^{te} Zeile der β-Matrix der Reihe nach mit allen Spalten der β'-Matrix zusammensetzt.

Mittels einer solchen Formel läßt sich z. B. sagen, was aus n linearen Formen

$$\begin{gathered} a_{11}\, x_1 + a_{12}\, x_2 + \dots + a_{1n}\, x_n\,, \\ a_{21}\, x_1 + a_{22}\, x_2 + \dots + a_{2n}\, x_n\,, \\ \cdot\ \cdot\ \cdot\ \cdot\ \cdot\ \cdot\ \cdot\ \cdot\ \cdot\ \cdot\ \cdot \\ a_{n1}\, x_1 + a_{n2}\, x_2 + \dots + a_{nn}\, x_n \end{gathered}$$

wird, wenn man sie der linearen Transformation

$$\begin{gathered} x_1 = c_{11}\, x'_1 + c_{12}\, x'_2 + \dots + c_{1n}\, x'_n\,, \\ x_2 = c_{21}\, x'_1 + c_{22}\, x'_2 + \dots + c_{2n}\, x'_n\,, \\ \cdot\ \cdot\ \cdot\ \cdot\ \cdot\ \cdot\ \cdot\ \cdot\ \cdot\ \cdot\ \cdot \\ x_n = c_{n1}\, x'_1 + c_{n2}\, x'_2 + \dots + c_{nn}\, x'_n \end{gathered}$$

unterwirft. Gehen die Formen in

$$\begin{gathered} a'_{11}\, x'_1 + a'_{12}\, x'_2 + \dots + a'_{1n}\, x'_n\,, \\ a'_{21}\, x'_1 + a'_{22}\, x'_2 + \dots + a'_{2n}\, x'_n\,, \\ \cdot\ \cdot\ \cdot\ \cdot\ \cdot\ \cdot\ \cdot\ \cdot\ \cdot\ \cdot\ \cdot \\ a'_{n1}\, x'_1 + a'_{n2}\, x'_2 + \dots + a'_{nn}\, x'_n \end{gathered}$$

über, so besteht die Relation

$$\begin{pmatrix} a'_{11} & a'_{12} & \dots & a'_{1n} \\ a'_{21} & a'_{22} & \dots & a'_{2n} \\ \cdot & \cdot & \cdot & \cdot \\ a'_{n1} & a'_{n2} & \dots & a'_{nn} \end{pmatrix} = \begin{pmatrix} a_{11} & a_{12} & \dots & a_{1n} \\ a_{21} & a_{22} & \dots & a_{2n} \\ \cdot & \cdot & \cdot & \cdot \\ a_{n1} & a_{n2} & \dots & a_{nn} \end{pmatrix} \begin{pmatrix} c_{11} & c_{12} & \dots & c_{1n} \\ c_{21} & c_{22} & \dots & c_{2n} \\ \cdot & \cdot & \cdot & \cdot \\ c_{n1} & c_{n2} & \dots & c_{nn} \end{pmatrix}.$$

In der Tat ist (vgl. § 79)

$$a'_{rs} = a_{r1}\, c_{1s} + a_{r2}\, c_{2s} + \dots + a_{rn}\, c_{ns}\,.$$

Man muß also, um die Matrix des neuen Formensystems zu erhalten, die des alten rechts mit der Matrix der Transformation multiplizieren*).

---

*) Damit meinen wir, daß die Matrix der Transformation den zweiten Faktor des Produkts bildet.

Was wird nun aus der Bilinearform (1), wenn wir auf die y die lineare Transformation

$$\begin{aligned} y_1 &= \beta_{11}\, y'_1 + \beta_{12}\, y'_2 + \dots + \beta_{1n}\, y'_n\,, \\ y_2 &= \beta_{21}\, y'_1 + \beta_{22}\, y'_2 + \dots + \beta_{2n}\, y'_n\,, \\ &\dots\dots\dots\dots\dots\dots\dots \\ y_n &= \beta_{n1}\, y'_1 + \beta_{n2}\, y'_2 + \dots + \beta_{nn}\, y'_n \end{aligned}$$

anwenden?

Schreiben wir die Bilinearform, nach den x geordnet:

$$\sum (a_{r1}\, y_1 + a_{r2}\, y_2 + \dots + a_{rn}\, y_n)\, x_r\,,$$

so sind die Koeffizienten von $x_1, x_2, \dots, x_n$ lineare Formen, die der obigen Transformation unterworfen werden.

Die Bilinearform geht also über in $\sum \bar{a}_{rs}\, x_r\, y'_s$, wobei die $\bar{a}$ mit den a in folgender Weise zusammenhängen:

$$\begin{pmatrix} \bar{a}_{11} & \bar{a}_{12} & \dots & \bar{a}_{1n} \\ \bar{a}_{21} & \bar{a}_{22} & \dots & \bar{a}_{2n} \\ \cdot & \cdot & \cdot & \cdot \\ \bar{a}_{n1} & \bar{a}_{n2} & \dots & \bar{a}_{nn} \end{pmatrix} = \begin{pmatrix} a_{11} & a_{12} & \dots & a_{1n} \\ a_{21} & a_{22} & \dots & a_{2n} \\ \cdot & \cdot & \cdot & \cdot \\ a_{n1} & a_{n2} & \dots & a_{nn} \end{pmatrix} \begin{pmatrix} \beta_{11} & \beta_{12} & \dots & \beta_{1n} \\ \beta_{21} & \beta_{22} & \dots & \beta_{2n} \\ \cdot & \cdot & \cdot & \cdot \\ \beta_{n1} & \beta_{n2} & \dots & \beta_{nn} \end{pmatrix}.$$

Setzen wir in $\sum \bar{a}_{rs}\, x_r\, y'_s$

$$\begin{aligned} x_1 &= \alpha_{11}\, x'_1 + \alpha_{12}\, x'_2 + \dots + \alpha_{1n}\, x'_n\,, \\ x_2 &= \alpha_{21}\, x'_1 + \alpha_{22}\, x'_2 + \dots + \alpha_{2n}\, x'_n\,, \\ &\dots\dots\dots\dots\dots\dots\dots \\ x_n &= \alpha_{n1}\, x'_1 + \alpha_{n2}\, x'_2 + \dots + \alpha_{nn}\, x'_n\,, \end{aligned}$$

so erhalten wir eine Bilinearform $\sum a'_{rs}\, x'_r\, y'_s$.

Um zu sehen, wie die a'_{rs} mit den $\bar{a}_{rs}$ zusammenhängen, ordnen wir $\sum \bar{a}_{rs}\, x_r\, y'_s$ nach den y'. Dann haben wir

$$\sum (\bar{a}_{1s}\, x_1 + \bar{a}_{2s}\, x_2 + \dots + \bar{a}_{ns}\, x_n)\, y'_s$$

und die Koeffizienten von $y'_1, y'_2, \dots, y'_n$ sind lineare Formen, die durch die angegebene Transformation in

$$a'_{1s}\, x'_1 + a'_{2s}\, x'_2 + \dots + a'_{ns}\, x_n \qquad (s = 1, 2, \dots, n)$$

übergehen.. Es ist demnach

$$\begin{pmatrix} a'_{11} & a'_{21} & \dots & a'_{n1} \\ a'_{12} & a'_{22} & \dots & a'_{n2} \\ \cdot & \cdot & \cdot & \cdot \\ a'_{1n} & a'_{2n} & \dots & a'_{nn} \end{pmatrix} = \begin{pmatrix} \bar{a}_{11} & \bar{a}_{21} & \dots & \bar{a}_{n1} \\ \bar{a}_{12} & \bar{a}_{22} & \dots & \bar{a}_{n2} \\ \cdot & \cdot & \cdot & \cdot \\ \bar{a}_{1n} & \bar{a}_{2n} & \dots & \bar{a}_{nn} \end{pmatrix} \begin{pmatrix} \alpha_{11} & \alpha_{12} & \dots & \alpha_{1n} \\ \alpha_{21} & \alpha_{22} & \dots & \alpha_{2n} \\ \cdot & \cdot & \cdot & \cdot \\ \alpha_{n1} & \alpha_{n2} & \dots & \alpha_{nn} \end{pmatrix}.$$

oder, da diese Formel nur eine Zusammenfassung der Relationen

$$a'_{rs} = \bar{a}_{1s}\alpha_{1r} + \bar{a}_{2s}\alpha_{2r} + \ldots + \bar{a}_{ns}\alpha_{nr} \qquad (r, s = 1, 2, \ldots, n)$$

darstellt,

$$\begin{pmatrix} a'_{11} & a'_{12} & \ldots & a'_{1n} \\ a'_{21} & a'_{22} & \ldots & a'_{2n} \\ \cdot & \cdot & \cdot & \cdot \\ a'_{n1} & a'_{n2} & \ldots & a'_{nn} \end{pmatrix} = \begin{pmatrix} \alpha_{11} & \alpha_{21} & \ldots & \alpha_{n1} \\ \alpha_{12} & \alpha_{22} & \ldots & \alpha_{n2} \\ \cdot & \cdot & \cdot & \cdot \\ \alpha_{1n} & \alpha_{2n} & \ldots & \alpha_{nn} \end{pmatrix} \begin{pmatrix} \bar{a}_{11} & \bar{a}_{12} & \ldots & \bar{a}_{1n} \\ \bar{a}_{21} & \bar{a}_{22} & \ldots & \bar{a}_{2n} \\ \cdot & \cdot & \cdot & \cdot \\ \bar{a}_{n1} & \bar{a}_{n2} & \ldots & \bar{a}_{nn} \end{pmatrix}.$$

Die a'_{rs} stehen also zu den a_{rs} in folgender Beziehung:

$$(2)\quad \begin{cases} \begin{pmatrix} a'_{11} & a'_{12} & \ldots & a'_{1n} \\ a'_{21} & a'_{22} & \ldots & a'_{2n} \\ \cdot & \cdot & \cdot & \cdot \\ a'_{n1} & a'_{n2} & \ldots & a'_{nn} \end{pmatrix} \\ = \begin{pmatrix} \alpha_{11} & \alpha_{21} & \ldots & \alpha_{n1} \\ \alpha_{12} & \alpha_{22} & \ldots & \alpha_{n2} \\ \cdot & \cdot & \cdot & \cdot \\ \alpha_{1n} & \alpha_{2n} & \ldots & \alpha_{nn} \end{pmatrix} \begin{pmatrix} a_{11} & a_{12} & \ldots & a_{1n} \\ a_{21} & a_{22} & \ldots & a_{2n} \\ \cdot & \cdot & \cdot & \cdot \\ a_{n1} & a_{n2} & \ldots & a_{nn} \end{pmatrix} \begin{pmatrix} \beta_{11} & \beta_{12} & \ldots & \beta_{1n} \\ \beta_{21} & \beta_{22} & \ldots & \beta_{2n} \\ \cdot & \cdot & \cdot & \cdot \\ \beta_{n1} & \beta_{n2} & \ldots & \beta_{nn} \end{pmatrix}. \end{cases}$$

Wir müßten eigentlich die beiden letzten Faktoren in Klammern einschließen. Wir können diese Klammern aber auch fortlassen, weil hier das assoziative Gesetz gilt. Sind $\mathfrak{A}$, $\mathfrak{B}$, $\mathfrak{C}$ drei solche Matrizen, so hat man immer

$$\mathfrak{A}(\mathfrak{B}\mathfrak{C}) = (\mathfrak{A}\mathfrak{B})\mathfrak{C}. \text{*)}$$

Man schreibt deshalb statt $\mathfrak{A}(\mathfrak{B}\mathfrak{C})$ und $(\mathfrak{A}\mathfrak{B})\mathfrak{C}$ einfach $\mathfrak{A}\mathfrak{B}\mathfrak{C}$.

Aus Formel (2) ist zu entnehmen, daß jede m-reihige Determinante von

$$\begin{matrix} a'_{11} & a'_{12} & \ldots & a'_{1n} \\ a'_{21} & a'_{22} & \ldots & a'_{2n} \\ \cdot & \cdot & \cdot & \cdot \\ a'_{n1} & a'_{n2} & \ldots & a'_{nn} \end{matrix}$$

sich linear und homogen durch die m-reihigen Determinanten von

$$\begin{matrix} a_{11} & a_{12} & \ldots & a_{1n} \\ a_{21} & a_{22} & \ldots & a_{2n} \\ \cdot & \cdot & \cdot & \cdot \\ a_{n1} & a_{n2} & \ldots & a_{nn} \end{matrix}$$

ausdrückt.

Bei linearer Transformation der x und der y erhöht sich also der Rang der Bilinearform**) nicht.

---

*) Im vorliegenden Falle hat dies folgende Bedeutung: Anstatt zuerst die x und dann die y kann man zuerst die y und dann die x linear transformieren.

**) d. h. der Rang ihrer Determinanten.

Sind die linearen Transformationen nicht singulär, so kann man von der neuen Form zu der alten durch lineare Transformation der x und der y zurückgelangen. In diesem Falle ist daher der Rang der alten Form nicht höher als der der neuen. Es gilt also folgender Satz:

Wenn man die x und die y nichtsingulären linearen Transformationen unterwirft, so bleibt der Rang der Bilinearform $\sum a_{rs} x_r y_s$ ungeändert.

§ 82. Symmetrische Bilinearformen und quadratische Formen.

Die Bilinearform $\sum a_{rs} x_r y_s$ heißt symmetrisch, wenn ihre Determinante symmetrisch, wenn also $a_{rs} = a_{sr}$ ist $(r, s = 1, 2, \ldots, n)$.

Unterwirft man die x und die y derselben linearen Transformation, setzt man also

$$\begin{aligned} x_r &= \beta_{r1} x'_1 + \beta_{r2} x'_2 + \cdots + \beta_{rn} x'_n, \\ y_r &= \beta_{r1} y'_1 + \beta_{r2} y'_2 + \cdots + \beta_{rn} y'_n, \end{aligned} \qquad (r = 1, 2, \ldots, n),$$

so geht die symmetrische Bilinearform wieder in eine solche über. Für die Koeffizienten a'_{rs} der neuen Form gilt nämlich nach § 81 die Formel

$$(1) \quad \left\{ \begin{aligned} &\begin{pmatrix} a'_{11} & a'_{12} & \ldots & a'_{1n} \\ a'_{21} & a'_{22} & \ldots & a'_{2n} \\ \cdot & \cdot & \cdot & \cdot \\ a'_{n1} & a'_{n2} & \ldots & a'_{nn} \end{pmatrix} \\ &= \begin{pmatrix} \beta_{11} & \beta_{21} & \ldots & \beta_{n1} \\ \beta_{12} & \beta_{22} & \ldots & \beta_{n2} \\ \cdot & \cdot & \cdot & \cdot \\ \beta_{1n} & \beta_{2n} & \ldots & \beta_{nn} \end{pmatrix} \begin{pmatrix} a_{11} & a_{12} & \ldots & a_{1n} \\ a_{21} & a_{22} & \ldots & a_{2n} \\ \cdot & \cdot & \cdot & \cdot \\ a_{n1} & a_{n} & \ldots & a_{nn} \end{pmatrix} \begin{pmatrix} \beta_{11} & \beta_{12} & \ldots & \beta_{1n} \\ \beta_{21} & \beta_{22} & \ldots & \beta_{2n} \\ \cdot & \cdot & \cdot & \cdot \\ \beta_{n1} & \beta_{n2} & \ldots & \beta_{nn} \end{pmatrix}. \end{aligned} \right.$$

Sie sagt aus, daß

$$a'_{rs} = \sum_{\mu,\nu} a_{\mu\nu} \beta_{\mu r} \beta_{\nu s}.$$

μ und ν durchlaufen beide die Werte $1, 2, \ldots, n$. Wir dürfen sie also vertauschen und schreiben:

$$a'_{rs} = \sum_{\mu,\nu} a_{\nu\mu} \beta_{\nu r} \beta_{\mu s}$$

oder, da $a_{\mu\nu} = a_{\nu\mu}$ ist,

$$a'_{rs} = \sum_{\mu,\nu} a_{\mu\nu} \beta_{\mu s} \beta_{\nu r} = a'_{sr}.$$

Setzt man in einer Bilinearform die y gleich den x, so entsteht eine quadratische Form in den x. Eine solche Form ist also eine lineare Kombination von

$$x_1^2, \; x_2^2, \; \ldots, \; x_n^2, \; x_1 x_2, \; x_1 x_3, \; \ldots, \; x_{n-1} x_n.$$

Sie enthält
$$n + \frac{n(n-1)}{2} = \frac{n(n+1)}{2}$$
Glieder. Man kann immer eine symmetrische Bilinearform angeben, die sich in die quadratische Form verwandelt, wenn man die y gleich den x setzt. Bezeichnet man den Koeffizienten von x_r^2 mit a_{rr}, den von $x_r x_s$ $(r < s)$ mit $2a_{rs}$ und setzt man noch $a_{sr} = a_{rs}$, so läßt sich die quadratische Form so schreiben:
$$\sum_{r,s} a_{rs} x_r x_s \qquad (r, s = 1, 2, \ldots, n).$$
Sie geht aus der symmetrischen Bilinearform
$$\sum_{r,s} a_{rs} x_r y_s$$
dadurch hervor, daß man die y gleich den x setzt.

Unterwirft man die x und die y derselben linearen Transformation, so wird
$$\sum a_{rs} x_r y_s = \sum a'_{rs} x'_r y'_s.$$
Im Falle $y_s = x_s (s = 1, 2, \ldots, n)$ ist auch $y'_s = x'_s$ und daher
$$\sum a_{rs} x_r x_s = \sum a'_{rs} x'_r x'_s.$$

Man nennt $\Sigma a_{rs} x_r y_s$ die Polare der quadratischen Form $\Sigma a_{rs} x_r x_s$. Wendet man auf die x und die y dieselbe lineare Transformation an, so geht die Polare von $\Sigma a_{rs} x_r x_s$ in die Polare von $\Sigma a'_{rs} x'_r x'_s$, d. h. in die Polare der transformierten Form über. Auf Grund dieser Eigenschaft heißt die Polare eine Kovariante der quadratischen Form, und zwar eine absolute Kovariante.

Aus der Relation (1) ist zu entnehmen, daß
$$\begin{vmatrix} a'_{11} & a'_{12} & \ldots & a'_{1n} \\ a'_{21} & a'_{22} & \ldots & a'_{2n} \\ \cdot & \cdot & \cdot & \cdot \\ a'_{n1} & a'_{n2} & \ldots & a'_{nn} \end{vmatrix} = \begin{vmatrix} a_{11} & a_{12} & \ldots & a_{1n} \\ a_{21} & a_{22} & \ldots & a_{2n} \\ \cdot & \cdot & \cdot & \cdot \\ a_{n1} & a_{n2} & \ldots & a_{nn} \end{vmatrix} \begin{vmatrix} \beta_{11} & \beta_{12} & \ldots & \beta_{1n} \\ \beta_{21} & \beta_{22} & \ldots & \beta_{2n} \\ \cdot & \cdot & \cdot & \cdot \\ \beta_{n1} & \beta_{n2} & \ldots & \beta_{nn} \end{vmatrix}^2.$$

Die Determinante
$$\begin{vmatrix} a_{11} & a_{12} & \ldots & a_{1n} \\ a_{21} & a_{22} & \ldots & a_{2n} \\ \cdot & \cdot & \cdot & \cdot \\ a_{n1} & a_{n2} & \ldots & a_{nn} \end{vmatrix},$$
die man die Diskriminante der quadratischen Form $\Sigma a_{rs} x_r x_s$ nennt, multipliziert sich also, wenn man die x linear transformiert, mit dem Quadrat der Transformationsdeterminante. Sie heißt deshalb eine Invariante der quadratischen Form.

§ 83. Reduktion einer quadratischen Form auf möglichst wenig Veränderliche.

Die quadratische Form

$$\sum a_{rs} x_r x_s \qquad (a_{rs} = a_{sr})$$

heißt vom Range m, wenn ihre Diskriminante den Rang m hat.

Wenn man die x einer nichtsingulären linearen Transformation unterwirft, so bleibt der Rang der Form ungeändert (vgl. § 81).

Wir wollen jetzt zeigen, daß sich eine quadratische Form vom Range $m(<n)$ auf m Veränderliche reduzieren läßt, und zwar durch eine nichtsinguläre lineare Transformation.

Das Gleichungssystem

$$\begin{aligned} a_{11}\, x_1 + a_{12}\, x_2 + \dots + a_{1n}\, x_n &= 0\,, \\ a_{21}\, x_1 + a_{22}\, x_2 + \dots + a_{2n}\, x_n &= 0\,, \\ \dots\dots\dots\dots\dots\dots \\ a_{n1}\, x_1 + a_{n2}\, x_2 + \dots + a_{nn}\, x_n &= 0 \end{aligned}$$

hat nach § 26 $n-m$ unabhängige Lösungen, aus denen sich alle andern Lösungen linear zusammensetzen.

Wir bezeichnen diese $n-m$ Lösungen mit

$$\begin{matrix} \beta_{1,m+1}, & \beta_{2,m+1}, & \dots, & \beta_{n,m+1} \\ \dots & \dots & \dots & \dots \\ \beta_{1n}, & \beta_{2n}, & \dots, & \beta_{nn} \end{matrix}$$

und wählen die m Zeilen

$$\begin{matrix} \beta_{11}, & \beta_{21}, & \dots, & \beta_{n1} \\ \dots & \dots & \dots & \dots \\ \beta_{1m}, & \beta_{2m}, & \dots, & \beta_{nm} \end{matrix}$$

so, daß die Determinante

$$\begin{vmatrix} \beta_{11} & \beta_{12} & \dots & \beta_{1n} \\ \beta_{21} & \beta_{22} & \dots & \beta_{2n} \\ \dots & \dots & \dots & \dots \\ \beta_{n1} & \beta_{n2} & \dots & \beta_{nn} \end{vmatrix}$$

von Null verschieden ist.

Nun führen wir die lineare Transformation

$$\begin{aligned} x_1 &= \beta_{11}\, x_1' + \beta_{12}\, x_2' + \dots + \beta_{1n}\, x_n', \\ x_2 &= \beta_{21}\, x_1' + \beta_{22}\, x_2' + \dots + \beta_{2n}\, x_n', \\ \dots&\dots\dots\dots\dots\dots \\ x_n &= \beta_{n1}\, x_1' + \beta_{n2}\, x_2' + \dots + \beta_{nn}\, x_n' \end{aligned}$$

aus und fragen, was dabei aus der quadratischen Form $\Sigma a_{rs} x_r x_s$ wird.

Da

$$\begin{pmatrix} a_{11} & a_{12} & \dots & a_{1n} \\ a_{21} & a_{22} & \dots & a_{2n} \\ \cdot & \cdot & \cdot & \cdot \\ a_{n1} & a_{n2} & \dots & a_{nn} \end{pmatrix} \begin{pmatrix} \beta_{11} & \beta_{12} & \dots & \beta_{1n} \\ \beta_{21} & \beta_{22} & \dots & \beta_{2n} \\ \cdot & \cdot & \cdot & \cdot \\ \beta_{n1} & \beta_{n2} & \dots & \beta_{nn} \end{pmatrix} = \begin{pmatrix} \bar{a}_{11} & \dots & \bar{a}_{1m} & 0 & \dots & 0 \\ \bar{a}_{21} & \dots & \bar{a}_{2m} & 0 & \dots & 0 \\ \cdot & \cdot & \cdot & \cdot & \cdot & \cdot \\ \bar{a}_{n1} & \dots & \bar{a}_{nm} & 0 & \dots & 0 \end{pmatrix}$$

wird, so ergibt sich, daß in

$$\begin{pmatrix} a'_{11} & a'_{12} & \dots & a'_{1n} \\ a'_{21} & a'_{22} & \dots & a'_{2n} \\ \cdot & \cdot & \cdot & \cdot \\ a'_{n2} & a'_{n2} & \dots & a'_{nn} \end{pmatrix}$$

oder

$$\begin{pmatrix} \beta_{11} & \beta_{21} & \dots & \beta_{n1} \\ \beta_{12} & \beta_{22} & \dots & \beta_{n2} \\ \cdot & \cdot & \cdot & \cdot \\ \beta_{1n} & \beta_{2n} & \dots & \beta_{nn} \end{pmatrix} \begin{pmatrix} \bar{a}_{11} & \dots & \bar{a}_{1m} & 0 & \dots & 0 \\ \bar{a}_{21} & \dots & \bar{a}_{2m} & 0 & \dots & 0 \\ \cdot & \cdot & \cdot & \cdot & \cdot & \cdot \\ \bar{a}_{n1} & \dots & \bar{a}_{nm} & 0 & \dots & 0 \end{pmatrix}$$

die $n - m$ letzten Spalten, also (wegen $a'_{rs} = a'_{sr}$) auch die $n - m$ letzten Zeilen aus Nullen bestehen. $\sum a'_{rs} x'_r x'_s$ enthält also nur die m Veränderlichen

$$x'_1, x'_2, \dots, x'_m,$$

und die Determinante

$$\begin{vmatrix} a'_{11} & a'_{12} & \dots & a'_{1m} \\ a'_{21} & a'_{22} & \dots & a'_{2m} \\ \cdot & \cdot & \cdot & \cdot \\ a'_{m1} & a'_{m2} & \dots & a'_{mm} \end{vmatrix}$$

ist ungleich Null, weil der Rang von $\sum a'_{rs} x'_r x'_s$ gleich m sein muß.

Es ist offenbar unmöglich, durch eine nichtsinguläre lineare Transformation $\sum a_{rs} x_r x_s$ auf weniger als m Veränderliche zu reduzieren, weil der Rang der transformierten Form sonst kleiner wäre als der Rang der ursprünglichen Form.

Der Rang einer quadratischen Form ist also die Minimalzahl von Veränderlichen, auf die man die Form durch eine nichtsinguläre lineare Transformation reduzieren kann.

§ 84. Transformation einer quadratischen Form in eine Summe von Quadraten.

$f = \sum a_{rs} x_r x_s$ sei eine quadratische Form mit nichtverschwindender Diskriminante. Dann läßt sich auf unendlich viele Weisen eine nichtsinguläre lineare Transformation

$$x_r = \gamma_{r1} x'_1 + \gamma_{r2} x'_2 + \dots + \gamma_{rn} x'_n \qquad (r = 1, 2, \dots, n)$$

finden, die f auf die einfache Gestalt

$$a'_{11} x'^2_1 + a'_{22} x'^2_2 + \dots + a'_{nn} x'^2_n$$

bringt, wo nur noch die Quadrate der x' auftreten.

Es ist leicht festzustellen, welche Beziehungen zwischen den Koeffizienten γ stattfinden müssen, um der linearen Transformation diese vereinfachende Wirkung zu sichern. Um den Koeffizienten von $2x'_p\,x'_q$ $(p \gtreqless q)$ in der transformierten Form f zu finden, kann man alle x' bis auf x'_p und x'_q gleich Null setzen. Dann wird

$$x_r = \gamma_{rp}\,x'_p + \gamma_{rq}\,x'_q$$

und

$$f = \sum_{r,s} a_{rs}\,(\gamma_{rp}\,x'_p + \gamma_{rq}\,x'_q)\,(\gamma_{sp}\,x'_p + \gamma_{sq}\,x'_q)\,.$$

Hier hat $x'_p\,x'_q$ den Koeffizienten

$$\sum_{r,s} a_{rs}\,\gamma_{rp}\,\gamma_{sq} + \sum_{r,s} a_{rs}\,\gamma_{sp}\,\gamma_{rq}\,.$$

Da aber $a_{rs} = a_{sr}$ ist, so unterscheiden sich die beiden Summen nur durch die belanglose Vertauschung der gleichberechtigten Summationsindizes r und s, sind also gleich. Somit lautet der Koeffizient von $2x'_p\,x'_q$

$$\sum_{r,s} a_{rs}\,\gamma_{rp}\,\gamma_{sq}\,.$$

Da nun alle diese Glieder in der transformierten Form fehlen sollen, so müssen folgende Gleichungen stattfinden:

$$\sum_{r,s} a_{rs}\,\gamma_{rp}\,\gamma_{sq} = 0 \qquad (p \gtreqless q).$$

Die Wertsysteme $\gamma_{1p}, \gamma_{2p}, \ldots, \gamma_{np}$ und $\gamma_{1q}, \gamma_{2q}, \ldots, \gamma_{nq}$ haben somit die Eigenschaft, die Polare der Form f zum Verschwinden zu bringen (vgl. § 82). Man nennt zwei derartige Wertsysteme **konjugiert** in bezug auf die Form f. In der Koeffizientenmatrix einer linearen Transformation, die f auf Quadrate reduziert, sind also je zwei Spalten in bezug auf f konjugiert.

Um eine Matrix dieser Art zu konstruieren und dabei noch das Verschwinden ihrer Determinante zu vermeiden, kann man so vorgehen: Man wähle zunächst ein beliebiges Wertsystem $\gamma_{11}, \gamma_{21}, \ldots, \gamma_{n1}$ mit der Eigenschaft

$$\sum a_{rs}\,\gamma_{r1}\,\gamma_{s1} \neq 0\,.$$

Nachdem auf solche Weise die erste Spalte der gesuchten Matrix festgelegt ist, hat man die zweite so zu bestimmen, daß der Bedingung des Konjugiertseins, also der Gleichung

$$\sum a_{rs}\,\gamma_{r1}\,\gamma_{s2} = 0$$

Genüge geschieht. Dies ist eine lineare Gleichung für $\gamma_{12}, \gamma_{22}, \ldots, \gamma_{n2}$. Man wähle diese Größen so, daß außerdem

$$\sum a_{rs}\,\gamma_{r2}\,\gamma_{s2} \neq 0$$

wird. Für die dritte Spalte $\gamma_{13}, \gamma_{23}, \ldots, \gamma_{n3}$, die zu den beiden ersten konjugiert sein muß, hat man die beiden linearen Gleichungen

$$\sum a_{rs}\gamma_{r1}\gamma_{s3} = 0\,, \qquad \sum a_{rs}\gamma_{r2}\gamma_{s3} = 0\,,$$

zu denen wir noch die Ungleichung

$$\sum a_{rs}\gamma_{r3}\gamma_{s3} \neq 0$$

hinzufügen wollen. Man sieht deutlich, wie das Verfahren weitergeht. Es liefert eine Matrix von Koeffizienten γ, deren Determinante von Null verschieden ist. Multipliziert man nämlich die (von Null verschiedene) Diskriminante der Form f zweimal mit der Determinante der γ, so entsteht eine Determinante, in der die von Null verschiedenen Summen $\sum a_{rs}\gamma_{r1}\gamma_{s1}$, $\sum a_{rs}\gamma_{r2}\gamma_{s2}, \ldots$ die Hauptdiagonale bilden, während alle andern Plätze mit Nullen besetzt sind, also jedenfalls eine nichtverschwindende Determinante. Damit ist bewiesen, daß auch die Determinante der γ nicht verschwinden kann.

Wir müssen uns noch vergewissern, ob es sich wirklich so einrichten läßt, daß die Summen $\sum\limits_{r,s} a_{rs}\gamma_{rp}\gamma_{sp}$ $(p = 1, 2, \ldots, n)$ alle von Null verschieden sind. Wenn dem nicht so wäre, so würde für irgendeinen Wert des Index p zum erstenmal ein Versagen eintreten, nachdem für die Werte $1, \ldots, k$ alles gut gegangen ist. Die Sachlage wäre dann die, daß jedes Wertsystem $\xi_1, \xi_2, \ldots, \xi_n$, das die Linearformen

$$\sum a_{rs}\gamma_{rp}\xi_s \qquad (p = 1, \ldots, k)$$

zu Null macht, auch die quadratische Form

$$\sum a_{rs}\xi_r\xi_s$$

zum Verschwinden bringt. Ist nun $x_1, \ldots, x_n$ ein beliebiges Wertsystem, so kann man es durch Hinzufügen einer linearen Kombination der k Wertsysteme $\gamma_{1p}, \ldots, \gamma_{np}$ $(p = 1, \ldots, k)$ stets so umgestalten, daß es die obengenannten Linearformen alle zu Null macht. Um dies bequem einzusehen, empfiehlt es sich, ein Wertsystem durch das Symbol zu bezeichnen, das in seinen n Gliedern als gemeinsamer Bestandteil enthalten ist, also $x_1, \ldots, x_n$ durch x und $\gamma_{1p}, \ldots, \gamma_{np}$ durch γ_p. Wenn dann zu x eine lineare Kombination der Systeme $\gamma_1, \ldots, \gamma_k$ addiert wird, so möge das entstehende System durch $x + \lambda_1\gamma_1 + \ldots + \lambda_k\gamma_k$ symbolisiert werden. Endlich werde noch mit $(x|y)$ die Polare der Form f, gebildet für die Wertsysteme x und y, bezeichnet, also

$$\sum a_{rs}x_r y_s = (x|y)$$

gesetzt. Wir können mit Hilfe dieser Symbolik leicht zeigen, daß bei passender Wahl der Multiplikatoren λ das Wertsystem

$$\xi = x + \lambda_1\gamma_1 + \ldots + \lambda_k\gamma_k$$

tatsächlich die Linearformen $\sum a_{rs}\gamma_{rp}\xi_s$ $(p = 1, \ldots, k)$ zu Null macht, d. h. zu den Systemen $\gamma_1, \ldots, \gamma_k$ konjugiert ist. Man hat nämlich

$$(\xi|\gamma_1) = (x|\gamma_1) + \lambda_1(\gamma_1|\gamma_1),$$
$$\cdots\cdots\cdots\cdots$$
$$(\xi|\gamma_k) = (x|\gamma_k) + \lambda_k(\gamma_k|\gamma_k)$$

und diese Ausdrücke verschwinden, wenn man

$$\lambda_1 = -\frac{(x|\gamma_1)}{(\gamma_1|\gamma_1)}, \ldots, \lambda_k = -\frac{(x|\gamma_k)}{(\gamma_k|\gamma_k)}$$

setzt. Würde nun wirklich das Verschwinden der Linearformen $\sum a_{rs}\gamma_{rp}\xi_s$ oder $(\xi|\gamma_p)$, $p = 1, \ldots, k$, zur Folge haben, daß auch $\sum a_{rs}\xi_r\xi_s$ oder $(\xi|\xi)$ gleich Null ist, so hätte man

$$(x + \sum\lambda_p\gamma_p|x + \sum\lambda_p\gamma_p) = 0,$$

d. h.

$$(x|x) + 2\sum\lambda_p(x|\gamma_p) + \sum\lambda_p^2(\gamma_p|\gamma_p) = 0$$

oder nach Einsetzung der Werte λ_p

$$(x|x) = \frac{(x|\gamma_1)^2}{(\gamma_1|\gamma_1)} + \ldots + \frac{(x|\gamma_k)^2}{(\gamma_k|\gamma_k)}.$$

Diese Formel steht, solange $k < n$ ist, im Widerspruch damit, daß die Form f eine nichtverschwindende Diskriminante hat. Denn eine solche Form läßt sich nicht auf weniger als n Veränderliche reduzieren, wie es hier der Fall wäre, wenn man $(x|\gamma_1), \ldots, (x|\gamma_k)$ als neue Veränderliche einführte. Diese Linearformen sind übrigens linear unabhängig, keine von ihnen läßt sich aus den andern linear kombinieren. Ersetzt man nämlich x durch γ_p, so wird die p^{te} Form ungleich Null, während die andern verschwinden.

Da sich ergeben hat, daß $k = n$ sein muß, so lautet unsere Endformel

$$(x|x) = \frac{(x|\gamma_1)^2}{(\gamma_1|\gamma_1)} + \ldots + \frac{(x|\gamma_n)^2}{(\gamma_n|\gamma_n)}.$$

Wir hatten aber ursprünglich gesetzt

$$x_r = \gamma_{r1}x_1' + \ldots + \gamma_{rn}x_n' \qquad (r = 1, \ldots, n)$$

oder in der neuen Symbolik

$$x = \gamma_1 x_1' + \ldots + \gamma_r x_n'.$$

Danach ist

$$(x|\gamma_p) = (\gamma_p|\gamma_p)x_p'.$$

Wir können also schreiben

$$(x|x) = (\gamma_1|\gamma_1)x_1'^2 + \ldots + (\gamma_n|\gamma_n)x_n'^2,$$

was auch direkt aus der Gleichung $x = \sum\gamma_p x_p'$ hervorgeht.

Hiermit ist gezeigt, daß es nichtsinguläre lineare Transformationen gibt, die die quadratische Form f auf die Form

$$c_1 x_1'^2 + c_2 x_n'^2 + \ldots + c_n x_n'^2$$

reduzieren. Setzt man noch

$$x_1' = \frac{1}{\sqrt{c_1}} y_1, \ \ldots, \ x_n' = \frac{1}{\sqrt{c_n}} y_n,$$

so hat man f auf die Form

$$y_1^2 + y_2^2 + \ldots + y_n^2$$

gebracht.

Eine quadratische Form

$$f = \sum_{r,s}^{1,\ldots,n} a_{rs} x_r x_s$$

mit nichtverschwindender Diskriminante läßt sich also durch eine nichtsinguläre lineare Transformation

$$x_r = c_{r1} y_1 + c_{r2} y_2 + \ldots + c_{rn} y_n \qquad (r = 1, 2, \ldots, n)$$

in

$$y_1^2 + y_2^2 + \ldots + y_n^2$$

überführen.

Sind die a_{rs} reell, so wird die überführende lineare Transformation nicht notwendig reell sein. Wünscht man nur reelle Transformationen, so muß man, nachdem f durch eine reelle Transformation auf die Form $c_1 z_1^2 + c_2 z_2^2 + \ldots + c_n z_n^2$ gebracht ist,

$$z_1 = \frac{1}{\sqrt{|c_1|}} y_1, \quad z_2 = \frac{1}{\sqrt{|c_2|}} y_2, \ \ldots, \ z_n = \frac{1}{\sqrt{|c_n|}} y_n$$

setzen, wobei $|c_r|$ den absoluten Betrag von c_r bedeutet. Dann verwandelt sich f in

$$\varepsilon_1 y_1^2 + \varepsilon_2 y_2^2 + \ldots + \varepsilon_n y_n^2,$$

und die ε sind gleich ± 1. Man hat nämlich $\varepsilon_\nu = 1$, wenn $c_\nu > 0$ ist; und $\varepsilon_\nu = -1$, wenn $c_\nu < 0$ ist.

Wir haben bisher angenommen, daß die Form f eine nichtverschwindende Diskriminante hat. Ist der Rang von f kleiner als n und gleich m, so gibt es in der Diskriminante einen von Null verschiedenen Hauptminor (vgl. § 52). Wir können durch geeignete Numerierung*) der Veränderlichen erreichen, daß gerade

$$\begin{vmatrix} a_{11} & a_{12} & \ldots & a_{1m} \\ a_{21} & a_{22} & \ldots & a_{2m} \\ \cdot & \cdot & \cdot & \cdot \\ a_{m1} & a_{m2} & \ldots & a_{mm} \end{vmatrix}$$

ungleich Null ist.

*) Eine Umnumerierung der x läßt sich als eine (nichtsinguläre) lineare Transformation ansehen.

Wie wir aus § 83 wissen, läßt sich f durch eine nichtsinguläre lineare Transformation auf m Veränderliche $x_1', x_2', \ldots, x_m'$ reduzieren. Um eine solche Transformation zu finden, muß man für die linearen Gleichungen

$$\begin{array}{l} a_{11} x_1 + a_{12} x_2 + \ldots + a_{1n} x_n = 0, \\ a_{21} x_1 + a_{22} x_2 + \ldots + a_{2n} x_n = 0, \\ \dots\dots\dots\dots\dots\dots \\ a_{n1} x_1 + a_{n2} x_2 + \ldots + a_{nn} x_n = 0 \end{array}$$

ein Fundamentalsystem von Lösungen bestimmen. Da man sich auf die m ersten Gleichungen beschränken kann, so gibt es ein Fundamentalsystem von folgender Form:

$$\begin{array}{llllll} \beta_{1,m+1}, & \ldots, & \beta_{m,m+1} & 1 & 0 \ldots 0 \\ \beta_{1,m+2}, & \ldots, & \beta_{m,m+2} & 0 & 1 \ldots 0 \\ \dots & & & & \\ \beta_{1,n} & \ldots, & \beta_{m,n} & 0 & 0 \ldots 1. \end{array}$$

Nach § 83 verwandelt dann die lineare Transformation

$$\begin{array}{l} x_1 = x_1' + \beta_{1,m+1} x_{m+1}' + \ldots + \beta_{1n} x_n', \\ \dots\dots\dots\dots\dots\dots \\ x_m = x_m' + \beta_{m,m+1} x_{m+1}' + \ldots + \beta_{mn} x_n', \\ x_{m+1} = x_{m+1}', \\ \dots\dots \\ x_n = x_n' \end{array}$$

f in eine Form in $x_1', x_2', \ldots, x_m'$. Es wird also vermöge dieser Transformation

$$f = \sum_{r,s}^{1,\ldots,m} a_{rs}' x_r' x_s'.$$

Setzt man

$$x_{m+1}' = \ldots = x_n' = 0,$$

so geht diese Formel in folgende über:

$$\sum_{r,s}^{1,\ldots,m} a_{rs} x_r x_s = \sum_{r,s}^{1,\ldots,m} a_{rs}' x_r x_s.$$

Daraus folgt

$$a_{rs}' = a_{rs} \quad (r, s = 1, 2, \ldots, m).$$

Die oben angegebene lineare Transformation bringt also f auf die Form

$$\sum_{r,s}^{1,\ldots,m} a_{rs} x_r' x_s'.$$

Diese Form in $x_1', x_2', \ldots, x_m'$ hat eine nichtverschwindende Diskriminante, kann also durch eine nichtsinguläre lineare Transformation in

$$\varepsilon_1 y_1^2 + \varepsilon_2 y_2^2 + \ldots + \varepsilon_m y_m^2 \qquad (\varepsilon_r = \pm 1)$$

verwandelt werden, und die lineare Transformation ist im Falle reeller a_{rs} reell.

§ 85. Das Trägheitsgesetz der quadratischen Formen.

Wir betrachten eine quadratische Form mit reellen Koeffizienten. Ist ihr Rang gleich m, so läßt sie sich durch eine lineare Transformation, die reell und nichtsingulär ist, auf die kanonische Gestalt

$$c_1 y_1^2 + c_2 y_2^2 + \dots + c_m y_m^2$$

bringen.

Wenn man diese Reduktion auf verschiedene Weisen ausführt, so ergibt sich immer dieselbe Anzahl positiver c, also auch immer dieselbe Anzahl negativer c.

Das ist das Trägheitsgesetz der quadratischen Formen.

Es ergebe sich bei der linearen Transformation

$$(1)\qquad x_r = \beta_{r1} y_1 + \beta_{r2} y_2 + \dots + \beta_{rn} y_n \qquad (r = 1, 2, \dots, n)$$

aus f die Form $c_1 y_1^2 + c_2 y_2^2 + \dots + c_m y_m^2$ und bei der linearen Transformation

$$(2)\qquad x_r = \gamma_{r1} z_1 + \gamma_{r2} z_2 + \dots + \gamma_{rn} z_n \qquad (r = 1, 2, \dots, n)$$

die Form $c'_1 z_1^2 + c'_2 z_2^2 + \dots + c'_m z_m^2$. Die linearen Transformationen sind beide reell und nichtsingulär.

Die Gleichungen (1) lassen sich also nach den y auflösen. Die Auflösung laute*)

$$(3)\qquad y_r = \bar\beta_{r1} x_1 + \bar\beta_{r2} x_2 + \dots + \bar\beta_{rn} x_n \qquad (r = 1, 2, \dots, n).$$

Unterwirft man nun die quadratische Form $c_1 y_1^2 + c_2 y_2^2 + \dots + c_m y_m^2$ der linearen Transformation (3), so geht sie in f über und f verwandelt sich bei der linearen Transformation (2) in $c'_1 z_1^2 + c'_2 z_2^2 + \dots + c'_m z_m^2$. Daraus entnehmen wir, daß $c_1 y_1^2 + c_2 y_2^2 + \dots + c_m y_m^2$ direkt in $c'_1 z_1^2 + c'_2 z_2^2 + \dots + c'_m z_m^2$ übergeht, wenn man die lineare Transformation (vgl. § 81)

$$\begin{pmatrix} \bar\beta_{11} & \bar\beta_{12} & \cdots & \bar\beta_{1n} \\ \bar\beta_{21} & \bar\beta_{22} & \cdots & \bar\beta_{2n} \\ \cdot & \cdot & \cdot & \cdot \\ \bar\beta_{n1} & \bar\beta_{n2} & \cdots & \bar\beta_{nn} \end{pmatrix} \begin{pmatrix} \gamma_{11} & \gamma_{12} & \cdots & \gamma_{1n} \\ \gamma_{21} & \gamma_{22} & \cdots & \gamma_{2n} \\ \cdot & \cdot & \cdot & \cdot \\ \gamma_{n1} & \gamma_{n2} & \cdots & \gamma_{nn} \end{pmatrix} = \begin{pmatrix} \delta_{11} & \delta_{12} & \cdots & \delta_{1n} \\ \delta_{21} & \delta_{22} & \cdots & \delta_{2n} \\ \cdot & \cdot & \cdot & \cdot \\ \delta_{n1} & \delta_{n2} & \cdots & \delta_{nn} \end{pmatrix}$$

anwendet.

Aus (3) und (2) folgt nämlich

$$(4)\qquad y_r = \delta_{r1} z_1 + \delta_{r2} z_2 + \dots + \delta_{rn} z_n \qquad (r = 1, 2, \dots, n),$$

wobei

$$\delta_{rs} = \bar\beta_{r1} \gamma_{1s} + \bar\beta_{r2} \gamma_{2s} + \dots + \bar\beta_{rn} \gamma_{ns}.$$

Vermöge der Transformation (4) ist also

$$c_1 y_1^2 + c_2 y_2^2 + \dots + c_m y_m^2 = c'_1 z_1^2 + c'_2 z_2^2 + \dots + c'_m z_m^2.$$

*) Man nennt (3) die zu (1) inverse Transformation.

Wir wollen jetzt annehmen, daß auf der linken Seite mehr positive Koeffizienten vorkommen als auf der rechten. Links gebe es p und rechts $p' (< p)$ solche Koeffizienten. Durch eine passende Umnumerierung der y und z läßt sich erreichen, daß gerade

$$c_1 > 0\,,\ c_2 > 0\,,\ \ldots,\ c_p > 0$$

und

$$c'_1 > 0\,,\ c'_2 > 0\,,\ \ldots,\ c'_{p'} > 0$$

ist.

Da $p' < p$, so ist die Anzahl der Gleichungen

$$(4)\qquad \begin{cases} y_{p+1} = \delta_{p+1,1} z_1 + \delta_{p+1,2} z_2 + \ldots + \delta_{p+1,n} z_n = 0\,, \\ \ldots\ldots\ldots\ldots\ldots\ldots\ldots \\ y_m = \delta_{m1} z_1 + \delta_{m2} z_2 + \ldots + \delta_{mn} z_n = 0\,, \\ z_1 = 0\,, \\ \ldots\ldots \\ z_{p'} = 0 \end{cases}$$

kleiner als m. Das System (4) hat also wenigstens $n - m + 1$ unabhängige reelle Lösungen (vgl. § 25). Dagegen hat das System

$$(5)\qquad z_1 = 0\,,\ z_2 = 0\,,\ \ldots,\ z_m = 0$$

genau $n - m$ reelle unabhängige Lösungen. Daraus geht hervor, daß es reelle Lösungen von (4) gibt, die nicht zugleich Lösungen von (5) sind. Ist $\bar z_1, \bar z_2, \ldots, \bar z_n$ eine solche und setzt man

$$\bar y_r = \delta_{r1} \bar z_1 + \delta_{r2} \bar z_2 + \ldots + \delta_{rn} \bar z_n \qquad (r = 1, 2, \ldots, n),$$

so wird

$$c_1 \bar y_1^2 + c_2 \bar y_2^2 + \ldots + c_m \bar y_m^2 \geqq 0\,,$$

weil die Glieder mit negativen Koeffizienten verschwind n. Dagegen hat man

$$c'_1 \bar z_1^2 + c'_2 \bar z_2^2 + \ldots + c'_m \bar z_m^2 < 0\,,$$

weil alle Glieder mit positiven Koeffizienten gleich Null sind, aber nicht alle Glieder mit negativen Koeffizienten.

Es kann also unmöglich

$$c_1 \bar y_1^2 + c_2 \bar y_2^2 + \ldots + c_m \bar y_m^2 = c'_1 \bar z_1^2 + c'_2 \bar z_2^2 + \ldots + c'_m \bar z_m^2$$

sein, und es gibt daher mindestens ebenso viele positive c' wie positive c. Das Umgekehrte gilt aber auch, weil wir auch von $c'_1 z_1^2 + c'_2 z_2^2 + \ldots + c'_m z_m^2$ zu $c_1 y_1^2 + c_2 y_2^2 + \ldots + c_m y_m^2$ durch eine reelle lineare Transformation gelangen können. Mithin ist $p = p'$.

q sei die Anzahl der negativen c. Dann ist $p + q = m$, also gleich dem **Rang** der quadratischen Form.

Die Differenz $p - q$ pflegt man die **Signatur** der Form zu nennen.

Wenn eine reelle quadratische Form den Rang m und die Signatur s hat, so läßt sie sich durch eine reelle und nichtsinguläre lineare Transformation in

(6) $$y_1^2 + \cdots + y^2_{\frac{m+s}{2}} - y^2_{\frac{m+s}{2}+1} - \cdots - y_m^2$$

überführen.

Die Formen $f = \sum a_{rs} x_r x_s$ und $f' = \sum a'_{rs} x'_r x'_s$ mögen beide den Rang m und die Signatur s haben. Dann gibt es eine lineare Transformation T, die f in (6) verwandelt, ebenso eine lineare Transformation T', die f' in (6) verwandelt *). Die zu T inverse Transformation, die wir mit T^{-1} bezeichnen wollen, führt (6) in f über. Wendet man nun auf f' zuerst T' an und dann T^{-1}, so geht f' in (6) und dann in f über. Die lineare Transformation $T' T^{-1}$ d. h. die lineare Transformation, die mit der Reihenfolge von T' und T^{-1} gleichwertig ist, verwandelt also die Form f' in f.

Wir wollen zwei reelle quadratische Formen, die sich durch reelle und nichtsinguläre lineare Transformation ineinander überführen lassen, **äquivalent** nennen. Dann können wir sagen, daß Formen von gleichem Rang und gleicher Signatur äquivalent sind.

Umgekehrt haben zwei äquivalente Formen gleichen Rang und gleiche Signatur. Gibt es nämlich eine lineare Transformation S (reell und nichtsingulär), die f in f' verwandelt, so führt die lineare Transformation $S T'$ die Form f in (3) über. f hat also denselben Rang und dieselbe Signatur wie f'.

Demnach gilt folgender Satz:

Zwei reelle quadratische Formen sind dann und nur dann äquivalent, wenn sie denselben Rang und dieselbe Signatur haben.

§ 86. Definite quadratische Formen.

Eine reelle quadratische Form vom Range m heißt **definit**, wenn ihre Signatur gleich m oder gleich $-m$ ist. Eine solche Form ist also entweder mit

$$x_1^2 + x_2^2 + \ldots + x_m^2$$

oder mit

$$-x_1^2 - x_2^2 - \ldots - x_m^2$$

äquivalent. Im ersten Falle spricht man von einer positiven quadratischen Form, im zweiten von einer negativen.

Wenn f eine definite Form ist, so hat man immer $f \geqq 0$ oder immer $f \leqq 0$, wie auch die reellen x gewählt werden.

---

*) T, T' sind reell und nichtsingulär.

Durch diese Eigenschaft sind die definiten Formen charakterisiert. Ist nämlich eine quadratische Form vom Range m nichtdefinit oder, wie man sagt, **indefinit**, so ist sie mit einer Form von folgender Gestalt äquivalent:

$$x_1^2 + \ldots + x_p^2 - x_{p+1}^2 - \ldots - x_m^2. \qquad (0 < p < m)$$

Eine solche Form ist sowohl positiver als auch negativer Werte fähig. Sie wird z. B. positiv, wenn man $x_1 = 1$ und alle andern x gleich Null macht, und negativ, wenn man $x_{p+1} = 1$ und alle andern x gleich Null macht.

Eine **nichtsinguläre** definite Form in n Veränderlichen ist entweder mit

$$x_1^2 + x_2^2 + \ldots + x_n^2$$

oder mit

$$-x_1^2 - x_2^2 - \ldots - x_n^2$$

äquivalent. Sie ist offenbar nur dann gleich Null, wenn alle Veränderlichen gleich Null sind.

Ist nun f eine nichtsinguläre positiv-definite Form, also mit $x_1^2 + \ldots + x_n^2$ äquivalent, so muß die Diskriminante von f, die sich von der Diskriminante 1 der äquivalenten Form um einen quadratischen Faktor unterscheidet (vgl. § 82), positiv sein. Da f den Charakter als nichtsinguläre positiv-definite Form bewahrt, wenn man einige x gleich Null setzt, so zeigt sich, daß auch alle Hauptminoren in der Diskriminante von f positiv sein müssen. Betrachtet man die negativ-definite Form $-f$, so ergibt sich sofort, daß in der Diskriminante einer solchen Form jeder Minor gerader Ordnung positiv, jeder von ungerader Ordnung aber negativ sein muß.

Es handelt sich hier um charakteristische Eigenschaften der beiden Formenarten. Man kann z. B. leicht zeigen, daß eine Form, in deren Matrix es nur positive Hauptminoren gibt, stets positiv ist und nur durch Nullsetzen aller x zum Verschwinden gebracht werden kann, daß sie also mit $x_1^2 + \ldots + x_n^2$ äquivalent ist. Für $n = 1$ ist der Satz selbstverständlich. Angenommen nun, er sei für $n - 1$ Veränderliche richtig, dann läßt er sich auch für n Veränderliche bestätigen. Man kann nämlich durch lineare Transformation von $x_1, \ldots, x_{n-1}$ die betrachtete Form in

$$x_1^2 + \ldots + x_{n-1}^2 + 2\,(a'_{1n}\, x_1 + \ldots + a'_{n-1,n}\, x_{n-1})\, x_n + a'_{nn}\, x_n^2$$

überführen und durch eine zweite lineare Transformation in

$$x_1^2 + \ldots + x_{n-1}^2 + a''_{nn}\, x_n^2.$$

Die Diskriminante dieser Form lautet also a''_{nn} und unterscheidet sich von der Diskriminante der ursprünglichen Form um einen positiven Faktor. Daher muß $a''_{nn} > 0$ sein und man kann es, indem man $\sqrt{a''_{nn}}$ zu x_n schlägt, zu 1 machen.

Der andre Fall (positive Hauptminoren gerader, negative ungerader Ordnung) erledigt sich durch Übergang von f zu $-f$.

Bemerkt sei noch, daß man nicht alle, sondern nur eine Folge ineinanderliegender Hauptminoren zu betrachten braucht.

§ 87. Reziproke einer quadratischen Form.

$f = \sum a_{rs} x_r x_s$ sei eine nichtsinguläre quadratische Form in $x_1, x_2, \ldots, x_n$. A_{rs} bezeichne wie gewöhnlich das algebraische Komplement von a_{rs} in der Determinante

$$A = \begin{vmatrix} a_{11} & a_{12} & \ldots & a_{1n} \\ a_{21} & a_{22} & \ldots & a_{2n} \\ \cdot & \cdot & \cdot & \cdot \\ a_{n1} & a_{n2} & \ldots & a_{nn} \end{vmatrix}.$$

Wir wollen die Form f der folgenden Transformation unterwerfen:

$$\begin{aligned} x_1 &= \frac{A_{11}}{A} x'_1 + \frac{A_{12}}{A} x'_2 + \ldots + \frac{A_{1n}}{A} x'_n, \\ x_2 &= \frac{A_{21}}{A} x'_1 + \frac{A_{22}}{A} x'_2 + \ldots + \frac{A_{2n}}{A} x'_n, \\ &\cdot\quad\cdot\quad\cdot\quad\cdot\quad\cdot\quad\cdot\quad\cdot \\ x_n &= \frac{A_{n1}}{A} x'_1 + \frac{A_{n2}}{A} x'_2 + \ldots + \frac{A_{nn}}{A} x'_n. \end{aligned}$$

Sie geht dabei über in $f' = \sum a'_{rs} x'_r x'_s$, und man hat (vgl. § 82)

$$\begin{pmatrix} a'_{11} & a'_{12} & \ldots & a'_{1n} \\ a'_{21} & a'_{22} & \ldots & a'_{2n} \\ \cdot & \cdot & \cdot & \cdot \\ a'_{n1} & a'_{n2} & \ldots & a'_{nn} \end{pmatrix}$$

$$= \begin{pmatrix} \frac{A_{11}}{A} & \frac{A_{21}}{A} & \ldots & \frac{A_{n1}}{A} \\ \frac{A_{12}}{A} & \frac{A_{22}}{A} & \ldots & \frac{A_{n2}}{A} \\ \cdot & \cdot & \cdot & \cdot \\ \frac{A_{1n}}{A} & \frac{A_{2n}}{A} & \ldots & \frac{A_{nn}}{A} \end{pmatrix} \begin{pmatrix} a_{11} & a_{12} & \ldots & a_{1n} \\ a_{21} & a_{22} & \ldots & a_{2n} \\ \cdot & \cdot & \cdot & \cdot \\ a_{n1} & a_{n2} & \ldots & a_{nn} \end{pmatrix} \begin{pmatrix} \frac{A_{11}}{A} & \frac{A_{12}}{A} & \ldots & \frac{A_{1n}}{A} \\ \frac{A_{21}}{A} & \frac{A_{22}}{A} & \ldots & \frac{A_{2n}}{A} \\ \cdot & \cdot & \cdot & \cdot \\ \frac{A_{n1}}{A} & \frac{A_{n2}}{A} & \ldots & \frac{A_{nn}}{A} \end{pmatrix}.$$

Nun ist aber

$$\begin{pmatrix} \frac{A_{11}}{A} & \frac{A_{21}}{A} & \ldots & \frac{A_{n1}}{A} \\ \frac{A_{12}}{A} & \frac{A_{22}}{A} & \ldots & \frac{A_{n2}}{A} \\ \cdot & \cdot & \cdot & \cdot \\ \frac{A_{1n}}{A} & \frac{A_{2n}}{A} & \ldots & \frac{A_{nn}}{A} \end{pmatrix} \begin{pmatrix} a_{11} & a_{12} & \ldots & a_{1n} \\ a_{21} & a_{22} & \ldots & a_{2n} \\ \cdot & \cdot & \cdot & \cdot \\ a_{n1} & a_{n2} & \ldots & a_{nn} \end{pmatrix} = \begin{pmatrix} 1 & 0 & \ldots & 0 \\ 0 & 1 & \ldots & 0 \\ \cdot & \cdot & \cdot & \cdot \\ 0 & 0 & \ldots & 1 \end{pmatrix}.$$

Also wird

$$\begin{pmatrix} a'_{11} & a'_{12} & \dots & a'_{1n} \\ a'_{21} & a'_{22} & \dots & a'_{2n} \\ \cdot & \cdot & \cdot & \cdot \\ a'_{n1} & a'_{n2} & \dots & a'_{nn} \end{pmatrix} = \begin{pmatrix} \frac{A_{11}}{A} & \frac{A_{12}}{A} & \dots & \frac{A_{1n}}{A} \\ \frac{A_{21}}{A} & \frac{A_{22}}{A} & \dots & \frac{A_{2n}}{A} \\ \cdot & \cdot & \cdot & \cdot \\ \frac{A_{n1}}{A} & \frac{A_{n2}}{A} & \dots & \frac{A_{nn}}{A} \end{pmatrix}.$$

Daraus ergibt sich

$$f' = \sum \frac{A_{rs}}{A} x'_r x'_s .$$

Man nennt diese Form die Reziproke von f. Bildet man von f' wieder die Reziproke, so ergibt sich f. In der Tat ist das algebraische Komplement von $\frac{A_{rs}}{A}$ in der Determinante

$$\begin{vmatrix} \frac{A_{11}}{A} & \frac{A_{12}}{A} & \dots & \frac{A_{1n}}{A} \\ \frac{A_{21}}{A} & \frac{A_{22}}{A} & \dots & \frac{A_{2n}}{A} \\ \cdot & \cdot & \cdot & \cdot \\ \frac{A_{n1}}{A} & \frac{A_{n2}}{A} & \dots & \frac{A_{nn}}{A} \end{vmatrix}$$

nach § 38 gleich $a_{rs} : A$. Die Determinante selbst ist gleich $\frac{1}{A}$. Die Reziproke der Form f' lautet also wirklich $\sum a_{rs} x_r x_s$.

Die Transformation, die f' in f verwandelt, ist folgende*):

$$\begin{aligned} x'_1 &= a_{11} x_1 + a_{12} x_2 + \dots + a_{1n} x_n , \\ x'_2 &= a_{21} x_1 + a_{22} x_2 + \dots + a_{2n} x_n , \\ &\cdot \quad \cdot \quad \cdot \quad \cdot \quad \cdot \quad \cdot \quad \cdot \\ x'_n &= a_{n1} x_1 + a_{n2} x_2 + \dots + a_{nn} x_n . \end{aligned}$$

Bilden wir zu einer reellen nichtsingulären Form f die Reziproke, so ist sie mit f äquivalent, hat also auch dieselbe Signatur wie f. Die Reziproke einer definiten Form f ist wieder definit, und zwar positiv oder negativ, je nachdem f positiv oder negativ ist.

§ 88. Orthogonale Transformation einer reellen quadratischen Form auf die Gestalt $\sum \varrho_\nu x_\nu^2$.

Wir wollen die Zahl ϱ einen p-fachen Eigenwert der reellen quadratischen Form $\sum a_{rs} x_r x_s$ nennen, wenn sie eine p-fache Wurzel

*) Man bedenke, daß $A_{rs} = A_{sr}$ ist.

der sogenannten charakteristischen Gleichung der Form ist, d. h. eine p-fache Wurzel der Gleichung

$$D(\omega) = \begin{vmatrix} a_{11}-\omega & a_{12} & \dots & a_{1n} \\ a_{21} & a_{22}-\omega & \dots & a_{2n} \\ \dots & \dots & \dots & \dots \\ a_{n1} & a_{n2} & \dots & a_{nn}-\omega \end{vmatrix} = 0.$$

Die Gleichungen

$$(1) \qquad \begin{cases} (a_{11}-\varrho)x_1 + a_{12}x_2 + \dots + a_{1n}x_n = 0, \\ a_{21}x_1 + (a_{22}-\varrho)x_2 + \dots + a_{2n}x_n = 0, \\ \dots\dots\dots\dots\dots\dots \\ a_{n1}x_1 + a_{n2}x_2 + \dots + (a_{nn}-\varrho)x_n = 0 \end{cases}$$

haben dann p unabhängige Lösungen. Man kann nämlich zeigen, daß die Determinante $D(\varrho)$ den Rang $n-p$ hat (vgl. § 89).

Da auch ϱ reell ist, können wir die Lösungen des Systems (1) reell annehmen.

Wir zeigen jetzt, daß sich p unabhängige reelle Lösungen von (1) so wählen lassen, daß je zwei das innere Produkt (vgl. § 30) Null geben. Man sagt von zwei solchen Lösungen, daß sie zueinander orthogonal sind.

Ist

$$(2) \qquad x_1, x_2, \dots, x_n$$

eine von 0, 0, ..., 0 verschiedene reelle Lösung von (1), so hat man

$$(xx) = x_1^2 + x_2^2 + \dots + x_n^2 > 0.$$

Nun sei

$$x_1', x_2', \dots, x_n'$$

eine von (2) unabhängige reelle Lösung des Systems (1). Dann ist auch

$$(3) \qquad x_1' + \lambda x_1, x_2' + \lambda x_2, \dots, x_n' + \lambda x_n \quad \text{oder} \quad y_1, y_2, \dots, y_n$$

eine solche Lösung, und man kann λ so wählen, daß sie zu (2) orthogonal ist*). Man braucht nur zu bewirken, daß

$$(x' + \lambda x, x) = (x'x) + \lambda(xx) = 0$$

wird. Das tritt aber ein für

$$\lambda = -\frac{(x'x)}{(xx)}.$$

Ist nun

$$x_1'', x_2'', \dots, x_n''$$

*) λ und μ sollen reell sein.

eine von (2) und (3) unabhängige reelle Lösung des Systems (1), so gilt dasselbe von

$$x_1'' + \lambda x_1 + \mu y_1, \ x_2'' + \lambda x_2 + \mu y_2, \ldots, x_n'' + \lambda x_n + \mu y_n,$$

und bei passender Wahl von λ, μ ist sie zu (2) und (3) orthogonal. Man muß es nur so einrichten, daß

$$(x'' + \lambda x + \mu y, x) = (x'' x) + \lambda(xx) + \mu(yx) = 0,$$
$$(x'' + \lambda x + \mu y, y) = (x'' y) + \lambda(xy) + \mu(yy) = 0$$

wird. Da

$$(yx) = 0$$

und (yy) ebenso wie (xx) positiv ist, so ergibt sich aus diesen beiden Gleichungen

$$\lambda = -\frac{(x''x)}{(xx)},$$
$$\mu = -\frac{(x''y)}{(yy)}.$$

Fährt man in dieser Weise fort, so erhält man p reelle Lösungen von (1), die paarweise orthogonal sind. Jede von diesen Lösungen können wir noch mit einem solchen Faktor multiplizieren, daß sie mit sich selbst das innere Produkt 1 liefert. Z. B. genügt es bei $x_1, x_2, \ldots, x_n$ alle x durch $\sqrt{(xx)}$ zu dividieren.

p reelle Lösungen von (1), die paarweise orthogonal sind und mit sich selbst das innere Produkt 1 liefern, wollen wir ein zu dem Eigenwert ϱ gehöriges **normiertes Orthogonalsystem** nennen.

p solche Lösungen sind von selbst unabhängig. Hätte man nämlich

$$\lambda x_r + \mu y_r + \nu z_r + \ldots = 0 \qquad (r = 1, 2, \ldots, n),$$

so würde daraus folgen:

$$(\lambda x + \mu y + \nu z + \ldots, x) = 0,$$
$$(\lambda x + \mu y + \nu z + \ldots, y) = 0,$$
$$(\lambda x + \mu y + \nu z + \ldots, z) = 0,$$
$$\ldots\ldots\ldots\ldots\ldots,$$

d. h.

$$\lambda(xx) = 0, \quad \mu(yy) = 0, \quad \nu(zz) = 0, \ldots$$

oder

$$\lambda = 0, \quad \mu = 0, \quad \nu = 0, \ldots$$

Wir denken uns jetzt für jeden Eigenwert von $\sum a_{rs} x_r x_s$ ein normiertes Orthogonalsystem gebildet. Schreiben wir diese Systeme untereinander, so entsteht eine quadratische Matrix

$$(4) \qquad \begin{cases} \beta_{11} \ \beta_{12} \cdots \beta_{1n} \\ \beta_{21} \ \beta_{22} \cdots \beta_{2n} \\ \cdot \quad \cdot \quad \cdot \quad \cdot \quad \cdot \\ \beta_{n1} \ \beta_{n2} \cdots \beta_{nn}. \end{cases}$$

Diese Matrix hat die Eigenschaft, daß jede Zeile mit sich selbst das innere Produkt 1 liefert, während das innere Produkt von zwei verschiedenen Zeilen gleich Null ist. Sobald die beiden Zeilen zu demselben Eigenwert gehören, geht dies daraus hervor, daß wir für jeden Eigenwert ein normiertes Orthogonalsystem aufgeschrieben haben. Sind

$$\beta_1, \beta_2, \ldots, \beta_n \quad \text{und} \quad \beta_1', \beta_2', \ldots, \beta_n'$$

zwei Zeilen von (4), die zu den Eigenwerten ϱ und ϱ' ($\gtrless \varrho$) gehören, so hat man

$$\begin{aligned}
(a_{11} - \varrho)\beta_1 + a_{12}\beta_2 + \ldots + a_{1n}\beta_n &= 0, \\
a_{21}\beta_1 + (a_{22} - \varrho)\beta_2 + \ldots + a_{2n}\beta_n &= 0, \\
\cdot\quad\cdot\quad\cdot\quad\cdot\quad\cdot\quad\cdot\quad\cdot\quad\cdot\quad\cdot\quad & \\
a_{n1}\beta_1 + a_{n2}\beta_2 + \ldots + (a_{nn} - \varrho)\beta_n &= 0
\end{aligned}$$

und

$$\begin{aligned}
(a_{11} - \varrho')\beta_1' + a_{12}\beta_2' + \ldots + a_{1n}\beta_n' &= 0, \\
a_{21}\beta_1' + (a_{22} - \varrho')\beta_2' + \ldots + a_{2n}\beta_n' &= 0, \\
\cdot\quad\cdot\quad\cdot\quad\cdot\quad\cdot\quad\cdot\quad\cdot\quad\cdot\quad\cdot\quad & \\
a_{n1}\beta_1' + a_{n2}\beta_2' + \ldots + (a_{nn} - \varrho')\beta_n' &= 0
\end{aligned}$$

oder, anders geschrieben,

$$\sum_s a_{rs}\beta_s = \varrho\beta_r, \qquad \sum_s a_{rs}\beta_s' = \varrho'\beta_r'.$$

$$(r = 1, 2, \ldots, n)$$

Daraus folgt aber

$$(5) \qquad \begin{cases} \sum\limits_{r,s} a_{rs}\beta_r'\beta_s = \varrho \sum\limits_r \beta_r\beta_r', \\ \sum\limits_{r,s} a_{rs}\beta_r\beta_s' = \varrho' \sum\limits_s \beta_r\beta_r'. \end{cases}$$

Da $a_{rs} = a_{sr}$ ist, hat man

$$\sum a_{rs}\beta_r'\beta_s = \sum a_{sr}\beta_r'\beta_s = \sum a_{rs}\beta_s'\beta_r.$$

Man darf nämlich in $\sum a_{sr}\beta_r'\beta_s$ die beiden gleichberechtigten Indizes r, s vertauschen.

Durch Subtraktion ergibt sich also aus (5)

$$0 = (\varrho - \varrho')\sum_r \beta_r\beta_r'$$

oder, da $\varrho \gtrless \varrho'$ angenommen wird,

$$\sum_r \beta_r\beta_r' = 0.$$

Die Transformation

$$x_r = \beta_{1r}x_1' + \beta_{2r}x_2' + \ldots + \beta_{nr}x_n' \qquad (r = 1, 2, \ldots, n)$$

hat also auf Grund der Relationen, die zwischen den β bestehen, die Eigenschaft $\quad x_1^2 + x_2^2 + \ldots + x_n^2 = x_1'^2 + x_2'^2 + \ldots + x_n'^2.$

Man nennt eine solche lineare Transformation **orthogonal** (vgl. hierzu § 70).

Wenden wir diese orthogonale Transformation auf die Form $\sum a_{rs} x_r x_s$ an, so geht sie in $\sum a'_{rs} x'_r x'_s$ über und die a'_{rs} hängen mit den a_{rs} in folgender Weise zusammen:

$$\begin{pmatrix} a'_{11} \dots a'_{1n} \\ \cdot\ \cdot\ \cdot\ \cdot\ \cdot \\ a'_{n1} \dots a'_{nn} \end{pmatrix}$$

$$= \begin{pmatrix} \beta_{11} \cdots \beta_{1n} \\ \cdot\ \cdot\ \cdot\ \cdot\ \cdot \\ \beta_{n1} \cdots \beta_{nn} \end{pmatrix} \begin{pmatrix} a_{11} \cdots a_{1n} \\ \cdot\ \cdot\ \cdot\ \cdot\ \cdot \\ a_{n1} \dots a_{nn} \end{pmatrix} \begin{pmatrix} \beta_{11} \cdots \beta_{n1} \\ \cdot\ \cdot\ \cdot\ \cdot\ \cdot \\ \beta_{1n} \cdots \beta_{nn} \end{pmatrix}.$$

Die beiden letzten Faktoren der rechten Seite geben das Produkt

$$\begin{pmatrix} \varrho_1 \beta_{11} \cdots \varrho_n \beta_{n1} \\ \cdot\ \cdot\ \cdot\ \cdot\ \cdot\ \cdot\ \cdot \\ \varrho_1 \beta_{1n} \cdots \varrho_n \beta_{nn} \end{pmatrix}.$$

Dabei sind $\varrho_1, \dots, \varrho_n$ die Eigenwerte von $\sum a_{rs} x_r x_s$, und zwar ist jeder so oft aufgeschrieben, als seine Vielfachheit verlangt.

Auf Grund der Relationen zwischen den β ist nun weiter

$$\begin{pmatrix} \beta_{11} \cdots \beta_{1n} \\ \cdot\ \cdot\ \cdot\ \cdot\ \cdot \\ \beta_{n1} \dots \beta_{nn} \end{pmatrix} \begin{pmatrix} \varrho_1 \beta_{11} \cdots \varrho_n \beta_{n1} \\ \cdot\ \cdot\ \cdot\ \cdot\ \cdot\ \cdot\ \cdot \\ \varrho_1 \beta_{1n} \cdots \varrho_n \beta_{nn} \end{pmatrix} = \begin{pmatrix} \varrho_1 \cdots 0 \\ \cdot\ \cdot\ \cdot\ \cdot \\ 0 \dots \varrho_n \end{pmatrix},$$

so daß man hat

$$\sum a'_{rs} x'_r x'_s = \sum \varrho_s x'^2_s.$$

Hiermit ist bewiesen, daß jede reelle quadratische Form durch eine orthogonale Transformation auf die Gestalt $\sum \varrho_s x'^2_s$ gebracht werden kann.

§ 89. Hermitesche Formen.

$h = \sum a_{rs} x_r \bar{x}_s$ sei eine Bilinearform, bei der a_{rs} und a_{sr} konjugiert komplex sind ($r, s = 1, 2, \dots, n$). x_r und $\bar{x}_r$ mögen ebenfalls konjugiert komplex sein.

Eine solche Bilinearform nennt man eine **Hermitesche** Form.

Wir wollen die Betrachtungen des § 88 auf diese Formen übertragen. Die Gleichung

$$D(\omega) = \begin{vmatrix} a_{11} - \omega & a_{12} & \dots & a_{1n} \\ a_{21} & a_{22} - \omega & \dots & a_{2n} \\ \cdot & \cdot & \cdot & \cdot \\ a_{n1} & a_{n2} & \dots & a_{nn} - \omega \end{vmatrix} = 0$$

heißt die charakteristische Gleichung der Form h. Ihre Wurzeln sind sämtlich reell, wie wir wissen.

Ist $\omega = \varrho$ eine p-fache Wurzel dieser Gleichung, so hat, wie wir jetzt zeigen wollen, die Determinante $D(\varrho)$ den Rang $n - p$.

Wir bezeichnen mit $\bar{a}$ die zu a konjugierte komplexe Zahl und bilden

$$\bar{D}(\omega) = \begin{vmatrix} \bar{a}_{11} - \omega & \bar{a}_{12} & \dots & \bar{a}_{1n} \\ \bar{a}_{21} & \bar{a}_{22} - \omega & \dots & \bar{a}_{2n} \\ \cdot & \cdot & \cdot & \cdot \\ \bar{a}_{n1} & \bar{a}_{n2} & \dots & \bar{a}_{nn} - \omega \end{vmatrix}.$$

$\bar{D}(\omega)$ entsteht aus $D(\omega)$ durch Vertauschung der Zeilen mit den Spalten. $D(w)$ und $\bar{D}(\omega)$ sind also einander gleich für alle Werte von ω.

Wenn nun ϱ eine p-fache Wurzel von $D(\omega)$ ist, so hat die Gleichung

$$D(\varrho + u)\,\bar{D}(\varrho - u) = 0$$

die $2p$-fache Wurzel $u = 0$. Daher müssen in dieser Gleichung die Koeffizienten von

$$u^0,\ u^2,\ \dots,\ u^{2(p-1)}$$

gleich Null sein, während der Koeffizient von u^{2p} ungleich Null ist.

Der Koeffizient von u^{2k} ist aber gleich

$$\pm \sum M_{n-k}\,\bar{M}_{n-k}.$$

Dabei ist M_{n-k} ein $(n-k)$-reihiger von $D(\varrho)$ und $\bar{M}_{n-k}$ der entsprechende Minor in $\bar{D}(\varrho)$. Die Summation erstreckt sich über alle derartigen Minoren. Da $M_{n-k}\bar{M}_{n-k}$ das Produkt von zwei konjugierten Zahlen ist, so ist es positiv und nur dann gleich Null, wenn M_{n-k} verschwindet. Aus

$$\sum M_{n-k} M_{n-k} = 0 \qquad (k = 0, 1, \dots, p-1)$$

folgt also, daß in $D(\varrho)$ alle mehr als $(n-p)$-reihigen Minoren gleich Null sind. Soll aber

$$\sum M_{n-p}\,\bar{M}_{n-p} \neq 0$$

sein, so dürfen in $D(\varrho)$ nicht alle $(n-p)$-reihigen Minoren verschwinden. Die Determinante $D(\varrho)$ hat demnach den Rang $n - p$.

Das Gleichungssystem

$$(1) \qquad \begin{cases} (a_{11} - \varrho)\,x_1 + a_{12}\,x_2 + \dots + a_{1n}\,x_n = 0, \\ a_{21}\,x_1 + (a_{22} - \varrho)\,x_2 + \dots + a_{2n}\,x_n = 0, \\ \cdot\quad \cdot\quad \cdot\quad \cdot\quad \cdot\quad \cdot\quad \cdot \\ a_{n1}\,x_1 + a_{n2}\,x_2 + \dots + (a_{nn} - \varrho)\,x_n = 0 \end{cases}$$

läßt p unabhängige Lösungen zu.

Ist

(2) $$x_1, x_2, \ldots, x_n$$

eine von 0, 0, ..., 0 verschiedene Lösung von (1), so wird

$$(x\bar{x}) = x_1\bar{x}_1 + x_2\bar{x}_2 + \ldots + x_n\bar{x}_n > 0$$

sein. Dividiert man $x_1, x_2, \ldots, x_n$ durch $\sqrt{(x\bar{x})}$, so entsteht ein Wertsystem, das mit dem konjugierten das innere Produkt 1 liefert.

Wir können also erreichen, daß die Lösung (2) die Eigenschaft

$$(x\bar{x}) = 1$$

hat.

Nun sei $$x'_1, x'_2, \ldots, x'_n$$

eine von (2) unabhängige Lösung von (1). Dasselbe gilt dann von

(3) $$x'_1 + \lambda x_1,\ x'_2 + \lambda x_2, \ldots, x'_n + \lambda x_n \quad \text{oder} \quad y_1, y_2, \ldots, y_n,$$

und bei geeigneter Wahl von λ ist

$$(y\bar{x}) = 0.$$

Man braucht nämlich nur zu bewirken, daß

$$(x'\bar{x}) + \lambda(x\bar{x}) = 0,$$

d. h.

$$\lambda = -(x'\bar{x})$$

wird.

Durch Multiplikation mit $1 : \sqrt{(y\bar{y})}$ läßt sich erreichen, daß die Lösung (3) die Eigenschaft

$$(y\bar{y}) = 1$$

hat.

Gibt es eine von (2) und (3) unabhängige Lösung des Systems (1), etwa

$$x''_1, x''_2, \ldots, x''_n,$$

so ist auch

$$x''_1 + \lambda x_1 + \mu y_1,\ x''_2 + \lambda x_2 + \mu y_2, \ldots, x''_n + \lambda x_n + \mu y_n$$

oder

(4) $$z_1, z_2, \ldots, z_n$$

eine solche. λ, μ lassen sich in der Weise wählen, daß

$$(z\bar{x}) = 0, \quad (z\bar{y}) = 0$$

ist. Diese Gleichungen lauten nämlich, ausführlich geschrieben,

$$(x''\bar{x}) + \lambda(x\bar{x}) + \mu(y\bar{x}) = 0,$$
$$(x''\bar{y}) + \lambda(x\bar{y}) + \mu(y\bar{y}) = 0$$

oder

$$(x''\bar{x}) + \lambda = 0, \quad (x''\bar{y}) + \mu = 0.$$

Durch Multiplikation mit $1 : \sqrt{(z\bar{z})}$ gewinnt (4) die Eigenschaft

$$(z\bar{z}) = 1.$$

In dieser Weise kann man fortfahren, bis man p Lösungen von (1) hat. Wir wollen diese p Lösungen ein zu ϱ gehöriges **normiertes Orthogonalsystem** nennen*). ϱ selbst bezeichnen wir als einen p-**fachen Eigenwert** der **Hermiteschen** Form.

Jetzt denken wir uns zu jedem Eigenwert der Form ein normiertes Orthogonalsystem gebildet. Schreiben wir diese Systeme untereinander, so entsteht eine quadratische Matrix

$$\begin{matrix} \beta_{11} & \beta_{12} & \cdots & \beta_{1n} \\ \beta_{21} & \beta_{22} & \cdots & \beta_{2n} \\ \cdot & \cdot & \cdot & \cdot \\ \beta_{n1} & \beta_{n2} & \cdots & \beta_{nn}, \end{matrix}$$

in der je zwei Zeilen zueinander orthogonal sind und jede Zeile mit dem zu ihr konjugierten Wertsystem das innere Produkt 1 liefert. Es zeigt sich nämlich, daß zwei zu verschiedenen Eigenwerten gehörige Zeilen von selbst zueinander orthogonal sind. Man kann diese Beziehungen auch in folgender Weise zusammenfassen.

Setzt man

$$x_r = \beta_{1r}\, y_1 + \beta_{2r}\, y_2 + \cdots + \beta_{nr}\, y_n \qquad (5)$$
$$(r = 1, 2, \ldots, n),$$

so ist

$$(x\bar{x}) = (y\bar{y}).$$

Wir wollen die Transformation (5) auf Grund dieser Eigenschaft **orthogonal** nennen. Im Falle reeller β haben wir dann eine orthogonale Transformation im bisherigen Sinne, nämlich eine Transformation mit der Eigenschaft

$$(xx) = (yy).$$

Jetzt wenden wir auf die **Hermitesche** Form $\sum a_{rs}\, x_r\, \bar{x}_s$ die Transformation

$$x_r = \bar{\beta}_{1r}\, z_1 + \bar{\beta}_{2r}\, z_2 + \cdots + \bar{\beta}_{nr}\, z_n \qquad (6)$$
$$(r = 1, 2, \ldots, n)$$

an. Wir müssen dann, da x_r und $\bar{x}_r$ konjugiert komplex sind,

$$\bar{x}_r = \beta_{1r}\, \bar{z}_1 + \beta_{2r}\, \bar{z}_2 + \cdots + \beta_{nr}\, \bar{z}_n$$

setzen.

---

*) Zwei komplexe Wertsysteme $x_1, x_2, \ldots, x_n$ und $y_1, y_2, \ldots, y_n$ heißen zueinander orthogonal, wenn eins mit dem konjugierten des andern das innere Produkt Null liefert: $(x\bar{y}) = 0$. Dann ist auch $(\bar{x}y) = 0$.

Dabei geht $\sum a_{rs} x_r \bar{x}_s$ in $\sum c_{rs} z_r \bar{z}_s$ über, und man hat nach § 81

$$\begin{pmatrix} c_{11} & \dots & c_{1n} \\ \cdot & \cdot & \cdot \\ c_{n1} & \dots & c_{nn} \end{pmatrix}$$

$$= \begin{pmatrix} \bar{\beta}_{11} & \dots & \bar{\beta}_{1n} \\ \cdot & \cdot & \cdot \\ \bar{\beta}_{n1} & \dots & \bar{\beta}_{nn} \end{pmatrix} \begin{pmatrix} a_{11} & \dots & a_{1n} \\ \cdot & \cdot & \cdot \\ a_{n1} & \dots & a_{nn} \end{pmatrix} \begin{pmatrix} \beta_{11} & \dots & \beta_{n1} \\ \cdot & \cdot & \cdot \\ \beta_{1n} & \dots & \beta_{nn} \end{pmatrix}.$$

Nun ist aber

$$\begin{pmatrix} a_{11} & \dots & a_{1n} \\ \cdot & \cdot & \cdot \\ a_{n1} & \dots & a_{nn} \end{pmatrix} \begin{pmatrix} \beta_{11} & \dots & \beta_{n1} \\ \cdot & \cdot & \cdot \\ \beta_{1n} & \dots & \beta_{nn} \end{pmatrix} = \begin{pmatrix} \varrho_1 \beta_{11} & \dots & \varrho_n \beta_{n1} \\ \cdot & \cdot & \cdot \\ \varrho_1 \beta_{1n} & \dots & \varrho_n \beta_{nn} \end{pmatrix}.$$

Dabei sind $\varrho_1, \varrho_2, \dots, \varrho_n$ die Eigenwerte von $\sum a_{rs} x_r \bar{x}_s$, jeder mit der entsprechenden Vielfachheit geschrieben.

Ferner hat man

$$\begin{pmatrix} \bar{\beta}_{11} & \dots & \bar{\beta}_{1n} \\ \cdot & \cdot & \cdot \\ \bar{\beta}_{n1} & \dots & \bar{\beta}_{nn} \end{pmatrix} \begin{pmatrix} \varrho_1 \beta_{11} & \dots & \varrho_n \beta_{n1} \\ \cdot & \cdot & \cdot \\ \varrho_1 \beta_{1n} & \dots & \varrho_n \beta_{nn} \end{pmatrix} = \begin{pmatrix} \varrho_1 & \dots & 0 \\ \cdot & \cdot & \cdot \\ 0 & \dots & \varrho_n \end{pmatrix}.$$

Die orthogonale Transformation (6) verwandelt also

$$\sum a_{rs} x_r \bar{x}_s \quad \text{in} \quad \sum \varrho_s z_s \bar{z}_s.$$

Die zu (6) inverse Transformation lautet

$$z_r = \beta_{r1} x_1 + \beta_{r2} x_2 + \dots + \beta_{rn} x_n \text{ *)}$$
$$(r = 1, 2, \dots, n).$$

Sie ist ebenfalls orthogonal und verwandelt $\sum \varrho_s z_s \bar{z}_s$ in $\sum a_{rs} x_r \bar{x}_s$.

§ 90. Definite Hermitesche Formen.

Eine Hermitesche Form $\sum a_{rs} x_r \bar{x}_s$ hat stets einen reellen Wert. Die zu

$$\sum a_{rs} x_r \bar{x}_s$$

konjugierte komplexe Zahl lautet nämlich

$$\sum \bar{a}_{rs} \bar{x}_r x_s = \sum a_{sr} x_s \bar{x}_r,$$

weil $\bar{a}_{rs} = a_{sr}$ ist.

r und s sind aber gleichberechtigte Indizes. Es ist also

$$\sum a_{sr} x_s \bar{x}_r = \sum a_{rs} x_r \bar{x}_s,$$

mithin

$$\sum a_{rs} x_r \bar{x}_s = \sum \bar{a}_{rs} \bar{x}_r x_s.$$

*) Man kann hieraus entnehmen, daß die Determinante der β mit der Determinante der $\bar{\beta}$ das Produkt 1 gibt. Der Betrag einer orthogonalen Determinante ist also auch hier gleich 1 (vgl. § 69).

Es gibt Hermitesche Formen, die niemals negativ sind, und ebenso solche, die niemals positiv sind. Man nennt diese Formen positive bzw. negative Hermitesche Formen und beide zusammen definite Hermitesche Formen. Die andern Hermiteschen Formen heißen indefinit. Die letzteren haben sowohl positive als auch negative Werte.

Durch eine orthogonale Transformation läßt sich, wie wir wissen, erreichen, daß

$$\sum a_{rs}\, x_r\, \bar{x}_s = \sum \varrho_s\, z_s\, \bar{z}_s$$

wird. Die beiden Hermiteschen Formen

$$\sum a_{rs}\, x_r\, \bar{x}_s \quad \text{und} \quad \sum \varrho_s\, z_s\, \bar{z}_s$$

sind also entweder beide definit oder beide indefinit.

Soll nun

$$\sum \varrho_s z_s \bar{z}_s$$

z. B. positiv sein, so darf kein ϱ negativ sein. Wäre z. B. $\varrho_s < 0$, so setze man $z_s = 1$ und alle übrigen z gleich Null. Dann wird die obige Hermitesche Form gleich ϱ_s, also negativ, gegen die Voraussetzung. Sind aber alle ϱ positiv oder Null, so sind die Glieder $\varrho_s z_s \bar{z}_s$ jedenfalls nicht negativ. Die Hermitesche Form ist also in diesem Falle sicher definit.

Es gilt demnach folgender Satz:

Eine Hermitesche Form ist dann und nur dann positiv, wenn keiner ihrer Eigenwerte negativ ist, und dann und nur dann negativ, wenn keiner ihrer Eigenwerte positiv ist.

Sie ist also dann und nur dann definit, wenn alle ihre Eigenwerte dasselbe Zeichen haben.

§ 91. Trägheitsgesetz der Hermiteschen Formen.

Wir wissen, daß sich eine Hermitesche Form $\sum a_{rs}\, x_r\, \bar{x}_s$ immer auf die Gestalt

$$\sum c_r x_r \bar{x}_r$$

bringen läßt, und zwar durch eine nichtsinguläre lineare Transformation.

Wenn die Hermitesche Form den Rang m hat*), so sind m Koeffizienten c ungleich Null.

Unter diesen nichtverschwindenden c möge es nun p positive und q negative geben**). Es stellt sich dann heraus, daß $p - q$ immer denselben Wert hat, wie man auch die Reduktion auf $\sum c_r\, x_r\, \bar{x}_r$ ausführt. $p - q$ heißt die Signatur der Hermiteschen Form.

---

*) d. h. wenn die Determinante der Form vom Range m ist.

**) Die c sind alle reell.

Der Beweis wird ähnlich wie in § 85 geführt.

Nennt man zwei Hermitesche Formen äquivalent, wenn sie sich durch eine nichtsinguläre lineare Transformation ineinander überführen lassen, so gilt folgender Satz:

Zwei Hermitesche Formen sind dann und nur dann äquivalent, wenn sie denselben Rang und dieselbe Signatur haben.

Dreizehntes Kapitel.

Funktionaldeterminanten.

§ 92. Funktionalmatrix.

Wir betrachten m Funktionen von n reellen Veränderlichen:

$$u_1(x_1, x_2, \ldots, x_n),\ u_2(x_1, x_2, \ldots, x_n),\ \ldots,\ u_m(x_1, x_2, \ldots, x_n)$$

und bilden aus ihren ersten Ableitungen die folgende Matrix:

$$\begin{matrix} \frac{\partial u_1}{\partial x_1} & \frac{\partial u_1}{\partial x_2} & \cdots & \frac{\partial u_1}{\partial x_n} \\ \frac{\partial u_2}{\partial x_1} & \frac{\partial u_2}{\partial x_2} & \cdots & \frac{\partial u_2}{\partial x_n} \\ \cdot & \cdot & \cdot & \cdot \\ \frac{\partial u_m}{\partial x_1} & \frac{\partial u_m}{\partial x_2} & \cdots & \frac{\partial u_m}{\partial x_n} \end{matrix}.$$

Man nennt sie die Funktionalmatrix von $u_1, u_2, \ldots, u_m$ nach $x_1, x_2, \ldots, x_n$.

Im Falle $m = n$ ist die Matrix quadratisch. Ihre Determinante heißt dann die Funktionaldeterminante oder die Jacobische Determinante von $u_1, u_2, \ldots, u_n$ nach $x_1, x_2, \ldots, x_n$.

Man bezeichnet die Funktionaldeterminante, weil sie sich als Verallgemeinerung eines Differentialquotienten auffassen läßt, mit

$$\frac{d(u_1, u_2, \ldots, u_n)}{d(x_1, x_2, \ldots, x_n)}.^{*)}$$

Eine andere häufig benutzte Bezeichnung ist diese:

$$\begin{pmatrix} u_1, u_2, \ldots, u_n \\ x_1, x_2, \ldots, x_n \end{pmatrix}.$$

---

*) Manche Autoren schreiben ∂ oder D statt d.

Man hat also

$$\frac{d(u_1, u_2, \ldots, u_n)}{d(x_1, x_2, \ldots, x_n)} = \binom{u_1, u_2, \ldots, u_n}{x_1, x_2, \ldots, x_n}$$

$$= \begin{vmatrix} \frac{\partial u_1}{\partial x_1} & \frac{\partial u_1}{\partial x_2} & \cdots & \frac{\partial u_1}{\partial x_n} \\ \frac{\partial u_2}{\partial x_1} & \frac{\partial u_2}{\partial x_2} & \cdots & \frac{\partial u_2}{\partial x_n} \\ \cdot & \cdot & \cdot & \cdot \\ \frac{\partial u_n}{\partial x_1} & \frac{\partial u_n}{\partial x_2} & \cdots & \frac{\partial u_n}{\partial x_n} \end{vmatrix}.$$

In der r-ten Zeile stehen die Ableitungen von u_r, in der r-ten Spalte die Ableitungen nach x_r.

Sind $u_1, u_2, \ldots, u_n$ lineare Formen in $x_1, x_2, \ldots, x_n$, so ist die Funktionaldeterminante nichts anderes als die Determinante dieser Linearformen. Man hat nämlich, wenn

$$u_r = a_{r1} x_1 + a_{r2} x_2 + \ldots + a_{rn} x_n$$

ist ($r = 1, 2, \ldots, n$),

$$\frac{d(u_1, u_2, \ldots, u_n)}{d(x_1, x_2, \ldots, x_n)} = \begin{vmatrix} a_{11} & a_{12} & \ldots & a_{1n} \\ a_{21} & a_{22} & \ldots & a_{2n} \\ \cdot & \cdot & \cdot & \cdot \\ a_{n1} & a_{n2} & \ldots & a_{nn} \end{vmatrix}.$$

§ 93. Die Funktionaldeterminante als Quotient von zwei Differentialdeterminanten.

Wir betrachten n Systeme von Differentialen der unabhängigen Veränderlichen $x_1, x_2, \ldots, x_n$:

$$\begin{matrix} d_1 x_1, & d_1 x_2, & \ldots, & d_1 x_n \\ d_2 x_1, & d_2 x_2, & \ldots, & d_2 x_n \\ \cdot & \cdot & \cdot & \cdot \\ d_n x_1, & d_n x_2, & \ldots, & d_n x_n. \end{matrix} \tag{1}$$

Ersetzen wir in dem Differential von u_s

$$du_s = \frac{\partial u_s}{\partial x_1} dx_1 + \frac{\partial u_s}{\partial x_2} dx_2 + \ldots + \frac{\partial u_s}{\partial x_n} dx_n$$

$dx_1, dx_2, \ldots, dx_n$ durch

$$d_r x_1, d_r x_2, \ldots, d_r x_n,$$

so verwandelt sich du_s in

$$d_r u_s = \frac{\partial u_s}{\partial x_1} d_r x_1 + \frac{\partial u_s}{\partial x_2} d_r x_2 + \ldots + \frac{\partial u_s}{\partial x_n} d_r x_n.$$

Ist nun die Determinante der Matrix (1) ungleich Null, so hat man

$$\begin{vmatrix} d_1 u_1 & d_1 u_2 & \dots & d_1 u_n \\ d_2 u_1 & d_2 u_2 & \dots & d_2 u_n \\ \cdot & \cdot & \cdot & \cdot \\ d_n u_1 & d_n u_2 & \dots & d_n u_n \end{vmatrix} : \begin{vmatrix} d_1 x_1 & d_1 x_2 & \dots & d_1 x_n \\ d_2 x_1 & d_2 x_2 & \dots & d_2 x_n \\ \cdot & \cdot & \cdot & \cdot \\ d_n x_1 & d_n x_2 & \dots & d_n x_n \end{vmatrix}$$

$$= \frac{d(u_1, u_2, \dots, u_n)}{d(x_1, x_2, \dots, x_n)}.$$

Die Funktionaldeterminante ist hiermit als Quotient zweier Differentialdeterminanten dargestellt, d. h. zweier Determinanten, deren Elemente Differentiale sind.

Eine Funktion u, die in einer gewissen Umgebung des Wertsystems $x_1, x_2, \dots, x_n$ definiert ist, kann so beschaffen sein, daß der Quotient

$$\frac{\Delta u - du}{|dx_1| + \dots + |dx_n|}$$

gleichzeitig mit

$$|dx_1| + \dots + |dx_n|$$

nach Null konvergiert. Dabei soll

$$\Delta u = u(x_1 + dx_1, \dots, x_n + dx_n) - u(x_1, \dots, x_n),$$

$$du = \frac{\partial u}{\partial x_1} dx_1 + \dots + \frac{\partial u}{\partial x_n} dx_n$$

und

$$|dx_1| + \dots + |dx_n| > 0$$

sein.

Wir wollen von einer solchen Funktion u sagen, daß sie an der Stelle $x_1, x_2, \dots, x_n$ ein eigentliches Differential besitzt oder eigentlich differenzierbar ist.

Wenn $u_1, u_2, \dots, u_n$ an der Stelle $x_1, x_2, \dots, x_n$ eigentlich differenzierbar sind, so läßt sich zeigen, daß der Quotient*)

$$\begin{vmatrix} \Delta_1 u_1 & \Delta_1 u_2 & \dots & \Delta_1 u_n \\ \Delta_2 u_1 & \Delta_2 u_2 & \dots & \Delta_2 u_n \\ \cdot & \cdot & \cdot & \cdot \\ \Delta_n u_1 & \Delta_n u_2 & \dots & \Delta_n u_n \end{vmatrix} : \begin{vmatrix} d_1 x_1 & d_1 x_2 & \dots & d_1 x_n \\ d_2 x_1 & d_2 x_2 & \dots & d_2 x_n \\ \cdot & \cdot & \cdot & \cdot \\ d_n x_1 & d_n x_2 & \dots & d_n x_n \end{vmatrix}$$

bei nach Null konvergierenden dx dem Grenzwert

$$\frac{d(u_1, u_2, \dots, u_n)}{d(x_1, x_2, \dots, x_n)}$$

zustrebt.

*) $\Delta_r u_s = u_s(x_1 + d_r x_1, \dots, x_n + d_r x_n) - u_s(x_1, \dots, x_n)$.

Dabei müssen aber die dx noch einer Bedingung unterworfen werden. Daß der Satz nicht allgemein gilt, sieht man an folgendem Beispiel, das sich auf den Fall $n = 2$ bezieht.

$$u_1 = x_1, \quad u_2 = x_2^2,$$
$$d_1 x_1 = \delta, \quad d_1 x_2 = \delta,$$
$$d_2 x_1 = -\delta, \; d_2 x_2 = -\delta + \delta^2.$$

Hier ist
$$\frac{d(u_1, u_2)}{d(x_1, x_2)} = \begin{vmatrix} 1 & 0 \\ 0 & 2x_2 \end{vmatrix} = 2x_2,$$

ferner
$$\begin{vmatrix} \varDelta_1 u_1 & \varDelta_1 u_2 \\ \varDelta_2 u_1 & \varDelta_2 u_2 \end{vmatrix} = \begin{vmatrix} \delta, & 2x_2\delta + \delta^2 \\ -\delta, & 2x_2(-\delta + \delta^2) + (-\delta + \delta^2)^2 \end{vmatrix}$$
$$= 2x_2\delta^3 + \delta^3(2 - 2\delta + \delta^2)$$

und
$$\begin{vmatrix} d_1 x_1 & d_1 x_2 \\ d_2 x_1 & d_2 x_2 \end{vmatrix} = \delta^3,$$

also
$$\begin{vmatrix} \varDelta_1 u_1 & \varDelta_1 u_2 \\ \varDelta_2 u_1 & \varDelta_2 u_2 \end{vmatrix} : \begin{vmatrix} d_1 x_1 & d_1 x_2 \\ d_2 x_1 & d_2 x_2 \end{vmatrix} = 2x_2 + 2 - 2\delta + \delta^2.$$

Lassen wir δ nach Null konvergieren, so strebt dieser Quotient nicht dem Grenzwert $\frac{d(u_1, u_2)}{d(x_1, x_2)} = 2x_2$ zu, sondern dem Grenzwert

$$2x_2 + 2.$$

Eine erste Bedingung, die wir den dx auferlegen müssen, ist die, daß

$$\begin{vmatrix} d_1 x_1 & d_1 x_2 & \dots & d_1 x_n \\ d_2 x_1 & d_2 x_2 & \dots & d_2 x_n \\ \cdot & \cdot & \cdot & \cdot \\ d_n x_1 & d_n x_2 & \dots & d_n x_n \end{vmatrix} \neq 0$$

ist.

Die Summen $\quad \sigma_r = |d_r x_1| + \dots + |d_r x_n|$

sind also alle positiv.

Wir wollen jetzt den dx noch die weitere Bedingung vorschreiben, daß die Determinante

$$\begin{vmatrix} \frac{d_1 x_1}{\sigma_1} & \frac{d_1 x_2}{\sigma_1} & \dots & \frac{d_1 x_n}{\sigma_1} \\ \frac{d_2 x_1}{\sigma_2} & \frac{d_2 x_2}{\sigma_2} & \dots & \frac{d_2 x_n}{\sigma_2} \\ \cdot & \cdot & \cdot & \cdot \\ \frac{d_n x_1}{\sigma_n} & \frac{d_n x_2}{\sigma_n} & \dots & \frac{d_n x_n}{\sigma_n} \end{vmatrix} = \frac{1}{\sigma_1 \sigma_2 \dots \sigma_n} \begin{vmatrix} d_1 x_1 & d_1 x_2 & \dots & d_1 x_n \\ d_2 x_1 & d_2 x_2 & \dots & d_2 x_n \\ \cdot & \cdot & \cdot & \cdot \\ d_n x_1 & d_n x_2 & \dots & d_n x_n \end{vmatrix}$$

ihrem Betrage nach größer bleibt als eine feste positive Zahl K, daß also während des Grenzüberganges, den wir vorzunehmen haben,

$$\begin{vmatrix} d_1 x_1 & d_1 x_2 & \dots & d_1 x_n \\ d_2 x_1 & d_2 x_2 & \dots & d_2 x_n \\ \cdot & \cdot & \cdot & \cdot \\ d_n x_1 & d_n x_2 & \dots & d_n x_n \end{vmatrix}$$

absolut genommen größer bleibt als $K\sigma_1 \sigma_2 \dots \sigma_n$.

Wenn diese Forderung erfüllt ist und die Funktionen u an der Stelle $x_1, x_2, \dots, x_n$ eigentlich differenzierbar sind, so wird

$$\lim \left\{ \begin{vmatrix} \Delta_1 u_1 & \Delta_1 u_2 & \dots & \Delta_1 u_n \\ \Delta_2 u_1 & \Delta_2 u_2 & \dots & \Delta_2 u_n \\ \cdot & \cdot & \cdot & \cdot \\ \Delta_n u_1 & \Delta_n u_2 & \dots & \Delta_n u_n \end{vmatrix} : \begin{vmatrix} d_1 x_1 & d_1 x_2 & \dots & d_1 x_n \\ d_2 x_1 & d_2 x_2 & \dots & d_2 x_n \\ \cdot & \cdot & \cdot & \cdot \\ d_n x_1 & d_n x_2 & \dots & d_n x_n \end{vmatrix} \right\} = \frac{d(u_1, u_2, \dots, u_n)}{d(x_1, x_2, \dots, x_n)}.$$

Setzen wir nämlich

$$\Delta_r u_s = d_r u_s + \frac{\Delta_r u_s - d_r u_s}{\sigma_r} \cdot \sigma_r,$$

so zerlegt sich

$$\begin{vmatrix} \Delta_1 u_1 & \Delta_1 u_2 & \dots & \Delta_1 u_n \\ \Delta_2 u_1 & \Delta_2 u_2 & \dots & \Delta_2 u_n \\ \cdot & \cdot & \cdot & \cdot \\ \Delta_n u_1 & \Delta_n u_2 & \dots & \Delta_n u_n \end{vmatrix} \tag{1}$$

in 2^n Determinanten; denn jedes Element $\Delta_r u_s$ ist ein Binom, nämlich die Summe von

$$d_r u_s \quad \text{und} \quad \frac{\Delta_r u_s - d_r u_s}{\sigma_r} \cdot \sigma_r.$$

Wir können hier also wiederholt den Satz 6 aus § 14 anwenden. Eine der 2^n Determinanten lautet

$$\begin{vmatrix} d_1 u_1 & d_1 u_2 & \dots & d_1 u_n \\ d_2 u_1 & d_2 u_2 & \dots & d_2 u_n \\ \cdot & \cdot & \cdot & \cdot \\ d_n u_1 & d_n u_2 & \dots & d_n u_n \end{vmatrix}.$$

Sie liefert, durch

$$\begin{vmatrix} d_1 x_1 & d_1 x_2 & \dots & d_1 x_n \\ d_2 x_1 & d_2 x_2 & \dots & d_2 x_n \\ \cdot & \cdot & \cdot & \cdot \\ d_n x_1 & d_n x_2 & \dots & d_n x_n \end{vmatrix} \tag{2}$$

dividiert,

$$\frac{d(u_1, u_2, \ldots, u_n)}{d(x_1, x_2, \ldots, x_n)}.$$

Unter den 2^n Determinanten, in die wir (1) zerlegt haben, kommt auch die folgende vor:

$$\begin{vmatrix} \frac{\Delta_n u_1 - d_n u_1}{\sigma_n} \cdot \sigma_1 & \ldots & \frac{\Delta_1 u_n - d_1 u_n}{\sigma_1} \cdot \sigma_1 \\ \cdot & \cdot & \cdot \\ \frac{\Delta_n u_1 - d_n u_1}{\sigma_n} \cdot \sigma_n & \ldots & \frac{\Delta_n u_n - d_n u_n}{\sigma_n} \cdot \sigma_2 \end{vmatrix}.$$

Dividieren wir sie durch die Determinante (2), so ergibt sich

$$\begin{vmatrix} \frac{\Delta_1 u_1 - d_1 u_1}{\sigma_1} & \ldots & \frac{\Delta_1 u_n - d_1 u_n}{\sigma_1} \\ \cdot & \cdot & \cdot \\ \frac{\Delta_n u_1 - d_n u_1}{\sigma_n} & \ldots & \frac{\Delta_n u_n - d_n u_n}{\sigma_n} \end{vmatrix} : \begin{vmatrix} \frac{d_1 x_1}{\sigma_1} & \ldots & \frac{d_1 x_n}{\sigma_1} \\ \cdot & \cdot & \cdot \\ \frac{d_n x_1}{\sigma_n} & \ldots & \frac{d_n x_n}{\sigma_n} \end{vmatrix}.$$

Der Nenner dieses Bruches ist seinem Betrage nach größer als die positive Zahl K. Die Elemente des Zählers konvergieren alle nach Null. Also konvergiert auch der Zähler selbst nach Null (vgl. § 15), und dasselbe gilt von dem Bruch.

Jetzt bleiben von unseren 2^n Determinanten nur noch diejenigen übrig, deren Zeilen in zwei Arten zerfallen, solche von der Form

$$\frac{\Delta_r u_1 - d_r u_1}{\sigma_r} \cdot \sigma_r, \ldots, \frac{\Delta_r u_n - d_r u_n}{\sigma_r} \cdot \sigma_r$$

und solche von der Form $d_r u_1, \ldots, d_r u_n$.

Wenn wir eine solche Determinante durch (2) dividieren und dem so entstehenden Bruch den Nenner

$$\begin{vmatrix} \frac{d_1 x_1}{\sigma_1} & \ldots & \frac{d_1 x_n}{\sigma_1} \\ \cdot & \cdot & \cdot \\ \frac{d_n x_1}{\sigma_n} & \ldots & \frac{d_n x_n}{\sigma_n} \end{vmatrix}$$

geben, so ist der Zähler eine Determinante, die teils Zeilen von der Form

$$\frac{\Delta_r u_1 - d_r u_1}{\sigma_r}, \ldots, \frac{\Delta_r u_n - d_r u_n}{\sigma_r}$$

enthält, teils solche von der Form

$$\frac{d_r u_1}{\sigma_r}, \ldots, \frac{d_r u_n}{\sigma_r}.$$

Es möge p Zeilen von der ersten und q Zeilen von der zweiten Art geben.

Entwickelt man diese Determinante nach den Zeilen erster Art, so ergibt sich eine Summe von Produkten. Der eine Faktor eines solchen Produktes ist eine p-reihige Determinante, deren Elemente von der Form

$$\frac{\Delta_r u_s - d_r u_s}{\sigma_r}$$

sind. Dieser Faktor hat also den Grundwert Null. Der andere Faktor ist eine q-reihige Determinante, deren Elemente von der Form

$$\frac{d_r u_s}{\sigma_r} = \frac{\partial u_s}{\partial x_1}\frac{d_r x_1}{\sigma_r} + \ldots + \frac{\partial u_s}{\partial x_n}\frac{d_r x_n}{\sigma_r}.$$

Ist M die absolut größte unter den Ableitungen $\frac{\partial u}{\partial x}$, so wird

$$\left|\frac{d_r u_s}{\sigma_r}\right| < \frac{M}{\sigma_r}\{|d_r x_1| + \ldots + |d_r x_n|\} = M.$$

Alle Elemente unserer q-reihigen Determinante sind ihrem Betrage nach kleiner als M. Die Determinante selbst ist daher absolut genommen kleiner als $q!\,M^q$.

Die betrachtete Zählerdeterminante konvergiert also nach Null.

Der obige Beweis gestaltet sich einfacher, wenn die $d_r x_s$ beim Grenzübergange ihre gegenseitigen Verhältnisse und ihre Zeichen nicht ändern. Dann genügt es,

$$\begin{vmatrix} \Delta_1 u_1 \ldots \Delta_1 u_n \\ \cdot\ \cdot\ \cdot\ \cdot\ \cdot\ \cdot \\ \Delta_n u_1 \ldots \Delta_n u_n \end{vmatrix} : \begin{vmatrix} d_1 x_1 \ldots d_1 x_n \\ \cdot\ \cdot\ \cdot\ \cdot\ \cdot\ \cdot \\ d_n x_1 \ldots d_n x_n \end{vmatrix}$$

in der Form

$$\begin{vmatrix} \frac{\Delta_1 u_1}{\sigma_1} \ldots \frac{\Delta_1 u_n}{\sigma_1} \\ \cdot\ \cdot\ \cdot\ \cdot\ \cdot\ \cdot \\ \frac{\Delta_n u_1}{\sigma_n} \ldots \frac{\Delta_n u_n}{\sigma_n} \end{vmatrix} : \begin{vmatrix} \frac{d_1 x_1}{\sigma_1} \ldots \frac{d_1 x_n}{\sigma_1} \\ \cdot\ \cdot\ \cdot\ \cdot\ \cdot\ \cdot \\ \frac{d_n x_1}{\sigma_n} \ldots \frac{d_n x_n}{\sigma_n} \end{vmatrix}$$

zu schreiben.

Der Nenner hat jetzt einen konstanten Wert und der Zähler strebt wegen

$$\lim\left(\frac{\Delta_r u_s}{\sigma_r} - \frac{d_r u_s}{\sigma_r}\right) = 0$$

dem Grenzwert

$$\begin{vmatrix} \frac{d_1 u_1}{\sigma_1} \cdots \frac{d_1 u_n}{\sigma_1} \\ \cdot \quad \cdot \quad \cdot \quad \cdot \\ \frac{d_n u_1}{\sigma_n} \cdots \frac{d_n u_n}{\sigma_n} \end{vmatrix}$$

zu*).

§ 94. Der Multiplikationssatz.

Wir betrachten n zusammengesetzte Funktionen

$$\begin{gathered} u_1\left(v_1(x_1, \ldots, x_n), \ldots, v_n(x_1, \ldots, x_n)\right), \\ u_2\left(v_1(x_1, \ldots, x_n), \ldots, v_n(x_1, \ldots, x_n)\right), \\ \cdot \quad \cdot \quad \cdot \quad \cdot \quad \cdot \quad \cdot \quad \cdot \quad \cdot \quad \cdot \quad \cdot \\ u_n\left(v_1(x_1, \ldots, x_n), \ldots, v_n(x_1, \ldots, x_n)\right). \end{gathered}$$

Es sind also die u Funktionen der v und die v Funktionen der x.

Wenn die Ableitungen $\frac{\partial v_r}{\partial x_s}$ an der Stelle $x_1, x_2, \ldots, x_n$ existieren und die Ableitungen $\frac{\partial u_r}{\partial v_s}$ an der entsprechenden Stelle $v_1, v_2, \ldots, v_n$ stetig sind**), so gelten, wie in der Differentialrechnung bewiesen wird***), die Formeln

$$\frac{\partial u_r}{\partial x_s} = \frac{\partial u_r}{\partial v_1}\frac{\partial v_1}{\partial x_s} + \cdots + \frac{\partial u_r}{\partial v_n}\frac{\partial v_n}{\partial x_s}$$
$$(r, s = 1, 2, \ldots, n).$$

Aus ihnen folgt auf Grund des Multiplikationssatzes (vgl. § 32)

$$\begin{vmatrix} \frac{\partial u_1}{\partial x_1} \frac{\partial u_1}{\partial x_2} \cdots \frac{\partial u_1}{\partial x_n} \\ \frac{\partial u_2}{\partial x_1} \frac{\partial u_2}{\partial x_2} \cdots \frac{\partial u_2}{\partial x_n} \\ \cdot \quad \cdot \quad \cdot \quad \cdot \quad \cdot \\ \frac{\partial u_n}{\partial x_1} \frac{\partial u_n}{\partial x_2} \cdots \frac{\partial u_n}{\partial x_n} \end{vmatrix} = \begin{vmatrix} \frac{\partial u_1}{\partial v_1} \frac{\partial u_1}{\partial v_2} \cdots \frac{\partial u_1}{\partial v_n} \\ \frac{\partial u_2}{\partial v_1} \frac{\partial u_2}{\partial v_2} \cdots \frac{\partial u_2}{\partial v_n} \\ \cdot \quad \cdot \quad \cdot \quad \cdot \quad \cdot \\ \frac{\partial u_n}{\partial v_1} \frac{\partial u_n}{\partial v_2} \cdots \frac{\partial u_n}{\partial v_n} \end{vmatrix} \begin{vmatrix} \frac{\partial v_1}{\partial x_1} \frac{\partial v_1}{\partial x_2} \cdots \frac{\partial v_1}{\partial x_n} \\ \frac{\partial v_2}{\partial x_1} \frac{\partial v_2}{\partial x_2} \cdots \frac{\partial v_2}{\partial x_n} \\ \cdot \quad \cdot \quad \cdot \quad \cdot \quad \cdot \\ \frac{\partial v_n}{\partial x_1} \frac{\partial v_n}{\partial x_2} \cdots \frac{\partial v_n}{\partial x_n} \end{vmatrix}.$$

Man setze bei Ausführung der Multiplikation die Zeilen der ersten mit den Spalten der zweiten Determinante zusammen.

---

*) Die $\frac{d_r u_s}{\sigma_r}$ sind ebenso wie die $\frac{d_r x_s}{\sigma_r}$ konstant.

**) Wir nehmen an, daß diese Ableitungen in einer gewissen Umgebung von v_1, $v_2, \ldots, v_n$ existieren.

***) Vgl. meine „Grundzüge der Infinitesimalrechnung" S. 130.

Die obige Formel läßt sich auch so schreiben:

$$(1)\qquad \frac{d(u_1, u_2, \ldots, u_n)}{d(x_1, x_2, \ldots, x_n)} = \frac{d(u_1, u_2, \ldots, u_n)}{d(v_1, v_2, \ldots, v_n)} \frac{d(v_1, v_2, \ldots, v_n)}{d(x_1, x_2, \ldots, x_n)}.$$

Sie besagt, daß die Funktionaldeterminante der u nach den x erhalten wird, indem man zuerst die Funktionaldeterminante der u nach den v bildet und sie dann mit der Funktionaldeterminante der v nach den x multipliziert.

Im Falle $n = 1$ ist dies die bekannte Regel für die Differentiation einer zusammengesetzten Funktion (Kettenregel).

Man kann die Formel (1) auch so beweisen: Nach dem Multiplikationssatz der Determinanten ist

$$\begin{vmatrix} d_1 v_1 & \ldots & d_1 v_n \\ \cdot & \cdot & \cdot \\ d_n v_1 & \ldots & d_n v_n \end{vmatrix} = \frac{d(v_1, \ldots, v_n)}{d(x_1, \ldots, x_n)} \begin{vmatrix} d_1 x_1 & \ldots & d_1 x_n \\ \cdot & \cdot & \cdot \\ d_n x_1 & \ldots & d_n x_n \end{vmatrix}$$

und

$$\begin{vmatrix} d_1 u_1 & \ldots & d_1 u_n \\ \cdot & \cdot & \cdot \\ d_n u_1 & \ldots & d_n u_n \end{vmatrix} = \frac{d(u_1, \ldots, u_n)}{d(v_1, \ldots, v_n)} \begin{vmatrix} d_1 v_1 & \ldots & d_1 v_n \\ \cdot & \cdot & \cdot \\ d_n v_1 & \ldots & d_n v_n \end{vmatrix},$$

also

$$\begin{vmatrix} d_1 u_1 & \ldots & d_1 u_n \\ \cdot & \cdot & \cdot \\ d_n u_1 & \ldots & d_n u_n \end{vmatrix} = \frac{d(u_1, \ldots, u_n)}{d(v_1, \ldots, v_n)} \frac{d(v_1, \ldots, v_n)}{d(x_1, \ldots, x_n)} \begin{vmatrix} d_1 x_1 & \ldots & d_1 x_n \\ \cdot & \cdot & \cdot \\ d_n x_1 & \ldots & d_n x_n \end{vmatrix}.$$

Andererseits hat man aber

$$\begin{vmatrix} d_1 u_1 & \ldots & d_1 u_n \\ \cdot & \cdot & \cdot \\ d_n u_1 & \ldots & d_n u_n \end{vmatrix} = \frac{d(u_1, \ldots, u_n)}{d(x_1, \ldots, x_n)} \begin{vmatrix} d_1 x_1 & \ldots & d_1 x_n \\ \cdot & \cdot & \cdot \\ d_n x_1 & \ldots & d_n x_n \end{vmatrix}.$$

Mithin gilt die Formel (1).

Es wird bei dem obigen Beweis benutzt, daß das Differential von du

$$\frac{\partial u}{\partial v_1} dv_1 + \ldots + \frac{\partial u}{\partial v_n} d v_n$$

lautet, ob nun $v_1, \ldots, v_n$ oder $x_1, \ldots, x_n$ die unabhängigen Veränderlichen sind.

§ 95. Eine Anwendung des Multiplikationssatzes der Funktionaldeterminanten.

Die Determinante D der Bilinearform

$$f = \sum a_{rs} x_r y_s$$

ist (vgl. den Schluß von § 92) gleich der Funktionaldeterminante der Linearformen

$$Y_r = a_{r1} y_1 + a_{r2} y_2 + \ldots + a_{rn} y_n \qquad (r = 1, 2, \ldots, n).$$

Wir wollen jetzt auf f die linearen Transformationen

$$x_r = \beta_{r1} x_1' + \beta_{r2} x_2' + \dots + \beta_{rn} x_n',$$
$$y_r = \gamma_{r1} y_1' + \gamma_{r2} y_2' + \dots + \gamma_{rn} y_n'$$
$$(r = 1, 2, \dots, n)$$

anwenden.

Dabei gehe f in $f' = \sum a_{rs}' x_r' y_s'$ über.

Wir können den Übergang von f zu f' auch in zwei Schritten ausführen, nämlich so, daß wir zuerst die x und dann erst die y linear transformieren.

Schreiben wir f in der Form

$$f = \sum Y_r x_r,$$

so verwandelt es sich bei der linearen Transformation

$$x_r = \beta_{r1} x_1' + \beta_{r2} x_2' + \dots + \beta_{rn} x_n' \qquad (r = 1, 2, \dots, n)$$

in

$$\sum Y_r' x_r',$$

und dabei ist

$$Y_r' = \beta_{1r} Y_1 + \beta_{2r} Y_2 + \dots + \beta_{nr} Y_n \qquad (r = 1, 2, \dots, n).$$

Jetzt brauchen wir, um zu f' zu gelangen, nur noch

$$y_r = \gamma_{r1} y_1' + \gamma_{r2} y_2' + \dots + \gamma_{rn} y_n' \qquad (r = 1, 2, \dots, n)$$

zu setzen.

Um die Determinante D' von f' zu finden, benutze man, daß

$$D' = \frac{d(Y_1', Y_2', \dots, Y_n')}{d(y_1', y_2', \dots, y_n')}$$

ist.

Nach § 94 hat man

$$\frac{d(Y_1', \dots, Y_n')}{d(y_1', \dots, y_n')} = \frac{d(Y_1', \dots, Y_n')}{d(y_1, \dots, y_n)} \begin{vmatrix} \gamma_{11} & \cdots & \gamma_{1n} \\ \cdot & \cdot & \cdot \\ \gamma_{n1} & \cdots & \gamma_{nn} \end{vmatrix}$$

und

$$\frac{d(Y_1', \dots, Y_n')}{d(y_1, \dots, y_n)} = \frac{d(Y_1', \dots, Y_n')}{d(Y_1, \dots, Y_n)} \frac{d(Y_1, \dots, Y_n)}{d(y_1, \dots, y_n)}$$
$$= \begin{vmatrix} \beta_{11} & \cdots & \beta_{n1} \\ \cdot & \cdot & \cdot \\ \beta_{1n} & \cdots & \beta_{nn} \end{vmatrix} D.$$

Demnach ist

$$\begin{vmatrix} a_{11}' & \dots & a_{1n}' \\ \cdot & \cdot & \cdot \\ a_{n1}' & \dots & a_{nn}' \end{vmatrix} = \begin{vmatrix} \beta_{11} & \cdots & \beta_{n1} \\ \cdot & \cdot & \cdot \\ \beta_{1n} & \cdots & \beta_{nn} \end{vmatrix} \begin{vmatrix} a_{11} & \dots & a_{1n} \\ \cdot & \cdot & \cdot \\ a_{n1} & \dots & a_{nn} \end{vmatrix} \begin{vmatrix} \gamma_{11} & \cdots & \gamma_{1n} \\ \cdot & \cdot & \cdot \\ \gamma_{n1} & \cdots & \gamma_{nn} \end{vmatrix}.$$

§ 96. Andere Auffassung des Multiplikationssatzes.

In § 94 haben wir im Grunde genommen noch mehr bewiesen, als nur die Formel

$$(1)\qquad \frac{d(u_1, \ldots, u_n)}{d(x_1, \ldots, x_n)} = \frac{d(u_1, \ldots, u_n)}{d(v_1, \ldots, v_n)} \, \frac{d(v_1, \ldots, v_n)}{d(x_1, \ldots, x_n)} .$$

Wir haben nämlich auch bewiesen, daß

$$(2)\qquad \begin{pmatrix} \frac{\partial u_1}{\partial x_1} \cdots \frac{\partial u_1}{\partial x_n} \\ \cdot \quad \cdot \quad \cdot \quad \cdot \\ \frac{\partial u_n}{\partial x_1} \cdots \frac{\partial u_n}{\partial x_n} \end{pmatrix} = \begin{pmatrix} \frac{\partial u_1}{\partial v_1} \cdots \frac{\partial u_1}{\partial v_n} \\ \cdot \quad \cdot \quad \cdot \quad \cdot \\ \frac{\partial u_n}{\partial v_1} \cdots \frac{\partial u_n}{\partial v_n} \end{pmatrix} \begin{pmatrix} \frac{\partial v_1}{\partial x_1} \cdots \frac{\partial v_1}{\partial x_n} \\ \cdot \quad \cdot \quad \cdot \quad \cdot \\ \frac{\partial v_n}{\partial x_1} \cdots \frac{\partial v_n}{\partial x_n} \end{pmatrix}$$

ist (vgl. § 81).

In der Tat ergibt sich auf der rechten Seite durch Zusammensetzung der r^{ten} Zeile des ersten mit der s^{ten} Spalte des zweiten Faktors gerade $\frac{\partial u_r}{\partial x_s}$.

Die Formel (1) behält also ihre Gültigkeit, wenn wir die Symbole

$$\frac{d(u_1, \ldots, u_n)}{d(x_1, \ldots, x_n)}, \quad \frac{d(u_1, \ldots, u_n)}{d(v_1, \ldots, v_n)}, \quad \frac{d(v_1, \ldots, v_n)}{d(x_1, \ldots, x_n)}$$

nicht mehr als Funktionaldeterminanten, sondern als Funktionalmatrizen auffassen, und zwar als die drei Funktionalmatrizen, die in Formel (2) stehen.

Die Schlußformel in § 95 lautet bei dieser Auffassung:

$$\begin{pmatrix} a'_{11} \ldots a'_{1n} \\ \cdot \quad \cdot \quad \cdot \quad \cdot \\ a'_{n1} \ldots a'_{nn} \end{pmatrix} = \begin{pmatrix} \beta_{11} \cdots \beta_{n1} \\ \cdot \quad \cdot \quad \cdot \quad \cdot \\ \beta_{1n} \cdots \beta_{nn} \end{pmatrix} \begin{pmatrix} a_{11} \ldots a_{1n} \\ \cdot \quad \cdot \quad \cdot \quad \cdot \\ a_{n1} \ldots a_{nn} \end{pmatrix} \begin{pmatrix} \gamma_{11} \cdots \gamma_{1n} \\ \cdot \quad \cdot \quad \cdot \quad \cdot \\ \gamma_{n1} \cdots \gamma_{nn} \end{pmatrix} .$$

§ 97. Funktionen mit nichtverschwindender Funktionaldeterminante.

Wir beschränken uns der größeren Deutlichkeit halber auf den Fall $n = 2$.

Die beiden unabhängigen Veränderlichen x, y wollen wir als rechtwinklige Punktkoordinaten in einer Ebene E betrachten*).

$u(x, y)$, $v(x, y)$ mögen in dem Quadrat

$$|x - x_0| \leqq a, \quad |y - y_0| \leqq a$$

*) Dies tun wir nur, um uns anschaulicher ausdrücken zu können. Veränderliche und Funktionen sollen hier reell sein.

stetige erste Ableitungen besitzen. Wie bezeichnen diese Ableitungen in folgender Weise:

$$\frac{\partial u}{\partial x} = u_1(x, y), \quad \frac{\partial u}{\partial y} = u_2(x, y),$$
$$\frac{\partial v}{\partial x} = v_1(x, y), \quad \frac{\partial v}{\partial y} = v_2(x, y).$$

Außerdem machen wir noch die Annahme, daß an der Stelle (x_0, y_0) die Funktionaldeterminante

$$\frac{d(u, v)}{d(x, y)}$$

ungleich Null ist. Wir setzen also voraus

$$\begin{vmatrix} u_1(x_0, y_0) & u_2(x_0, y_0) \\ v_1(x_0, y_0) & v_2(x_0, y_0) \end{vmatrix} \neq 0.$$

Wegen der Stetigkeit von u_1, u_2, v_1, v_2 läßt sich dann in dem Quadrat (1) ein anderes

$$(Q) \qquad |x - x_0| \leqq b, \quad |y - y_0| \leqq b$$

so wählen, daß die Determinante

$$(2) \qquad \begin{vmatrix} u_1(x, y) & u_2(x, y) \\ v_1(x', y') & v_2(x', y') \end{vmatrix}$$

von Null verschieden ist, wie man auch die Punkte (x, y) und (x', y') in dem Quadrat Q wählen mag.

Wir wollen jetzt

$$(3) \qquad \mathfrak{x} = u(x, y), \quad \mathfrak{y} = v(x, y)$$

als rechtwinklige Punktkoordinaten in einer Ebene $\mathfrak{E}$ betrachten.

Durch die Gleichungen (3) wird dann jedem Punkt (x, y) von Q ein bestimmter Punkt $(\mathfrak{x}, \mathfrak{y})$ in der Ebene $\mathfrak{E}$ zugeordnet. $(\mathfrak{x}, \mathfrak{y})$ möge der Bildpunkt von (x, y) heißen.

Es läßt sich zeigen, daß verschiedene Punkte von Q verschiedene Bildpunkte haben.

Hätten (x_1, y_1) und (x_2, y_2) denselben Bildpunkt, so wäre

$$u(x_2, y_2) - u(x_1, y_1) = 0,$$
$$v(x_2, y_2) - v(x_1, y_1) = 0.$$

Nach einem Satze der Differentialrechnung ist aber

$$(4) \qquad \begin{cases} u(x_2, y_2) - u(x_1, y_1) = (x_2 - x_1)u_1(x, y) + (y_2 - y_1)u_2(x, y), \\ v(x_2, y_2) - v(x_1, y_1) = (x_2 - x_1)v_1(x', y') + (y_2 - y_1)v_2(x', y'). \end{cases}$$

Dabei sind (x, y) und (x', y') Punkte auf der Verbindungsstrecke von (x_1, y_1) und (x_2, y_2). Liegen also (x_1, y_1), (x_2, y_2) beide in Q, so gilt dasselbe von (x, y), (x', y'). Die Determinante (2) ist aber von Null verschieden. Es folgt also aus

$$(x_2 - x_1) u_1(x, y) + (y_2 - y_1) u_2(x, y) = 0,$$
$$(x_2 - x_1) v_1(x', y') + (y_2 - y_1) v_2(x', y') = 0$$

nach § 22 $$x_2 - x_1 = 0, \quad y_2 - y_1 = 0,$$

d. h. die Punkte (x_1, y_1), (x_2, y_2) sind nicht verschieden.

Wenn wir zu jedem Punkt von Q den Bildpunkt suchen, so entsteht in $\mathfrak{C}$ eine Menge von lauter verschiedenen Punkten. Wir wollen sie mit $\mathfrak{Q}$ bezeichnen.

Jedem Punkt $(\mathfrak{x}, \mathfrak{y})$ von $\mathfrak{Q}$ entspricht ein und nur ein Punkt (x, y) von Q, nämlich derjenige, dessen Bildpunkt $(\mathfrak{x}, \mathfrak{y})$ ist.

Auf Grund unserer Voraussetzungen sind die Funktionen $u(x, y)$, $v(x, y)$ in Q stetig. Ist also

$$(x_1, y_1), \; (x_2, y_2), \; (x_3, y_3), \; \ldots$$

eine konvergente Punktfolge*) in Q, so ist die Folge der Bildpunkte

$$(\mathfrak{x}_1, \mathfrak{y}_1), \; (\mathfrak{x}_2, \mathfrak{y}_2), \; (\mathfrak{x}_3, \mathfrak{y}_3), \; \ldots$$

eine konvergente Punktfolge in $\mathfrak{Q}$.

Das Umgekehrte gilt aber auch. Jeder konvergenten Punktfolge in $\mathfrak{Q}$ entspricht eine konvergente Punktfolge in Q.

Ist $(\mathfrak{x}_1, \mathfrak{y}_1), (\mathfrak{x}_2, \mathfrak{y}_2), (\mathfrak{x}_3, \mathfrak{y}_3), \ldots$ eine beliebige Punktfolge in $\mathfrak{Q}$, so entspricht ihr eine Punktfolge $(x_1, y_1), (x_2, y_2), (x_3, y_3), \ldots$ in Q. Nun hat jede beschränkte Punktfolge, d. h. jede Punktfolge, die sich ganz in ein Quadrat einschließen läßt, mindestens einen Häufungspunkt**). Ist (x, y) ein Häufungspunkt für $(x_1, y_1), (x_2, y_2), (x_3, y_3), \ldots$, so läßt sich aus dieser Folge eine Teilfolge $(x_1', y_1'), (x_2', y_2'), (x_3', y_3'), \ldots$ herausgreifen, die nach (x, y) konvergiert***). Die zugehörigen Bildpunkte $(\mathfrak{x}_1', \mathfrak{y}_1'), (\mathfrak{x}_2', \mathfrak{y}_2'), (\mathfrak{x}_3', \mathfrak{y}_3'), \ldots$ konvergieren dann nach $(\mathfrak{x}, \mathfrak{y})$, dem Bildpunkt von (x, y). Wenn also $(\mathfrak{x}_1, \mathfrak{y}_1), (\mathfrak{x}_2, \mathfrak{y}_2), (\mathfrak{x}_3, \mathfrak{y}_3), \ldots$ eine konvergente Punktfolge ist, so muß sie gerade nach $(\mathfrak{x}, \mathfrak{y})$ konvergieren. Daraus können wir schließen, daß die Folge $(x_1, y_1), (x_2, y_2), (x_3, y_3), \ldots$ nur einen Häufungspunkt hat; denn sein Bildpunkt ist ein ganz bestimmter, nämlich der Punkt, nach welchem die Folge $(\mathfrak{x}_1, \mathfrak{y}_1), (\mathfrak{x}_2, \mathfrak{y}_2), (\mathfrak{x}_3, \mathfrak{y}_3), \ldots$, konvergiert.

---

*) Damit meinen wir, daß $\lim x_n$ und $\lim y_n$ existieren.

**) In jedem um einen Häufungspunkt beschriebenen Kreis liegen unendlich viele Glieder der Folge.

***) K_n sei ein Kreis, der um (x, y) mit dem Radius $1/n$ beschrieben ist. (x_1', y_1') sei der erste Punkt der Folge, der in K_1 liegt, (x_2', y_2') der erste auf ihn folgende Punkt, der in K_2 liegt, usw. Dann ist $\lim x_n' = x$, $\lim y_n' = y$.

Eine beschränkte Punktfolge mit einem einzigen Häufungspunkt ist nichts anderes als eine konvergente Punktfolge. Also ist (x_1, y_1) (x_2, y_2), (x_3, y_3), ... konvergent.

Wir sehen aus der obigen Betrachtung zugleich, daß der Punkt $(\mathfrak{x}, \mathfrak{y})$, nach welchem die Folge $(\mathfrak{x}_1, \mathfrak{y}_1)$, $(\mathfrak{x}_2, \mathfrak{y}_2)$, $(\mathfrak{x}_3, \mathfrak{y}_3)$, ... konvergiert, mit zu $\mathfrak{Q}$ gehört. Auf Grund dieser Eigenschaft nennt man $\mathfrak{Q}$ eine abgeschlossene Punktmenge.

Jetzt sei $\overline{Q}$ der Inbegriff der Randpunkte von Q und $\overline{\mathfrak{Q}}$ der Inbegriff ihrer Bildpunkte. Ferner sei (x, y) ein beliebiger Punkt im Innern von Q und $(\mathfrak{x}, \mathfrak{y})$ sein Bildpunkt. Dann läßt sich um $(\mathfrak{x}, \mathfrak{y})$ ein Kreis $\mathfrak{K}$ beschreiben, in welchem kein Punkt von $\overline{\mathfrak{Q}}$ liegt. $\mathfrak{K}_n$ sei der Kreis, der um $(\mathfrak{x}, \mathfrak{y})$ mit dem Radius $1/n$ beschrieben ist $(n = 1, 2, 3, \ldots)$. Gäbe es in jedem $\mathfrak{K}_n$ einen Punkt $(\bar{\mathfrak{x}}_n, \bar{\mathfrak{y}}_n)$ von $\overline{\mathfrak{Q}}$, so hätte man

$$\lim \bar{\mathfrak{x}}_n = \mathfrak{x}, \quad \lim \bar{\mathfrak{y}}_n = \mathfrak{y}.$$

Dann wäre auch

$$\lim \bar{x}_n = x, \quad \lim \bar{y}_n = y,$$

was offenbar unmöglich ist, weil (x, y) im Innern und $(\bar{x}_n, \bar{y}_n)$ auf dem Rande von Q liegt.

Es gibt also einen Kreis $\mathfrak{K}$ von der gewünschten Beschaffenheit. $\mathfrak{r}$ sei der Radius von $\mathfrak{K}$ und $\mathfrak{K}'$ ein konzentrischer Kreis mit dem Radius $\mathfrak{r}/2$.

Ist dann $(\mathfrak{x}', \mathfrak{y}')$ ein Punkt in $\mathfrak{K}'$, so liegt er näher an $(\mathfrak{x}, \mathfrak{y})$, als an irgendeinem Punkt von $\overline{\mathfrak{Q}}$.

Dies bedeutet aber, daß die Funktion*)

$$\omega(X, Y) = \{u(X, Y) - \mathfrak{x}'\}^2 + \{v(X, Y) - \mathfrak{y}'\}^2$$

an der Stelle (x, y) im Innern von Q kleiner ist als auf dem Rande von Q. Daraus können wir aber folgern, daß der kleinste Wert dieser Funktion im Innern von Q, etwa an der Stelle (x', y') eintritt. An dieser Stelle müssen aber die Ableitungen

$$\frac{1}{2}\frac{\partial \omega}{\partial X} = \{u(X, Y) - \mathfrak{x}'\} u_1(X, Y) + \{v(X, Y) - \mathfrak{y}'\} v_1(X, Y),$$

$$\frac{1}{2}\frac{\partial \omega}{\partial Y} = \{u(X, Y) - \mathfrak{x}'\} u_2(X, Y) + \{v(X, Y) - \mathfrak{y}'\} v_2(X, Y)$$

verschwinden, d. h. es müssen die Gleichungen gelten:

$$\{u(x', y') - \mathfrak{x}'\} u_1(x', y') + \{v(x', y') - \mathfrak{y}'\} v_1(x', y') = 0,$$
$$\{u(x', y') - \mathfrak{x}'\} u_2(x', y') + \{v(x', y') - \mathfrak{y}'\} v_2(x', y') = 0.$$

---

*) Mit X, Y bezeichnen wir veränderliche Koordinaten.

Da nun

$$\begin{vmatrix} u_1(x', y') & v_1(x', y') \\ u_2(x', y') & v_2(x', y') \end{vmatrix} \neq 0$$

ist, so folgt aus diesen Gleichungen

$$\mathfrak{x}' = u(x', y'), \quad \mathfrak{y}' = v(x', y').$$

$(\mathfrak{x}', \mathfrak{y}')$ ist also der Bildpunkt von (x', y'), d. h. $(\mathfrak{x}', \mathfrak{y}')$ gehört zu $\mathfrak{Q}$.

$(\mathfrak{x}', \mathfrak{y}')$ war ein beliebiger Punkt in dem Kreise $\mathfrak{K}'$, den wir um $(\mathfrak{x}, \mathfrak{y})$ beschrieben hatten. Dieser Kreis $\mathfrak{K}'$ enthält also nur Punkte von $\mathfrak{Q}$.

Damit haben wir bewiesen, daß jedem inneren Punkt von Q ein innerer Punkt von $\mathfrak{Q}$ entspricht. Ein innerer Punkt einer Punktmenge ist dadurch charakterisiert, daß sich um ihn ein Kreis beschreiben läßt, der nur Punkte der Menge enthält.

Da zu jedem Punkt $(\mathfrak{x}', \mathfrak{y}')$ von $\mathfrak{Q}$ ein ganz bestimmter Punkt (x, y) von Q gehört, so können wir x und y als Funktionen von $(\mathfrak{x}, \mathfrak{y})$ betrachten, die in $\mathfrak{Q}$ definiert sind. Wir wollen demgemäß schreiben

$$x = \mathfrak{u}(\mathfrak{x}, \mathfrak{y}), \quad y = \mathfrak{v}(\mathfrak{x}, \mathfrak{y}).$$

Durch diese Gleichungen wird jedem Punkt $(\mathfrak{x}, \mathfrak{y})$ von $\mathfrak{Q}$ gerade derjenige Punkt (x, y) von Q zugeordnet, dessen Bildpunkt $(\mathfrak{x}, \mathfrak{y})$ ist.

Nach unsern obigen Feststellungen sind die Funktionen $\mathfrak{u}$, $\mathfrak{v}$ in $\mathfrak{Q}$ stetig, d. h. aus

$$\lim \mathfrak{x}_n = \mathfrak{x}, \quad \lim \mathfrak{y}_n = \mathfrak{y}$$

folgt, wenn die Punkte $(\mathfrak{x}_n, \mathfrak{y}_n)$ zu $\mathfrak{Q}$ gehören,

$$\lim \mathfrak{u}(\mathfrak{x}_n, \mathfrak{y}_n) = \mathfrak{u}(\mathfrak{x}, \mathfrak{y}), \quad \lim \mathfrak{v}(\mathfrak{x}_n, \mathfrak{y}_n) = \mathfrak{v}(\mathfrak{x}, \mathfrak{y}).$$

Dasselbe gilt, wie wir jetzt zeigen werden, von den Ableitungen

$$\frac{\partial \mathfrak{u}}{\partial \mathfrak{x}}, \quad \frac{\partial \mathfrak{u}}{\partial \mathfrak{y}}, \quad \frac{\partial \mathfrak{v}}{\partial \mathfrak{x}}, \quad \frac{\partial \mathfrak{v}}{\partial \mathfrak{y}}.$$

$(\mathfrak{x}, \mathfrak{y})$ und $(\mathfrak{x} + \mathfrak{h}, \mathfrak{y} + \mathfrak{k})$ seien zwei verschiedene Punkte von $\mathfrak{Q}$ und (x, y) bzw. $(x + h, y + k)$ die entsprechenden Punkte von Q. Dann hat man (vgl. die Formeln 4 auf S. 211)

$$\mathfrak{h} = u_1(x', y')\, h + u_2(x', y')\, k,$$
$$\mathfrak{k} = v_1(x'', y'')\, h + v_2(x'', y'')\, k,$$

wobei (x', y') und (x'', y'') auf der Verbindungsstrecke von (x, y) und $(x + h, y + k)$ liegen, also jedenfalls in Q. Daher ist

$$\begin{vmatrix} u_1(x', y') & u_2(x', y') \\ v_1(x'', y'') & v_2(x'', y'') \end{vmatrix} \neq 0,$$

und wir können die obigen Gleichungen nach h und k auflösen. Dadurch finden wir (vgl. § 22)

$$h = \frac{\begin{vmatrix} \mathfrak{h} & u_2(x', y') \\ \mathfrak{k} & v_2(x'', y'') \end{vmatrix}}{\begin{vmatrix} u_1(x', y') & u_2(x', y') \\ v_1(x'', y'') & v_2(x'', y'') \end{vmatrix}},$$

$$k = \frac{\begin{vmatrix} u_1(x', y') & \mathfrak{h} \\ v_1(x'', y'') & \mathfrak{k} \end{vmatrix}}{\begin{vmatrix} u_1(x', y') & u_2(x', y') \\ v_1(x'', y'') & v_2(x'', y'') \end{vmatrix}}.$$

Lassen wir $\mathfrak{h}$ und $\mathfrak{k}$ nach Null konvergieren, so wird

$$\lim h = \lim k = 0,$$

folglich

$$\lim x' = \lim x'' = x,$$

$$\lim y' = \lim y'' = y.$$

Wegen der Stetigkeit von u_1, u_2, v_1, v_2 wird ferner

$$\lim \frac{v_2(x'', y'')}{\begin{vmatrix} u_1(x', y') & u_2(x', y') \\ v_1(x'', y'') & v_2(x'', y'') \end{vmatrix}} = \frac{v_2(x, y)}{\frac{d(u, v)}{d(x, y)}},$$

$$\lim \frac{-u_2(x', y')}{\begin{vmatrix} u_1(x', y') & u_2(x', y') \\ v_1(x'', y'') & v_2(x'', y'') \end{vmatrix}} = \frac{-u_2(x, y)}{\frac{d(u, v)}{d(x, y)}},$$

$$\lim \frac{-v_1(x'', y'')}{\begin{vmatrix} u_1(x', y') & u_2(x', y') \\ v_1(x'', y'') & v_2(x'', y'') \end{vmatrix}} = \frac{-v_1(x, y)}{\frac{d(u, v)}{d(x, y)}},$$

$$\lim \frac{u_1(x', y')}{\begin{vmatrix} u_1(x', y') & u_2(x', y') \\ v_1(x'', y'') & v_2(x'', y'') \end{vmatrix}} = \frac{u_1(x, y)}{\frac{d(u, v)}{d(x, y)}}.$$

Setzen wir in diesen Grenzwerten $x = \mathfrak{u}(\mathfrak{x}, \mathfrak{y})$, $y = \mathfrak{v}(\mathfrak{x}, \mathfrak{y})$, so verwandeln sie sich in Funktionen von $\mathfrak{x}, \mathfrak{y}$, die wir der Reihe nach mit

$$\mathfrak{u}_1(\mathfrak{x}, \mathfrak{y}), \quad \mathfrak{u}_2(\mathfrak{x}, \mathfrak{y}), \quad \mathfrak{v}_1(\mathfrak{x}, \mathfrak{y}), \quad \mathfrak{v}_2(\mathfrak{x}, \mathfrak{y})$$

bezeichnen wollen.

Diese Funktionen sind offenbar in $\mathfrak{Q}$ stetig. Denn wir haben sie aus Funktionen von x, y erhalten, die in Q stetig sind, und x, y sind in $\mathfrak{Q}$ stetige Funktionen von $\mathfrak{x}, \mathfrak{y}$.

Die Funktionen $\mathfrak{u}_1, \mathfrak{u}_2, \mathfrak{v}_1, \mathfrak{v}_2$ haben folgende Eigenschaft. Wenn man den Punkt $(\mathfrak{x} + \mathfrak{h}, \mathfrak{y} + \mathfrak{k})$ derart in $\mathfrak{Q}$ variieren läßt, daß

$$\lim \mathfrak{h} = \lim \mathfrak{k} = 0$$

wird*), so ergibt sich

$$\lim \frac{h - \mathfrak{u}_1 \mathfrak{h} - \mathfrak{u}_2 \mathfrak{k}}{|\mathfrak{h}| + |\mathfrak{k}|} = 0,$$

$$\lim \frac{k - \mathfrak{v}_1 \mathfrak{h} - \mathfrak{v}_2 \mathfrak{k}}{|\mathfrak{h}| + |\mathfrak{k}|} = 0.$$

Es ist nämlich

$$h = (\mathfrak{u}_1 + \varepsilon_1)\,\mathfrak{h} + (\mathfrak{u}_2 + \varepsilon_2)\,\mathfrak{k},$$
$$k = (\mathfrak{v}_1 + \eta_1)\,\mathfrak{h} + (\mathfrak{v}_2 + \eta_2)\,\mathfrak{k}$$

und

$$\lim \varepsilon_1 = \lim \varepsilon_2 = \lim \eta_1 = \lim \eta_2 = 0.$$

Wenn $(\mathfrak{x}, \mathfrak{y})$ ein innerer Punkt von $\mathfrak{Q}$ ist, so können wir $\mathfrak{h}$ oder $\mathfrak{k}$ gleich Null setzen. Dann finden wir

$$\mathfrak{u}_1 = \frac{\partial \mathfrak{u}}{\partial \mathfrak{x}}, \quad \mathfrak{u}_2 = \frac{\partial \mathfrak{u}}{\partial \mathfrak{y}},$$

$$\mathfrak{v}_1 = \frac{\partial \mathfrak{v}}{\partial \mathfrak{x}}, \quad \mathfrak{v}_2 = \frac{\partial \mathfrak{v}}{\partial \mathfrak{y}},$$

so daß

$$\frac{d(\mathfrak{u}, \mathfrak{v})}{d(\mathfrak{x}, \mathfrak{y})} = \frac{1}{\left(\frac{d(u, v)}{d(x, y)}\right)^2} \begin{vmatrix} v_2(x, y) & -u_2(x, y) \\ -v_1(x, y) & u_1(x, y) \end{vmatrix} = \frac{1}{\frac{d(u, v)}{d(x, y)}}$$

ist, also sicher von Null verschieden.

Konstruieren wir um $(\mathfrak{x}, \mathfrak{y})$ als Mittelpunkt ein Quadrat, dessen Seiten parallel zu den Achsen sind und das nur Punkte von $\mathfrak{Q}$ enthält, so erfüllen $\mathfrak{u}, \mathfrak{v}$ in diesem Quadrat genau dieselben Bedingungen, die wir am Anfang dieses Paragraphen den Funktionen u, v auferlegten.

Wir können also sicher sein, daß dem Punkt $(\mathfrak{x}, \mathfrak{y})$ ein innerer Punkt von Q entspricht.

Früher sahen wir, daß die Bildpunkte der inneren Punkte von Q innere Punkte von $\mathfrak{Q}$ sind. Jetzt wissen wir, daß auch umgekehrt jedem inneren Punkt von $\mathfrak{Q}$ ein innerer Punkt von Q entspricht.

---

*) Nimmt man in Q eine Folge von Punkten, die von (x, y) verschieden sind, aber nach (x, y) konvergieren, so sind ihre Bildpunkte von $(\mathfrak{x}, \mathfrak{y})$ verschieden und konvergieren nach $(\mathfrak{x}, \mathfrak{y})$.

§ 98. Der Rang der Funktionalmatrix.

Die m Funktionen

$$u_1(x_1, \ldots, x_n), \ldots, u_m(x_1, \ldots, x_n)$$

mögen in dem Bereich*)

(1) $$a_1 \leqq x_1 \leqq b_1, \ldots, a_n \leqq x_n \leqq b_n$$

stetige erste Ableitungen haben.

An jeder Stelle des Bereichs (1) wird die Funktionalmatrix

(2) $$\left\{\begin{matrix} \frac{\partial u_1}{\partial x_1} & \frac{\partial u_1}{\partial x_2} & \cdots & \frac{\partial u_1}{\partial x_n} \\ \frac{\partial u_2}{\partial x_1} & \frac{\partial u_2}{\partial x_2} & \cdots & \frac{\partial u_2}{\partial x_n} \\ \cdot & \cdot & \cdot & \cdot \\ \frac{\partial u_m}{\partial x_1} & \frac{\partial u_m}{\partial x_2} & \cdots & \frac{\partial u_m}{\partial x_n} \end{matrix}\right.$$

einen bestimmten Rang haben (vgl. § 23). Dieser Rang braucht nicht an allen Stellen des Bereichs der gleiche zu sein. So hat z. B. die Funktionalmatrix von

$$x_1^2, x_2^2, \ldots, x_n^2,$$

wenn alle x von Null verschieden sind, den Rang n. Wenn dagegen p von den x verschwinden, hat sie nur den Rang $n - p$.

Wir wollen nun den höchsten Rang, den die Matrix (2) in dem Bereich (1) annimmt, als ihren Rang in (1) bezeichnen. Eine Stelle $x_1, x_2, \ldots, x_n$, wo dieser höchste Rang nicht eintritt, soll eine singuläre Stelle von (1) heißen.

Wenn der Rang von (2) in (1) gleich Null ist, so sind alle Ableitungen $\partial u/\partial x$ gleich Null. Daraus folgt, daß alle u Konstanten sind.

Was bedeutet es nun, wenn der Rang von (2) in (1) gleich p ist ($p > 0$)?

Die singulären Stellen in (1) bilden eine abgeschlossene Menge. Denn jede Häufungsstelle von Stellen, an denen der Rang von (2) kleiner als p ist, muß wegen der Stetigkeit der $\partial u/\partial x$ wieder eine solche Stelle sein. Daraus ist zu entnehmen, daß im Innern**) von (1) nichtsinguläre Stellen vorhanden sind.

---

*) $a_1 < b_1, \ldots, a_n < b_n$.

**) Das Innere von (1) ist definiert durch die Ungleichungen

$$a_1 < x_1 < b_1, \ldots, a_n < x_n < b_n.$$

Jeder Punkt von (1) ist eine Häufungsstelle von inneren Punkten.

$x_1^0, x_2^0, \ldots, x_n^0$ sei eine nichtsinguläre Stelle im Innern von (1). Dann gibt es also in der Matrix (1) eine p-reihige Determinante, die an der Stelle $x_1^0, x_2^0, \ldots, x_n^0$ einen von Null verschiedenen Wert hat. Wir können durch passende Numerierung der x und der u bewirken, daß gerade

$$\begin{vmatrix} \frac{\partial u_1}{\partial x_1} & \frac{\partial u_1}{\partial x_2} & \cdots & \frac{\partial u_1}{\partial x_p} \\ \frac{\partial u_2}{\partial x_1} & \frac{\partial u_2}{\partial x_2} & \cdots & \frac{\partial u_2}{\partial x_p} \\ \cdot & \cdot & \cdot & \cdot \\ \frac{\partial u_p}{\partial x_1} & \frac{\partial u_p}{\partial x_2} & \cdots & \frac{\partial u_p}{\partial x_p} \end{vmatrix} = D(x_1, x_2, \ldots, x_n)$$

eine solche Determinante ist.

Die n Funktionen

$$u_1, \ldots, u_p, x_{p+1}, \ldots, x_n,$$

die wir der Reihe nach mit

$$v_1, v_2, \ldots, v_n$$

bezeichnen wollen, haben an der Stelle $x_1^0, x_2^0, \ldots, x_n^0$ eine von Null verschiedene Funktionaldeterminante. Es ist nämlich

$$\frac{d(v_1, \ldots, v_n)}{d(x_1, \ldots, x_n)} = \begin{vmatrix} \frac{\partial u_1}{\partial x_1} & \cdots & \frac{\partial u_1}{\partial x_p} & \frac{\partial u_1}{\partial x_{p+1}} & \cdots & \frac{\partial u_1}{\partial x_n} \\ \cdot & \cdot & \cdot & \cdot & \cdot & \cdot \\ \frac{\partial u_p}{\partial x_1} & \cdots & \frac{\partial u_p}{\partial x_p} & \frac{\partial u_p}{\partial x_{p+1}} & \cdots & \frac{\partial u_p}{\partial x_n} \\ 0 & \cdots & 0 & 1 & \cdots & 0 \\ \cdot & \cdot & \cdot & \cdot & \cdot & \cdot \\ 0 & \cdots & 0 & 0 & \cdots & 0 \end{vmatrix},$$

d. h.

$$\frac{d(v_1, \ldots, v_n)}{d(x_1, \ldots, x_n)} = D(x_1, x_2, \ldots, x_n).$$

Auf die Funktionen $v_1, v_2, \ldots, v_n$ lassen sich nun die Betrachtungen anwenden, die wir in § 97 für $n = 2$ durchgeführt haben.

Man konstruiert um $x_1^0, x_2^0, \ldots, x_n^0$ ein Gebiet

$$(Q) \qquad x_1^0 - \delta \leqq x_1 \leqq x_1^0 + \delta, \ldots, x_n^0 - \delta \leqq x_n \leqq x_n^0 + \delta,$$

das in (1) enthalten ist und zudem folgende Eigenschaft hat.

Wie man auch die Stellen

$$x_1^{(\nu)}, x_2^{(\nu)}, \ldots, x_n^{(\nu)} \qquad (\nu = 1, 2, \ldots, n)$$

in Q wählen mag, immer ist die Determinante*)

$$\begin{vmatrix} v_{11}\left(x_1^{(1)}, \ldots\, x_n^{(1)}\right) \ldots v_{1n}\left(x_1^{(1)}, \ldots, x_n^{(1)}\right) \\ \ldots\ldots\ldots\ldots\ldots\ldots\ldots\ldots \\ v_{n1}\left(x_1^{(n)}, \ldots, x_n^{(n)}\right) \ldots v_{nn}\left(x_1^{(n)}, \ldots, x_n^{(n)}\right) \end{vmatrix}$$

von Null verschieden.

Dem Gebiet Q entspricht vermöge der Gleichungen

$$\mathfrak{x}_1 = v_1(x_1, \ldots, x_n), \ldots\, \mathfrak{x}_n = v_n(x_1, \ldots, x_n)$$

ein Gebiet $\mathfrak{Q}$, und zwar gehören zu verschiedenen Punkten**) von Q verschiedene Punkte von $\mathfrak{Q}$, so daß $x_1, x_2, \ldots, x_n$ Funktionen von $\mathfrak{x}_1, \mathfrak{x}_2, \ldots\, \mathfrak{x}_n$ in $\mathfrak{Q}$ sind:

$$x_1 = \mathfrak{v}_1(\mathfrak{x}_1, \ldots, \mathfrak{x}_n), \ldots, x_n = \mathfrak{v}_n(\mathfrak{x}_1, \ldots, \mathfrak{x}_n).$$

Den inneren Punkten von Q, d. h. den Punkten, die den Ungleichungen

$$x_1^0 - \delta < x_1 < x_1^0 + \delta, \ldots, x_n^0 - \delta < x_n < x_n^0 + \delta$$

genügen, entsprechen innere Punkte von $\mathfrak{Q}$, und damit sind die inneren Punkte von $\mathfrak{Q}$ erschöpft.

Insbesondere ist $\mathfrak{x}_1^0, \mathfrak{x}_2^0, \ldots, \mathfrak{x}_n^0$, der Bildpunkt von $x_1^0, x_2^0, \ldots, x_n^0$, ein innerer Punkt von $\mathfrak{Q}$. Es läßt sich also um $\mathfrak{x}_1^0, \mathfrak{x}_2^0, \ldots, \mathfrak{x}_n^0$ ein Gebiet

$$(\mathfrak{Q}') \qquad \mathfrak{x}_1^0 - \varepsilon \leqq \mathfrak{x}_1 \leqq \mathfrak{x}_1^0 + \varepsilon, \ldots, \mathfrak{x}_n^0 - \varepsilon \leqq \mathfrak{x}_n \leqq \mathfrak{x}_n^0 + \varepsilon$$

konstruieren, das nur Punkte von $\mathfrak{Q}$ enthält.

Die Funktionen $\mathfrak{v}$ haben in $\mathfrak{Q}'$ stetige erste Ableitungen, wie ebenfalls aus § 97 zu ersehen ist.

$u_1, u_2, \ldots, u_m$ lassen sich nun als Funktionen von $\mathfrak{x}_1, \mathfrak{x}_2, \ldots, \mathfrak{x}_n$ in $\mathfrak{Q}'$ auffassen, und zwar ist

$$u_r = u_r\left(\mathfrak{v}_1(\mathfrak{x}_1, \ldots, \mathfrak{x}_n), \ldots, \mathfrak{v}_n(\mathfrak{x}_1, \ldots, \mathfrak{x}_n)\right)$$
$$(r = 1, 2, \ldots, m).$$

$u_1, u_2, \ldots, u_p$ sind bezüglich gleich $\mathfrak{x}_1, \mathfrak{x}_2, \ldots, \mathfrak{x}_p$. Aber auch aus den übrigen u, wenn es deren gibt, fallen $\mathfrak{x}_{p+1}, \ldots, \mathfrak{x}_n$ ganz heraus. Um dies zu erkennen, bemerke man, daß für $s > p$

$$\left\|\begin{matrix} \frac{\partial u_1}{\partial x_1} & \ldots & \frac{\partial u_1}{\partial x_n} \\ \cdot & \cdot & \cdot \\ \frac{\partial u_p}{\partial x_1} & \ldots & \frac{\partial u_p}{\partial x_n} \\ \frac{\partial u_r}{\partial x_1} & \ldots & \frac{\partial u_r}{\partial x_n} \end{matrix}\right\| \cdot \left\|\begin{matrix} \frac{\partial x_1}{\partial \mathfrak{x}_1} & \ldots & \frac{\partial x_n}{\partial \mathfrak{x}_1} \\ \cdot & \cdot & \cdot \\ \frac{\partial x_1}{\partial \mathfrak{x}_p} & \ldots & \frac{\partial x_n}{\partial \mathfrak{x}_p} \\ \frac{\partial x_1}{\partial \mathfrak{x}_s} & \ldots & \frac{\partial x_n}{\partial \mathfrak{x}_s} \end{matrix}\right\| = \begin{vmatrix} 1 & \ldots & 0 & 0 \\ \cdot & \cdot & \cdot & \cdot \\ 0 & \ldots & 1 & 0 \\ \frac{\partial u_r}{\partial \mathfrak{x}_1} & \ldots & \frac{\partial u_r}{\partial \mathfrak{x}_p} & \frac{\partial u_r}{\partial \mathfrak{x}_s} \end{vmatrix} = \frac{\partial u_r}{\partial \mathfrak{x}_s}$$

---

*) v_{rs} ist die Ableitung von v_r nach x_s.

**) „Punkt" ist wie „Stelle" ein geometrischer Ausdruck für „Wertsystem".

ist (vgl. § 31). Da nämlich die Ableitungen $\partial u/\partial x$ in Q stetig sind und die Ableitungen $\partial x/\partial \mathfrak{x}$ in $\mathfrak{Q}'$ überall existieren, so sind alle Bedingungen erfüllt, unter denen man in der Differentialrechnung die Formel

$$\frac{\partial u}{\partial \mathfrak{x}} = \frac{\partial u}{\partial x_1}\frac{\partial x_1}{\partial \mathfrak{x}} + \ldots + \frac{\partial u}{\partial x_n}\frac{\partial x_n}{\partial \mathfrak{x}}$$

beweist.

Andererseits ist das obige Matrizenprodukt gleich dem innern Produkt der $(p+1)$-reihigen Determinanten der beiden Matrizen (vgl. § 34). Da nun die Funktionalmatrix (2) den Rang p hat, so verschwinden in der einen Matrix alle $(p+1)$-reihigen Determinanten. Das Produkt wird also gleich Null, und man hat

$$\frac{\partial u_r}{\partial \mathfrak{x}_s} = 0 \qquad (r = p+1, \ldots, m;\ s = p+1, \ldots, n).$$

Dies gilt für das ganze Gebiet $\mathfrak{Q}'$, und man sieht hieraus, daß $u_1, u_2, \ldots, u_n$ bei festgehaltenen $\mathfrak{x}_1, \mathfrak{x}_2, \ldots, \mathfrak{x}_p$ Konstanten sind.

Wir können also, ohne daß die u sich ändern, $\mathfrak{x}_{p+1}, \ldots, \mathfrak{x}_n$ durch $\mathfrak{x}^0_{p+1}, \ldots, \mathfrak{x}^0_n$ ersetzen. Dadurch erhalten wir

$$u_r = u_r\left(\mathfrak{v}_1(\mathfrak{x}_1, \ldots, \mathfrak{x}_p, \mathfrak{x}^0_{p+1}, \ldots, \mathfrak{x}^0_n), \ldots, \mathfrak{v}_n(\mathfrak{x}_1, \ldots, \mathfrak{x}_p, \mathfrak{x}^0_{p+1} \ldots, \mathfrak{x}^0_n)\right)$$
$$= \varphi_r(\mathfrak{x}_1, \ldots, \mathfrak{x}_p) \qquad (r = p+1, \ldots, m).$$

Da nun $\qquad u_1 = \mathfrak{x}_1,\ u_2 = \mathfrak{x}_2, \ldots, u_p = \mathfrak{x}_p$

ist, so bestehen folgende Relationen:

$$u_r(x_1, \ldots, x_n) = \varphi_r\left(u_1(x_1, \ldots, x_n), \ldots, u_p(x_1, \ldots, x_n)\right)$$
$$(r = p+1, \ldots, m).$$

Sie gelten für alle Punkte $x_1, x_2, \ldots, x_n$, deren Bildpunkte in $\mathfrak{Q}'$ liegen. Bezeichnen wir den Inbegriff dieser Punkte $x_1, x_2, \ldots, x_n$ mit Q', so ist $x^0_1, x^0_2, \ldots, x^0_n$ ein innerer Punkt von Q', weil $\mathfrak{x}^0_1, \mathfrak{x}^0_2, \ldots, \mathfrak{x}^0_n$ ein innerer Punkt von $\mathfrak{Q}'$ ist.

Bei passender Wahl der positiven Zahl δ' gelten also die obigen Relationen in dem ganzen Gebiet, das durch die Ungleichungen

$$x^0_1 - \delta' \leqq x_1 \leqq x^0_1 + \delta', \ldots, x^0_n - \delta' \leqq x_n \leqq x^0_n + \delta'$$

definiert ist. Die Funktionen $\varphi_r(u_1, \ldots, u_p)$ haben in dem Bereich

$$u_1(x^0_1, \ldots, x^0_n) - \varepsilon \leqq u_1 \leqq u_1(x^0_1, \ldots, x^0_n) + \varepsilon,$$
$$\cdots\cdots\cdots\cdots\cdots\cdots$$
$$u_p(x^0_1, \ldots, x^0_n) - \varepsilon \leqq u_p \leqq u_p(x^0_1, \ldots, x^0_n) + \varepsilon$$

stetige erste Ableitungen. Dies kann man daraus entnehmen, daß

$$\varphi_r(x_1, \ldots, x_p)$$

$$= u_r(v_1(x_1, \ldots, x_p, x_{p+1}^0, \ldots, x_n^0), \ldots, v_n(x_1, \ldots, x_p, x_{p+1}^0 \ldots, x_n^0))$$

ist.

In einer gewissen Umgebung von $x_1^0, x_2^0, \ldots, x_n^0$ sind also

$$u_{p+1}, \ldots, u_n$$

Funktionen von $u_1, u_2, \ldots, u_p$.

Dagegen ist unter den Funktionen $u_1, u_2, \ldots, u_p$ keine eine Funktion der übrigen. Denn sonst hätten wir eine Relation zwischen den unabhängigen Veränderlichen $x_1, \ldots, x_p$.

Wir können unser Resultat in folgendem Satz aussprechen:

$u_1(x_1, \ldots, x_n), \ldots, u_m(x_1, \ldots, x_n)$ mögen in der Umgebung*) von $x_1^0, \ldots, x_n^0$ stetige erste Ableitungen besitzen und die Funktionalmatrix habe sowohl an der Stelle $x_1^0, \ldots, x_n^0$ als auch in ihrer Umgebung den Rang p.

Dann lassen sich in der Umgebung von $x_1^0, \ldots, x_n^0$ $m - p$ von den u als Funktionen der p übrigen ausdrücken, die ihrerseits durch keine Relation verbunden sind.

Es gibt, wie man kurz sagt, in der Umgebung von $x_1^0, \ldots, x_n^0$ unter den Funktionen u genau p unabhängige.

Der Rang der Funktionalmatrix ist also gleich der Anzahl der unabhängigen Funktionen.

Die notwendige und hinreichende Bedingung für die Unabhängigkeit der m Funktionen u in der Umgebung von $x_1^0, \ldots, x_n^0$ besteht darin, daß die Funktionalmatrix an der Stelle $x_1^0, \ldots, x_n^0$ den Rang m hat. Im Falle $m = n$ sind also die Funktionen u dann und nur dann in der Umgebung von $x_1^0, \ldots, x_n^0$ unabhängig, wenn die Funktionaldeterminante an der Stelle $x_1^0, \ldots, x_n^0$ von Null verschieden ist.

Man darf nicht außer acht lassen, daß $x_1^0, \ldots, x_n^0$ eine nichtsinguläre Stelle ist, daß also die Funktionalmatrix in der Umgebung von $x_1^0, \ldots, x_n^0$ nirgends von höherem Range wird als an dieser Stelle selbst.

Wenn $x_1^0, \ldots, x_n^0$ eine singuläre Stelle ist, so sind die letzten Sätze über die Unabhängigkeit der u nicht richtig. Z. B. sind x^2 und y in der Umgebung von $x = 0$, $y = 0$ durch keine Relation verbunden und doch ist an dieser Stelle die Funktionaldeterminante gleich Null. In diesem Fall ist aber die Stelle 0, 0 singulär. Die Funktionaldeterminante verschwindet nämlich nur für $x = 0$.

---

*) „In der Umgebung von $x_1^0, \ldots, x_n^0$" bedeutet „in einem passend gewählten Bereich $x_1^0 - \delta \leqq x_1 \leqq x_1^0 + \delta, \ldots, x_n^0 - \delta \leqq x_n \leqq x_n^0 + \delta$" ($\delta > 0$).

§ 99. Die Funktionaldeterminanten inverser Funktionssysteme.

$u_1(x_1, \ldots, x_n), \ldots, u_n(x_1, \ldots, x_n)$ mögen in der Umgebung von $x_1^0, \ldots, x_n^0$ stetige erste Ableitungen haben. Außerdem sei

$$\frac{d(u_1, \ldots, u_n)}{d(x_1, \ldots, x_n)}$$

an der Stelle $x_1^0, \ldots, x_n^0$ von Null verschieden.

Setzen wir

$$\mathfrak{x}_1 = u_1(x_1, \ldots, x_n), \ldots, \mathfrak{x}_n = u_n(x_1, \ldots, x_n)$$

und

$$\mathfrak{x}_1^0 = u_1(x_1^0, \ldots, x_n^0), \ldots, \mathfrak{x}_n^0 = u_n(x_1^0, \ldots, x_n^0),$$

so sind (vgl. § 98) in der Umgebung von $\mathfrak{x}_1^0, \ldots \mathfrak{x}_n^0$ die x Funktionen der $\mathfrak{x}$:

$$x_1 = \mathfrak{u}_1(\mathfrak{x}_1, \ldots, \mathfrak{x}_n), \ldots, x_n = \mathfrak{u}_n(\mathfrak{x}_1, \ldots, \mathfrak{x}_n).$$

Diese Funktionen $\mathfrak{u}$ haben in der Umgebung von $\mathfrak{x}_1^0, \ldots, \mathfrak{x}_n^0$ stetige erste Ableitungen.

Man nennt $\mathfrak{u}_1, \ldots, \mathfrak{u}_n$ das zu $u_1, \ldots, u_n$ **inverse Funktionssystem**. Offenbar ist auch $u_1, \ldots, u_n$ zu $\mathfrak{u}_1, \ldots, \mathfrak{u}_n$ invers.

Wir können, da

$$\mathfrak{x}_r = u_r(\mathfrak{u}_1(\mathfrak{x}_1, \ldots, \mathfrak{x}_n), \ldots, \mathfrak{u}_n(\mathfrak{x}_1, \ldots, \mathfrak{x}_n))$$

ist $(r = 1, 2, \ldots, n)$, die $\mathfrak{x}$ als zusammengesetzte Funktionen betrachten und den Multiplikationssatz aus § 94 anwenden. Danach haben wir in der Umgebung von $\mathfrak{x}_1^0, \ldots, \mathfrak{x}_n^0$

$$\frac{d(\mathfrak{x}_1, \ldots, \mathfrak{x}_n)}{d(\mathfrak{x}_1, \ldots, \mathfrak{x}_n)} = \frac{d(\mathfrak{x}_1, \ldots, \mathfrak{x}_n)}{d(x_1, \ldots, x_n)} \cdot \frac{d(x_1, \ldots, x_n)}{d(\mathfrak{x}_1, \ldots, \mathfrak{x}_n)}.$$

Nun ist aber

$$\frac{d(\mathfrak{x}_1, \ldots, \mathfrak{x}_n)}{d(\mathfrak{x}_1, \ldots, \mathfrak{x}_n)} = \begin{vmatrix} 1 & 0 & \ldots & 0 \\ 0 & 1 & \ldots & 0 \\ . & . & . & . \\ 0 & 0 & \ldots & 1 \end{vmatrix} = 1,$$

mithin

$$1 = \frac{d(\mathfrak{x}_1, \ldots, \mathfrak{x}_n)}{d(x_1, \ldots, x_n)} \cdot \frac{d(x_1, \ldots, x_n)}{d(\mathfrak{x}_1, \ldots, \mathfrak{x}_n)}.$$

Das Produkt aus den Funktionaldeterminanten der $\mathfrak{x}$ nach den x und der x nach den $\mathfrak{x}$ ist also gleich 1.

Dies ist eine Verallgemeinerung des Satzes, daß inverse Funktionen einer Veränderlichen Ableitungen mit dem Produkt 1 haben.

Vierzehntes Kapitel.

Wronskische und Gramsche Determinanten.

§ 100. Lineare Abhängigkeit von Funktionen einer reellen Veränderlichen.

$f_1(x), f_2(x), \ldots, f_m(x)$ seien m reelle Funktionen in dem Intervall (a, b). Man sagt von diesen Funktionen, daß sie linear abhängig sind, wenn sich m Konstanten $c_1, c_2, \ldots, c_m$ so wählen lassen, daß in dem ganzen Intervall (a, b) die Gleichung

$$c_1 f_1(x) + c_2 f_2(x) + \ldots + c_m f_m(x) = 0$$

gilt, ohne daß alle c verschwinden. Andernfalls heißen die Funktionen linear unabhängig. Es handelt sich hier um einen ähnlichen Begriff wie in § 24.

Wir stellen uns die Aufgabe, ein Kriterium für die lineare Unabhängigkeit zu suchen, und zwar beschränken wir uns dabei auf stetige Funktionen.

§ 101. Inneres Produkt von zwei reellen Funktionen.

$f(x), g(x)$ seien reelle Funktionen, die in dem Intervall (a, b) integrierbar sind*). Als inneres Produkt dieser beiden Funktionen definieren wir das Integral

$$\int_a^b f(x)\, g(x)\, dx.$$

Wir bezeichnen dieses Produkt mit (fg).

Das innere Produkt zweier Funktionen und das innere Produkt zweier Wertsysteme $x_1, x_2, \ldots, x_n$ und $y_1, y_2, \ldots, y_n$ (vgl. § 30) sind zwei verwandte Begriffe.

Wenn $(fg) = 0$ ist, so sagen wir, daß f und g zueinander orthogonal sind.

§ 102. Gramsches Kriterium für reelle stetige Funktionen.

Wir wissen, daß m Wertsysteme

$$(1) \qquad \begin{cases} x_{11}, & x_{12}, & \ldots, & x_{1n} \\ x_{21}, & x_{22}, & \ldots, & x_{2n} \\ \cdot & \cdot & \cdot & \cdot \\ x_{m1}, & x_{m2}, & \ldots, & x_{mn} \end{cases}$$

*) Vgl. meine „Grundzüge der Infinitesimalrechnung", S. 206.

dann und nur dann linear unabhängig sind, wenn ihre Matrix den Rang m hat.

Nun ist das Produkt dieser Matrix mit sich selbst (vgl. § 31) gleich der Quadratsumme ihrer m-reihigen Determinanten (vgl. § 34). Wenn also die Wertsysteme (1) reell sind, so gibt uns jenes Produkt ein Mittel, um die lineare Unabhängigkeit festzustellen.

Die reellen Wertsysteme (1) sind dann und nur dann linear unabhängig, wenn

$$\left\|\begin{matrix} x_{11} & x_{12} & \dots & x_{1n} \\ x_{21} & x_{22} & \dots & x_{2n} \\ \cdot & \cdot & \cdot & \cdot \\ x_{m1} & x_{m2} & \dots & x_{mn} \end{matrix}\right\|^2 = \begin{vmatrix} (x_1\, x_1) & (x_1\, x_2) & \dots & (x_1\, x_m) \\ (x_2\, x_1) & (x_2\, x_2) & \dots & (x_2\, x_m) \\ \cdot & \cdot & \cdot & \cdot \\ (x_m\, x_1) & (x_m\, x_2) & \dots & (x_m\, x_m) \end{vmatrix}$$

positiv ist.

Wir wollen diese Determinante die Determinante der inneren Produkte nennen oder die Gramsche Determinante der Wertsysteme (1).

Die Determinante der inneren Produkte von m reellen Wertsystemen ist also positiv, solange die Wertsysteme linear unabhängig sind, und verschwindet, wenn sie linear abhängig sind.

Auf Grund von § 100 und § 101 kann man vermuten, daß über die lineare Unabhängigkeit von reellen stetigen Funktionen folgendes Theorem gelten wird:

Die Determinante der inneren Produkte von m reellen stetigen Funktionen

(2) $$f_1(x), f_2(x), \dots, f_m(x) \qquad (a \leqq x \leqq b)$$

ist positiv, solange die Funktionen linear unabhängig sind, und verschwindet, wenn sie linear abhängig sind.

Die notwendige und hinreichende Bedingung für die lineare Unabhängigkeit der reellen stetigen Funktionen (2) lautet also

$$\begin{vmatrix} (f_1\, f_1) & (f_1\, f_2) & \dots & (f_1\, f_m) \\ (f_2\, f_1) & (f_2\, f_2) & \dots & (f_2\, f_m) \\ \cdot & \cdot & \cdot & \cdot \\ (f_m\, f_1) & (f_m\, f_2) & \dots & (f_m\, f_m) \end{vmatrix} > 0.$$

Dies ist das Gramsche Kriterium.

Um das Kriterium zu beweisen, wollen wir die Gramsche Determinante

$$G = \begin{vmatrix} (f_1\, f_1) & (f_1\, f_2) & \dots & (f_1\, f_m) \\ (f_2\, f_1) & (f_2\, f_2) & \dots & (f_2\, f_m) \\ \cdot & \cdot & \cdot & \cdot \\ (f_m\, f_1) & (f_m\, f_2) & \dots & (f_m\, f_m) \end{vmatrix}$$

mit der Determinante

$$A = \begin{vmatrix} a_{11} & a_{12} & \dots & a_{1m} \\ a_{21} & a_{22} & \dots & a_{2m} \\ \cdot & \cdot & \cdot & \cdot \\ a_{m1} & a_{m2} & \dots & a_{mm} \end{vmatrix}$$

multiplizieren, die reelle Elemente hat und ungleich Null ist.

Setzen wir

$$(3) \qquad \begin{cases} \varphi_1 = a_{11} f_1 + a_{12} f_2 + \dots + a_{1m} f_m, \\ \varphi_2 = a_{21} f_1 + a_{22} f_2 + \dots + a_{2m} f_m, \\ \cdot \quad \cdot \quad \cdot \quad \cdot \quad \cdot \quad \cdot \quad \cdot \\ \varphi_m = a_{m1} f_1 + a_{m2} f_2 + \dots + a_{mm} f_m, \end{cases}$$

so wird

$$GA = \begin{vmatrix} (f_1 \varphi_1) & (f_1 \varphi_2) & \dots & (f_1 \varphi_m) \\ (f_2 \varphi_1) & (f_2 \varphi_2) & \dots & (f_2 \varphi_m) \\ \cdot & \cdot & \cdot & \cdot \\ (f_m \varphi_1) & (f_m \varphi_2) & \dots & (f_m \varphi_m) \end{vmatrix}.$$

In der Tat ist

$$a_{s1}(f_r f_1) + a_{s2}(f_r f_2) + \dots + a_{sm}(f_r f_m)$$
$$= a_{s1}\int_a^b f_r f_1 \, dx + a_{s2}\int_a^b f_r f_2 \, dx + \dots + a_{sm}\int_a^b f_r f_m \, dx$$
$$= \int_a^b f_r (a_{s1} f_1 + a_{s2} f_2 + \dots + a_{sm} f_m) \, dx = \int_a^b f_r \varphi_s \, dx = (f_r \varphi_s).$$

Multiplizieren wir GA noch einmal mit A, so kommt

$$(4) \qquad GA^2 = \begin{vmatrix} (\varphi_1 \varphi_1) & (\varphi_1 \varphi_2) & \dots & (\varphi_1 \varphi_m) \\ (\varphi_2 \varphi_1) & (\varphi_2 \varphi_2) & \dots & (\varphi_2 \varphi_m) \\ \cdot & \cdot & \cdot & \cdot \\ (\varphi_m \varphi_1) & (\varphi_m \varphi_2) & \dots & (\varphi_m \varphi_m) \end{vmatrix}.$$

Die Gramsche Determinante der Funktionen φ unterscheidet sich also von der Gramschen Determinante der Funktionen f nur um den Faktor A^2.

Wenn die Funktionen f linear abhängig sind, können wir $a_{11}, a_{12}, \dots, a_{1m}$ unbeschadet der Bedingung $A \neq 0$ so wählen, daß $\varphi_1 = 0$ wird. Dann ist aber die Gramsche Determinante der Funktionen φ gleich Null.

Die Gramsche Determinante der f ist demnach Null, sobald diese Funktionen linear abhängig sind.

Es bleibt nur noch zu zeigen, daß sie positiv ist, sobald die Funktionen f linear unabhängig sind.

Wenn $f_1, f_2, \ldots, f_m$ linear unabhängig sind, so ist f_1 sicher nicht durchweg gleich Null. Man hat also

$$(f_1 f_1) = \int_a^b f_1^2\, dx > 0.$$

Das Integral einer stetigen und nicht negativen Funktion ist nämlich nur dann gleich Null, wenn die Funktion in dem ganzen Integrationsintervall verschwindet.

Setzen wir
$$\varphi_1 = \frac{f_1}{\sqrt{(f_1 f_1)}},$$
so wird
$$(\varphi_1 \varphi_1) = 1.$$

Es läßt sich nun λ so wählen, daß

$$(f_2 + \lambda\varphi_1, \varphi_1) = (f_2\varphi_1) + \lambda = 0$$

ist. Man braucht nur
$$\lambda = -(f_2\varphi_1)$$
zu setzen.

$\hat{f}_2 = f_2 + \lambda\varphi_1$ kann nicht in dem ganzen Intervall (a, b) verschwinden. Sonst wären die Funktionen f linear abhängig. Es ist daher

$$(\hat{f}_2 \hat{f}_2) > 0$$

und, wenn wir
$$\varphi_2 = \frac{\hat{f}_2}{\sqrt{(\hat{f}_2 \hat{f}_2)}}$$
setzen,
$$(\varphi_2\varphi_2) = 1, \quad (\varphi_2\varphi_1) = 0.$$

Jetzt lassen sich λ, μ so wählen, daß

$$(f_3 + \lambda\varphi_1 + \mu\varphi_2, \varphi_1) = 0$$
und
$$(f_3 + \lambda\varphi_1 + \mu\varphi_2, \varphi_2) = 0$$
wird.

Diese Gleichungen reduzieren sich nämlich wegen

$$(\varphi_1\varphi_1) = 1, \quad (\varphi_1\varphi_2) = 0, \quad (\varphi_2\varphi_2) = 1$$
auf
$$(f_3\varphi_1) + \lambda = 0, \quad (f_3\varphi_2) + \mu = 0.$$

$\hat{f}_3 = f_3 + \lambda\varphi_1 + \mu\varphi_2$ kann nicht durchweg Null sein, da die f linear unabhängig sind. Daher ist

$$(\hat{f}_3 \hat{f}_3) > 0$$

und, wenn man
$$\varphi_3 = \frac{\hat{f}_3}{\sqrt{(\hat{f}_3 \hat{f}_3)}}$$
setzt,
$$(\varphi_3\varphi_3) = 1, \quad (\varphi_3\varphi_1) = (\varphi_3\varphi_2) = 0.$$

So kann man fortfahren.

Man gewinnt auf diese Weise m Funktionen φ, die sich durch die f in der Form (1) mit reellen a_{rs} ausdrücken und folgende Relationen erfüllen:

$$(5)\qquad (\varphi_\mu \varphi_\mu) = 1, \quad (\varphi_\mu \varphi_\nu) = 0 \qquad (\mu, \nu = 1, 2, \ldots, m;\ \mu \gtreqless \nu).$$

Die Formel (4) lautet in diesem Falle

$$G A^2 = 1,$$

und wir ersehen aus ihr, daß $G > 0$ ist.

Ein Funktionssystem, daß die Bedingungen (5) erfüllt, soll ein normiertes Orthogonalsystem heißen (vgl. den analogen Begriff in § 88).

Wir haben im obigen die linear unabhängigen Funktionen $f_1, f_2, \ldots, f_m$ in ein normiertes Orthogonalsystem verwandelt, und zwar dadurch, daß wir statt der f reelle lineare Verbindungen φ einführten. Da wegen $GA^2 = 1$ die Determinante A ungleich Null ist, so lassen sich auch die f als reelle lineare Verbindungen der φ schreiben. Zwei solche Funktionensysteme wollen wir hier als äquivalent bezeichnen. Dann können wir sagen, daß ein System von m reellen stetigen Funktionen, dessen Gramsche Determinante positiv ist, mit einem m-gliedrigen normierten Orthogonalsystem äquivalent ist. Umgekehrt folgt aus einer solchen Äquivalenz, daß die Gramsche Determinante positiv ist.

§ 103. Komponenten einer Funktion in bezug auf m linear unabhängige Funktionen.

$f_1, f_2, \ldots, f_m$ seien in (a, b) reell, stetig und linear unabhängig. $\varphi_1, \varphi_2, \ldots, \varphi_m$ sei ein äquivalentes Orthogonalsystem.

Nehmen wir irgendeine Funktion F, die in (a, b) reell und stetig ist, so läßt sie sich in zwei Summanden zerlegen, von denen der eine sich linear durch die f ausdrückt, während der andere zu allen f orthogonal ist (d. h. mit jedem f das innere Produkt Null bildet).

Offenbar können wir ebensogut sagen, daß der eine Summand sich linear durch die φ ausdrückt, während der andere zu allen φ orthogonal ist.

Der eine Summand hat also die Form

$$\lambda_1 \varphi_1 + \lambda_2 \varphi_2 + \ldots + \lambda_m \varphi_m,$$

der andre lautet

$$G = F - \lambda_1 \varphi_1 - \lambda_2 \varphi_2 - \ldots - \lambda_m \varphi_m$$

und soll zu allen φ orthogonal sein. Es sollen also die Gleichungen

$$(G\varphi_1) = 0, \quad (G\varphi_2) = 0, \ldots, (G\varphi_m) = 0$$

bestehen.

Sie reduzieren sich, da die φ ein normiertes Orthogonalsystem bilden, auf

$$(F\varphi_1) - \lambda_1 = 0, \quad (F\varphi_2) - \lambda_2 = 0, \ldots, (F\varphi_m) - \lambda_m = 0.$$

Setzt man also

$$F = (F\varphi_1)\varphi_1 + \ldots + (F\varphi_m)\varphi_m + G,$$

so ist G zu allen φ orthogonal, und man hat die gewünschte Zerlegung gewonnen.

G und $(F\varphi_1)\varphi_1 + \ldots + (F\varphi_m)\varphi_m$ mögen die Komponenten von F in bezug auf $f_1, f_2, \ldots, f_m$ heißen.

Man kann die Zerlegung von F auch ohne Zuhilfenahme eines normierten Orthogonalsystems finden.

Die eine Komponente von F soll die Form

$$\lambda_1 f_1 + \lambda_2 f_2 + \ldots + \lambda_m f_m$$

haben und die andere

$$F - \lambda_1 f_1 - \lambda_2 f_2 - \ldots - \lambda_m f_m = G$$

soll zu den f orthogonal sein. Wir haben also die Gleichungen

$$\begin{array}{l} -\lambda_1 (f_1 f_1) - \ldots - \lambda_m (f_1 f_m) + (f_1 F) = 0, \\ \cdot \quad \cdot \quad \cdot \quad \cdot \quad \cdot \quad \cdot \quad \cdot \quad \cdot \quad \cdot \quad \cdot \quad \cdot \quad \cdot \\ -\lambda_1 (f_m f_1) - \ldots - \lambda_m (f_m f_m) + (f_m F) = 0, \\ -\lambda_1 f_1 \qquad - \ldots - \lambda_m f_m + F - G = 0. \end{array}$$

Das sind $m + 1$ lineare homogene Gleichungen für

$$-\lambda_1, \ldots, -\lambda_m, 1.$$

Es muß also (vgl. Satz 16 in § 22)

$$\begin{vmatrix} (f_1 f_1) & \ldots & (f_1 f_m) & (f_1 F) \\ \cdot & \cdot & \cdot & \cdot \\ (f_m f_1) & \ldots & (f_m f_m) & (f_m F) \\ f_1 & \ldots & f_m & F - G \end{vmatrix} = 0$$

sein oder

$$-G \begin{vmatrix} (f_1 f_1) & \ldots & (f_1 f_m) \\ \cdot & \cdot & \cdot \\ (f_m f_1) & \ldots & (f_m f_m) \end{vmatrix} + \begin{vmatrix} (f_1 f_1) & \ldots & (f_1 f_m) & (f_1 F) \\ \cdot & \cdot & \cdot & \cdot \\ (f_m f_1) & \ldots & (f_m f_m) & (f_m F) \\ f_1 & \ldots & f_m & F \end{vmatrix} = 0,$$

d. h.

$$G = \frac{\begin{vmatrix} (f_1 f_1) & \ldots & (f_1 f_m) & (f_1 F) \\ \cdot & \cdot & \cdot & \cdot \\ (f_m f_1) & \ldots & (f_m f_m) & (f_m F) \\ f_1 & \ldots & f_m & F \end{vmatrix}}{\begin{vmatrix} (f_1 f_1) & \ldots & (f_1 f_m) \\ \cdot & \cdot & \cdot \\ (f_m f_1) & \ldots & (f_m f_m) \end{vmatrix}}.$$

Dies ist die zu $f_1, f_2, \ldots, f_m$ orthogonale Komponente von F.

Die andre Komponente lautet

$$\frac{\begin{vmatrix} (f_1 f_1) & \ldots & (f_1 f_m) & (f_1 F) \\ \cdot & \cdot & \cdot & \cdot \\ (f_m f_1) & \ldots & (f_m f_m) & (f_m F) \\ -f_1 & \ldots & -f_m & 0 \end{vmatrix}}{\begin{vmatrix} (f_1 f_1) & \ldots & (f_1 f_m) \\ \cdot & \cdot & \cdot \\ (f_m f_1) & \ldots & (f_m f_m) \end{vmatrix}}$$

Wenn $G = 0$ ist, und auch nur dann, läßt sich F linear durch die f ausdrücken, und zwar wird es gleich der andern Komponente.

§ 104. Wronskische Determinanten.

Die Funktionen $f_1, f_2, \ldots, f_m$ seien im Sinne von § 100 linear abhängig, es gebe also m Konstanten $c_1, c_2, \ldots, c_m$, die nicht alle Null sind und für $a \leqq x \leqq b$ die Gleichung

(1) $$c_1 f_1(x) + c_2 f_2(x) + \ldots + c_m f_m(x) = 0$$

erfüllen.

Lassen sich die Funktionen in (a, b) $(m-1)$-mal differenzieren, so folgt aus (1)

$$c_1 f_1'(x) + c_2 f_2'(x) + \ldots + c_m f_m'(x) = 0,$$
$$c_1 f_1''(x) + c_2 f_2''(x) + \ldots + c_m f_m''(x) = 0$$

usw.

Die Konstanten c genügen also den Gleichungen

$$c_1 f_1(x) + c_2 f_2(x) + \ldots + c_m f_m(x) = 0,$$
$$c_1 f_1'(x) + c_2 f_2'(x) + \ldots + c_m f_m'(x) = 0,$$
$$\cdot \quad \cdot \quad \cdot \quad \cdot \quad \cdot \quad \cdot \quad \cdot \quad \cdot$$
$$c_1 f_1^{(m-1)}(x) + c_2 f_2^{(m-1)}(x) + \ldots + c_m f_m^{(m-1)}(x) = 0,$$

und zwar in dem ganzen Intervall (a, b).

Da die c nicht alle Null sind, so muß für $a \leqq x \leqq b$ die Determinante

$$(2) \qquad \begin{vmatrix} f_1 & f_2 & \dots & f_m \\ f_1' & f_2' & \dots & f_m' \\ . & . & . & . \\ f_1^{(m-1)} & f_2^{(m-1)} & \dots & f_m^{(m-1)} \end{vmatrix}$$

verschwinden. Man nennt sie die Wronskische Determinante von $f_1, f_2, \dots, f_m$.

Das Verschwinden der Wronskischen Determinante ist zwar eine notwendige, aber keine hinreichende Bedingung für die lineare Abhängigkeit in (a, b). Davon kann man sich durch ein Beispiel überzeugen.

Wir setzen fest, daß

$$\text{für } x \geqq 0 \quad f_1(x) = x^2,$$
$$\text{für } x \leqq 0 \quad f_1(x) = 0$$

sein soll. Ferner soll

$$\text{für } x \geqq 0 \quad f_2(x) = 0,$$
$$\text{für } x \leqq 0 \quad f_2(x) = x^2$$

sein.

Nehmen wir nun ein Intervall (a, b), das die Null umschließt $(a < 0 < b)$, so sind f_1 und f_2 in (a, b) differenzierbar und ihre Wronskische Determinante lautet

$$\text{für } x \geqq 0: \quad \begin{vmatrix} x^2 & 0 \\ 2x & 0 \end{vmatrix},$$

$$\text{für } x \leqq 0: \quad \begin{vmatrix} 0 & x^2 \\ 0 & 2x \end{vmatrix}$$

Sie ist also in dem ganzen Intervall (a, b) gleich Null.

Trotzdem sind die Funktionen f_1 und f_2 in (a, b) linear unabhängig. Wäre nämlich für $a \leqq x \leqq b$

$$c_1 f_1(x) + c_2 f_2(x) = 0,$$

so hätte man insbesondere

$$c_1 f_1(a) + c_2 f_2(a) = 0, \quad \text{d. h.} \quad c_2 a^2 = 0$$

und

$$c_1 f_1(b) + c_2 f_2(b) = 0, \quad \text{d. h.} \quad c_1 b^2 = 0$$

Es wäre also $c_1 = c_2 = 0$.

Wenn in dem Intervall (a, b) die Wronskische Determinante von $f_1, f_2, \dots, f_{m-1}$ nirgends Null ist $(m > 1)$, während die Wronskische Determinante von $f_1, f_2, \dots, f_m$ überall verschwindet, so sind $f_1, f_2, \dots, f_m$ linear abhängig, und zwar ist

$$f_m = c_1 f_1 + \dots + c_{m-1} f_{m-1} \qquad (c_1, \dots, c_{m-1} \text{ Konstanten}).$$

Die Gleichungen

$$(3)\qquad \begin{cases} \varphi_1 f_1 + \varphi_2 f_2 + \dots + \varphi_{m-1} f_{m-1} = f_m, \\ \varphi_1 f_1' + \varphi_2 f_2' + \dots + \varphi_{m-1} f_{m-1}' = f_m', \\ \dots\dots\dots\dots\dots\dots \\ \varphi_1 f_1^{(m-2)} + \varphi_2 f_2^{(m-2)} + \dots + \varphi_{m-1} f_{m-1}^{(m-2)} = f_m^{(m-2)} \end{cases}$$

haben, wie man auch x in (a, b) wählen mag, eine von Null verschiedene Determinante. Diese ist nämlich die Wronskische Determinante von $f_1, f_2, \dots, f_{m-1}$, von der wir vorausgesetzt haben, daß sie in (a, b) nirgends verschwindet.

Durch die Gleichungen (3) sind also $\varphi_1, \varphi_2, \dots, \varphi_{m-1}$ als Funktionen von x definiert. Die Cramersche Regel (§ 22) gestattet, diese Funktionen anzugeben. Sie sind Brüche mit dem Nenner

$$(4)\qquad \begin{vmatrix} f_1 & f_2 & \dots & f_{m-1} \\ f_1' & f_2' & \dots & f_{m-1}' \\ \dots & \dots & \dots & \dots \\ f_1^{(m-2)} & f_2^{(m-2)} & \dots & f_{m-1}^{(m-2)} \end{vmatrix}$$

und die Zähler entstehen aus diesem Nenner dadurch, daß man eine der Funktionen $f_1, f_2, \dots, f_{m-1}$ durch f_m ersetzt.

Da wir von $f_1, f_2, \dots, f_m$ annehmen, daß sie sich in (a, b) $(m-1)$-mal differenzieren lassen, so existieren in (a, b) die Ableitungen $\varphi_1', \varphi_2', \dots, \varphi_m'$.

Die Funktionen φ erfüllen außer den Gleichungen (3) auch noch die Gleichung

$$(5)\qquad \varphi_1 f_1^{(m-1)} + \varphi_2 f_2^{(m-1)} + \dots + \varphi_{m-1} f_{m-1}^{(m-1)} = f_m^{(m-1)};$$

denn die Determinante (2) ist gleich Null, also die Gleichung (5) eine Folge der Gleichungen (3).

Differenziert man nun die Gleichungen (3) unter Beobachtung von (3) und (5), so findet man:

$$\begin{aligned} \varphi_1' f_1 + \varphi_2' f_2 + \dots + \varphi_{m-1}' f_{m-1} &= 0, \\ \varphi_1' f_1' + \varphi_2' f_2' + \dots + \varphi_{m-1}' f_{m-1}' &= 0, \\ \dots\dots\dots\dots\dots\dots & \\ \varphi_1' f_1^{(m-2)} + \varphi_2' f_2^{(m-2)} + \dots + \varphi_{m-1}' f_{m-1}^{(m-2)} &= 0. \end{aligned}$$

Die Determinante (4) ist aber von Null verschieden. Daher folgt

$$\varphi_1' = 0, \quad \varphi_2' = 0, \dots, \varphi_{m-1}' = 0.$$

Die Ableitungen der Funktionen φ sind demnach in (a, b) gleich Null, die Funktionen selbst also Konstanten. Die erste der Gleichungen (3) sagt dann aus, daß f_m eine lineare Kombination von $f_1, f_2, \dots, f_{m-1}$ ist. Die übrigen entstehen aus ihr durch Differentiation.

Wir wollen jetzt annehmen, daß in der Umgebung von x_0 je $k+1$ der Funktionen $f_1, f_2, \ldots, f_m$ eine verschwindende Wronskische Determinante haben, daß dagegen die Wronskischen Determinanten, zu denen je k dieser Funktionen Veranlassung geben, an der Stelle x_0 nicht sämtlich Null sind ($k \leqq m-1$).

Denken wir uns die f so numeriert, daß gerade $f_1, f_2, \ldots, f_k$ an der Stelle x_0 eine von Null verschiedene Wronskische Determinante geben, so wird bei passender Wahl von $\varepsilon (> 0)$ in dem Intervall $(x_0 - \varepsilon,\ x_0 + \varepsilon)$ die Wronskische Determinante von $f_1, f_2, \ldots, f_k$ nirgends Null sein*), während die von $f_1, f_2, \ldots, f_k,\ f_q$ $(q = k+1, \ldots, m)$ überall verschwindet. Daher ist f_q in $(x_0 - \varepsilon,\ x_0 + \varepsilon)$ eine lineare Kombination von $f_1, f_2, \ldots, f_k$. Dagegen sind $f_1, f_2, \ldots, f_k$ linear unabhängig, weil ihre Wronskische Determinante ungleich Null ist.

Wir sehen, daß in der Umgebung von x_0 gerade $m-k$ von den Funktionen $f_1, f_2, \ldots, f_m$ sich als lineare Kombinationen der übrigen darstellen lassen.

Die Wronskische ist spezieller als die Gramsche Methode, weil sie sich auf Funktionen bezieht, die eine gewisse Anzahl von Malen differenzierbar sind, während die Gramsche Methode nur die Stetigkeit fordert.

Bei der Wronskischen Methode brauchen die Funktionen $f_1, f_2, \ldots, f_m$ nicht reell zu sein, während wir uns bei der Gramschen Methode auf reelle Funktionen beschränkt haben. Von dieser Beschränkung können wir uns aber befreien, wie leicht zu zeigen wäre.

Fünfzehntes Kapitel.

Einige geometrische Anwendungen der Determinanten.

§ 105. Gleichung der Geraden, die durch zwei gegebene Punkte hindurchgeht. Inhalt des Dreiecks.

x, y seien Punktkoordinaten in bezug auf ein rechtwinkliges Achsensystem**).

*) Diese Wronskische Determinante ist an der Stelle x_0 stetig, weil die Funktionen f sich k-mal differenzieren lassen.

**) Wir beschränken uns in diesem Kapitel auf reelle Gebilde.

Wir setzen es als bekannt voraus, daß die Gleichung einer Geraden die Form

$$ax + by + c = 0 \tag{1}$$

hat. a, b, c sind Konstanten und a, b nicht beide gleich Null. Umgekehrt stellt jede Gleichung von der Form (1) eine Gerade dar, sobald a, b nicht beide verschwinden; d. h. die Punkte (x, y), die der Gleichung (1) genügen, sind die Punkte einer Geraden.

Wenn zwei verschiedene Punkte

$$(x_1, y_1) \quad \text{und} \quad (x_2, y_2)$$

gegeben sind, so ist es leicht, die Gleichung ihrer Verbindungsgeraden aufzuschreiben. Sie lautet

$$\begin{vmatrix} x & y & 1 \\ x_1 & y_1 & 1 \\ x_2 & y_2 & 1 \end{vmatrix} = 0. \tag{2}$$

Diese Gleichung ist von der Form (1), wie man durch Entwicklung der Determinante nach der ersten Zeile erkennt, und zwar ist

$$a = y_1 - y_2, \quad b = x_2 - x_1, \tag{3}$$

so daß a und b nicht beide Null sind.

Die Gleichung (2) stellt also eine Gerade dar. Diese Gerade geht aber durch die beiden Punkte (x_1, y_1), (x_2, y_2). Setzt man nämlich $x = x_1$, $y = y_1$ oder $x = x_2$, $y = y_2$, so steht auf der linken Seite eine Determinante mit zwei übereinstimmenden Zeilen. Die Gleichung wird also durch (x_1, y_1) und (x_2, y_2) erfüllt.

In der analytischen Geometrie wird gezeigt, daß der Abstand eines Punktes (x_0, y_0) von der Geraden (1) gleich

$$\frac{ax_0 + by_0 + c}{\sqrt{a^2 + b^2}}$$

ist. Handelt es sich um die Gerade (2), so lautet dieser Abstand, wenn man die Formeln (3) beachtet,

$$h = \frac{\begin{vmatrix} x_0 & y_0 & 1 \\ x_1 & y_1 & 1 \\ x_2 & y_2 & 1 \end{vmatrix}}{\sqrt{(x_1 - x_2)^2 + (y_1 - y_2)^2}}$$

Nun ist

$$g = \sqrt{(x_1 - x_2)^2 + (y_1 - y_2)^2}$$

die Entfernung der beiden Punkte (x_1, y_1), (x_2, y_2), also

(3) $$\frac{1}{2}\begin{vmatrix} x_0 & y_0 & 1 \\ x_1 & y_1 & 1 \\ x_2 & y_2 & 1 \end{vmatrix} = \frac{1}{2} g h$$

der Inhalt des Dreiecks, das die Punkte (x_0, y_0), (x_1, y_1), (x_2, y_2) bestimmen. Dabei ist aber dieser Dreiecksinhalt mit einem bestimmten Vorzeichen versehen, weil h nicht positiv zu sein braucht.

Wir müssen noch ermitteln, wann die Determinante (3) positiv und wann sie negativ ist.

Wenn wir das Dreieck (x_0, y_0), (x_1, y_1), (x_2, y_2) in seiner Ebene verschieben und seine Ecken dabei die neuen Lagen (x_0', y_0'), (x_1', y_1'), (x_2', y_2') annehmen, so ist, wie in der analytischen Geometrie gezeigt wird,

$$x_r' = x_r \cos\varphi - y_r \sin\varphi + \alpha,$$
$$y_r' = x_r \sin\varphi + y_r \cos\varphi + \beta$$
$$(r = 0, 1, 2).$$

φ, α, β sind Konstanten.

Nach dem Multiplikationssatz der Determinanten ist nun

$$\begin{vmatrix} x_0' & y_0' & 1 \\ x_1' & y_1' & 1 \\ x_2' & y_2' & 1 \end{vmatrix} = \begin{vmatrix} x_0 & y_0 & 1 \\ x_1 & y_1 & 1 \\ x_2 & y_2 & 1 \end{vmatrix} \begin{vmatrix} \cos\varphi, & -\sin\varphi, & \alpha \\ \sin\varphi, & \cos\varphi, & \beta \\ 0 & 0 & 1 \end{vmatrix} = \begin{vmatrix} x_0 & y_0 & 1 \\ x_1 & y_1 & 1 \\ x_2 & y_2 & 1 \end{vmatrix}.$$

Der Inhalt mit Vorzeichen bleibt also bei allen Verschiebungen des Dreiecks in seiner Ebene ungeändert.

Wir können durch eine solche Verschiebung bewirken, daß (x_0, y_0) in den Anfangspunkt und (x_1, y_1) auf die positive x-Achse fällt, daß also

$$x_0' = y_0' = 0, \quad x_1' > 0, \quad y_1' = 0$$

wird. Dann ist aber

$$\begin{vmatrix} x_0' & y_0' & 1 \\ x_1' & y_1' & 1 \\ x_2' & y_2' & 1 \end{vmatrix} = \begin{vmatrix} 0 & 0 & 1 \\ x_1' & 0 & 1 \\ x_2' & y_2' & 1 \end{vmatrix} = x_1' y_2'.\text{*)}$$

Da $x_1' > 0$, so ist diese Determinante positiv oder negativ, je nachdem $y_2' > 0$ oder $y_2' < 0$ ist.

Daraus können wir folgendes entnehmen:

Die Determinante (3) ist positiv, wenn die Punkte (x_0, y_0), (x_1, y_1), (x_2, y_2) in ähnlicher Weise liegen wie die Punkte (0, 0), (0, 1), (1, 0), und negativ, wenn sie liegen wie (0, 0), (0, 1), (— 1, 0).

*) Da $\frac{1}{2} x_1' y_2'$ der Inhalt des Dreiecks (mit einem gewissen Vorzeichen) ist, so zeigt die obige Betrachtung aufs neue, daß auch (3) diese Bedeutung hat.

Wir wollen uns einen Beobachter denken, der auf der Ebene herumwandert. Befindet er sich auf einer geeigneten Seite der Ebene, so wird, wenn er im Anfangspunkt steht und nach der positiven Richtung der x-Achse blickt, die positive y-Achse zur Linken liegen. Der Beobachter soll beständig auf dieser Seite der Ebene bleiben.

Wenn er nun in (x_0, y_0) stehend nach (x_1, y_1) hinschaut, so liegt (x_2, y_2) zur Linken oder zur Rechten, je nachdem die Determinante (3) positiv oder negativ ist.

Die Formel (3) gibt den Inhalt eines Dreiecks ausgedrückt durch die Koordinaten der Ecken.

Wir wollen jetzt aus den Gleichungen der Dreiecksseiten den Inhalt zu berechnen suchen.

$$a_0 x + b_0 y + c_0 = 0,$$
$$a_1 x + b_1 y + c_1 = 0,$$
$$a_2 x + b_2 y + c_2 = 0$$

seien die Gleichungen der Dreiecksseiten und (x_0, y_0), (x_1, y_1), (x_2, y_2) die gegenüberliegenden Ecken, so daß man hat:

$$a_1 x_0 + b_1 y_0 + c_1 = 0,$$
$$a_2 x_0 + b_2 y_0 + c_2 = 0;$$
$$a_2 x_1 + b_2 y_1 + c_2 = 0,$$
$$a_0 x_1 + b_0 y_1 + c_0 = 0;$$
$$a_0 x_2 + b_0 y_2 + c_0 = 0,$$
$$a_1 x_2 + b_1 y_2 + c_1 = 0.$$

Bezeichnen wir mit A_r, B_r, C_r

die algebraischen Komplemente von

$$a_r, b_r, c_r$$

in der Determinante

$$\begin{vmatrix} a_0 & b_0 & c_0 \\ a_1 & b_1 & c_1 \\ a_2 & b_2 & c_2 \end{vmatrix},$$

so ergibt sich aus den obigen Gleichungen

$$x_r = \frac{A_r}{C_r}, \qquad y_r = \frac{B_r}{C_r} \qquad (r = 0, 1, 2).$$

Der Inhalt des Dreiecks (x_0, y_0), (x_1, y_1), (x_2, y_2) ist also gleich

$$\frac{1}{2}\begin{vmatrix} \frac{A_0}{C_0} & \frac{B_0}{C_0} & 1 \\ \frac{A_1}{C_1} & \frac{B_1}{C_1} & 1 \\ \frac{A_2}{C_2} & \frac{B_2}{C_2} & 1 \end{vmatrix} = \frac{1}{2 C_0 C_1 C_2}\begin{vmatrix} A_0 & B_0 & C_0 \\ A_1 & B_1 & C_1 \\ A_2 & B_2 & C_2 \end{vmatrix}$$

oder (vgl. Satz 27 in § 37) gleich

$$\frac{1}{2}\,\frac{\begin{vmatrix} a_0 & b_0 & c_0 \\ a_1 & b_1 & c_1 \\ a_2 & b_2 & c_2 \end{vmatrix}^2}{\begin{vmatrix} a_1 & b_1 \\ a_2 & b_2 \end{vmatrix} \begin{vmatrix} a_2 & b_2 \\ a_0 & b_0 \end{vmatrix} \begin{vmatrix} a_0 & b_0 \\ a_1 & b_1 \end{vmatrix}}$$

§ 106. Produkt zweier Dreiecksinhalte.

Wir betrachten zwei Dreiecke

$$(x_0, y_0), \qquad (x_1, y_1), \qquad (x_2, y_2)$$

und

$$(x'_0, y'_0), \qquad (x'_1, y'_1), \qquad (x'_2, y'_2).$$

Ihre doppelten Inhalte $2J$, $2J'$ sind einschließlich des Vorzeichens gleich

$$\begin{vmatrix} x_0 & y_0 & 1 \\ x_1 & y_1 & 1 \\ x_2 & y_2 & 1 \end{vmatrix} \quad \text{bzw.} \quad \begin{vmatrix} x'_0 & y'_0 & 1 \\ x'_1 & y'_1 & 1 \\ x'_2 & y'_2 & 1 \end{vmatrix}$$

Wir wollen sie in Form vierreihiger Determinanten schreiben, und zwar so:

$$2J = \begin{vmatrix} x_0 & y_0 & 1 & 0 \\ x_1 & y_1 & 1 & 0 \\ x_2 & y_2 & 1 & 0 \\ 0 & 0 & 0 & 1 \end{vmatrix},$$

$$2J' = -\begin{vmatrix} x'_0 & y'_0 & 0 & 1 \\ x'_1 & y'_1 & 0 & 1 \\ x'_2 & y'_2 & 0 & 1 \\ 0 & 0 & 1 & 0 \end{vmatrix}.$$

Durch Multiplikation nach Zeilen erhalten wir nun

$$-4JJ' = \begin{vmatrix} x_0x'_0 + y_0y'_0, & x_0x'_1 + y_0y'_1, & x_0x'_2 + y_0y'_2, & 1 \\ x_1x'_0 + y_1y'_0, & x_1x'_1 + y_1y'_1, & x_1x'_2 + y_1y'_2, & 1 \\ x_2x'_0 + y_2y'_0, & x_2x'_1 + y_2y'_1, & x_2x'_2 + y_2y'_2, & 1 \\ 1 \quad , & 1 \quad , & 1 \quad , & 0 \end{vmatrix}$$

Setzen wir

$$d_{rs}^2 = (x_r - x'_s)^2 + (y_r - y'_s)^2 \qquad (d_{rs} \geqq 0),$$

so ist d_{rs} die Entfernung der beiden Punkte (x_r, y_r) und (x'_s, y'_s). Durch diese d_{rs} läßt sich die Determinante $-4JJ'$ ausdrücken.

Es ist nämlich

$$x_r x'_s + y_r y'_s = -\tfrac{1}{2} d^2_{rs} + \tfrac{1}{2}(x_r^2 + y_r^2) + \tfrac{1}{2}(x'^2_s + y'^2_s).$$

Subtrahiert man nun in der Determinante $-4JJ'$ von der $(r+1)^{\text{ten}}$ Zeile (für $r = 0, 1, 2$) die letzte, multipliziert mit $\frac{1}{2}(x_r^2 + y_r^2)$, und von der $(s+1)^{\text{ten}}$ Spalte (für $s = 0, 1, 2$) die letzte, multipliziert mit $\frac{1}{2}(x'^2_s + y'^2_s)$, so ergibt sich

$$-4JJ' = \begin{vmatrix} -\frac{1}{2} d^2_{00}, & -\frac{1}{2} d^2_{01}, & -\frac{1}{2} d^2_{02}, & 1 \\ -\frac{1}{2} d^2_{10}, & -\frac{1}{2} d^2_{11}, & -\frac{1}{2} d^2_{12}, & 1 \\ -\frac{1}{2} d^2_{20}, & -\frac{1}{2} d^2_{21}, & -\frac{1}{2} d^2_{22}, & 1 \\ 1, & 1, & 1, & 0 \end{vmatrix}.$$

Multipliziert man die drei ersten Zeilen mit -2 und dann die letzte Spalte mit $-\frac{1}{2}$, so hat man die Determinante mit dem Faktor 4 versehen. Es ist daher

$$(1) \qquad -16JJ' = \begin{vmatrix} d^2_{00} & d^2_{01} & d^2_{02} & 1 \\ d^2_{10} & d^2_{11} & d^2_{12} & 1 \\ d^2_{20} & d^2_{21} & d^2_{22} & 1 \\ 1 & 1 & 1 & 0 \end{vmatrix}.$$

Läßt man die beiden Dreiecke zusammenfallen, setzt man also

$$x_r = x'_r, \quad y_r = y'_r \qquad (r = 0, 1, 2),$$

so werden d_{00}, d_{11}, d_{22} gleich Null und

$$d_{12} = d_{21} = a_0,$$
$$d_{20} = d_{02} = a_1,$$
$$d_{01} = d_{10} = a_2$$

die drei Seiten des Dreiecks. Die Formel (1) verwandelt sich in

$$-16J^2 = \begin{vmatrix} 0 & a_2^2 & a_1^2 & 1 \\ a_2^2 & 0 & a_0^2 & 1 \\ a_1^2 & a_0^2 & 0 & 1 \\ 1 & 1 & 1 & 0 \end{vmatrix}.$$

Wir wollen von der zweiten und dritten Spalte die erste abziehen. Dann erhalten wir

$$-16J^2 = \begin{vmatrix} 0 & a_2^2 & a_1^2 & 1 \\ a_2^2 & -a_2^2 & a_0^2 - a_2^2 & 1 \\ a_1^2 & a_0^2 - a_1^2 & -a_1^2 & 1 \\ 1 & 0 & 0 & 0 \end{vmatrix},$$

d. h.

$$16J^2 = \begin{vmatrix} a_2^2 & a_1^2 & 1 \\ -a_2^2 & a_0^2 - a_2^2 & 1 \\ a_0^2 - a_1^2 & -a_1^2 & 1 \end{vmatrix}.$$

Ziehen wir hier von der zweiten und dritten Zeile die erste ab, so kommt

$$16J^2 = \begin{vmatrix} a_2^2 & a_1^2 & 1 \\ -2a_2^2 & a_0^2 - a_1^2 - a_2^2 & 0 \\ a_0^2 - a_1^2 - a_2^2 & -2a_1^2 & 0 \end{vmatrix} = \begin{vmatrix} -2a_2^2 & a_0^2 - a_1^2 - a_2^2 \\ a_0^2 - a_1^2 - a_2^2 & -2a_1^2 \end{vmatrix}$$

oder

$$\begin{aligned} 16J^2 &= 4a_1^2a_2^2 - (a_1^2 + a_2^2 - a_0^2)^2 \\ &= (2a_1a_2 - a_1^2 - a_2^2 + a_0^2)(2a_1a_2 + a_1^2 + a_2^2 - a_0^2) \\ &= \{a_0^2 - (a_1 - a_2)^2\}\{(a_1 + a_2)^2 - a_0^2\} \end{aligned}$$

oder endlich

$$16J^2 = (a_0 + a_1 + a_2)(-a_0 + a_1 + a_2)(a_0 - a_1 + a_2)(a_0 + a_1 - a_2).$$

Unter Benutzung von

$$\frac{a_0 + a_1 + a_2}{2} = s$$

schreibt sich diese Formel so:

$$J^2 = s(s - a_0)(s - a_1)(s - a_2).$$

§ 107. Der Radius des einem Dreieck umbeschriebenen Kreises.

Der Leser kennt aus der Trigonometrie eine Formel, wonach der Inhalt eines Dreiecks dem Produkt der drei Seiten, dividiert durch den vierfachen Radius des umbeschriebenen Kreises, gleich ist:

$$J = \frac{a_0 a_1 a_2}{4r}.$$

Wir wollen diese Formel mit Hilfe von Determinanten beweisen.

Zu diesem Zweck betrachten wir zwei Dreiecke

$$(x_0, y_0),\ (x_1, y_1),\ (x_2, y_2)$$

und

$$(x_0', y_0'),\ (x_1', y_1'),\ (x_2', y_2'),$$

die dem Kreise

$$x^2 + y^2 = r^2$$

einbeschrieben sind. J und J' seien ihre Inhalte. Dann hat man

$$2J = \begin{vmatrix} x_0 & y_0 & 1 \\ x_1 & y_1 & 1 \\ x_2 & y_2 & 1 \end{vmatrix} = \frac{1}{r}\begin{vmatrix} x_0 & y_0 & r \\ x_1 & y_1 & r \\ x_2 & y_2 & r \end{vmatrix}.$$

Ebenso ist

$$2J' = \frac{1}{r}\begin{vmatrix} x_0' & y_0' & r \\ x_1' & y_1' & r \\ x_2' & y_2' & r \end{vmatrix} = \frac{1}{r}\begin{vmatrix} -x_0' & -y_0' & r \\ -x_1' & -y_1' & r \\ -x_2' & -y_2' & r \end{vmatrix}.$$

Hieraus folgt

$$4JJ' = \frac{1}{r^2}\begin{vmatrix} r^2 - x_0x_0' - y_0y_0', & r^2 - x_0x_1' - y_0y_1', & r^2 - x_0x_2' - y_0y_2' \\ r^2 - x_1x_0' - y_1y_0', & r^2 - x_1x_1' - y_1y_1', & r^2 - x_1x_2' - y_1y_2' \\ r^2 - x_2x_0' - y_2y_0', & r^2 - x_2x_1' - y_2y_1', & r^2 - x_2x_2' - y_2y_2' \end{vmatrix}.$$

Nun gilt für die Entfernung d_{rs} zwischen (x_r, y_r) und (x_s', y_s') die Gleichung

$$d_{rs}^2 = (x_r - x_s')^2 + (y_r - y_s')^2 = 2(r^2 - x_rx_s' - y_ry_s'),$$

so daß

$$r^2 - x_rx_s' - y_ry_s' = \frac{d_{rs}^2}{2}$$

ist und

$$4JJ' = \frac{1}{8r^2}\begin{vmatrix} d_{00}^2 & d_{01}^2 & d_{02}^2 \\ d_{10}^2 & d_{11}^2 & d_{12}^2 \\ d_{20}^2 & d_{21}^2 & d_{22}^2 \end{vmatrix}.$$

Fallen die beiden Dreiecke zusammen, so reduziert sich diese Formel auf

$$4J^2 = \frac{1}{8r^2}\begin{vmatrix} 0 & a_2^2 & a_1^2 \\ a_2^2 & 0 & a_0^2 \\ a_1^2 & a_0^2 & 0 \end{vmatrix} = \frac{a_0^2a_1^2a_2^2}{4r^2},$$

d. h.

$$16J^2 = \frac{a_0^2a_1^2a_2^2}{r},$$

also

$$4J = \frac{a_0a_1a_2}{r}.$$

§ 108. Inhalt des Tetraeders

x, y, z seien Punktkoordinaten in bezug auf ein rechtwinkliges Achsensystem.

Wir betrachten vier Punkte

$$(x_0, y_0, z_0), \quad (x_1, y_1, z_1), \quad (x_2, y_2, z_2), \quad (x_3, y_3, z_3)$$

und wollen den Wert der Determinante

$$(1) \qquad \begin{vmatrix} x_0 & y_0 & z_0 & 1 \\ x_1 & y_1 & z_1 & 1 \\ x_2 & y_2 & z_2 & 1 \\ x_3 & y_3 & z_3 & 1 \end{vmatrix}$$

berechnen.

Denken wir uns einen starren Körper $\mathfrak{K}$, der die vier Punkte enthält, und bewegen wir diesen irgendwie im Raume, so geht jeder Punkt

(x, y, z) von $\mathfrak{K}$ in eine neue Lage (x', y', z') über, und zwar ist

$$x' = \alpha_1 x + \beta_1 y + \gamma_1 z + \delta_1,$$
$$y' = \alpha_2 x + \beta_2 y + \gamma_2 z + \delta_2,$$
$$z' = \alpha_3 x + \beta_3 y + \gamma_3 z + \delta_3.$$

$\alpha, \beta, \gamma, \delta$ sind Konstanten, und

$$\begin{vmatrix} \alpha_1 & \beta_1 & \gamma_1 \\ \alpha_2 & \beta_2 & \gamma_2 \\ \alpha_3 & \beta_3 & \gamma_3 \end{vmatrix}$$

ist eine orthogonale Determinante mit dem Wert 1.

Das setzen wir aus der analytischen Geometrie als bekannt voraus.

Ist (x_r', y_r', z_r') die neue Lage von (x_r, y_r, z_r), so ergibt sich aus dem Multiplikationssatz der Determinanten

$$\begin{vmatrix} x_0' & y_0' & z_0' & 1 \\ x_1' & y_1' & z_1' & 1 \\ x_2' & y_2' & z_2' & 1 \\ x_3' & y_3' & z_3' & 1 \end{vmatrix} = \begin{vmatrix} x_0 & y_0 & z_0 & 1 \\ x_1 & y_1 & z_1 & 1 \\ x_2 & y_2 & z_2 & 1 \\ x_3 & y_3 & z_3 & 1 \end{vmatrix} \begin{vmatrix} \alpha_1 & \beta_1 & \gamma_1 & \delta_1 \\ \alpha_2 & \beta_2 & \gamma_2 & \delta_2 \\ \alpha_3 & \beta_3 & \gamma_3 & \delta_3 \\ 0 & 0 & 0 & 1 \end{vmatrix} = \begin{vmatrix} x_0 & y_0 & z_0 & 1 \\ x_1 & y_1 & z_1 & 1 \\ x_2 & y_2 & z_2 & 1 \\ x_3 & y_3 & z_3 & 1 \end{vmatrix}.$$

Die Determinante (1) bleibt also bei jeder Bewegung des Körpers $\mathfrak{K}$ ungeändert.

Nun läßt sich erreichen, daß (x_0', y_0', z_0') mit dem Anfangspunkt zusammenfällt, daß ferner (x_1', y_1', z_1') auf der positiven x-Achse und (x_2', y_2', z_2') in der (x, y)-Ebene auf der positiven Seite der x-Achse liegt. Es läßt sich mit andern Worten bewirken, daß die Gleichungen und Ungleichungen

$$x_0' = y_0' = z_0' = 0,$$
$$x_1' > 0, \quad y_1' = z_1' = 0,$$
$$y_2' > 0, \quad z_2' = 0$$

gelten. Dann wird aber

$$\begin{vmatrix} x_0' & y_0' & z_0' & 1 \\ x_1' & y_1' & z_1' & 1 \\ x_2' & y_2' & z_2' & 1 \\ x_3' & y_3' & z_3' & 1 \end{vmatrix} = \begin{vmatrix} 0 & 0 & 0 & 1 \\ x_1' & 0 & 0 & 1 \\ x_2' & y_2' & 0 & 1 \\ x_3' & y_3' & z_3' & 1 \end{vmatrix} = -x_1' y_2' z_3'.$$

$x_1' y_2'$ ist der doppelte Inhalt des Dreiecks*) $0', 1', 2'$ und der Betrag von z_3' die Höhe der Pyramide mit der Basis $0', 1', 2'$ und der Spitze $3'$. Abgesehen vom Vorzeichen ist daher die **Determinante** (1) der **sechsfache Inhalt des Tetraeders mit den Ecken** 0, 1, 2, 3.

Die Determinante (1) ist positiv oder negativ, je nachdem z_3' negativ oder positiv ist, je nachdem also der Punkt 3 zu den Punkten 0, 1, 2 anders oder ebenso liegt, wie der Punkt (0, 0, 1) zu den Punkten (0, 0, 0), (1, 0, 0), (0, 1, 0).

---

*) Statt (x_r', y_r', z_r') sagen wir kurz r'.

Man denke sich einen Beobachter $\mathfrak{B}$ im Punkte 3 und einen Beobachter $\bar{\mathfrak{B}}$ in (0, 0, 1). $\mathfrak{B}$ betrachtet einen Punkt, der von 0 nach 1, von 1 nach 2 und von 2 nach 0 geht*). $\bar{\mathfrak{B}}$ fasse einen Punkt ins Auge, der von (0, 0, 0) nach (1, 0, 0), von dort nach (0, 1, 0) und von dort nach (0, 0, 0) wandert**). Umkreisen die Punkte die betreffenden Dreiecke für die beiden Beobachter in entgegengesetztem (in demselben Sinne), so ist die Determinante (1) der positive (negative) sechsfache Inhalt des Tetraeders 0, 1, 2, 3.

Ist das Tetraeder durch die Gleichungen seiner Seitenebenen gegeben, so kann man verlangen, den Tetraederinhalt durch die Koeffizienten dieser Gleichungen auszudrücken.

Die Gleichungen der Seitenebenen seien

$$a_r x + b_r y + c_r z + d_r = 0 \qquad (r = 0, 1, 2, 3)$$

und die Ebene $a_r x + b_r y + c_r z + d_r = 0$ möge der Ecke (x_r, y_r, z_r) gegenüberliegen.

Bezeichnet man die algebraischen Komplemente von

$$a_r,\ b_r,\ c_r,\ d_r$$

in der Determinante

$$\begin{vmatrix} a_0 & b_0 & c_0 & d_0 \\ a_1 & b_1 & c_1 & d_1 \\ a_2 & b_2 & c_2 & d_2 \\ a_3 & b_3 & c_3 & d_3 \end{vmatrix}$$

mit

$$A_r,\ B_r,\ C_r,\ D_r,$$

so ist

$$x_r = \frac{A_r}{D_r}, \qquad y_r = \frac{B_r}{D_r}, \qquad z_r = \frac{C_r}{D_r},$$

mithin

$$\begin{vmatrix} x_0 & y_0 & z_0 & 1 \\ x_1 & y_1 & z_1 & 1 \\ x_2 & y_2 & z_2 & 1 \\ x_3 & y_3 & z_3 & 1 \end{vmatrix} = \frac{1}{D_0 D_1 D_2 D_3} \begin{vmatrix} A_0 & B_0 & C_0 & D_0 \\ A_1 & B_1 & C_1 & D_1 \\ A_2 & B_2 & C_2 & D_2 \\ A_3 & B_3 & C_3 & D_3 \end{vmatrix}$$

$$= \frac{\begin{vmatrix} a_0 & b_0 & c_0 & d_0 \\ a_1 & b_1 & c_1 & d_1 \\ a_2 & b_2 & c_2 & d_2 \\ a_3 & b_3 & c_3 & d_3 \end{vmatrix}^3}{\begin{vmatrix} a_1 & b_1 & c_1 \\ a_2 & b_2 & c_2 \\ a_3 & b_3 & c_3 \end{vmatrix} \begin{vmatrix} a_0 & b_0 & c_0 \\ a_2 & b_2 & c_2 \\ a_3 & b_3 & c_3 \end{vmatrix} \begin{vmatrix} a_0 & b_0 & c_0 \\ a_1 & b_1 & c_1 \\ a_3 & b_3 & c_3 \end{vmatrix} \begin{vmatrix} a_0 & b_0 & c_0 \\ a_1 & b_1 & c_1 \\ a_2 & b_2 & c_2 \end{vmatrix}}$$

*) Die Bewegung möge auf dem umbeschriebenen Kreise des Dreiecks vor sich gehen.
**) Vgl. die vorstehende Anmerkung.

§ 109. Produkt zweier Tetraederinhalte.

T sei der Inhalt des Tetraeders

$$(x_0, y_0, z_0), \quad (x_1, y_1, z_1), \quad (x_2, y_2, z_2), \quad (x_3, y_3, z_3)$$

und T' der eines andern Tetraeders

$$(x_0', y_0', z_0'), \quad (x_1', y_1', z_1'), \quad x_2', y_2', z_2'), \quad (x_3', y_3', z_3').$$

Die Tetraederinhalte sind mit den zugehörigen Vorzeichen versehen.

Multiplizieren wir

$$6\,T = \begin{vmatrix} x_0 & y_0 & z_0 & 1 \\ x_1 & y_1 & z_1 & 1 \\ x_2 & y_2 & z_2 & 1 \\ x_3 & y_3 & z_3 & 1 \end{vmatrix} = \begin{vmatrix} x_0 & y_0 & z_0 & 1 & 0 \\ x_1 & y_1 & z_1 & 1 & 0 \\ x_2 & y_2 & z_2 & 1 & 0 \\ x_3 & y_3 & z_3 & 1 & 0 \\ 0 & 0 & 0 & 0 & 1 \end{vmatrix}$$

mit

$$6\,T' = \begin{vmatrix} x_0' & y_0' & z_0' & 1 \\ x_1' & y_1' & z_1' & 1 \\ x_2' & y_2' & z_2' & 1 \\ x_3' & y_3' & z_3' & 1 \end{vmatrix} = -\begin{vmatrix} x_0' & y_0' & z_0' & 0 & 1 \\ x_1' & y_1' & z_1' & 0 & 1 \\ x_2' & y_2' & z_2' & 0 & 1 \\ x_3' & y_3' & z_3' & 0 & 1 \\ 0 & 0 & 0 & 1 & 0 \end{vmatrix},$$

so ergibt sich

$$-36\,TT' = \begin{vmatrix} x_0x_0' + \dots, & x_0x_1' + \dots, & x_0x_2' + \dots, & x_0x_3' + \dots, & 1 \\ x_1x_0' + \dots, & x_1x_1' + \dots, & x_1x_2' + \dots, & x_1x_3' + \dots, & 1 \\ x_2x_0' + \dots, & x_2x_1' + \dots, & x_2x_2' + \dots, & x_2x_3' + \dots, & 1 \\ x_3x_0' + \dots, & x_3x_1' + \dots, & x_3x_2' + \dots, & x_3x_3' + \dots, & 1 \\ 1 \quad , & 1 \quad , & 1 \quad , & 1 \quad , & 0 \end{vmatrix}.$$

Dabei ist

$$x_r x_s' + \dots$$

eine Abkürzung für

$$x_r x_s' + y_r y_s' + z_r z_s'.$$

Versteht man unter d_{rs} die Entfernung zwischen den Punkten (x_r, y_r, z_r) und (x_s', y_s', z_s'), so ist

$$\begin{aligned} d_{rs}^2 &= (x_r - x_s')^2 + (y_r - y_s')^2 + (z_r - z_s')^2 \\ &= (x_r^2 + \dots) + (x_s'^2 + \dots) - 2(x_r x_s' + \dots), \end{aligned}$$

$$-\frac{d_{rs}^2}{2} = (x_r x_s' + \dots) - \tfrac{1}{2}(x_r^2 + \dots) - \tfrac{1}{2}(x_s'^2 + \dots).$$

Wir wollen jetzt in der Determinante $-36\,TT'$ von der $(r+1)^{\text{ten}}$ Zeile (für $r = 0, 1, 2, 3$) die mit $x_r^2 + \dots$ multiplizierte letzte Zeile abziehen und dann von der $(s+1)^{\text{ten}}$ Spalte (für $s=0, 1, 2, 3$) die mit $x_s'^2 + \ldots$ multiplizierte letzte Spalte. Dann erhalten wir

$$-36\,TT' = \begin{vmatrix} -\frac{d_{00}^2}{2} & -\frac{d_{01}^2}{2} & -\frac{d_{02}^2}{2} & -\frac{d_{03}^2}{2} & 1 \\ -\frac{d_{10}^2}{2} & -\frac{d_{11}^2}{2} & -\frac{d_{12}^2}{2} & -\frac{d_{13}^2}{2} & 1 \\ -\frac{d_{20}^2}{2} & -\frac{d_{21}^2}{2} & -\frac{d_{22}^2}{2} & -\frac{d_{23}^2}{2} & 1 \\ -\frac{d_{30}^2}{2} & -\frac{d_{31}^2}{2} & -\frac{d_{32}^2}{2} & -\frac{d_{33}^2}{2} & 1 \\ 1 & 1 & 1 & 1 & 0 \end{vmatrix}.$$

Multiplizieren wir hier die vier ersten Zeilen mit -2 und dann die letzte Spalte mit $-\frac{1}{2}$, so haben wir die Determinante mit $(-2)^3 = -8$ multipliziert. Demnach ist

$$288\,TT' = \begin{vmatrix} d_{00}^2 & d_{01}^2 & d_{02}^2 & d_{03}^2 & 1 \\ d_{10}^2 & d_{11}^2 & d_{12}^2 & d_{13}^2 & 1 \\ d_{20}^2 & d_{21}^2 & d_{22}^2 & d_{23}^2 & 1 \\ d_{30}^2 & d_{31}^2 & d_{32}^2 & d_{33}^2 & 1 \\ 1 & 1 & 1 & 1 & 0 \end{vmatrix}.$$

Wenn die beiden Tetraeder zusammenfallen, wenn also

$$x_r = x_r', \quad y_r = y_r', \quad z_r = z_r'$$

ist $(r = 0, 1, 2, 3)$, so werden

$$d_{00},\ d_{11},\ d_{22},\ d_{33}$$

gleich Null und

$$\begin{aligned} d_{01} &= d_{10} = a_1, & d_{23} &= d_{32} = b_1, \\ d_{02} &= d_{20} = a_2, & d_{13} &= d_{31} = b_2, \\ d_{03} &= d_{30} = a_3, & d_{12} &= d_{21} = b_3 \end{aligned}$$

die sechs Kanten des Tetraeders. Für das Volumen T des Tetraeders ergibt sich die Formel

$$288\,T^2 = \begin{vmatrix} 0 & a_1^2 & a_2^2 & a_3^2 & 1 \\ a_1^2 & 0 & b_3^2 & b_2^2 & 1 \\ a_2^2 & b_3^2 & 0 & b_1^2 & 1 \\ a_3^2 & b_2^2 & b_1^2 & 0 & 1 \\ 1 & 1 & 1 & 1 & 0 \end{vmatrix}.$$

§ 110. Der Radius der einem Tetraeder umbeschriebenen Kugel.

Wir wollen jetzt die Betrachtungen des § 107 auf den Raum übertragen.

$$(x_0, y_0, z_0), \quad (x_1, y_1, z_1), \quad (x_2, y_2, z_2), \quad (x_3, y_3, z_3)$$

seien vier Punkte auf der Kugel

$$x^2 + y^2 + z^2 = r^2.$$

Sie bestimmen ein der Kugel einbeschriebenes Tetraeder, dessen Inhalt (einschließlich des Vorzeichens) T sei.

Dann ist

$$6T = \begin{vmatrix} x_0 & y_0 & z_0 & 1 \\ x_1 & y_1 & z_1 & 1 \\ x_2 & y_2 & z_2 & 1 \\ x_3 & y_3 & z_3 & 1 \end{vmatrix} = \frac{1}{r} \begin{vmatrix} x_0 & y_0 & z_0 & r \\ x_1 & y_1 & z_1 & r \\ x_2 & y_2 & z_2 & r \\ x_3 & y_3 & z_3 & r \end{vmatrix}.$$

Neben diesem Tetraeder betrachten wir noch ein zweites, das derselben Kugel einbeschrieben ist.

$$(x_0', y_0', z_0'), \quad (x_1', y_1', z_1'), \quad (x_2', y_2', z_2'), \quad (x_3', y_3', z_3')$$

seien die Ecken dieses Tetraeders und T' sein Inhalt. Wir schreiben

$$6T' = \begin{vmatrix} x_0' & y_0' & z_0' & 1 \\ x_1' & y_1' & z_1' & 1 \\ x_2' & y_2' & z_2' & 1 \\ x_3' & y_3' & z_3' & 1 \end{vmatrix}$$

in der Form

$$6T' = -\frac{1}{r} \begin{vmatrix} -x_0' & -y_0' & -z_0' & r \\ -x_1' & -y_1' & -z_1' & r \\ -x_2' & -y_2' & -z_2' & r \\ -x_3' & -y_3' & -z_3' & r \end{vmatrix}.$$

Dann ergibt sich

$$-36r^2TT' =$$

$$\begin{vmatrix} r^2 - x_0x_0' - \ldots, & r^2 - x_0x_1' - \ldots, & r^2 - x_0x_2' - \ldots, & r^2 - x_0x_3' - \ldots \\ r^2 - x_1x_0' - \ldots. & r^2 - x_1x_1' - \ldots, & r^2 - x_1x_2' - \ldots, & r^2 - x_1x_3' - \ldots \\ r^2 - x_2x_0' - \ldots, & r^2 - x_2x_1' - \ldots, & r^2 - x_2x_2' - \ldots, & r^2 - x_2x_3' - \ldots \\ r^2 - x_3x_0' - \ldots, & r^2 - x_3x_1' - \ldots, & r^2 - x_3x_2' - \ldots, & r^2 - x_3x_3' - \ldots \end{vmatrix}.$$

Für die Entfernung d_{rs} zwischen (x_r, y_r, z_r) und (x_s', y_s', z_s') gilt die Formel

$$\begin{aligned} d_{rs}^2 &= (x_r - x_s')^2 + (y_r - y_s')^2 + (z_r - z_s')^2 \\ &= 2(r^2 - x_rx_s' - y_ry_s' - z_rz_s'), \end{aligned}$$

so daß

$$r^2 - x_r x'_s - \ldots = \frac{d_{rs}^2}{2}.$$

ist.

Hiernach wird

$$36 \cdot 16\, T T' = -\frac{1}{r^2} \begin{vmatrix} d_{00}^2 & d_{01}^2 & d_{02}^2 & d_{03}^2 \\ d_{10}^2 & d_{11}^2 & d_{12}^2 & d_{13}^2 \\ d_{20}^2 & d_{21}^2 & d_{22}^2 & d_{23}^2 \\ d_{30}^2 & d_{31}^2 & d_{32}^2 & d_{33}^2 \end{vmatrix}.$$

Läßt man die beiden Tetraeder zusammenfallen und benutzt für die Kanten dieselben Bezeichnungen wie in § 109, so ergibt sich

$$36 \cdot 16\, T^2 = -\frac{1}{r^2} \begin{vmatrix} 0 & a_1^2 & a_2^2 & a_3^2 \\ a_1^2 & 0 & b_3^2 & b_2^2 \\ a_2^2 & b_3^2 & 0 & b_1^2 \\ a_3^2 & b_2^2 & b_1^2 & 0 \end{vmatrix}.$$

Nun findet man durch Ausrechnen

$$\begin{vmatrix} 0 & a_1^2 & a_2^2 & a_3^2 \\ a_1^2 & 0 & b_3^2 & b_2^2 \\ a_2^2 & b_3^2 & 0 & b_1^2 \\ a_3^2 & b_2^2 & b_1^2 & 0 \end{vmatrix} = a_1^4 b_1^4 + a_2^4 b_2^4 + a_3^4 b_3^4 - 2a_2^2 b_2^2 a_3^2 b_3^2 - 2a_3^2 b_3^2 a_1^2 b_1^2 - 2a_1^2 b_1^2 a_2^2 b_2^2$$

$$= (a_1^2 b_1^2 + a_2^2 b_2^2 - a_3^2 b_3^2)^2 - 4a_1^2 b_1^2 a_2^2 b_2^2$$
$$= \{(a_1 b_1 + a_2 b_2)^2 - a_3^2 b_3^2\}\{(a_1 b_1 - a_2 b_2)^2 - a_3^2 b_3^2\}$$
$$= -(a_1 b_1 + a_2 b_2 + a_3 b_3)(a_2 b_2 + a_3 b_3 - a_1 b_1)(a_3 b_3 + a_1 b_1 - a_2 b_2)$$
$$\times (a_1 b_1 + a_2 b_2 - a_3 b_3).$$

Setzt man

$$a_1 b_1 + a_2 b_2 + a_3 b_3 = 2q,$$

so wird

$$36\, T^2 = \frac{1}{r^2} q(q - a_1 b_1)(q - a_2 b_2)(q - a_3 b_3),$$

also

$$r^2 = \frac{q(q - a_1 b_1)(q - a_2 b_2)(q - a_3 b_3)}{36\, T^2}.$$

§ 111. Vier Punkte auf einem Kreis.

Die Gleichung eines Kreises lautet in rechtwinkligen Koordinaten

(1) $$a_0(x^2 + y^2) + 2a_1 x + 2a_2 y + a_3 = 0.$$

Die a sind Konstanten und a_0, a_1, a_2 nicht alle drei gleich Null.

Die Gerade wollen wir auch als Kreis betrachten (mit unendlich großem Radius). Dann dürfen wir für a_0 auch den Wert Null zulassen.

Wenn nun vier Punkte

$$(x_0, y_0), \quad (x_1, y_1), \quad (x_2, y_2), \quad (x_3, y_3)$$

auf einem Kreise liegen, dessen Gleichung (1) ist, so sind folgende Gleichungen erfüllt:

(2) $$a_0(x_r^2 + y_r^2) + 2a_1 x_r + 2a_2 y_r + a_3 = 0$$
$$(r = 0, 1, 2, 3).$$

Da die a nicht alle verschwinden, so folgt, daß die Determinante

$$D = \begin{vmatrix} x_0^2 + y_0^2, & x_0, & y_0, & 1 \\ x_1^2 + y_1^2, & x_1, & y_1, & 1 \\ x_2^2 + y_2^2, & x_2, & y_2, & 1 \\ x_3^2 + y_3^2, & x_3, & y_3, & 1 \end{vmatrix}$$

gleich Null ist.

Umgekehrt läßt sich, wenn $D = 0$ ist, durch die vier Punkte (x_r, y_r) ein Kreis legen.

Läßt sich durch die vier Punkte eine Gerade ziehen, so brauchen wir nichts weiter zu machen, da die Geraden als Kreise gelten.

Liegen z. B. (x_0, y_0), (x_1, y_1), (x_2, y_2) nicht in gerader Linie, so sind in D die drei ersten Zeilen unabhängig und die letzte ist eine lineare Kombination von ihnen. Denn es ist

$$\begin{vmatrix} x_0 & y_0 & 1 \\ x_1 & y_1 & 1 \\ x_2 & y_2 & 1 \end{vmatrix} \neq 0$$

und $D = 0$.

Stellt nun (1) den umbeschriebenen Kreis des Dreiecks (x_0, y_0), (x_1, y_1), (x_2, y_2) dar, so liegt auch (x_3, y_3) auf diesem Kreise. Denn die vierte der Gleichungen (2) ist eine Folge der drei ersten.

$D = 0$ **ist also die notwendige und hinreichende Bedingung dafür, daß die vier Punkte** (x_r, y_r) **auf einem Kreise liegen.**

Wir wollen jetzt D mit

$$-4D = \begin{vmatrix} 1, & -2x_0, & -2y_0, & x_0^2 + y_0^2 \\ 1, & -2x_1, & -2y_1, & x_1^2 + y_1^2 \\ 1, & -2x_2, & -2y_2, & x_2^2 + y_2^2 \\ 1, & -2x_3, & -2y_3, & x_3^2 + y_3^2 \end{vmatrix}$$

multiplizieren. Die $(r+1)^{\text{te}}$ Zeile von D liefert mit der $(s+1)^{\text{ten}}$ Zeile von $-4D$ das Produkt

$$x_r^2 + y_r^2 - 2x_r x_s - 2y_r y_s + x_s^2 + y_s^2$$
$$= (x_r - x_s)^2 + (y_r - y_s)^2 = d_{rs}^2.$$

Dabei bedeutet d_{rs} die Entfernung der Punkte (x_r, y_r) und (x_s, y_s).

Wir finden also, wenn wir

$$d_{01} = d_{10} = a_1,$$
$$d_{02} = d_{20} = a_2,$$
$$d_{03} = d_{30} = a_3,$$
$$d_{23} = d_{32} = b_1,$$
$$d_{13} = d_{31} = b_2,$$
$$d_{12} = d_{21} = b_3$$

setzen,

$$-4D^2 = \begin{vmatrix} 0 & a_1^2 & a_2^2 & a_3^2 \\ a_1^2 & 0 & b_3^2 & b_2^2 \\ a_2^2 & b_3^2 & 0 & b_1^2 \\ a_3^2 & b_2^2 & b_1^2 & 0 \end{vmatrix}$$

oder (vgl. § 110)

$$4D^2 = (a_1b_1 + a_2b_2 + a_3b_3)(a_2b_2 + a_3b_3 - a_1b_1)$$
$$\times (a_3b_3 + a_1b_1 - a_2b_2)(a_1b_1 + a_2b_2 - a_3b_3).$$

Soll nun $D = 0$ sein, so muß wenigstens einer der vier Faktoren, in die wir $4D^2$ zerlegt haben, verschwinden. Wir können aber auch sagen, daß wenigstens einer der drei letzten Faktoren Null sein muß. Wenn nämlich

$$a_1b_1 + a_2b_2 + a_3b_3 = 0$$

ist, so ist

$$a_1b_1 = a_2b_2 = a_3b_3 = 0.$$

Dann sind also überhaupt alle Faktoren gleich Null.

In dem Viereck, daß die vier Punkte (x_r, y_r) bestimmen, gibt es drei Paare von Gegenseiten*)

$$a_1, b_1; \quad a_2, b_2; \quad a_3, b_3.$$

a_1b_1, a_2b_2, a_3b_3 sind die Produkte der Gegenseiten. Von diesen Produkten ist also eins gleich der Summe der beiden andern. Das ist die notwendige und hinreichende Bedingung dafür, daß die vier Punkte auf einem Kreise liegen.

Solange man vier verschiedene Punkte hat, kann nur einer der vier Faktoren von $4D^2$ gleich Null sein. Unter den drei Produkten von Gegenseiten ist also nur eins gleich der Summe der beiden andern.

Dies ist der Satz von Ptolemäus, den der Leser aus der Elementargeometrie kennt.

Für den Fall, daß die vier Punkte in gerader Linie liegen, ist er identisch mit der sogenannten Eulerschen Identität.

*) Ein Viereck hat sechs Seiten. Man kann nämlich auf sechs Arten zwei der vier Punkte geradlinig verbinden.

§ 112. Fünf Punkte auf einer Kugel.

Die Gleichung einer Kugel lautet in rechtwinkligen Koordinaten

(1) $$a_0(x^2 + y^2 + z^2) + 2a_1 x + 2a_2 y + 2a_3 z + a_4 = 0.$$

Die a sind Konstanten und a_0, a_1, a_2, a_3 nicht alle Null.

Die Ebene wollen wir hier auch als Kugel ansehen (mit unendlich großem Radius).

Wenn fünf Punkte

$$(x_0, y_0, z_0), \ldots, (x_4, y_4, z_4)$$

auf der Kugel (1) liegen, so gelten die fünf Gleichungen

(2) $$a_0(x_r^2 + y_r^2 + z_r^2) + 2a_1 x_r + 2a_2 y_r + 2a_3 z_r + a_4 = 0$$
$$(r = 0, 1, 2, 3, 4).$$

Aus ihnen folgt, da a_0, a_1, a_2, a_3 nicht alle Null sind,

$$D = \begin{vmatrix} x_0^2 + y_0^2 + z_0^2, & x_0, & y_0, & z_0, & 1 \\ x_1^2 + y_1^2 + z_1^2, & x_1, & y_1, & z_1, & 1 \\ x_2^2 + y_2^2 + z_2^2, & x_2, & y_2, & z_2, & 1 \\ x_3^2 + y_3^2 + z_3^2, & x_3, & y_3, & z_3, & 1 \\ x_4^2 + y_4^2 + z_4^2, & x_4, & y_4, & z_4, & 1 \end{vmatrix} = 0.$$

Umgekehrt läßt sich, wenn $D = 0$ ist, durch die fünf Punkte (x_r, y_r, z_r) eine Kugel legen.

Befinden sich diese Punkte alle in einer Ebene, so ist sie die gewünschte Kugel.

Liegen z. B. die vier ersten Punkte nicht in einer Ebene, so ist

$$\begin{vmatrix} x_0 & y_0 & z_0 & 1 \\ x_1 & y_1 & z_1 & 1 \\ x_2 & y_2 & z_2 & 1 \\ x_3 & y_3 & z_3 & 1 \end{vmatrix} \neq 0.$$

Dann läßt sich die letzte Zeile von D als lineare Kombination der vier ersten Zeilen darstellen, und von den Gleichungen (2) ist die letzte eine Folge der vier ersten.

Wenn also (1) die dem Tetraeder

$$(x_0, y_0, z_0), \ldots, (x_3, y_3, z_3)$$

umbeschriebene Kugel darstellt, so liegt auf dieser Kugel auch der Punkt (x_4, y_4, z_4).

$D = 0$ ist also die notwendige und hinreichende Bedingung dafür, daß die fünf Punkte (x_r, y_r, z_r) auf einer Kugel liegen.

Wir wollen diese Bedingung so umformen, daß in ihr nur die gegenseitigen Entfernungen der fünf Punkte vorkommen.

Zu diesem Zweck bemerken wir, daß

$$8D = \begin{vmatrix} 1, & -2x_0, & -2y_0, & -2z_0, & x_0^2+y_0^2+z_0^2 \\ 1, & -2x_1, & -2y_1, & -2z_1, & x_1^2+y_1^2+z_1^2 \\ 1, & -2x_2, & -2y_2, & -2z_2, & x_2^2+y_2^2+z_2^2 \\ 1, & -2x_3, & -2y_3, & -2z_3, & x_3^2+y_3^2+z_3^2 \\ 1, & -2x_4, & -2y_4, & -2z_4, & x_4^2+y_4^2+z_4^2 \end{vmatrix}$$

ist.

Die $(r+1)^{\text{te}}$ Zeile der Determinante D liefert mit der $(s+1)^{\text{ten}}$ Zeile der Determinante $8D$ das Produkt

$$x_r^2 + y_r^2 + z_r^2 - 2x_rx_s - 2y_ry_s - 2z_rz_s + (x_s^2 + y_s^2 + z_s^2)$$
$$= (x_r - x_s)^2 + (y_r - y_s)^2 + (z_r - z_s)^2 = d_{rs}^2.$$

$d_{rs} = d_{sr}$ ist der Abstand der beiden Punkte (x_r, y_r, z_r), (x_s, y_s, z_s).

Es wird hiernach

$$8D^2 = \begin{vmatrix} 0 & d_{01}^2 & d_{02}^2 & d_{03}^2 & d_{04}^2 \\ d_{10}^2 & 0 & d_{12}^2 & d_{13}^2 & d_{14}^2 \\ d_{20}^2 & d_{21}^2 & 0 & d_{23}^2 & d_{24}^2 \\ d_{30}^2 & d_{31}^2 & d_{32}^2 & 0 & d_{34}^2 \\ d_{40}^2 & d_{41}^2 & d_{42}^2 & d_{43}^2 & 0 \end{vmatrix}.$$

Das Verschwinden dieser Determinante ist die notwendige und hinreichende Bedingung dafür, daß die fünf Punkte auf einer Kugel liegen.

§ 113. Lineare Abbildungen.

x, y seien rechtwinklige Punktkoordinaten in der Ebene E und $\mathfrak{x}$, $\mathfrak{y}$ ebensolche Koordinaten in der Ebene $\mathfrak{E}$.

Setzen wir

$$\text{(1)} \qquad \begin{cases} \mathfrak{x} = \alpha_1 x + \beta_1 y + \gamma_1, \\ \mathfrak{y} = \alpha_2 x + \beta_2 y + \gamma_2 \end{cases}$$

und unterwerfen die Konstanten α, β, γ der Bedingung

$$\text{(2)} \qquad \begin{vmatrix} \alpha_1 & \beta_1 \\ \alpha_2 & \beta_2 \end{vmatrix} \neq 0,$$

so wird durch die Gleichungen (1) eine Paarung zwischen den Punkten der Ebene E und den Punkten der Ebene $\mathfrak{E}$ bewirkt.

Jedem Punkt (x, y) wird nämlich durch die Gleichungen (1) ein Punkt $(\mathfrak{x}, \mathfrak{y})$ zugeordnet, und zwar der, dessen Koordinaten gleich $\alpha_1 x + \beta_1 y + \gamma_1$ bzw. $\alpha_2 x + \beta_2 y + \gamma_2$ sind. Umgekehrt gibt es zu jedem Punkt $(\mathfrak{x}, \mathfrak{y})$ einen Punkt (x, y), dem er vermöge der Gleichungen (1) entspricht. Wegen der Bedingung (2) sind bei gegebenen $\mathfrak{x}, \mathfrak{y}$ die Gleichungen (1) nach x, y auflösbar.

Man nennt eine solche Paarung zwischen den Punkten zweier Ebenen, wie sie durch die Gleichungen (1) vermittelt wird, eine lineare Abbildung.

Die Abbildung (1) bewirkt auch eine Paarung zwischen den Geraden der Ebene E und den Geraden der Ebene $\mathfrak{E}$.

Den Punkten $(\mathfrak{x}, \mathfrak{y})$ der Geraden

$$\mathfrak{a}\mathfrak{x} + \mathfrak{b}\mathfrak{y} + \mathfrak{c} = 0 \qquad (\mathfrak{a}, \mathfrak{b} \neq 0, 0)$$

entsprechen die Punkte der Geraden

$$ax + by + c = 0,$$

wobei

$$(3) \qquad \begin{cases} a = \alpha_1 \mathfrak{a} + \alpha_2 \mathfrak{b}, \\ b = \beta_1 \mathfrak{a} + \beta_2 \mathfrak{b}, \\ c = \gamma_1 \mathfrak{a} + \gamma_2 \mathfrak{b} + \mathfrak{c} \end{cases}$$

ist. Offenbar können a und b nicht beide Null sein, da aus

$$\alpha_1 \mathfrak{a} + \alpha_2 \mathfrak{b} = 0,$$
$$\beta_1 \mathfrak{a} + \beta_2 \mathfrak{b} = 0$$

wegen (2)

$$\mathfrak{a} = \mathfrak{b} = 0$$

folgen würde.

Sind a, b, c gegeben, so lassen sich die Gleichungen (3) nach $\mathfrak{a}, \mathfrak{b}, \mathfrak{c}$ auflösen, da die Determinante

$$\begin{vmatrix} \alpha_1 & \alpha_2 & 0 \\ \beta_1 & \beta_2 & 0 \\ \gamma_1 & \gamma_2 & 1 \end{vmatrix} = \begin{vmatrix} \alpha_1 & \beta_1 \\ \alpha_2 & \beta_2 \end{vmatrix}$$

von Null verschieden ist. Wenn a, b nicht beide verschwinden, so können auch $\mathfrak{a}, \mathfrak{b}$ nicht beide Null sein.

Die Abbildung (1) bewirkt also wirklich eine Paarung zwischen den Geraden von E und denen von $\mathfrak{E}$. Sie ist, wie man sagt, eine Kollineation.

Diese Kollineation hat aber noch eine besondere Eigenschaft. Parallelen Geraden entsprechen parallele Geraden.

Zwei Parallelen in der Ebene E lassen sich in der Form

$$ax + by + c = 0, \qquad ax + by + c' = 0$$

schreiben. a und b haben beidemal dieselben Werte. Aus (3) ersieht man, daß dann auch $\mathfrak{a}$ und $\mathfrak{b}$ beidemal dieselben Werte haben. Die entsprechenden Geraden in $\mathfrak{E}$ sind also parallel. Ebenso ergibt sich, daß zu Parallelen in $\mathfrak{E}$ Parallelen in E gehören.

P_1, P_2 seien zwei verschiedene Punkte in E und $\mathfrak{P}_1$, $\mathfrak{P}_2$ die entsprechenden Punkte in $\mathfrak{E}$. Der Punkt P liege auf der Geraden P_1P_2 und teile die Strecke P_1P_2 nach dem Teilverhältnis

$$\frac{P_1P}{PP_2} = t.$$

Dann teilt der entsprechende Punkt $\mathfrak{P}$ die Strecke $\mathfrak{P}_1\mathfrak{P}_2$ nach demselben Teilverhälthis, d. h. es ist

$$\frac{\mathfrak{P}_1\mathfrak{P}}{\mathfrak{P}\mathfrak{P}_2} = t.$$

Die Koordinaten x, y von P drücken sich durch die Koordinaten x_1, y_1 und x_2, y_2 von P_1 und P_2 in folgender Weise aus:

$$x = \frac{x_1 + t x_2}{1 + t}, \qquad y = \frac{y_1 + t y_2}{1 + t}.$$

Hieraus folgt

$$\alpha_r x + \beta_r y + \gamma_r = \frac{\alpha_r x_1 + \beta_r y_1 + \gamma_r + t(\alpha_r x_2 + \beta_r y_2 + \gamma_r)}{1 + t}, \quad (r = 1, 2)$$

d. h.

$$\mathfrak{x} = \frac{\mathfrak{x}_1 + t\mathfrak{x}_2}{1 + t}, \qquad \mathfrak{y} = \frac{\mathfrak{y}_1 + t\mathfrak{y}_2}{1 + t}.$$

Das Teilverhältnis bleibt also bei linearen Abbildungen erhalten, es ist eine Invariante bei diesen Abbildungen.

Die Punkte P, die auf der Geraden P_1P_2 zwischen P_1 und P_2 liegen, sind dadurch charakterisiert, daß für sie

$$\frac{P_1P}{PP_2} > 0$$

ist. P_1P und PP_2 sind nämlich, wenn P zwischen P_1 und P_2 liegt, und auch nur dann, gleichgerichtet. Diesen Punkten entsprechen also Punkte $\mathfrak{P}$ auf der Geraden $\mathfrak{P}_1\mathfrak{P}_2$, für die

$$\frac{\mathfrak{P}_1\mathfrak{P}}{\mathfrak{P}\mathfrak{P}_2} > 0$$

ist, die also zwischen $\mathfrak{P}_1$ und $\mathfrak{P}_2$ liegen.

Aus einer Strecke wird also bei einer linearen Abbildung wieder eine Strecke.

Daraus kann man folgern, daß ein Dreieck bei einer solchen Abbildung ein Dreieck gibt. Man denke sich alle Punkte einer Seite mit der gegenüberliegenden Ecke verbunden. Jeder Punkt des Dreiecks gehört einer von diesen Strecken an.

Wenn die Ecken des Dreiecks in E

$$(x_1, y_1), \quad (x_2, y_2), \quad (x_3, y_3)$$

sind und die Ecken des entsprechenden Dreiecks in $\mathfrak{E}$

$$(\mathfrak{x}_1, \mathfrak{y}_1), \quad (\mathfrak{x}_2, \mathfrak{y}_2), \quad (\mathfrak{x}_3, \mathfrak{y}_3),$$

so gelten für die Inhalte (einschließlich Vorzeichen) folgende Formeln:

$$D = \frac{1}{2}\begin{vmatrix} x_1 & y_1 & 1 \\ x_2 & y_2 & 1 \\ x_3 & y_3 & 1 \end{vmatrix}, \qquad \mathfrak{D} = \frac{1}{2}\begin{vmatrix} \mathfrak{x}_1 & \mathfrak{y}_1 & 1 \\ \mathfrak{x}_2 & \mathfrak{y}_2 & 1 \\ \mathfrak{x}_3 & \mathfrak{y}_3 & 1 \end{vmatrix}.$$

Nun ist aber

$$\begin{vmatrix} \mathfrak{x}_1 & \mathfrak{y}_1 & 1 \\ \mathfrak{x}_2 & \mathfrak{y}_2 & 1 \\ \mathfrak{x}_3 & \mathfrak{y}_3 & 1 \end{vmatrix} = \begin{vmatrix} x_1 & y_1 & 1 \\ x_2 & y_2 & 1 \\ x_3 & y_3 & 1 \end{vmatrix} \begin{vmatrix} \alpha_1 & \beta_1 & \gamma_1 \\ \alpha_2 & \beta_2 & \gamma_2 \\ 0 & 0 & 1 \end{vmatrix},$$

mithin

$$\mathfrak{D} = D(\alpha_1\beta_2 - \alpha_2\beta_1)$$

Bei einer linearen Abbildung multiplizieren sich alle Dreiecksinhalte mit der Determinante $\alpha_1\beta_2 - \alpha_2\beta_1$, der Determinante der Abbildung.

§ 114. Inhalt einer beschränkten Punktmenge in der Ebene.

Eine Punktmenge in der Ebene E nennt man beschränkt, wenn sich ein Dreieck ABC konstruieren läßt, das alle Punkte der Menge enthält.

Sind die Dreiecke

(1) $$A_1B_1C_1, \; A_2B_2C_2, \; \ldots, \; A_pB_pC_p$$

so beschaffen, daß jeder Punkt der Punktmenge wenigstens in einem von ihnen enthalten ist, so soll (1) ein äußeres Dreiecksystem der Punktmenge heißen.

Wenn die Dreiecke (1) mit ihren sämtlichen Punkten der betrachteten Punktmenge angehören und nicht übereinander greifen*), so wollen wir sie als ein inneres Dreiecksystem dieser Punktmenge bezeichnen.

Die Inhaltsumme eines äußeren Dreiecksystems nennen wir eine äußere Dreiecksumme, die Inhaltsumme eines inneren Dreiecksystems eine innere Dreiecksumme der Punktmenge. Dabei ist zu bemerken, daß wir hier alle Dreiecksinhalte positiv rechnen.

Äußere Dreiecksysteme gibt es, wenn eine beschränkte Punktmenge vorliegt, immer. Z. B. ist ABC, das Dreieck, das alle Punkte der Punktmenge enthält, ein äußeres Dreiecksystem. Innere Dreiecksysteme sind stets vorhanden. Nehmen wir z. B. irgendeinen Punkt der Punktmenge

*) D. h. je zwei von diesen Dreiecken sollen höchstens Randpunkte gemein haben. Bei den äußeren Dreiecksystemen erlauben wir, daß sie übereinander greifen.

und lassen mit ihm die drei Ecken eines Dreiecks zusammenfallen, so bildet dieses verschwindende Dreieck ein inneres Dreiecksystem.

Die untere Grenze aller äußeren Dreiecksummen nennt man den äußeren Inhalt, und die obere Grenze aller inneren Dreiecksummen den inneren Inhalt der Punktmenge.

Da eine äußere Dreiecksumme offenbar nie kleiner sein kann als eine innere Dreiecksumme, so ist der äußere Inhalt entweder gleich dem innern Inhalt oder größer als dieser.

Wenn der innere und äußere Inhalt gleich sind, so bezeichnet man ihren gemeinsamen Wert als den Inhalt der Punktmenge und nennt die Punktmenge quadrierbar.

M sei eine beschränkte Punktmenge in der Ebene E und sie liege ganz in dem Dreieck ABC. Wenn wir die in § 113 betrachtete lineare Abbildung anwenden, so entspricht der Punktmenge M eine Punktmenge $\mathfrak{M}$ und dem Dreieck ABC ein Dreieck $\mathfrak{A}\mathfrak{B}\mathfrak{C}$ in $\mathfrak{E}$. Da $\mathfrak{M}$ in $\mathfrak{A}\mathfrak{B}\mathfrak{C}$ enthalten ist, so ist $\mathfrak{M}$ beschränkt. Eine beschränkte Punktmenge wird also bei einer linearen Abbildung wieder eine beschränkte Punktmenge.

Da einem äußern Dreiecksystem von M ein äußeres Dreiecksystem von $\mathfrak{M}$ entspricht, ebenso einem innern Dreiecksystem von M ein inneres Dreiecksystem von $\mathfrak{M}$, so ist

$$|\alpha_1\beta_2 - \alpha_2\beta_1|\,s \quad \text{und} \quad |\alpha_1\beta_2 - \alpha_2\beta_1|\,S$$

eine innere und eine äußere Dreiecksumme von $\mathfrak{M}$, wenn s und S eine innere und eine äußere Dreiecksumme von M bedeuten.

Ist $\bar{s}$ der innere Inhalt von M, also die obere Grenze der Summen s, und $\underline{S}$ der äußere Inhalt von M, also die untere Grenze der Summen S, so wird

$$|\alpha_1\beta_2 - \alpha_2\beta_1|\,\bar{s} \quad \text{der innere Inhalt}$$

und

$$|\alpha_1\beta_2 - \alpha_2\beta_1|\,\underline{S} \quad \text{der äußere Inhalt}$$

von $\mathfrak{M}$ sein.

Bei einer linearen Abbildung multipliziert sich also der innere und auch der äußere Inhalt einer beschränkten Punktmenge mit dem absoluten Betrag der Determinante der Abbildung.

Daraus können wir schließen, daß eine quadrierbare Punktmenge bei einer linearen Abbildung quadrierbar bleibt, und daß sich ihr Inhalt mit dem absoluten Betrag der Determinante multipliziert.

Bei einer linearen Abbildung multiplizieren sich also alle Flächeninhalte mit demselben konstanten Faktor, nämlich mit dem absoluten Betrag der Determinante.

Die Determinante

$$\begin{vmatrix} \alpha_1 & \beta_1 \\ \alpha_2 & \beta_2 \end{vmatrix}$$

läßt sich als die Funktionaldeterminante der beiden Funktionen

$$\alpha_1 x + \beta_1 y + \gamma_1, \quad \alpha_2 x + \beta_2 y + \gamma_2$$

ansehen. Der Betrag dieser Funktionaldeterminante ist nach dem Obigen der Quotient von zwei Flächeninhalten.

Sechzehntes Kapitel.

Die linearen Integralgleichungen.

§ 115. Die Fredholmschen Determinanten.

Wir wissen (vgl. § 53), daß die Determinante

(1) $$\begin{vmatrix} 1 + c_{11}, & c_{12} & , \ldots, & c_{1n} \\ c_{21} & , 1 + c_{22}, & \ldots, & c_{2n} \\ \cdot & \cdot & \cdot & \cdot \\ c_{n1} & , c_{n2} & , \ldots, & 1 + c_{nn} \end{vmatrix}$$

gleich der Summe aller Hauptminoren von

(2) $$\begin{vmatrix} c_{11} & c_{12} & \ldots & c_{1n} \\ c_{21} & c_{22} & \ldots & c_{2n} \\ \cdot & \cdot & \cdot & \cdot \\ c_{n1} & c_{n2} & \ldots & c_{nn} \end{vmatrix}$$

ist, wobei 1 als Hauptminor nullter Ordnung und die Determinante (2) als Hauptminor n^{ter} Ordnung mitgerechnet wird.

Jetzt wollen wir ein Analogon dieses Satzes im kontinuierlich Unendlichen suchen.

Zunächst wollen wir ihn noch auf eine zweckmäßige Formel bringen. Lassen wir in der Determinante

(3) $$\begin{vmatrix} c_{r_1 r_1} & \ldots & c_{r_1 r_p} \\ \cdot & \cdot & \cdot \\ c_{r_p r_1} & \ldots & c_{r_p r_p} \end{vmatrix}$$

die Indizes $r_1, r_2, \ldots, r_p$ unabhängig voneinander die Reihe $1, 2, \ldots, n$ durchlaufen, so kommt jeder p-reihige Hauptminor von (2) $p!$ Male vor.

Wenn wir nämlich in (3) $r_1, r_2, \ldots, r_p$ auf alle möglichen Arten permutieren, so bleibt (3) ungeändert.

Daraus ergibt sich für die Determinante (1) folgende Formel:

$$\begin{vmatrix} 1+c_{11}, & c_{12}, & \ldots, & c_{1n} \\ c_{21}, & 1+c_{22}, & \ldots, & c_{2n} \\ \cdot & \cdot & \cdot & \cdot \\ c_{n1}, & c_{n2}, & \ldots, & 1+c_{nn} \end{vmatrix}$$

$$= 1 + \frac{1}{1!}\sum c_{r_1 r_1} + \frac{1}{2!}\sum \begin{vmatrix} c_{r_1 r_1} & c_{r_1 r_2} \\ c_{r_2 r_1} & c_{r_2 r_2} \end{vmatrix} + \cdots$$

$$+ \frac{1}{n!}\sum \begin{vmatrix} c_{r_1 r_1} & c_{r_1 r_2} & \ldots & c_{r_1 r_n} \\ c_{r_2 r_1} & c_{r_2 r_2} & \ldots & c_{r_2 r_n} \\ \cdot & \cdot & \cdot & \cdot \\ c_{r_n r_1} & c_{r_n r_2} & \ldots & c_{r_n r_n} \end{vmatrix}.$$

$r_1, r_2, \ldots$ durchlaufen unabhängig voneinander die Werte $1, 2, \ldots, n$.

Wenn die c_{rs} eine absolut konvergente Reihe bilden, so gilt, wie H. von Koch in seiner Theorie gezeigt hat, für die unendliche Determinante

$$\begin{vmatrix} 1+c_{11}, & c_{12}, & \ldots \\ c_{21}, & 1+c_{22}, & \ldots \\ \cdot & \cdot & \cdot \end{vmatrix}$$

die Formel

$$\begin{vmatrix} 1+c_{11}, & c_{12}, & \ldots \\ c_{21}, & 1+c_{22}, & \ldots \\ \cdot & \cdot & \cdot \end{vmatrix} = 1 + \frac{1}{1!}\sum c_{r_1 r_1} + \frac{1}{2!}\sum \begin{vmatrix} c_{r_1 r_1} & c_{r_1 r_2} \\ c_{r_2 r_1} & c_{r_2 r_2} \end{vmatrix} + \cdots$$

Hier durchlaufen $r_1, r_2, \ldots$ unabhängig voneinander die natürliche Zahlenreihe $1, 2, 3, \ldots$

Jetzt sei $f(x, y)$ eine reelle stetige Funktion, die in dem Gebiet

$$0 \leqq x, \quad y \leqq 1$$

definiert ist. Faßt man x, y als rechtwinklige cartesische Koordinaten auf, so ist dieses Gebiet ein Quadrat, das durch die Koordinatenachsen und die beiden Geraden $x = 1$ und $y = 1$ begrenzt wird.

Wir wollen dieses Quadrat mittels der Geraden

$$x = \frac{1}{n}, \ldots, \quad x = \frac{n-1}{n}$$

und

$$y = \frac{1}{n}, \ldots, \quad y = \frac{n-1}{n}$$

in n^2 Teile zerlegen und das durch

$$x = \frac{r-1}{n}, \quad x = \frac{r}{n}$$

und

$$y = \frac{s-1}{n}, \quad y = \frac{s}{n}$$

begrenzte Teilquadrat mit $\mathfrak{Q}_{rs}$ bezeichnen.

Endlich sei $\mathfrak{x}_r$, $\mathfrak{y}_s$ der Mittelpunkt von $\mathfrak{Q}_{rs}$ und

$$c_{rs} = \frac{1}{n} f(\mathfrak{x}_r, \mathfrak{y}_s).$$

Dann wird die Determinante (1) gleich

$$D_n = 1 + \frac{1}{1!}\sum \frac{1}{n} f(\mathfrak{x}_r, \mathfrak{y}_r) + \frac{1}{2!}\sum \frac{1}{n^2}\begin{vmatrix} f(\mathfrak{x}_r, \mathfrak{y}_r) & f(\mathfrak{x}_r, \mathfrak{y}_s) \\ f(\mathfrak{x}_s, \mathfrak{y}_r) & f(\mathfrak{x}_s, \mathfrak{y}_s)\end{vmatrix} + \cdots$$

$$+ \frac{1}{n^n}\begin{vmatrix} f(\mathfrak{x}_1, \mathfrak{y}_1), \ldots, f(\mathfrak{x}_1, \mathfrak{y}_n) \\ \cdot \quad \cdot \quad \cdot \quad \cdot \quad \cdot \quad \cdot \quad \cdot \\ f(\mathfrak{x}_n, \mathfrak{y}_1), \ldots, f(\mathfrak{x}_n, \mathfrak{y}_n)\end{vmatrix}.$$

Was wird nun aus D_n, wenn n unbegrenzt zunimmt? Offenbar ist*)

$$\lim \sum \frac{1}{n} f(\mathfrak{x}_r, \mathfrak{y}_r) = \int_0^1 f(x, x)\, dx,$$

$$\lim \sum \frac{1}{n^2}\begin{vmatrix} f(\mathfrak{x}_r, \mathfrak{y}_r) & f(\mathfrak{x}_r, \mathfrak{y}_s) \\ f(\mathfrak{x}_s, \mathfrak{y}_r) & f(\mathfrak{x}_s, \mathfrak{y}_s)\end{vmatrix} = \int_0^1\int_0^1 \begin{vmatrix} f(x, x) & f(x, y) \\ f(y, x) & f(y, y)\end{vmatrix} dx\, dy$$

usw.

Danach kann man vermuten, daß

$$\text{(4)} \qquad \lim D_n = 1 + \sum_{p=1}^{\infty} \frac{1}{p!}\int_0^1 \cdots \int_0^1 \begin{vmatrix} f(x_1, x_1) \ldots f(x_1, x_p) \\ \cdot \quad \cdot \quad \cdot \quad \cdot \quad \cdot \quad \cdot \quad \cdot \\ f(x_p, x_1) \ldots f(x_p, x_p)\end{vmatrix} dx_1 \ldots dx_p$$

sein wird.

Der strenge Beweis hierfür stützt sich auf einen Satz über das Quadrat einer Determinante.

Die Zeilen der p-zeiligen reellen Matrix

$$\begin{matrix} a_{11} & a_{12} & \ldots & a_{1n} \\ a_{21} & a_{22} & \ldots & a_{2n} \\ \cdot & \cdot & \cdot & \cdot \\ a_{p1} & a_{p2} & \ldots & a_{pn} \end{matrix}$$

*) Man bedenke, daß $\mathfrak{x}_r = \mathfrak{y}_r$ ist $(r = 1, 2, \ldots, n)$.

wollen wir kurz mit $1, 2, \ldots, p$ bezeichnen und unter (rs) das Produkt der r^{ten} mit der s^{ten} Zeile verstehen.

Dann gilt für das Quadrat A_p dieser Matrix die Formel

$$(5) \quad \left\{ \begin{aligned} A_p &= \begin{vmatrix} (1\,1) & (1\,2) & \ldots & (1\,p) \\ (2\,1) & (2\,2) & \ldots & (2\,p) \\ \cdot & \cdot & \cdot & \cdot \\ (p\,1) & (p\,2) & \ldots & (p\,p) \end{vmatrix} \\ &= (pp)\,A_{p-1} + \begin{vmatrix} (1\,1) & \ldots & (1, p-1) & (1\,p) \\ \cdot & \cdot & \cdot & \cdot \\ (p-1, 1) & \ldots & (p-1, p-1) & (p-1, p) \\ (p\,1) & \ldots & (p, p-1) & 0 \end{vmatrix}. \end{aligned} \right.$$

Die Determinante

$$-\begin{vmatrix} (1\,1) & \ldots & (1, p-1) & (1\,p) \\ \cdot & \cdot & \cdot & \cdot \\ (p-1, 1) & \ldots & (p-1, p-1) & (p-1, p) \\ (p, 1) & \ldots & (p, p-1) & 0 \end{vmatrix}$$

ist sicher nicht negativ. Sie ist ein Wert der quadratischen Form

$$-\begin{vmatrix} (1\,1) & \ldots & (1, p-1) & u_1 \\ \cdot & \cdot & \cdot & \cdot \\ (p-1, 1) & \ldots & (p-1, p-1) & u_{p-1} \\ u_1 & \ldots & u_{p-1} & 0 \end{vmatrix},$$

die niemals negativ wird.

Als quadratische Form läßt sie sich nämlich durch eine orthogonale Transformation

$$\begin{aligned} v_1 &= c_{11}\,u_1 + \ldots + c_{1,p-1}\,u_{p-1}, \\ &\cdot\;\cdot\;\cdot\;\cdot\;\cdot\;\cdot\;\cdot\;\cdot \\ v_{p-1} &= c_{p-1,1}\,u_1 + \ldots + c_{p-1,p-1}\,u_{p-1} \end{aligned}$$

auf die kanonische Gestalt

$$\lambda_1 v_1^2 + \lambda_2 v_2^2 + \ldots + \lambda_{p-1} v_{p-1}^2$$

bringen (vgl. § 88).

Multipliziert man aber die Form zweimal mit

$$\begin{vmatrix} c_{11} & \ldots & c_{1,p-1} & 0 \\ \cdot & \cdot & \cdot & \cdot \\ c_{p-1,1} & \ldots & c_{p-1,p-1} & 0 \\ 0 & \ldots & 0 & 1 \end{vmatrix} = 1,$$

so ergibt sich*)

$$-\begin{vmatrix} (1\,1) & \ldots & (1, p-1) & u_1 \\ \cdot & \cdot & \cdot & \cdot \\ (p-1, 1) & \ldots & (p-1, p-1) & u_{p-1} \\ u_1 & \ldots & u_{p-1} & 0 \end{vmatrix}$$

$$= -\begin{vmatrix} (\bar{1}\,\bar{1}) & \ldots & (\bar{1}, \overline{p-1}) & v_1 \\ \cdot & \cdot & \cdot & \cdot \\ (\overline{p-1}, \bar{1}) & \ldots & (\overline{p-1}, \overline{p-1}) & v_{p-1} \\ v_1 & \ldots & v_{p-1} & 0 \end{vmatrix}$$

und man sieht, daß $\lambda_1, \lambda_2, \ldots, \lambda_{p-1}$ die $(p-2)$-reihigen Hauptminoren von

$$\begin{vmatrix} (\bar{1}\,\bar{1}) & \ldots & (\bar{1}, \overline{p-1}) \\ \cdot & \cdot & \cdot \\ (\overline{p-1}, \bar{1}) & \ldots & (\overline{p-1}, \overline{p-1}) \end{vmatrix}$$

sind, also Gramsche Determinanten und daher nicht negativ.

Aus (5) folgt jedenfalls

$$A_p \leqq (p\,p)\, A_{p-1}.$$

Ebenso ist aber

$$A_{p-1} \leqq (p-1, p-1)\, A_{p-2},$$
$$\cdot \quad \cdot \quad \cdot \quad \cdot \quad \cdot \quad \cdot$$
$$A_2 \leqq (2\,2)\, A_1,$$
$$A_1 = (1\,1).$$

Hieraus ergibt sich

$$A_p \leqq (1\,1)\,(2\,2) \ldots (p\,p)$$

oder, ausführlich geschrieben,

$$\begin{Vmatrix} a_{11} & a_{12} & \ldots & a_{1n} \\ a_{21} & a_{22} & \ldots & a_{2n} \\ \cdot & \cdot & \cdot & \cdot \\ a_{p1} & a_{p2} & \ldots & a_{pn} \end{Vmatrix}^2 \leqq (\Sigma a_{1\nu}^2)(\Sigma a_{2\nu}^2) \ldots (\Sigma a_{p\nu}^2).$$

Insbesondere ist

$$\begin{vmatrix} a_{11} & a_{12} & \ldots & a_{1p} \\ a_{21} & a_{22} & \ldots & a_{2p} \\ \cdot & \cdot & \cdot & \cdot \\ a_{p1} & a_{p2} & \ldots & a_{pp} \end{vmatrix}^2 \leqq (\Sigma a_{1\nu}^2)(\Sigma a_{2\nu}^2) \ldots (\Sigma a_{p\nu}^2).$$

Nennt man

$$a_{k1}^2 + a_{k2}^2 + \ldots + a_{kp}^2$$

*) $\bar{1}, \bar{2}, \ldots, \overline{p-1}$ sind lineare Kombinationen von $1, 2, \ldots\ p-1$.

die Norm der k^{ten} Zeile, so ist also das Quadrat einer Determinante nie größer als das Normenprodukt der Zeilen. Dieser Satz rührt von Hadamard her.

Wir wollen ihn zum Beweise der Formel (4) benutzen.

Ist M das Maximum von $|f(x, y)|$ in dem Bereich $0 \leqq x,\ y \leqq 1$, so wird

$$\begin{vmatrix} f(x_1, x_1) \ldots f(x_1, x_p) \\ \cdot\ \cdot\ \cdot\ \cdot\ \cdot\ \cdot\ \cdot\ \cdot\ \cdot \\ f(x_p, x_1) \ldots f(x_p, x_p) \end{vmatrix}^2 \leqq (\Sigma f^2(x_1, x_\nu)) \ldots (\Sigma f^2(x_p, x_\nu)),$$

also der Betrag von

$$\begin{vmatrix} f(x_1, x_1) \ldots f(x_1, x_p) \\ \cdot\ \cdot\ \cdot\ \cdot\ \cdot\ \cdot\ \cdot\ \cdot\ \cdot \\ f(x_p, x_1) \ldots f(x_p, x_p) \end{vmatrix}$$

kleiner als

$$\sqrt{(pM^2)^p} = (\sqrt{p})^p M^p$$

und der Betrag von

$$\frac{1}{p!}\int_0^1 \ldots \int_0^1 \begin{vmatrix} f(x_1, x_1) \ldots f(x_1, x_p) \\ \cdot\ \cdot\ \cdot\ \cdot\ \cdot\ \cdot\ \cdot\ \cdot\ \cdot \\ f(x_p, x_1) \ldots f(x_p, x_p) \end{vmatrix} dx_1 \ldots dx_p$$

kleiner als

$$\frac{(\sqrt{p})^p}{p!} M^p.$$

Die Glieder der Reihe (4) sind also absolut genommen kleiner als die entsprechenden Glieder der Reihe

$$1 + \frac{(\sqrt{1})^1}{1!} M + \frac{(\sqrt{2})^2}{2!} M^2 + \frac{(\sqrt{3})^3}{3!} M^3 + \ldots \tag{6}$$

Diese Reihe ist aber konvergent. Der Quotient des $(n+1)^{\text{ten}}$ Gliedes durch das n^{te} lautet nämlich

$$\frac{u_{n+1}}{u_n} = \frac{(\sqrt{n})^n M}{n(\sqrt{n-1})^{n-1}} = \frac{M}{\sqrt{n}} \sqrt{\left(1 + \frac{1}{n-1}\right)^{n-1}}$$

Nun ist aber

$$\lim \sqrt{\left(1 + \frac{1}{n-1}\right)^{n-1}} = \sqrt{e}$$

und

$$\lim \frac{M}{\sqrt{n}} = 0,$$

folglich

$$\lim \frac{u_{n+1}}{u_n} = 0.$$

Damit ist die Konvergenz der Reihe (6) bewiesen und zugleich die absolute Konvergenz der Reihe (4). Ihre Summe heiße D.

Jetzt wollen wir den Index ν so wählen, daß

$$\frac{(\sqrt{\nu+1})^{\nu+1}}{(\nu+1)!}M^{\nu+1}+\frac{(\sqrt{\nu+2})^{\nu+2}}{(\nu+2)!}M^{\nu+2}+\cdots<\frac{\varepsilon}{3}$$

ist $(\varepsilon>0)$. Setzen wir dann

$$D=1+\sum_{p=1}^{\nu}\frac{1}{p!}\int_0^1\cdots\int_0^1\begin{vmatrix} f(x_1,x_1)\ldots f(x_1,x_p)\\ \cdot\ \cdot\ \cdot\ \cdot\ \cdot\ \cdot\ \cdot\ \cdot\ \cdot \\ f(x_p,x_1)\ldots f(x_p,x_p)\end{vmatrix}dx_1\ldots dx_p+R_\nu,$$

so ist

$$|R_\nu|<\frac{\varepsilon}{3}.$$

Setzen wir andrerseits unter der Annahme $n>\nu$

$$D_n=1+\sum_{p=1}^{\nu}\frac{1}{p!}\sum_{r_1,\ldots,r_p}^{1,\ldots,n}\frac{1}{n^p}\begin{vmatrix} f(\mathfrak{x}_{r_1},\mathfrak{y}_{r_1})\ldots f(\mathfrak{x}_{r_1},\mathfrak{y}_{r_p})\\ \cdot\ \cdot\ \cdot\ \cdot\ \cdot\ \cdot\ \cdot\ \cdot\ \cdot \\ f(\mathfrak{x}_{r_p},\mathfrak{y}_{r_1})\ldots f(\mathfrak{x}_{r_p},\mathfrak{y}_{r_p})\end{vmatrix}+R'_\nu,$$

so ist auch

$$|R'_\nu|<\frac{\varepsilon}{3}.$$

Die Differenz $D-D_n$ enthält drei Bestandteile. Zwei davon, nämlich R_ν und $-R'_\nu$ sind ihrem Betrage nach kleiner als $\varepsilon/3$, was auch $n(>\nu)$ sein mag.

Der dritte Bestandteil von $D-D_n$ lautet

$$\sum_{p=1}^{\nu}\frac{1}{p!}\left\{\int_0^1\cdots\int_0^1\begin{vmatrix} f(x_1,x_1)\ldots f(x_1,x_p)\\ \cdot\ \cdot\ \cdot\ \cdot\ \cdot\ \cdot\ \cdot\ \cdot\ \cdot \\ f(x_p,x_1)\ldots f(x_p,x_p)\end{vmatrix}dx_1\ldots dx_p\right.$$
$$\left.-\sum_{r_1,\ldots,r_p}^{1,\ldots,n}\frac{1}{n^p}\begin{vmatrix} f(\mathfrak{x}_{r_1},\mathfrak{y}_{r_1})\ldots f(\mathfrak{x}_{r_1},\mathfrak{y}_{r_p})\\ \cdot\ \cdot\ \cdot\ \cdot\ \cdot\ \cdot\ \cdot\ \cdot\ \cdot \\ f(\mathfrak{x}_{r_p},\mathfrak{y}_{r_1})\ldots f(\mathfrak{x}_{r_p},\mathfrak{y}_{r_p})\end{vmatrix}\right\}$$

und konvergiert bei unendlich zunehmendem n nach Null. Für $n\geqq N$ wird also, wenn N passend gewählt ist, sein Betrag kleiner als $\varepsilon/3$ sein.

Dann folgt aber

$$|D-D_n|<\varepsilon \qquad (n\geqq N),$$

und das bedeutet

$$\lim D_n=D.$$

D ist also der Grenzwert der Determinante D_n bei unendlich zunehmendem n.

Wir wollen

$$D = 1 + \sum_{p=1}^{\infty} \frac{1}{p!} \int_0^1 \ldots \int_0^1 \begin{vmatrix} f(x_1, x_1) & \ldots & f(x_1, x_p) \\ \cdot & \cdot & \cdot \\ f(x_p, x_1) & \ldots & f(x_p, x_p) \end{vmatrix} dx_1 \ldots dx_p$$

die Fredholmsche Determinante der Funktion f nennen.

Die Fredholmsche Determinante der Funktion λf (λ konstant) lautet hiernach

$$1 + \sum_{p=1}^{\infty} \frac{\lambda^p}{p!} \int_0^1 \ldots \int_0^1 \begin{vmatrix} f(x_1, x_1) & \ldots & f(x_1, x_p) \\ \cdot & \cdot & \cdot \\ f(x_p, x_1) & \ldots & f(x_p, x_p) \end{vmatrix} dx_1 \ldots dx_p.$$

Sie ist eine Potenzreihe in λ, die für alle Werte von λ konvergiert.

§ 116. Das Produkt von zwei Fredholmschen Determinanten.

D_f sei die Fredholmsche Determinante der Funktion $f(x, y)$ und D_g die der Funktion $g(x, y)$. Beide Funktionen werden in dem Bereich

$$0 \leqq x, \ y \leqq 1$$

als stetig vorausgesetzt.

Wir wollen beweisen, daß $D_f D_g$ die Fredholmsche Determinante einer Funktion $\varphi(x, y)$ ist, daß also das Produkt von zwei Fredholmschen Determinanten wieder eine Fredholmsche Determinante ist.

Nach § 115 ist

$$D_f = \lim_{n=\infty} \begin{vmatrix} 1 + c_{11}, & c_{12}, & \ldots, & c_{1n} \\ c_{21}, & 1 + c_{22}, & \ldots, & c_{2n} \\ \cdot & \cdot & \cdot & \cdot \\ c_{n1}, & c_{n2}, & \ldots, & 1 + c_{nn} \end{vmatrix} \qquad \left(c_{rs} = \frac{1}{n} f(\mathfrak{x}_r, \mathfrak{y}_s)\right)$$

und

$$D_g = \lim_{n=\infty} \begin{vmatrix} 1 + d_{11}, & d_{12}, & \ldots, & d_{1n} \\ d_{21}, & 1 + d_{22}, & \ldots, & d_{2n} \\ \cdot & \cdot & \cdot & \cdot \\ d_{n1}, & d_{n2}, & \ldots, & 1 + d_{nn} \end{vmatrix} \qquad \left(d_{rs} = \frac{1}{n} g(\mathfrak{x}_r, \mathfrak{y}_s)\right).$$

Dabei haben $\mathfrak{x}_r$ und $\mathfrak{y}_r$ folgende Bedeutung:

$$\mathfrak{x}_r = \frac{2r - 1}{2n}, \quad \mathfrak{y}_s = \frac{2s - 1}{2n}.$$

$\mathfrak{x}_r$, $\mathfrak{y}_s$ ist nämlich der Mittelpunkt des durch die Geraden

$$x = \frac{r-1}{n}, \quad x = \frac{r}{n}, \quad y = \frac{s-1}{n}, \quad y = \frac{s}{n}$$

begrenzten Quadrates.

Nun wird nach dem Multiplikationssatz der Determinanten

$$\begin{vmatrix} 1+c_{11}, & \ldots, & c_{1n} \\ \cdot & \cdot & \cdot \\ c_{n1}, & \ldots, & 1+c_{nn} \end{vmatrix} \begin{vmatrix} 1+d_{11}, & \ldots, & d_{n1} \\ \cdot & \cdot & \cdot \\ d_{1n}, & \ldots, & 1+d_{nn} \end{vmatrix} = \begin{vmatrix} 1+\gamma_{11}, & \ldots, & \gamma_{1n} \\ \cdot & \cdot & \cdot \\ \gamma_{n1}, & \ldots, & 1+\gamma_{nn} \end{vmatrix},$$

wenn wir

$$\gamma_{rs} = c_{rs} + d_{rs} + \sum_{k=1}^{n} c_{rk} d_{ks}$$

setzen.

Für $D_f D_g$ ergibt sich also die Formel

$$D_f D_g = \lim \begin{vmatrix} 1+\gamma_{11}, & \gamma_{12}, & \ldots, & \gamma_{1n} \\ \gamma_{21}, & 1+\gamma_{22}, & \ldots, & \gamma_{2n} \\ \cdot & \cdot & \cdot & \cdot \\ \gamma_{n1}, & \gamma_{n2}, & \ldots, & 1+\gamma_{nn} \end{vmatrix}.$$

Ausführlich geschrieben lautet γ_{rs}:

$$\frac{1}{n}\left\{f(\mathfrak{x}_r, \mathfrak{y}_s) + g(\mathfrak{x}_r, \mathfrak{y}_s) + \sum_{k=1}^{n} \frac{1}{n} f(\mathfrak{x}_r, \mathfrak{y}_k)\, g(\mathfrak{x}_k, \mathfrak{y}_s)\right\}.$$

Die Summe

$$\sum_{k=1}^{n} \frac{1}{n} f(\mathfrak{x}_r, \mathfrak{y}_k)\, g(\mathfrak{x}_k, \mathfrak{y}_s)$$

weicht von dem Integral

$$\int_0^1 f(\mathfrak{x}_r, u)\, g(u, \mathfrak{y}_s)\, du$$

um so weniger ab, je größer n ist. Dieses Integral ist nämlich gleich

$$\sum_{k=1}^{n} \int_{(k-1)/n}^{k/n} f(\mathfrak{x}_r, u)\, g(u, \mathfrak{y}_s)\, du = \sum_{k=1}^{n} \frac{1}{n} f(\mathfrak{x}_r, u_k)\, g(u_k, \mathfrak{y}_s).$$

Dabei liegt u_k zwischen $(k-1)/n$ und k/n, also zwischen denselben Grenzen wie $\mathfrak{x}_k = \mathfrak{y}_k$.

Ist ν genügend groß, so wird für $n > \nu$

$$|f(\mathfrak{x}_r, u_k) - f(\mathfrak{x}_r, \mathfrak{y}_k)| < \varepsilon,$$
$$|g(u_k, \mathfrak{y}_s) - g(\mathfrak{x}_k, \mathfrak{y}_s)| < \varepsilon$$

sein*) $(r, k, s = 1, 2, \ldots, n)$, also**)

$$|f(\mathfrak{x}_r, u_k)\, g(u_k, \mathfrak{y}_s) - f(\mathfrak{x}_r, \mathfrak{y}_k)\, g(\mathfrak{x}_k, \mathfrak{y}_s)|$$
$$\leqq |f(\mathfrak{x}_r, u_k) - f(\mathfrak{x}_r, \mathfrak{y}_k)|\,|g(u_k, \mathfrak{y}_s)| + |g(u_k, \mathfrak{y}_s) - g(\mathfrak{x}_k, \mathfrak{y}_s)|\,|f(\mathfrak{x}_r, \mathfrak{y}_k)| < 2M\varepsilon.$$

---

*) ε ist eine vorgelegte positive Zahl.

**) M ist eine Zahl, die alle Werte von $|f|$ und $|g|$ in dem Bereich $0 \leqq x, y \leqq 1$ übertrifft.

Dann ist aber auch der Betrag von

$$\sum_{k=1}^{n} \frac{1}{n} f(\mathfrak{x}_r, \mathfrak{y}_k)\, g(\mathfrak{x}_k, \mathfrak{y}_s) - \int_0^1 f(\mathfrak{x}_r, u)\, g(u, \mathfrak{y}_s)\, du$$

$$= \sum_{k=1}^{n} \frac{1}{n} \{ f(\mathfrak{x}_r, \mathfrak{y}_k)\, g(\mathfrak{x}_k, \mathfrak{y}_s) - f(\mathfrak{x}_r, u_k)\, g(u_k, \mathfrak{y}_s) \}$$

kleiner als $2M\varepsilon$.

Führen wir nun die Funktion

$$\varphi(x, y) = f(x, y) + g(x, y) + \int_0^1 f(x, u)\, g(u, y)\, du$$

ein, so können wir schreiben

$$\gamma_{rs} = \frac{1}{n} \varphi(\mathfrak{x}_r, \mathfrak{y}_s) + \varepsilon_{rs}$$

und wissen dabei, daß

$$|\varepsilon_{rs}| < \frac{2M\varepsilon}{n}$$

ist.

Setzen wir zur Abkürzung

$$\frac{1}{n} \varphi(\mathfrak{x}_r, \mathfrak{y}_s) = \bar{\gamma}_{rs},$$

so ist es leicht, die Differenz entsprechender Hauptminoren von

$$(1) \qquad \begin{vmatrix} \gamma_{11} & \gamma_{12} & \cdots & \gamma_{1n} \\ \gamma_{21} & \gamma_{22} & \cdots & \gamma_{2n} \\ \cdot & \cdot & \cdot & \cdot \\ \gamma_{n1} & \gamma_{n2} & \cdots & \gamma_{nn} \end{vmatrix} \quad \text{und} \quad \begin{vmatrix} \bar{\gamma}_{11} & \bar{\gamma}_{12} & \cdots & \bar{\gamma}_{1n} \\ \bar{\gamma}_{21} & \bar{\gamma}_{22} & \cdots & \bar{\gamma}_{2n} \\ \cdot & \cdot & \cdot & \cdot \\ \bar{\gamma}_{n1} & \bar{\gamma}_{n2} & \cdots & \bar{\gamma}_{nn} \end{vmatrix}$$

abzuschätzen.

Die Glieder von

$$\begin{vmatrix} \gamma_{r_1 r_1} & \cdots & \gamma_{r_1 r_p} \\ \cdot & \cdot & \cdot \\ \gamma_{r_p r_1} & \cdots & \gamma_{r_p r_p} \end{vmatrix}$$

sind Binome, nämlich $\gamma_{rs} = \bar{\gamma}_{rs} + \varepsilon_{rs}$. Infolgedessen zerlegt sich diese Determinante in eine Summe von 2^p Determinanten. Einer von diesen Summanden ist

$$\begin{vmatrix} \bar{\gamma}_{r_1 r_1} & \cdots & \bar{\gamma}_{r_1 r_p} \\ \cdot & \cdot & \cdot \\ \bar{\gamma}_{r_p r_1} & \cdots & \bar{\gamma}_{r_p r_p} \end{vmatrix},$$

und die andern entstehen hieraus, indem man in gewissen Zeilen ε statt $\bar{\gamma}$ schreibt.

$\mathfrak{M}$ sei eine Zahl, die alle Werte von $|\varphi(x, y)|$ übertrifft. Man nehme z. B.

$$\mathfrak{M} = 2M + M^2.$$

Dann ist

$$|\bar{\gamma}_{rs}| < \frac{\mathfrak{M}}{n} \quad \text{und} \quad |\varepsilon_{rs}| < \frac{\mathfrak{M}\varepsilon}{n} \qquad (\text{weil } 2M < \mathfrak{M}).$$

Der Betrag eines Summanden mit q ε-Zeilen ist nach dem Hadamardschen Satze kleiner als

$$\frac{(\sqrt{p})^p}{n^p}\mathfrak{M}^p \varepsilon^q.$$

Es gibt $\binom{p}{q}$ solche Summanden. Setzt man für q die Werte $1, 2, \ldots, p$ ein, so ergibt sich, daß der Betrag der Differenz

$$\begin{vmatrix} \gamma_{r_1 r_1} & \cdots & \gamma_{r_1 r_p} \\ \cdot & \cdot & \cdot \\ \gamma_{r_p r_1} & \cdots & \gamma_{r_p r_p} \end{vmatrix} - \begin{vmatrix} \bar{\gamma}_{r_1 r_1} & \cdots & \bar{\gamma}_{r_1 r_p} \\ \cdot & \cdot & \cdot \\ \bar{\gamma}_{r_p r_1} & \cdots & \bar{\gamma}_{r_p r_p} \end{vmatrix}$$

kleiner ist als

$$\frac{(\sqrt{p})^p \mathfrak{M}^p}{n^p} \sum_{q=1}^{p} \binom{p}{q} \varepsilon^q.$$

Machen wir die erlaubte Annahme $\varepsilon < 1$ und beachten, daß $\varepsilon^q \leqq \varepsilon$ und

$$\sum_{q=1}^{p} \binom{p}{q} < 2^p$$

ist, so finden wir, daß die fragliche Differenz ihrem Betrage nach unterhalb

$$\frac{(\sqrt{p})^p (2\mathfrak{M})^p}{n^p} \varepsilon$$

liegt.

Im ganzen gibt es $\binom{n}{p}$ p-reihige Hauptminoren und man hat

$$\binom{n}{p} < \frac{n^p}{p!}.$$

Da nun

$$(2) \qquad \begin{vmatrix} 1+\gamma_{11}, & \ldots, & \gamma_{1n} \\ \cdot & \cdot & \cdot \\ \gamma_{n1}, & \ldots, & 1+\gamma_{nn} \end{vmatrix} - \begin{vmatrix} 1+\bar{\gamma}_{11}, & \ldots, & \bar{\gamma}_{1n} \\ \cdot & \cdot & \cdot \\ \bar{\gamma}_{n1}, & \ldots, & 1+\bar{\gamma}_{nn} \end{vmatrix} = \sum (H - \bar{H}),$$

wo H und $\bar{H}$ zwei entsprechende Hauptminoren der Determinanten (1) bedeuten, so ergibt sich, daß die Differenz (2) für $n > \nu$ absolut genommen kleiner ist als

$$\varepsilon \sum_{p=1}^{\infty} \frac{(\sqrt{p})^p (2\mathfrak{M})^p}{p!}.$$

Daraus ist aber zu entnehmen, daß jene Differenz bei unendlich zunehmendem n nach Null konvergiert.

Der Minuend hat aber den Grenzwert $D_f D_g$ und der Subtrahend den Grenzwert D_φ. Also ist

$$D_f D_g = D_\varphi,$$

d. h. die Fredholmschen Determinanten von f und g geben als Produkt die Fredholmsche Determinante von

$$\varphi(x, y) = f(x, y) + g(x, y) + \int_0^1 f(x, u)\, g(u, y)\, du.$$

Man kann zwei Fredholmsche Determinanten auf verschiedene Arten so multiplizieren, daß wieder eine Fredholmsche Determinante herauskommt.

Die Fredholmsche Determinante von $f(x, y)$ ist nämlich gleich der von $f(y, x)$. $D_f D_g$ ist also auch gleich der Fredholmschen Determinante von

$$f(y, x) + g(x, y) + \int_0^1 f(u, x)\, g(u, y)\, du$$

oder von

$$f(x, y) + g(y, x) + \int_0^1 f(x, u)\, g(y, u)\, du$$

oder von

$$f(y, x) + g(y, x) + \int_0^1 f(u, x)\, g(y, u)\, du.$$

§ 117. Die Fredholmschen Minoren.

Um zu der Definition der Fredholmschen Minoren zu gelangen, wollen wir zuerst eine Formel für die Minoren der Determinante

$$\begin{vmatrix} 1 + c_{11} & \dots & c_{1n} \\ \cdot & \cdot & \cdot \\ c_{n1} & \dots & 1 + c_{nn} \end{vmatrix} \tag{1}$$

aufstellen.

Es handle sich z. B. um das algebraische Komplement von c_{rs} $(r \gtreqless s)$ in (1). Bezeichnen wir die Zahlen, die in der Reihe $1, 2, \dots, n$ nach Streichung von r und s übrigbleiben, mit $k_1, k_2, \dots, k_{n-2}$, so ist (1) gleich

$$\begin{vmatrix} 1 + c_{rr} & c_{rs} & c_{rk_1} & \dots & c_{rk_{n-2}} \\ c_{sr} & 1 + c_{ss} & c_{sk_1} & \dots & c_{sk_{n-2}} \\ c_{k_1 r} & c_{k_1 s} & 1 + c_{k_1 k_1} & \dots & c_{k_1 k_{n-2}} \\ \cdot & \cdot & \cdot & \cdot & \cdot \\ c_{k_{n-2} r} & c_{k_{n-2} s} & c_{k_{n-2} k_1} & \dots & 1 + c_{k_{n-2} k_{n-2}} \end{vmatrix}$$

und das algebraische Komplement von c_{rs} lautet

$$(2) \qquad K_{rs} = -\begin{vmatrix} c_{sr} & c_{sk_1} & \dots & c_{sk_{n-2}} \\ c_{k_1 r} & 1 + c_{k_1 k_1} & \dots & c_{k_1 k_{n-2}} \\ \cdot & \cdot & \cdot & \cdot \\ c_{k_{n-2} r} & c_{k_{n-2} k_1} & \dots & 1 + c_{k_{n-2} k_{n-2}} \end{vmatrix}.$$

Setzen wir

$$\varphi(\lambda, \mu) = \begin{vmatrix} \lambda + c_{sr} & c_{sk_1} & \dots & c_{sk_{n-2}} \\ c_{k_1 r} & \mu + c_{k_1 k_1} & \dots & c_{k_1 k_{n-2}} \\ \cdot & \cdot & \cdot & \cdot \\ c_{k_{n-2} r} & c_{k_{n-2} k_1} & \dots & \mu + c_{k_{n-2} k_{n-2}} \end{vmatrix},$$

so ist (2) gleich $-\varphi(0, 1)$. Nun enthält aber $\varphi(\lambda, \mu)$ Glieder mit $\mu^0, \mu^1, \dots, \mu^{n-2}$ und solche mit $\lambda, \lambda\mu, \dots, \lambda\mu^{n-2}$. Die Glieder der letzten Art fallen fort, wenn $\lambda = 0$ wird. μ^r ist multipliziert mit der Summe derjenigen $(n - 1 - r)$-reihigen Hauptminoren von

$$(3) \qquad \begin{vmatrix} c_{sr} & c_{sk_1} & \dots & c_{sk_{n-2}} \\ c_{k_1 r} & c_{k_1 k_1} & \dots & c_{k_1 k_{n-2}} \\ \cdot & \cdot & \cdot & \cdot \\ c_{k_{n-2} r} & c_{k_{n-2} k_1} & \dots & c_{k_{n-2} k_{n-2}} \end{vmatrix},$$

die c_{sr} enthalten. Daraus ersehen wir, daß $\varphi(0, 1)$ die Summe aller Hauptminoren von (3) ist, in denen c_{sr} vorkommt, c_{sr} und (3) eingeschlossen. — K_{rs} läßt sich hiernach in folgender Weise darstellen:

$$(4) \qquad -K_{rs} = c_{sr} + \sum_{\varkappa_1} \begin{vmatrix} c_{sr} & c_{s\varkappa_1} \\ c_{\varkappa_1 r} & c_{\varkappa_1 \varkappa_1} \end{vmatrix} + \sum_{\varkappa_1, \varkappa_2} \begin{vmatrix} c_{sr} & c_{s\varkappa_1} & c_{s\varkappa_2} \\ c_{\varkappa_1 r} & c_{\varkappa_1 \varkappa_1} & c_{\varkappa_1 \varkappa_2} \\ c_{\varkappa_2 r} & c_{\varkappa_2 \varkappa_1} & c_{\varkappa_2 \varkappa_2} \end{vmatrix} + \dots$$

$$+ \begin{vmatrix} c_{sr} & c_{sk_1} & \dots & c_{sk_{n-2}} \\ c_{k_1 r} & c_{k_1 k_1} & \dots & c_{k_1 k_{n-2}} \\ \cdot & \cdot & \cdot & \cdot \\ c_{k_{n-2} r} & c_{k_{n-2} k_1} & \dots & c_{k_{n-2} k_{n-2}} \end{vmatrix}.$$

Dabei ist $\varkappa_1 < \varkappa_2 < \dots$, und die $\varkappa$ sind Zahlen aus der Reihe $k_1, k_2, \dots, k_{n-2}$.

Läßt man jedes $\varkappa$ die Werte $k_1, k_2, \dots, k_{n-2}$ durchlaufen, so muß man statt (4) schreiben

$$(4') \qquad -K_{rs} = c_{sr} + \frac{1}{1!} \sum_{\varkappa_1} \begin{vmatrix} c_{sr} & c_{s\varkappa_1} \\ c_{\varkappa_1 r} & c_{\varkappa_1 \varkappa_1} \end{vmatrix} + \frac{1}{2!} \sum_{\varkappa_1, \varkappa_2} \begin{vmatrix} c_{sr} & c_{s\varkappa_1} & c_{s\varkappa_2} \\ c_{\varkappa_1 r} & c_{\varkappa_1 \varkappa_1} & c_{\varkappa_1 \varkappa_2} \\ c_{\varkappa_2 r} & c_{\varkappa_2 \varkappa_1} & c_{\varkappa_2 \varkappa_2} \end{vmatrix} + \dots$$

$$\frac{1}{(n-2)!} \sum_{\varkappa_1, \varkappa_2, \dots, \varkappa_{n-2}} \begin{vmatrix} c_{sr} & c_{s\varkappa_1} & \dots & c_{s\varkappa_{n-2}} \\ c_{\varkappa_1 r} & c_{\varkappa_1 \varkappa_1} & \dots & c_{\varkappa_1 \varkappa_{n-2}} \\ \cdot & \cdot & \cdot & \cdot \\ c_{\varkappa_{n-2} r} & c_{\varkappa_{n-2} \varkappa_1} & \dots & c_{\varkappa_{n-2} \varkappa_{n-2}} \end{vmatrix}.$$

Offenbar darf man den $\varkappa$ auch die Werte r und s erlauben. Die dadurch neu hinzutretenden Glieder verschwinden alle, weil es Determinanten mit zwei übereinstimmenden Zeilen oder Spalten sind. Man kann also annehmen, daß in (4') alle Summationsindizes unabhängig voneinander die Werte $1, 2, \ldots, n$ durchlaufen.

Wir wollen jetzt ein bestimmtes Wertsystem

$$x = \xi, \quad y = \eta$$

aus dem Bereich $0 \leqq x,\ y \leqq 1$ herausgreifen. ξ liege in dem Intervall $\left(\frac{r-1}{n}, \frac{r}{n}\right)$ und η in dem Intervall $\left(\frac{s-1}{n}, \frac{s}{n}\right)$. Sollten ξ und η beide in dasselbe n-tel von $(0, 1)$ fallen, so wollen wir unter $\left(\frac{s-1}{n}, \frac{s}{n}\right)$ nicht das Intervall verstehen, in welchem η liegt, sondern eins der benachbarten Intervalle, so daß also η in $\left(\frac{s-2}{n}, \frac{s-1}{n}\right)$ oder in $\left(\frac{s}{n}, \frac{s+1}{n}\right)$ enthalten ist.

Setzen wir wie in § 115

$$\mathfrak{x}_\varrho = \frac{2\varrho - 1}{2n}, \quad \mathfrak{y}_\sigma = \frac{2\sigma - 1}{2n}$$

und

$$c_{\varrho\sigma} = \frac{1}{n} f(\mathfrak{x}_\varrho, \mathfrak{y}_\sigma) \qquad (\varrho, \sigma = 1, 2, \ldots, n),$$

wobei wir unter f eine in $0 \leqq x,\ y \leqq 1$ stetige reelle Funktion verstehen, so wird

$$\lim_{n=\infty} n c_{sr} = f(\eta, \xi).$$

Ferner wird

$$\lim_{n=\infty} n \sum_{\varkappa_1} \begin{vmatrix} c_{sr} & c_{s\varkappa_1} \\ c_{\varkappa_1 r} & c_{\varkappa_1\varkappa_1} \end{vmatrix} = \lim \sum_{\varkappa_1} \frac{1}{n} \begin{vmatrix} f(\mathfrak{x}_s, \mathfrak{y}_r) & f(\mathfrak{x}_s, \mathfrak{y}_{\varkappa_1}) \\ f(\mathfrak{x}_{\varkappa_1}, \mathfrak{y}_r) & f(\mathfrak{x}_{\varkappa_1}, \mathfrak{y}_{\varkappa_1}) \end{vmatrix}$$

$$= \lim \sum_{\varkappa_1} \frac{1}{n} \begin{vmatrix} f(\eta, \xi) & f(\eta, \mathfrak{y}_{\varkappa_1}) \\ f(\mathfrak{x}_{\varkappa_1}, \xi) & f(\mathfrak{x}_{\varkappa_1}, \mathfrak{y}_{\varkappa_1}) \end{vmatrix} = \int_0^1 \begin{vmatrix} f(\eta, \xi) & f(\eta, x_1) \\ f(x_1, \xi) & f(x_1, x_1) \end{vmatrix} dx_1,$$

$$\lim_{n=\infty} n \sum_{\varkappa_1, \varkappa_2} \begin{vmatrix} c_{sr} & c_{s\varkappa_1} & c_{s\varkappa_2} \\ c_{\varkappa_1 r} & c_{\varkappa_1\varkappa_1} & c_{\varkappa_1\varkappa_2} \\ c_{\varkappa_2 r} & c_{\varkappa_2\varkappa_1} & c_{\varkappa_2\varkappa_2} \end{vmatrix} = \lim \sum_{\varkappa_1, \varkappa_2} \frac{1}{n^2} \begin{vmatrix} f(\mathfrak{x}_s, \mathfrak{y}_r) & f(\mathfrak{x}_s, \mathfrak{y}_{\varkappa_1}) & f(\mathfrak{x}_s, \mathfrak{y}_{\varkappa_2}) \\ f(\mathfrak{x}_{\varkappa_1}, \mathfrak{y}_r) & f(\mathfrak{x}_{\varkappa_1}, \mathfrak{y}_{\varkappa_1}) & f(\mathfrak{x}_{\varkappa_1}, \mathfrak{y}_{\varkappa_2}) \\ f(\mathfrak{x}_{\varkappa_2}, \mathfrak{y}_r) & f(\mathfrak{x}_{\varkappa_2}, \mathfrak{y}_{\varkappa_1}) & f(\mathfrak{x}_{\varkappa_2}, \mathfrak{y}_{\varkappa_2}) \end{vmatrix}$$

$$= \lim \sum_{\varkappa_1, \varkappa_2} \frac{1}{n^2} \begin{vmatrix} f(\eta, \xi) & f(\eta, \mathfrak{y}_{\varkappa_1}) & f(\eta, \mathfrak{y}_{\varkappa_2}) \\ f(\mathfrak{x}_{\varkappa_1}, \xi) & f(\mathfrak{x}_{\varkappa_1}, \mathfrak{y}_{\varkappa_1}) & f(\mathfrak{x}_{\varkappa_1}, \mathfrak{y}_{\varkappa_2}) \\ f(\mathfrak{x}_{\varkappa_2}, \xi) & f(\mathfrak{x}_{\varkappa_2}, \mathfrak{y}_{\varkappa_1}) & f(\mathfrak{x}_{\varkappa_2}, \mathfrak{y}_{\varkappa_2}) \end{vmatrix}$$

$$= \int_0^1 \int_0^1 \begin{vmatrix} f(\eta, \xi) & f(\eta, x_1) & f(\eta, x_2) \\ f(x_1, \xi) & f(x_1, x_1) & f(x_1, x_2) \\ f(x_2, \xi) & f(x_2, x_1) & f(x_2, x_2) \end{vmatrix} dx_1\, dx_2$$

Bei jeder dieser Limesrelationen handelt es sich um ein gleichmäßiges Konvergieren nach dem Grenzwert, d. h. es gibt jedesmal eine von ξ, η unabhängige Zahl N, so daß für $n > N$ die Abweichung von dem Grenzwert kleiner als ε ist, wie man auch ξ und η in dem Intervall (0, 1) wählen mag.

Nach den obigen Formeln kann man vermuten, daß

$$\lim(-nK_{rs}) = \lim\left(nc_{sr} + \frac{1}{1!}\sum_{x_1}\begin{vmatrix} c_{sr} & c_{sx_1} \\ c_{x_1 r} & c_{x_1 x_1}\end{vmatrix} + \dots\right) \tag{5}$$

$$= f(\eta, \xi) + \frac{1}{1!}\int_0^1 \begin{vmatrix} f(\eta, \xi) & f(\eta, x_1) \\ f(x_1, \xi) & f(x_1, x_1)\end{vmatrix} dx_1$$

$$+ \frac{1}{2!}\int_0^1\int_0^1 \begin{vmatrix} f(\eta, \xi) & f(\eta, x_1) & f(\eta, x_2) \\ f(x_1, \xi) & f(x_1, x_1) & f(x_1, x_2) \\ f(x_2, \xi) & f(x_2, x_1) & f(x_2, x_2)\end{vmatrix} dx_1\, dx_2 + \dots$$

sein wird.

Der Beweis dafür läßt sich ähnlich führen wie in § 115.

Zunächst ist nach dem Hadamardschen Satze, wie man auch $u_1, \dots, u_p$ und $v_1, \dots, v_p$ in (0, 1) wählen mag, der Betrag von

$$\begin{vmatrix} f(u_1, v_1) & f(u_1, v_2) & \dots & f(u_1, v_p) \\ f(u_2, v_1) & f(u_2, v_2) & \dots & f(u_2, v_p) \\ \cdot & \cdot & \cdot & \cdot \\ f(u_p, v_1) & f(u_p, v_2) & \dots & f(u_p, v_p)\end{vmatrix} \tag{6}$$

kleiner als

$$(\sqrt{p})^p M^p.$$

Dabei bedeutet M das Maximum von $|f(x, y)|$ in dem Bereich $0 \leqq x, y \leqq 1$.

Die Glieder der Reihe (5) sind also ihrem Betrage nach kleiner als die entsprechenden Glieder der Reihe

$$M + \frac{(\sqrt{2})^2 M^2}{1!} + \frac{(\sqrt{3})^3 M^3}{2!} + \dots \tag{7}$$

Das ist die mit M multiplizierte Ableitung der Reihe

$$1 + \frac{(\sqrt{1})^1 M}{1!} + \frac{(\sqrt{2})^2 M^2}{2!} + \frac{(\sqrt{3})^3 M^3}{3!} + \dots \tag{8}$$

nach M. Die Reihe (8) ist aber für alle Werte von M konvergent, folglich auch die Reihe (7).

Die Glieder der endlichen Reihe

$$(9)\qquad -nK_{rs} = f(\mathfrak{x}_s, \mathfrak{y}_r) + \frac{1}{1!}\sum_{\varkappa_1}\frac{1}{n}\begin{vmatrix} f(\mathfrak{x}_s, \mathfrak{y}_r) & f(\mathfrak{x}_s, \mathfrak{y}_{\varkappa_1}) \\ f(\mathfrak{x}_{\varkappa_1}, \mathfrak{y}_r) & f(\mathfrak{x}_{\varkappa_1}, \mathfrak{y}_{\varkappa_1})\end{vmatrix} + \cdots$$

$$+ \frac{1}{(n-2)!}\sum_{\varkappa_1,\ldots,\varkappa_{n-2}}\frac{1}{n^{n-2}}\begin{vmatrix} f(\mathfrak{x}_s, \mathfrak{y}_r) & f(\mathfrak{x}_s, \mathfrak{y}_{\varkappa_1}) & \ldots & f(\mathfrak{x}_s, \mathfrak{y}_{\varkappa_{n-2}}) \\ f(\mathfrak{x}_{\varkappa_1}, \mathfrak{y}_r) & f(\mathfrak{x}_{\varkappa_1}, \mathfrak{y}_{\varkappa_1}) & \ldots & f(\mathfrak{x}_{\varkappa_1}, \mathfrak{y}_{\varkappa_{n-2}}) \\ \cdot & \cdot & \cdot & \cdot \\ f(\mathfrak{x}_{\varkappa_{n-2}}, \mathfrak{y}_r) & f(\mathfrak{x}_{\varkappa_{n-2}}, \mathfrak{y}_{\varkappa_1}) & \ldots & f(\mathfrak{x}_{\varkappa_{n-2}}, \mathfrak{y}_{\varkappa_{n-2}})\end{vmatrix}$$

sind absolut genommen kleiner als die entsprechenden Glieder von

$$M + \frac{(\sqrt{2})^2 M^2}{1!} + \cdots + \frac{(\sqrt{n-1})^{n-1} M^{n-1}}{(n-2)!},$$

d. h. von der $(n-1)^{\text{ten}}$ Partialsumme der Reihe (7).

Jetzt wähle man ν derart, daß

$$\frac{(\sqrt{\nu+1})^{\nu+1} M^{\nu+1}}{\nu!} + \frac{(\sqrt{\nu+2})^{\nu+2} M^{\nu+2}}{(\nu+1)!} + \cdots$$

kleiner als $\varepsilon/3$ ist, und bezeichne mit S_ν die ν^{te} Partialsumme von (5) und mit $\bar{S}_\nu$ die von (9), ferner mit S die Summe von (5).

Dann ist

$$|S - S_\nu| < \frac{\varepsilon}{3},$$

$$|nK_{rs} + \bar{S}_\nu| < \frac{\varepsilon}{3}$$

und für $n \geqq N$

$$(10)\qquad |S_\nu - \bar{S}_\nu| < \frac{\varepsilon}{3},$$

also

$$(11)\qquad |S + nK_{rs}| < \varepsilon.$$

Daraus folgt aber

$$(12)\qquad \lim(-nK_{rs}) = S.$$

Es ist übrigens möglich, N so zu wählen, daß (10), folglich auch (11), unter der Bedingung $n \geqq N$ für alle dem Bereich $0 \leqq x, y \leqq 1$ entnommenen ξ, η gilt (vgl. § 115). Es handelt sich also bei (12) um ein gleichmäßiges Konvergieren nach dem Grenzwert S.

Wegen der Beziehung (12) liegt es nahe, $-S$, d. h. die negative Summe der Reihe (5), einen Minor der Fredholmschen Determinante D_f zu nennen. Im Anschluß an Fredholm benutzen wir für diesen Minor $-S$ das Symbol

$$D_f\binom{\xi}{\eta}.$$

Um die unendlichen Reihen für D_f und $D_f\binom{\xi}{\eta}$ noch einfacher schreiben zu können, empfiehlt es sich, für die Determinante (6) eine Abkürzung einzuführen. Bezeichnen wir sie wie **Fredholm** mit

$$f\begin{pmatrix} u_1 & u_2 & \dots & u_n \\ v_1 & v_2 & \dots & v_n \end{pmatrix},$$

so lauten die genannten Reihen

$$D_f = 1 + \frac{1}{1!}\int_0^1 f\binom{x_1}{x_1} d x_1 + \frac{1}{2!}\int_0^1\int_0^1 f\begin{pmatrix} x_1 & x_2 \\ x_1 & x_2 \end{pmatrix} d x_1\, d x_2 + \dots$$

und

$$- D_f\binom{\xi}{\eta} = f\binom{\eta}{\xi} + \frac{1}{1!}\int_0^1 f\begin{pmatrix} \eta & x_1 \\ \xi & x_1 \end{pmatrix} d x_1$$

$$+ \frac{1}{2!}\int_0^1\int_0^1 f\begin{pmatrix} \eta & x_1 & x_2 \\ \xi & x_1 & x_2 \end{pmatrix} d x_1\, d x_2 + \dots$$

Wir können nun auf Grund der Beziehung (5) eine Eigenschaft der Minoren $D_f\binom{\xi}{\eta}$ ableiten, die für die Auflösung der linearen Integralgleichungen von Wichtigkeit ist.

Wir wollen den Zahlen r, s die Bedeutung beilegen, die sie in § 115 hatten, und die Elemente der s^{ten} Zeile von (1) mit den algebraischen Komplementen multiplizieren, die zu den entsprechenden Elementen der r^{ten} Zeile gehören. Da $r \gtrless s$ ist, so wird die Summe dieser Produkte gleich Null. Man hat also*)

$$K_{rs} + c_{sr} K_{rr} + \sum_{\varrho}{}' c_{s\varrho} K_{r\varrho} = 0 \qquad (\varrho \gtrless r),$$

und daher auch

$$(13) \qquad n K_{rs} + f(\mathfrak{x}_s, \mathfrak{y}_r) K_{rr} + \sum_{\varrho}{}' \frac{1}{n} f(\mathfrak{x}_s, \mathfrak{y}_\varrho)\,(n\, K_{r\varrho}) = 0\,.$$

Lassen wir jetzt n unbegrenzt zunehmen, so wird

$$\lim (n K_{rs}) = D_f\binom{\xi}{\eta},$$

$$\lim f(\mathfrak{x}_s, \mathfrak{y}_r) = f(\eta, \xi),$$

$$\lim K_{rr} = D_f\,.$$

*) Der Strich am Summenzeichen soll andeuten, daß ein Wert des Summationsindex ausgeschlossen ist.

Der Beweis der letzten Formel hat nach § 115 keine Schwierigkeiten. Es bleibt jetzt nur noch

$$\lim \sum_{\varrho}' \frac{1}{n} f(\mathfrak{x}_s, \mathfrak{y}_\varrho)(nK_{r\varrho})$$

zu berechnen. Wir wissen, daß für $n > N$

$$\left| D_f\binom{\xi}{\mathfrak{y}_\varrho} - nK_{r\varrho} \right| < \varepsilon$$

ist, und zwar für alle in Betracht kommenden Werte von ϱ. (Vgl. § 115.)

Außerdem ist, wenn wir N genügend vergrößern, für $n > N$

$$|f(\mathfrak{x}_s, \mathfrak{y}_\varrho) - f(\eta, \mathfrak{y}_\varrho)| < \varepsilon,$$

auch wieder für alle in Betracht kommenden Werte von ϱ.

Bezeichnen wir mit G eine Zahl, die sowohl $|f|$ als auch $\left|D_f\binom{x}{y}\right|$ übertrifft*) $(0 \leqq x,\ y \leqq 1)$, so wird

$$\left| f(\mathfrak{x}_s, \mathfrak{y}_\varrho)(nK_{r\varrho}) - f(\eta, \mathfrak{y}_\varrho) D_f\binom{\xi}{\mathfrak{y}_\varrho} \right| < 2\varepsilon G$$

und daher

$$\left| \sum_{\varrho}' \frac{1}{n} f(\mathfrak{x}_s, \mathfrak{y}_\varrho)(nK_{r\varrho}) - \sum_{\varrho}' \frac{1}{n} f(\eta, \mathfrak{y}_\varrho) D_f\binom{\xi}{\mathfrak{y}_\varrho} \right| < 2\varepsilon G.$$

Da nun

$$\lim \sum' \frac{1}{n} f(\eta, \mathfrak{y}_\varrho) D_f\binom{\xi}{\mathfrak{y}_\varrho} = \int_0^1 f(\eta, u) D_f\binom{\xi}{u} du$$

ist, so folgt

$$\lim \sum_{\varrho}' \frac{1}{n} f(\mathfrak{x}_s, \mathfrak{y}_\varrho)(nK_{r\varrho}) = \int_0^1 f(\eta, u) D_f\binom{\xi}{u} du,$$

und die Formel (13) verwandelt sich also bei unendlich zunehmendem n in

$$f(\eta, \xi) D_f + D_f\binom{\xi}{\eta} + \int_0^1 f(\eta, u) D_f\binom{\xi}{u} du = 0 \tag{14}$$

oder nach Vertauschung von ξ und η

$$f(\xi, \eta) D_f + D_f\binom{\eta}{\xi} + \int_0^1 f(\xi, u) D_f\binom{\eta}{u} du = 0.$$

*) Da die Reihe (5) gleichmäßig konvergiert, ist $D_f\binom{x}{y}$ eine stetige Funktion. Die Glieder der Reihe sind nämlich stetig.

Ersetzt man $f(x, y)$ durch $f(y, x)$, so geht die letzte Formel in folgende über:

$$f(\eta, \xi) D_f + D_f\binom{\xi}{\eta} + \int_0^1 f(u, \xi) D_f\binom{u}{\eta} du = 0 \tag{15}$$

oder nach Vertauschung von ξ und η:

$$f(\xi, \eta) D_f + D_f\binom{\eta}{\xi} + \int_0^1 f(u, \eta) D_f\binom{u}{\xi} du = 0.$$

§ 118. Auflösung linearer Integralgleichungen mit nichtverschwindender Determinante.

Eine lineare Integralgleichung hat folgende Form:

$$\varphi(x) + \int_0^1 f(x, y)\varphi(y)\, dy = \psi(x) \qquad (0 \leqq x \leqq 1). \tag{1}$$

$f(x, y)$ ist in dem Bereich $0 \leqq x, y \leqq 1$ stetig und $\psi(x)$ in dem Intervall $(0, 1)$. f und ψ sind gegeben und φ soll man als stetige Funktion in $(0, 1)$ so bestimmen, daß die Gleichung (1) erfüllt ist.

Die Fredholmsche Determinante der Funktion f wollen wir die Determinante der Integralgleichung (1) nennen. Sie spielt hier dieselbe Rolle wie die Determinante eines Systems von n linearen Gleichungen mit n Unbekannten.

Wir nehmen in diesem Paragraphen an, daß

$$D_f \neq 0$$

ist. Dann gibt es, wie wir sehen werden, eine und nur eine Lösung für die Gleichung (1).

Multiplizieren wir (1) mit

$$D_f\binom{x}{u}$$

und integrieren dann nach x, so kommt

$$\int_0^1 \varphi(x) D_f\binom{x}{u} dx + \int_0^1\int_0^1 f(x, y) D_f\binom{x}{u}\varphi(y)\, dx\, dy = \int_0^1 D_f\binom{x}{u}\psi(x)\, dx. \tag{2}$$

Nach Formel (15) in § 117 ist aber

$$\int_0^1 f(x, y) D_f\binom{x}{u} dx = -D_f\binom{y}{u} - f(u, y) D_f,$$

also

$$\int_0^1\int_0^1 f(x, y)\, D_f\binom{x}{u} \varphi(y)\, dx\, dy$$

$$= -\int_0^1 \varphi(y)\, D_f\binom{y}{u} dy - D_f \int_0^1 f(u, y)\, \varphi(y)\, dy.$$

(2) reduziert sich hiernach auf

$$\int_0^1 f(u, y)\, \varphi(y)\, dy = -\frac{1}{D_f}\int_0^1 D_f\binom{x}{u} \psi(x)\, dx,$$

oder unter Benutzung von (1) auf

$$\varphi(u) = \psi(u) + \frac{1}{D_f}\int_0^1 D_f\binom{x}{u} \psi(x)\, dx. \tag{3}$$

Hiermit ist gezeigt, daß (1) nicht mehr als eine Lösung hat.

Umgekehrt ist leicht zu erkennen, daß (3) wirklich eine Lösung von (1) darstellt.

Aus (3) folgt nämlich

$$\left\{\begin{aligned} &\int_0^1 f(x, y)\, \varphi(y)\, dy \\ &= \int_0^1 f(x, y)\, \psi(y)\, dy + \frac{1}{D_f}\int_0^1\int_0^1 f(x, y)\, D_f\binom{u}{y} \psi(u)\, du\, dy.^{*)} \end{aligned}\right. \tag{4}$$

Nach Formel (14) in § 117 ist

$$\int_0^1 f(x, y)\, D_f\binom{u}{y} dy = -D_f\binom{u}{x} - f(x, u)\, D_f,$$

also

$$\int_0^1\int_0^1 f(x, y)\, D_f\binom{u}{y} \psi(u)\, du\, dy = -\int_0^1 D_f\binom{u}{x} \psi(u)\, du - D_f\int_0^1 f(x, u)\, \psi(u)\, du.$$

(4) reduziert sich daher auf

$$\int_0^1 f(x, y)\, \varphi(y)\, dy = -\frac{1}{D_f}\int_0^1 D_f\binom{u}{x} \psi(u)\, du$$

*) Wir haben die Integrationsvariable x, die in (3) auftritt, durch u ersetzt.

oder unter Benutzung von (3) auf

$$\int_0^1 f(x, y)\,\varphi(y)\,dy = \psi(x) - \varphi(x)\,.$$

Das ist aber die Gleichung (1).

Die beiden Integralgleichungen

$$\varphi(x) + \int_0^1 f(x, y)\,\varphi(y)\,dy = \psi(x)$$

und

$$\psi(x) + \int_0^1 \frac{D_f\binom{y}{x}}{D_f}\,\psi(y)\,dy = \varphi(x)$$

wollen wir reziprok nennen, weil die eine die Auflösung der andern darstellt.

$f(x, y)$ heißt nach Hilbert der Kern der Integralgleichung (1). Danach wäre also

$$\frac{D_f\binom{y}{x}}{D_f}$$

der Kern der reziproken Gleichung.

Geradeso besteht zwischen den Koeffizienten des Gleichungssystems

$$\begin{array}{c} a_{11}\,x_1 + \ldots + a_{1n}\,x_n = y_1, \\ \cdot\;\cdot\;\cdot\;\cdot\;\cdot\;\cdot\;\cdot\;\cdot\;\cdot\;\cdot\;\cdot\;\cdot \\ a_{n1}\,x_1 + \ldots + a_{nn}\,x_n = y_n \end{array}$$

und denen seiner Auflösung

$$\begin{array}{c} b_{11}\,y_1 + \ldots + b_{1n}\,y_n = x_1, \\ \cdot\;\cdot\;\cdot\;\cdot\;\cdot\;\cdot\;\cdot\;\cdot\;\cdot\;\cdot\;\cdot\;\cdot \\ b_{n1}\,y_1 + \ldots + b_{nn}\,y_n = x_n \end{array}$$

die Beziehung

$$b_{rs} = \frac{A_{sr}}{A}.$$

Dabei ist

$$A = \begin{vmatrix} a_{11} & \ldots & a_{1n} \\ \cdot & \cdot\;\cdot & \cdot \\ a_{n1} & \ldots & a_{nn} \end{vmatrix}$$

und A_{rs} das algebraische Komplement von a_{rs} in A.

An die Stelle von A tritt D_f, an die Stelle von A_{rs} aber $D_f\binom{x}{y}$

Betrachten wir statt (1) die Integralgleichung

$$\varphi(x) + \lambda \int_0^1 f(x, y)\, \varphi(y)\, dy = \psi(x), \tag{5}$$

so ist der einzige Unterschied der, daß der Kern jetzt nicht mehr f, sondern λf lautet.

$D_{\lambda f}$ ist, wie wir wissen, eine beständig konvergente Potenzreihe in λ. Ist λ keine Nullstelle von $D_{\lambda f}$, so lautet die Auflösung von (5)

$$\varphi(x) = \psi(x) + \frac{1}{D_{\lambda f}} \int_0^1 D_{\lambda f}\binom{y}{x} \psi(y)\, dy$$

oder ausführlich geschrieben.

$$\varphi(x) = \psi(x) - \lambda \frac{\displaystyle\int_0^1 f\binom{x}{y}\psi(y)\,dy + \frac{\lambda}{1!}\int_0^1\int_0^1 f\begin{pmatrix} x & x_1 \\ y & x_1\end{pmatrix}\psi(y)\,dx_1\,dy + \ldots}{\displaystyle 1 + \frac{\lambda}{1!}\int_0^1 f\binom{x_1}{x_1}dx_1 + \frac{\lambda^2}{2!}\int_0^1\int_0^1 f\begin{pmatrix} x_1 & x_2 \\ x_1 & x_2\end{pmatrix}dx_1\,dx_2 + \ldots} \tag{6}$$

Bei der Berechnung von

$$\int_0^1 D_{\lambda f}\binom{y}{x}\psi(y)\,dy$$

dürfen wir gliedweise integrieren, weil die Reihe $D_{\lambda f}\binom{y}{x}$ in dem Bereich $0 \leqq x,\ y \leqq 1$ gleichmäßig konvergiert.

Formel (6) gibt die Lösung der Integralgleichung (5) in Gestalt eines Quotienten mit dem Nenner $D_{\lambda f}$ und einem Zähler von der Form

$$u_0(x) + u_1(x)\lambda + u_2(x)\lambda^2 + \ldots \tag{7}$$

Zähler und Nenner sind beständig konvergente Potenzreihen in λ.

§ 119. Rang einer verschwindenden Fredholmschen Determinante.

In § 117 definierten wir die Minoren $D_f\binom{x}{y}$, indem wir von den $(n-1)$-reihigen Minoren der Determinante

$$\begin{vmatrix} 1 + c_{11}, & c_{12}, & \ldots, & c_{1n} \\ c_{21}, & 1 + c_{22}, & \ldots, & c_{2n} \\ \cdot & \cdot & \cdot & \cdot \\ c_{n1}, & c_{n2}, & \ldots, & 1 + c_{nn} \end{vmatrix} \tag{1}$$

ausgingen.

Wir wollen diese Minoren $D_f\binom{x}{y}$ die **ersten** Minoren der **Fredholm**schen Determinante D_f nennen.

In ganz ähnlicher Weise gelangt man zu den zweiten und den dritten Minoren von D_f, indem man von den $(n-2)$-reihigen oder den $(n-3)$-reihigen Minoren der Determinante (1) ausgeht usw.

Wir wollen dies für die zweiten Minoren durchführen. Bei den höheren Minoren kann man es genau ebenso machen.

r_1, r_2, r_3, r_4 seien vier verschiedene Zahlen aus der Reihe $1, 2, \ldots, n$ und $k_1, k_2, \ldots, k_{n-4}$ die Glieder dieser Reihe, die nach Streichung von r_1, r_2, r_3, r_4 übrigbleiben.

Dann läßt sich (1) in der Form

$$\begin{vmatrix} 1+c_{r_1r_1}, & \ldots, & c_{r_1r_4}, & c_{r_1k_1}, & \ldots, & c_{r_1k_{n-4}} \\ \cdot & \cdot & \cdot & \cdot & \cdot & \cdot \\ c_{r_4r_1}, & \ldots, & 1+c_{r_4r_4}, & c_{r_4k_1}, & \ldots, & c_{r_4k_{n-4}} \\ c_{k_1r_1}, & \ldots, & c_{k_1r_4}, & 1+c_{k_1k_1}, & \ldots, & c_{k_1k_{n-4}} \\ \cdot & \cdot & \cdot & \cdot & \cdot & \cdot \\ c_{k_{n-4}r_1}, & \ldots, & c_{k_{n-4}r_4}, & c_{k_{n-4}k_1}, & \ldots, & 1+c_{k_{n-4}k_{n-4}} \end{vmatrix}$$

schreiben.

Jetzt lautet das algebraische Komplement von

$$\begin{vmatrix} c_{r_1r_3} & c_{r_1r_4} \\ c_{r_2r_3} & c_{r_2r_4} \end{vmatrix}$$

offenbar

$$K_{\substack{r_1r_2\\r_3r_4}} = \begin{vmatrix} c_{r_3r_1}, & c_{r_3r_2}, & c_{r_3k_1}, & \ldots, & c_{r_3k_{n-4}} \\ c_{r_4r_1}, & c_{r_4r_2}, & c_{r_4k_1}, & \ldots, & c_{r_4k_{n-4}} \\ c_{k_1r_1}, & c_{k_1r_2}, & 1+c_{k_1k_1}, & \ldots, & c_{k_1k_{n-4}} \\ \cdot & \cdot & \cdot & \cdot & \cdot \\ c_{k_{n-4}r_1}, & c_{k_{n-4}r_2}, & c_{k_{n-4}k_1}, & \ldots, & 1+c_{k_{n-4}k_{n-4}} \end{vmatrix},$$

und es gilt folgende Entwicklung:

$$K_{\substack{r_1r_2\\r_3r_4}} = \begin{vmatrix} c_{r_3r_1} & c_{r_3r_2} \\ c_{r_4r_1} & c_{r_4r_2} \end{vmatrix} + \sum_{\varkappa_1} \begin{vmatrix} c_{r_3r_1} & c_{r_3r_2} & c_{r_3\varkappa_1} \\ c_{r_4r_1} & c_{r_4r_2} & c_{r_4\varkappa_1} \\ c_{\varkappa_1r_1} & c_{\varkappa_1r_2} & c_{\varkappa_1\varkappa_1} \end{vmatrix}$$

$$+ \sum_{\varkappa_1,\varkappa_2} \begin{vmatrix} c_{r_3r_1} & c_{r_3r_2} & c_{r_3\varkappa_1} & c_{r_3\varkappa_2} \\ c_{r_4r_1} & c_{r_4r_2} & c_{r_4\varkappa_1} & c_{r_4\varkappa_2} \\ c_{\varkappa_1r_1} & c_{\varkappa_1r_2} & c_{\varkappa_1\varkappa_1} & c_{\varkappa_1\varkappa_2} \\ c_{\varkappa_2r_1} & c_{\varkappa_2r_2} & c_{\varkappa_2\varkappa_1} & c_{\varkappa_2\varkappa_2} \end{vmatrix} + \cdots + \begin{vmatrix} c_{r_3r_1} & c_{r_3r_2} & c_{r_3k_1} & \ldots & c_{r_3k_{n-4}} \\ c_{r_4r_1} & c_{r_4r_2} & c_{r_4k_1} & \ldots & c_{r_4k_{n-4}} \\ c_{k_1r_1} & c_{k_1r_2} & c_{k_1k_1} & \ldots & c_{k_1k_{n-4}} \\ \cdot & \cdot & \cdot & \cdot & \cdot \\ c_{k_{n-4}r_1} & c_{k_{n-4}r_2} & c_{k_{n-4}k_1} & \ldots & c_{k_{n-4}k_{n-4}} \end{vmatrix}.$$

Dabei sind $\varkappa_1, \varkappa_2, \varkappa_3, \ldots$ der Reihe $k_1, k_2, \ldots, k_{n-4}$ entnommen. Es ist aber $\varkappa_1 < \varkappa_2 < \varkappa_3 < \ldots$

Will man haben, daß die $\varkappa$ unabhängig voneinander die Werte $k_1, k_2, \ldots, k_{n-4}$ durchlaufen, so muß man schreiben

$$(2)\quad \left\{ \begin{aligned} K_{\substack{r_1 r_2 \\ r_3 r_4}} &= \begin{vmatrix} c_{r_3 r_1} & c_{r_3 r_2} \\ c_{r_4 r_1} & c_{r_4 r_2} \end{vmatrix} + \frac{1}{1!} \sum_{\varkappa_1} \begin{vmatrix} c_{r_3 r_1} & c_{r_3 r_2} & c_{r_3 \varkappa_1} \\ c_{r_4 r_1} & c_{r_4 r_2} & c_{r_4 \varkappa_1} \\ c_{\varkappa_1 r_1} & c_{\varkappa_1 r_2} & c_{\varkappa_1 \varkappa_1} \end{vmatrix} \\ &+ \frac{1}{2!} \sum_{\varkappa_1, \varkappa_2} \begin{vmatrix} c_{r_3 r_1} & c_{r_3 r_2} & c_{r_3 \varkappa_1} & c_{r_3 \varkappa_2} \\ c_{r_4 r_1} & c_{r_4 r_2} & c_{r_4 \varkappa_1} & c_{r_4 \varkappa_2} \\ c_{\varkappa_1 r_1} & c_{\varkappa_1 r_2} & c_{\varkappa_1 \varkappa_1} & c_{\varkappa_1 \varkappa_2} \\ c_{\varkappa_2 r_1} & c_{\varkappa_2 r_2} & c_{\varkappa_2 \varkappa_1} & c_{\varkappa_2 \varkappa_2} \end{vmatrix} \\ &+ \cdots + \frac{1}{(n-4)!} \sum_{\varkappa_1, \ldots, \varkappa_{n-4}} \begin{vmatrix} c_{r_3 r_1} & c_{r_3 r_2} & c_{r_3 \varkappa_1} & \cdots & c_{r_3 \varkappa_{n-4}} \\ c_{r_4 r_1} & c_{r_4 r_2} & c_{r_4 \varkappa_1} & \cdots & c_{r_4 \varkappa_{n-4}} \\ c_{\varkappa_1 r_1} & c_{\varkappa_1 r_2} & c_{\varkappa_1 \varkappa_1} & \cdots & c_{\varkappa_1 \varkappa_{n-4}} \\ \cdot & \cdot & \cdot & \cdot & \cdot \\ c_{\varkappa_{n-4} r_1} & c_{\varkappa_{n-4} r_2} & c_{\varkappa_{n-4} \varkappa_1} & \cdots & c_{\varkappa_{n-4} \varkappa_{n-4}} \end{vmatrix} \end{aligned} \right.$$

Man kann den $\varkappa$ auch die Werte r_1, r_2, r_3, r_4 erlauben, da auf diese Weise nur verschwindende Determinanten hinzutreten.

In den Summen auf der rechten Seite von (2) durchlaufen also die Indizes $\varkappa$ unabhängig voneinander die Werte $1, 2, \ldots, n$.

Jetzt sei $f(x, y)$ in dem Bereich $0 \leqq x,\ y \leqq 1$ stetig und man setze wie in § 115

$$\mathfrak{x}_r = \frac{2r-1}{2n}, \quad \mathfrak{y}_s = \frac{2s-1}{2n}, \quad c_{rs} = \frac{1}{n} f(\mathfrak{x}_r, \mathfrak{y}_s)$$
$$(r, s = 1, 2, \ldots, n).$$

Dann sind die mit n^2 multiplizierten Glieder der Entwicklung (2) ihrem Betrage nach kleiner als die entsprechenden Glieder der Reihe

$$(3)\qquad (\sqrt{2})^2 M^2 + \frac{(\sqrt{3})^3 M^3}{1!} + \frac{(\sqrt{4})^4 M^4}{2!} + \cdots.$$

M ist das Maximum von $|f(x, y)|$ in dem Bereich $0 \leqq x,\ y \leqq 1$. Die Reihe (3) ist die mit M^2 multiplizierte zweite Ableitung der Potenzreihe

$$1 + \frac{(\sqrt{1})^1 M}{1!} + \frac{(\sqrt{2})^2 M^2}{2!} + \frac{(\sqrt{3})^3 M^3}{3!} + \cdots,$$

die für jeden Wert von M konvergiert (vgl. § 115). Daher ist auch (3) konvergent.

Wählen wir ν so, daß

$$\frac{(\sqrt{\nu+2})^{\nu+2} M^{\nu+2}}{\nu!} + \frac{(\sqrt{\nu+3})^{\nu+3} M^{\nu+3}}{(\nu+1)!} + \dots < \frac{\varepsilon}{3}$$

ist, so wird die Summe $\bar{S}_\nu$ der ν ersten Glieder von (2), jedes multipliziert mit n^2, die Ungleichung

$$\left| n^2 K_{r_1 r_2 \atop r_3 r_4} - \bar{S}_\nu \right| < \frac{\varepsilon}{3}$$

erfüllen, was auch $n (> \nu - 3)$ sein mag.

Unter $\xi_1, \eta_1, \xi_2, \eta_2$ wollen wir vier beliebige Werte aus dem Intervall (0, 1) verstehen. ξ_1 sei von dem Intervall $\left(\frac{r_1-1}{n}, \frac{r_1}{n}\right)$ um weniger als $2/n$ entfernt, η_1 von $\left(\frac{r_3-1}{n}, \frac{r_3}{n}\right)$, ξ_2 von $\left(\frac{r_2-1}{n}, \frac{r_2}{n}\right)$ und η_2 von $\left(\frac{r_4-1}{n}, \frac{r_4}{n}\right)$ *).

Wir wollen nun

$$\lim \left(n^2 K_{r_1 r_2 \atop r_3 r_4}\right)$$

für unendlich zunehmendes n berechnen.

Man hat

$$\lim n^2 \begin{vmatrix} c_{r_3 r_1} & c_{r_3 r_2} \\ c_{r_4 r_1} & c_{r_4 r_2} \end{vmatrix} = \begin{vmatrix} f(\eta_1, \xi_1) & f(\eta_1, \xi_2) \\ f(\eta_2, \xi_1) & f(\eta_2, \xi_2) \end{vmatrix},$$

$$\lim \sum_{x_1} n^2 \begin{vmatrix} c_{r_3 r_1} & c_{r_3 r_2} & c_{r_3 x_1} \\ c_{r_4 r_1} & c_{r_4 r_2} & c_{r_4 x_1} \\ c_{x_1 r_1} & c_{x_1 r_2} & c_{x_1 x_1} \end{vmatrix} = \int_0^1 \begin{vmatrix} f(\eta_1, \xi_1) & f(\eta_1, \xi_2) & f(\eta_1, x_1) \\ f(\eta_2, \xi_1) & f(\eta_2, \xi_2) & f(\eta_2, x_1) \\ f(x_1, \xi_1) & f(x_1, \xi_2) & f(x_1, x_1) \end{vmatrix} dx_1,$$

$$\lim \sum_{x_1, x_2} n^2 \begin{vmatrix} c_{r_3 r_1} & c_{r_3 r_2} & c_{r_3 x_1} & c_{r_3 x_2} \\ c_{r_4 r_1} & c_{r_4 r_2} & c_{r_4 x_1} & c_{r_4 x_2} \\ c_{x_1 r_1} & c_{x_1 r_2} & c_{x_1 x_1} & c_{x_1 x_2} \\ c_{x_2 r_1} & c_{x_2 r_2} & c_{x_2 x_1} & c_{x_2 x_2} \end{vmatrix}$$

$$= \int_0^1 \int_0^1 \begin{vmatrix} f(\eta_1, \xi_1) & f(\eta_1, \xi_2) & f(\eta_1, x_1) & f(\eta_1, x_2) \\ f(\eta_2, \xi_1) & f(\eta_2, \xi_2) & f(\eta_2, x_1) & f(\eta_2, x_2) \\ f(x_1, \xi_1) & f(x_1, \xi_2) & f(x_1, x_1) & f(x_1, x_2) \\ f(x_2, \xi_1) & f(x_2, \xi_2) & f(x_2, x_1) & f(x_2, x_2) \end{vmatrix} dx_1\, dx_2,$$

usw.

---

*) Es läßt sich erreichen, daß die r alle verschieden sind. Vgl. das ähnliche Verfahren in § 117.

Daraus kann man die Vermutung ziehen, daß

$$(4)\qquad \lim\left(n^2 K_{\substack{r_1 r_2\\ r_3 r_4}}\right) = f\begin{pmatrix}\eta_1 & \eta_2\\ \xi_1 & \xi_2\end{pmatrix} + \frac{1}{1!}\int_0^1 f\begin{pmatrix}\eta_1 & \eta_2 & x_1\\ \xi_1 & \xi_2 & x_1\end{pmatrix} dx_1$$

$$+ \frac{1}{2!}\int_0^1\int_0^1 f\begin{pmatrix}\eta_1 & \eta_2 & x_1 & x_2\\ \xi_1 & \xi_2 & x_1 & x_2\end{pmatrix} dx_1\, dx_2 + \dots$$

sein wird.

Die Glieder dieser unendlichen Reihe, deren Summe S heißen möge, sind ihrem Betrage nach kleiner als die entsprechenden Glieder in (3). Daher ist

$$|S - S_\nu| < \frac{\varepsilon}{3}.$$

S_ν bedeutet dabei die ν^{te} Partialsumme der Reihe S.

Weil nun bei festgehaltenem ν und unendlich zunehmendem n

$$\lim \bar{S}_\nu = S_\nu$$

ist, folgt, daß für $n > N$

$$|S_\nu - \bar{S}_\nu| < \frac{\varepsilon}{3}$$

sein wird.

Dann hat man aber für $n > N$

$$\left| n^2 K_{\substack{r_1 r_2\\ r_3 r_4}} - S \right| < \varepsilon.$$

Das heißt, es ist

$$\lim\left(n^2 K_{\substack{r_1 r_2\\ r_3 r_4}}\right) = S.$$

Auch hier handelt es sich um ein **gleichmäßiges** Konvergieren nach dem Grenzwert S; das heißt, N läßt sich so wählen, daß es für alle $\xi_1, \eta_1, \xi_2, \eta_2$ aus $(0, 1)$ ausreicht.

Wir nennen (4) einen **zweiten** Minor von D_f und bezeichnen ihn mit

$$D_f\begin{pmatrix}\xi_1 & \xi_2\\ \eta_1 & \eta_2\end{pmatrix}.$$

Jetzt ist es ohne weiteres klar, wie die p^{ten} Minoren von D_f aussehen werden.

Ein p^{ter} Minor hat das Symbol

$$D_f\begin{pmatrix}\xi_1 & \xi_2 & \dots & \xi_p\\ \eta_1 & \eta_2 & \dots & \eta_p\end{pmatrix}, \qquad (0 \leqq \xi_1, \dots, \xi_p,\ \eta_1, \dots, \eta_p \leqq 1)$$

und es gilt für ihn folgende Entwicklung:

$$(5)\quad \begin{cases} (-1)^p D_f\begin{pmatrix}\xi_1\,\xi_2\ldots\xi_p\\ \eta_1\,\eta_2\ldots\eta_p\end{pmatrix} = f\begin{pmatrix}\eta_1\,\eta_2\ldots\eta_p\\ \xi_1\,\xi_2\ldots\xi_p\end{pmatrix} + \frac{1}{1!}\int\limits_0^1 f\begin{pmatrix}\eta_1\ldots\eta_p\,x_1\\ \xi_1\ldots\xi_p\,x_1\end{pmatrix}dx_1 \\ \qquad + \frac{1}{2!}\int\limits_0^1\int\limits_0^1 f\begin{pmatrix}\eta_1\ldots\eta_p\,x_1\,x_2\\ \xi_1\ldots\xi_p\,x_1\,x_2\end{pmatrix}dx_1\,dx_2 + \ldots . \end{cases}$$

Liegt ξ_k in dem Intervall $\left(\frac{r_k-1}{n}, \frac{r_k}{n}\right)$ und η_k in $\left(\frac{s_k-1}{n}, \frac{s_k}{n}\right)$, so sind, falls wir die Werte $\xi_1, \ldots, \xi_p, \eta_1, \ldots, \eta_p$ alle verschieden annehmen, bei genügend großem n die Zahlen $r_1, \ldots, r_p, s_1, \ldots, s_p$ alle verschieden.

Nun sei

$$K_{\substack{r_1 r_2 \ldots r_p\\ s_1 s_2 \ldots s_p}}$$

das algebraische Komplement von

$$\begin{vmatrix} c_{r_1 s_1} & \ldots & c_{r_1 s_p}\\ \cdot & \cdot\ \cdot\ \cdot & \cdot\\ c_{r_p s_1} & \ldots & c_{r_p s_p}\end{vmatrix}$$

in der Determinante (1). Dann ist

$$(6)\qquad D_f\begin{pmatrix}\xi_1\,\xi_2\ldots\xi_p\\ \eta_1\,\eta_2\ldots\eta_p\end{pmatrix} = \lim \left\{n^p K_{\substack{r_1 r_2 \ldots r_p\\ s_1 s_2 \ldots s_p}}\right\}.$$

Wenn gewisse von den ξ, η zusammenfallen sollten, so hilft man sich dadurch, daß man $2p$ aufeinanderfolgende Intervalle $\left(\frac{r-1}{n}, \frac{r}{n}\right)$ betrachtet und nur fordert, daß eins von ihnen das betreffende ξ oder η enthalte. Dann kann man jedem ξ und η ein Intervall dieser Gruppe zuordnen und sich so dabei einrichten, daß die zugeordneten Intervalle sämtlich verschieden sind.

Es genügt aber auch, wenn man $D_f\begin{pmatrix}\xi_1\,\xi_2\ldots\xi_p\\ \eta_1\,\eta_2\ldots\eta_p\end{pmatrix}$ zuerst für den Fall definiert, daß alle ξ, η verschieden sind, und dann von dieser Funktion fordert, daß sie in dem Gebiet

$$0 \leqq \xi_k,\quad \eta_k \leqq 1 \qquad (k = 1, 2, \ldots, p)$$

stetig ist.

Dann gilt die Formel (5) allgemein. Denn es handelt sich hier um eine gleichmäßig konvergente Reihe stetiger Funktionen.

Wenn die Fredholmsche Determinante D_f gleich Null ist, so gibt es in der Folge

$$D_f\begin{pmatrix}x_1\\y_1\end{pmatrix},\quad D_f\begin{pmatrix}x_1 & x_2\\y_2 & y_2\end{pmatrix},\quad D_f\begin{pmatrix}x_1 & x_2 & x_3\\y_1 & y_2 & y_3\end{pmatrix},\ \ldots \tag{7}$$

sicher eine Funktion, die nicht identisch verschwindet, d. h. für alle Werte der x, y in dem Intervall (0, 1).

Das zeigt man auf folgende Weise:

Aus

$$D_{\lambda f} = 1 + \frac{\lambda}{1!}\int_0^1 f\begin{pmatrix}x_1\\x_1\end{pmatrix} dx_1 + \frac{\lambda^2}{2!}\int_0^1\int_0^1 f\begin{pmatrix}x_1 & x_2\\x_1 & x_2\end{pmatrix} dx_1\, dx_2 + \ldots$$

folgt durch p-malige Differentiation nach λ:

$$\frac{d^p D_{\lambda f}}{d\lambda^p} = \int_0 \ldots \int_0^1 f\begin{pmatrix}x_1\, x_2 \ldots x_p\\x_1\, x_2 \ldots x_p\end{pmatrix} dx_1\, dx_2 \ldots dx_p + \ldots$$

$$= \int_0^1 \ldots \int_0^1 \left\{ f\begin{pmatrix}x_1 x_2 \ldots x_p\\x_1 x_2 \ldots x_p\end{pmatrix} + \frac{\lambda}{1!}\int_0^1 f\begin{pmatrix}x_1 x_2 \ldots x_p x_{p+1}\\x_1 x_2 \ldots x_p x_{p+1}\end{pmatrix} dx_{p+1} + \ldots \right\} dx_1\, dx_2 \ldots dx_p.$$

Diese Umformung ist erlaubt wegen der gleichmäßigen Konvergenz der Reihe

$$f\begin{pmatrix}x_1\, x_2 \ldots x_p\\x_1\, x_2 \ldots x_p\end{pmatrix} + \frac{\lambda}{1!}\int_0^1 f\begin{pmatrix}x_1\, x_2 \ldots x_p\, x_{p+1}\\x_1\, x_2 \ldots x_p\, x_{p+1}\end{pmatrix} dx_{p+1} + \ldots$$

für alle Wertsysteme der x aus (0, 1).

Aus Formel (8) folgt aber

$$\lambda^p \frac{d^p D_{\lambda f}}{d\lambda^p} = \int_0^1 \ldots \int_0^1 D_{\lambda f}\begin{pmatrix}x_1 \ldots x_p\\x_1 \ldots x_p\end{pmatrix} dx_1 \ldots dx_p.$$

Insbesondere ist also

$$\left(\frac{d^p D_{\lambda f}}{d\lambda^p}\right)_{\lambda=1} = \int_0^1 \ldots \int_0^1 D_f\begin{pmatrix}x_1\, x_2 \ldots x_p\\x_1\, x_2 \ldots x_p\end{pmatrix} dx_1\, dx_2 \ldots dx_p.$$

Wären die Funktionen (7) alle identisch Null, so würden für $\lambda = 1$ alle Ableitungen von $D_{\lambda f}$ verschwinden.

Da

$$D_{\lambda f} = D_f + \frac{\lambda - 1}{1!}\left(\frac{dD_{\lambda f}}{d\lambda}\right)_{\lambda=1} + \frac{(\lambda-1)^2}{2!}\left(\frac{d^2 D_{\lambda f}}{d\lambda^2}\right)_{\lambda=1} + \ldots$$

ist, so hätte man

$$D_{\lambda f} = D_f = 0,$$

während doch für $\lambda = 0$

$$D_{\lambda f} = 1$$

wird.

Es gibt also im Falle $D_f = 0$ unter den Funktionen (7) eine, die nicht identisch verschwindet. Ist

$$D_f\begin{pmatrix} x_1\, x_2 \ldots x_p \\ y_1\, y_2 \ldots y_p \end{pmatrix}$$

die erste derartige Funktion, die man beim Durchlaufen der Folge (7) antrifft, so soll p der Rang von D_f heißen.

Einer von Null verschiedenen Fredholmschen Determinante können wir den Rang Null beilegen.

Dann hat jede Fredholmsche Determinante einen bestimmten Rang.

§ 120. Relationen zwischen den $(p-1)^{\text{ten}}$ und den p^{ten} Minoren einer Fredholmschen Determinante.

Zwischen den $(p-1)^{\text{ten}}$ und den p^{ten} Minoren von D_f bestehen Relationen, die man am einfachsten aus Formel (5) in § 119 findet.

Entwickelt man die Determinante

$$f\begin{pmatrix} \eta_1 \ldots \eta_p \\ \xi_1 \ldots \xi_p \end{pmatrix}$$

nach den Elementen

$$f(\eta_1, \xi_1),\ f(\eta_1, \xi_2),\ \ldots,\ f(\eta_1, \xi_p),$$

so ergibt sich

$$(1)\quad \left\{\begin{array}{r} f(\eta_1, \xi_1)\, f\begin{pmatrix} \eta_2\, \eta_3 \ldots \eta_p \\ \xi_2\, \xi_3 \ldots \xi_p \end{pmatrix} \\ -f(\eta_1, \xi_2)\, f\begin{pmatrix} \eta_2\, \eta_3 \ldots \eta_p \\ \xi_1\, \xi_3 \ldots \xi_p \end{pmatrix} \\ \ldots\ldots\ldots\ldots \\ +(-1)^{p-1} f(\eta_1, \xi_p)\, f\begin{pmatrix} \eta_2\, \eta_3 \ldots \eta_p \\ \xi_1\, \xi_2 \ldots \xi_{p-1} \end{pmatrix}. \end{array}\right.$$

Entwickelt man die Determinante

$$f\begin{pmatrix} \eta_1 \ldots \eta_p\ x_1 \ldots x_q \\ \xi_1 \ldots \xi_p\ x_1 \ldots x_q \end{pmatrix}$$

nach

$$f(\eta_1, \xi_1), \ldots, f(\eta_1, \xi_p),\quad f(\eta_1, x_1), \ldots, f(\eta_1, x_q),$$

so gewinnt man den Ausdruck

$$(2)\quad \left\{\begin{aligned} & f(\eta_1, \xi_1)\, f\begin{pmatrix}\eta_2\,\eta_3 \dots \eta_p\, x_1 \dots x_q \\ \xi_2\,\xi_3 \dots \xi_p\, x_1 \dots x_q\end{pmatrix} \\ & - f(\eta_1, \xi_2)\, f\begin{pmatrix}\eta_2\,\eta_3 \dots \eta_p\, x_1 \dots x_q \\ \xi_1\,\xi_3 \dots \xi_p\, x_1 \dots x_q\end{pmatrix} \\ & \dots\dots\dots\dots\dots\dots \\ & + (-1)^{p-1} f(\eta_1, \xi_p)\, f\begin{pmatrix}\eta_2\,\eta_3 \dots \eta_p\quad x_1 \dots x_q \\ \xi_1\,\xi_2 \dots \xi_{p-1}\, x_1 \dots x_q\end{pmatrix} \\ & + (-1)^p\, f(\eta_1, x_1)\, f\begin{pmatrix}\eta_2 \dots \eta_p\quad x_1\, x_2 \dots x_q \\ \xi_1 \dots \xi_{p-1}\,\xi_p\, x_2 \dots x_q\end{pmatrix} \\ & + (-1)^p\, f(\eta_1, x_2)\, f\begin{pmatrix}\eta_2 \dots \eta_p\quad x_2\, x_1 \dots x_q \\ \xi_1 \dots \xi_{p-1}\,\xi_p\, x_1 \dots x_q\end{pmatrix} \\ & \dots\dots\dots\dots\dots\dots \\ & + (-1)^p\, f(\eta_1, x_q)\, f\begin{pmatrix}\eta_2 \dots \eta_p\quad x_q\, x_1 \dots x_{q-1} \\ \xi_1 \dots \xi_{p-1}\,\xi_p\, x_1 \dots x_{q-1}\end{pmatrix}. \end{aligned}\right.$$

Aus (2) findet man für

$$\frac{1}{q!}\int_0^1 \dots \int_0^1 f\begin{pmatrix}\eta_1 \dots \eta_p\, x_1 \dots x_q \\ \xi_1 \dots \xi_p\, x_1 \dots x_q\end{pmatrix} d x_1 \dots d x_q$$

folgenden Wert:

$$\begin{aligned} & f(\eta_1, \xi_1)\frac{1}{q!}\int_0^1 \dots \int_0^1 f\begin{pmatrix}\eta_2\,\eta_3 \dots \eta_p\, x_1 \dots x_q \\ \xi_2\,\xi_3 \dots \xi_p\, x_1 \dots x_q\end{pmatrix} d x_1 \dots d x_q \\ & - f(\eta_1, \xi_2)\frac{1}{q!}\int_0^1 \dots \int_0^1 f\begin{pmatrix}\eta_2\,\eta_3 \dots \eta_p\, x_1 \dots x_q \\ \xi_1\,\xi_3 \dots \xi_p\, x_1 \dots x_q\end{pmatrix} d x_1 \dots d x_q \\ & \dots\dots\dots\dots\dots\dots \\ & + (-1)^{p-1} f(\eta_1, \xi_p)\frac{1}{q!}\int_0^1 \dots \int_0^1 f\begin{pmatrix}\eta_2\,\eta_3 \dots \eta_p\quad x_1 \dots x_q \\ \xi_1\,\xi_2 \dots \xi_{p-1}\, x_1 \dots x_q\end{pmatrix} d x_1 \dots d x_q \\ & + (-1)^p \int_0^1 \left\{\frac{1}{(q-1)!}\int_0^1 \dots \int_0^1 f\begin{pmatrix}\eta_2 \dots \eta_p\quad u\, u_1 \dots u_{q-1} \\ \xi_1 \dots \xi_{p-1}\,\xi_p\, u_1 \dots u_{q-1}\end{pmatrix} d u_1 \dots d u_{q-1}\right\} f(\eta_1, u)\, d u. \end{aligned}$$

Im Falle $q = 1$ ist das letzte Glied durch

$$(-1)^p \int_0^1 f\begin{pmatrix} \eta_2 \dots \eta_p & u \\ \xi_1 \dots \xi_{p-1} & \xi_p \end{pmatrix} f(\eta_1, u)\, du$$

zu ersetzen.

Unter Benutzung von (1) und (3) nimmt nun die Formel (5) in § 119 folgende Gestalt an:

$$(4)\quad \left\{ \begin{aligned} & D_f\begin{pmatrix} \xi_1 \xi_2 \dots \xi_p \\ \eta_1 \eta_2 \dots \eta_p \end{pmatrix} + f(\eta_1, \xi_1)\, D_f\begin{pmatrix} \xi_2 \xi_3 \dots \xi_p \\ \eta_2 \eta_3 \dots \eta_p \end{pmatrix} - f(\eta_1, \xi_2)\, D_f\begin{pmatrix} \xi_1 \xi_3 \dots \xi_p \\ \eta_2 \eta_3 \dots \eta_p \end{pmatrix} \\ & \qquad + \dots + (-1)^{p-1} f(\eta_1, \xi_p)\, D_f\begin{pmatrix} \xi_1 \xi_2 \dots \xi_{p-1} \\ \eta_2 \eta_3 \dots \eta_p \end{pmatrix} \\ & \qquad + \int_0^1 D_f\begin{pmatrix} \xi_1 \xi_2 \dots \xi_p \\ u\ \eta_2 \dots \eta_p \end{pmatrix} f(\eta_1, u)\, du = 0. \end{aligned} \right.$$

Ersetzt man $f(x, y)$ durch $f(y, x)$, so geht (4) über in

$$\begin{aligned} & D_f\begin{pmatrix} \eta_1 \eta_2 \dots \eta_p \\ \xi_1 \xi_2 \dots \xi_p \end{pmatrix} + f(\xi_1, \eta_1)\, D_f\begin{pmatrix} \eta_2 \eta_3 \dots \eta_p \\ \xi_2 \xi_3 \dots \xi_p \end{pmatrix} - f(\xi_2, \eta_1)\, D_f\begin{pmatrix} \eta_2 \eta_3 \dots \eta_p \\ \xi_1 \xi_3 \dots \xi_p \end{pmatrix} \\ & \qquad + \dots + (-1)^{p-1} f(\xi_p, \eta_1)\, D_f\begin{pmatrix} \eta_2 \eta_3 \dots \eta_p \\ \xi_1 \xi_2 \dots \xi_{p-1} \end{pmatrix} \\ & \qquad + \int_0^1 D_f\begin{pmatrix} u\ \eta_2 \dots \eta_p \\ \xi_1 \xi_2 \dots \xi_p \end{pmatrix} f(u, \eta_1)\, du = 0. \end{aligned}$$

Durch Vertauschung von ξ und η ergibt sich hieraus

$$(5)\quad \left\{ \begin{aligned} & D_f\begin{pmatrix} \xi_1 \xi_2 \dots \xi_p \\ \eta_1 \eta_2 \dots \eta_p \end{pmatrix} + f(\eta_1, \xi_1)\, D_f\begin{pmatrix} \xi_2 \xi_3 \dots \xi_p \\ \eta_2 \eta_3 \dots \eta_p \end{pmatrix} - f(\eta_2, \xi_1)\, D_f\begin{pmatrix} \xi_2 \xi_3 \dots \xi_p \\ \eta_1 \eta_3 \dots \eta_p \end{pmatrix} \\ & \qquad + \dots + (-1)^{p-1} f(\eta_p, \xi_1)\, D_f\begin{pmatrix} \xi_2 \xi_3 \dots \xi_p \\ \eta_1 \eta_2 \dots \eta_{p-1} \end{pmatrix} \\ & \qquad + \int_0^1 D_f\begin{pmatrix} u\ \xi_2 \dots \xi_p \\ \eta_1 \eta_2 \dots \eta_p \end{pmatrix} f(u, \xi_1)\, du = 0. \end{aligned} \right.$$

Für $p = 1$ sind (4) und (5) die Formeln (14) und (15) des § 117.

Wir wollen jetzt noch den Fall betrachten, daß D_f gerade den Rang p hat ($p > 0$). Dann sind in den Formeln (4) und (5) die $(p-1)^{\text{ten}}$ Minoren gleich Null zu setzen. Die Formeln reduzieren sich jetzt auf

$$(4') \qquad D_f\begin{pmatrix}\xi_1\,\xi_2\,\ldots\,\xi_p\\ \eta_1\,\eta_2\,\ldots\,\eta_p\end{pmatrix}+\int_0^1 D_f\begin{pmatrix}\xi_1\,\xi_2\,\ldots\,\xi_p\\ u\;\eta_2\,\ldots\,\eta_p\end{pmatrix}f(\eta_1,u)\,du=0,$$

$$(5') \qquad D_f\begin{pmatrix}\xi_1\,\xi_2\,\ldots\,\xi_p\\ \eta_1\,\eta_2\,\ldots\,\eta_p\end{pmatrix}+\int_0^1 D_f\begin{pmatrix}u\;\xi_2\,\ldots\,\xi_p\\ \eta_1\,\eta_2\,\ldots\,\eta_p\end{pmatrix}f(u,\xi_1)\,du=0.$$

§ 121. Lineare homogene Integralgleichungen.

In § 118 lösten wir die Integralgleichung

$$(1) \qquad \varphi(x)+\int_0^1 f(x,y)\,\varphi(y)\,dy=\psi(x) \qquad (0\leqq x\leqq 1)$$

und fanden

$$(2) \qquad \psi(x)+\int_0^1 \frac{D_f\binom{y}{x}}{D_f}\,\psi(y)\,dy=\varphi(x).$$

Dabei war vorausgesetzt

$$D_f\neq 0.$$

Wenn in der Gleichung (1) $\psi(x)$ identisch verschwindet, so entsteht die lineare homogene Integralgleichung

$$(3) \qquad \varphi(x)+\int_0^1 f(x,y)\,\varphi(y)\,dy=0.$$

Wenn $D_f\neq 0$ ist, so zeigt die Auflösungsformel (2), daß

$$\varphi(x)=0$$

ist. Außer dieser trivialen Lösung gibt es also im Falle $D_f\neq 0$ keine andere.

Wenn aber $D_f=0$ ist, so hat die Gleichung (3) außer der trivialen Lösung $\varphi=0$ noch andere.

Ist p der Rang von D_f, so verschwindet

$$(4) \qquad D_f\begin{pmatrix}y_1\,y_2\,\ldots\,y_p\\ x_1\,x_2\,\ldots\,x_p\end{pmatrix} \qquad (0\leqq x_\nu,\; y_\nu\leqq 1)$$

nicht identisch und nach Formel (4') in § 120 ist

$$(5) \qquad D_f\begin{pmatrix}y_1\,y_2\,\ldots\,y_p\\ x_1\,x_2\,\ldots\,x_p\end{pmatrix}+\int_0^1 f(x_1,u)\,D_f\begin{pmatrix}y_1\,y_2\,\ldots\,y_p\\ u\;x_2\,\ldots\,x_p\end{pmatrix}du=0.$$

Daraus ersehen wir, daß

$$\varphi(x)=D_f\begin{pmatrix}y_1\,y_2\,\ldots\,y_p\\ x\;x_2\,\ldots\,x_p\end{pmatrix}$$

eine Lösung von (3) ist, die bei passender Wahl der Parameter $x_2, \ldots, x_p$ und $y_1, \ldots, y_p$ sicher nicht identisch verschwindet, weil eben (4) nicht identisch Null ist.

Damit haben wir folgenden Satz bewiesen:

Die lineare homogene Integralgleichung (3) gestattet dann und nur dann eine nichttriviale Lösung, wenn ihre Determinante gleich Null ist.

Dies ist das Analogon des Satzes über n lineare homogene Gleichungen mit n Unbekannten, den wir früher kennenlernten.

Nun kann man sich die Aufgabe stellen, alle Lösungen von (3) zu finden. Dies läßt sich mittels der Formel (5) in § 120 in einfachster Weise machen.

Wir wenden die genannte Formel auf den Minor

$$D_f\begin{pmatrix} y & y_1 \ldots y_p \\ x & x_1 \ldots x_p \end{pmatrix}$$

an. Dann haben wir also in jener Formel zunächst p durch $p+1$ zu ersetzen und außerdem statt

$$\xi_1, \xi_2, \ldots, \xi_{p+1} \quad \text{und} \quad \eta_1, \eta_2, \ldots, \eta_{p+1}$$

bezüglich zu schreiben

$$y, y_1, \ldots, y_p \quad \text{und} \quad x, x_1, \ldots, x_p .$$

Wir finden auf diese Weise

$$(6)\quad \begin{cases} D_f\begin{pmatrix} y & y_1 \ldots y_p \\ x & x_1 \ldots x_p \end{pmatrix} + f(x,y) D_f\begin{pmatrix} y_1 \ldots y_p \\ x_1 \ldots x_p \end{pmatrix} - f(x_1, y) D_f\begin{pmatrix} y_1 & y_2 \ldots y_p \\ x, & x_2 \ldots x_p \end{pmatrix} \\ \qquad + \ldots + (-1)^p f(x_p, y) D_f\begin{pmatrix} y_1 & y_2 \ldots y_p \\ x & x_1 \ldots x_{p+1} \end{pmatrix} \\ \qquad + \int\limits_0^1 D_f\begin{pmatrix} u & y_1 \ldots y_p \\ x & x_1 \ldots x_p \end{pmatrix} f(u, y)\, du = 0 . \end{cases}$$

Multiplizieren wir jetzt (6) mit $\varphi(y)$ und integrieren nach y (von 0 bis 1), so ergibt sich, wenn φ eine Lösung von (3) ist,

$$(7)\quad \begin{cases} \int\limits_0^1 D_f\begin{pmatrix} y & y_1 \ldots y_p \\ x & x_1 \ldots x_p \end{pmatrix} \varphi(y)\, dy - \varphi(x) D_f\begin{pmatrix} y_1 \ldots y_p \\ x_1 \ldots x_p \end{pmatrix} \\ + D_f\begin{pmatrix} y_1 & y_2 \ldots y_p \\ x & x_2 \ldots x_p \end{pmatrix} \varphi(x_1) + \ldots + (-1)^{p-1} D_f\begin{pmatrix} y_1 & y_2 \ldots y_p \\ x & x_1 \ldots x_{p-1} \end{pmatrix} \varphi(x_p) \\ - \int\limits_0^1 D_f\begin{pmatrix} u & y_1 \ldots y_p \\ x & x_1 \ldots x_p \end{pmatrix} \varphi(u)\, du = 0 . \end{cases}$$

Wir dürfen nämlich überall

$$\int_0^1 f(z, y)\,\varphi(y)\,dy \quad \text{durch} \quad -\varphi(z)$$

ersetzen.

Die Gleichung (7) reduziert sich aber, wenn wir $x_1, y_1, \ldots, x_p, y_p$ so wählen, daß

$$D_f\begin{pmatrix} y_1 \ldots y_p \\ x_1 \ldots x_p \end{pmatrix} \neq 0$$

ist, auf

$$(7') \quad \left\{ \begin{aligned} \varphi(x) = {} & \frac{\varphi(x_1)}{D_f\begin{pmatrix} y_1 \ldots y_p \\ x_1 \ldots x_p \end{pmatrix}} D_f\begin{pmatrix} y_1 & y_2 \ldots y_p \\ x & x_2 \ldots x_p \end{pmatrix} \\ & + \ldots + (-1)^{p-1} \frac{\varphi(x_p)}{D_f\begin{pmatrix} y_1 \ldots y_p \\ x_1 \ldots x_p \end{pmatrix}} D_f\begin{pmatrix} y_1 & y_2 \ldots y_p \\ x & x_1 \ldots x_{p-1} \end{pmatrix}. \end{aligned} \right.$$

Wir wollen nun in dem Symbol

$$D_f\begin{pmatrix} y_1 \ldots y_p \\ x_1 \ldots x_p \end{pmatrix}$$

x_k durch x ersetzen und die so entstehende Funktion, dividiert durch $D_f\begin{pmatrix} y_1 \ldots y_p \\ x_1 \ldots x_p \end{pmatrix}$, gleich $-\varphi_k(x)$ setzen. Dann ist

$$\frac{D_f\begin{pmatrix} y_1 & y_2 & y_3 \ldots y_p' \\ x & x_2 & x_3 \ldots x_p \end{pmatrix}}{D_f\begin{pmatrix} y_1 \ldots y_p \\ x_1 \ldots x_p \end{pmatrix}} = -\varphi_1(x),$$

$$\frac{D_f\begin{pmatrix} y_1 & y_2 & y_3 \ldots y_p \\ x & x_1 & x_3 \ldots x_p \end{pmatrix}}{D_f\begin{pmatrix} y_1 \ldots y_p \\ x_1 \ldots x_p \end{pmatrix}} = -\varphi_2(x),$$

. . . .

$$(-1)^{p-1} \frac{D_f\begin{pmatrix} y_1 & y_2 & y_3 \ldots y_p \\ x & x_1 & x_2 \ldots x_{p-1} \end{pmatrix}}{D_f\begin{pmatrix} y_1 \ldots y_p \\ x_1 \ldots x_p \end{pmatrix}} = -\varphi_p(x),$$

und die Formel (7′) nimmt die folgende einfache Gestalt an:

$$(8) \qquad \varphi(x) = c_1\varphi_1(x) + c_2\varphi_2(x) + \ldots + c_p\varphi_p(x).$$

Dabei haben wir gesetzt

$$c_1 = -\varphi(x_1), \ldots, c_p = -\varphi(x_p).$$

Die Formel (8) lehrt uns, daß **jede Lösung von (3) eine lineare Kombination der Funktionen $\varphi_1(x), \ldots, \varphi_p(x)$ ist.**

Diese sind selbst Lösungen von (3), wie ihr Ausdruck zeigt, und wegen der Homogeneität von (3) ist jede lineare Kombination von Lösungen wieder eine Lösung. Wir dürfen also in der Formel (8) den c beliebige Werte beilegen und erhalten immer eine Lösung von (3).

Nun wollen wir noch zeigen, daß die Funktionen $\varphi_1(x), \ldots, \varphi_p(x)$ **linear unabhängig** sind.

Um das zu beweisen, greifen wir auf Formel (5) zurück (S. 284). Sie lautet jetzt

$$\int_0^1 f(x_1, u)\,\varphi_1(u)\,du = 1\,.$$

Ersetzen wir aber in (5) x_1 durch einen der Werte $x_2, x_3, \ldots, x_p$, so geht $D_f\begin{pmatrix} y_1 & y_2 & \ldots & y_p \\ x_1 & x_2 & \ldots & x_p \end{pmatrix}$ in Null über. Man hat also

$$\int_0^1 f(x_2, u)\,\varphi_1(u)\,du = \int_0^1 f(x_3, u)\,\varphi_1(u) = \ldots = \int_0^1 f(x_p, u)\,\varphi_1(u)\,du = 0\,.$$

Da $\varphi_1(u)$ durch Vertauschung von x_1 mit x_k zu $\varphi_k(u)$ wird, so ist allgemein

$$\int_0^1 f(x_k, u)\,\varphi_k(u)\,du = 1\,,$$

$$\int_0^1 f(x_k, u)\,\varphi_l(u)\,du = 0 \qquad (k \gtrless l)\,.$$

Wäre nun

$$c_1\varphi_1(u) + c_2\varphi_2(u) + \ldots + c_p\varphi_p(u) = 0 \qquad (0 \leqq u \leqq 1)\,,$$

so würde daraus folgen

$$\int_0^1 \{c_1\varphi_1(u) + \ldots + c_p\varphi_p(u)\}\, f(x_k, u)\,du = c_k = 0\,,$$

und zwar für $k = 1, 2, \ldots, p$.

Damit ist die lineare Unabhängigkeit von $\varphi_1(x), \ldots, \varphi_p(x)$ bewiesen.

Wir sehen also, daß **eine lineare homogene Integralgleichung so viele linear unabhängige Lösungen hat, wie der Rang ihrer Determinante angibt.**

Bei n linearen homogenen Gleichungen mit n Unbekannten würde der Satz genau ebenso lauten, wenn wir den Rang einer n-reihigen Determinante anders definierten, als es üblich ist. Einer von Null verschiedenen Determinante sollte man den Rang 0, einer Determinante, die durch Streichung einer Zeile und einer Spalte von Null verschieden gemacht werden kann, den Rang 1 zuschreiben usw. Dann hätten n lineare homogene Gleichungen mit n Unbekannten so viele unabhängige Lösungen, wie der Rang der Determinante angibt.

Zum Schluß wollen wir noch zusehen, was der oben dargelegten Fredholmschen Auflösung der Gleichung (3) im Falle von n linearen homogenen Gleichungen mit n Unbekannten entspricht. Die x und y sind dann nicht mehr kontinuierliche Veränderliche, sondern Indizes, die auf die Werte $1, 2, \ldots, n$ beschränkt sind.

Wenn die Gleichungen

$$\begin{gathered} a_{11}\,\varphi(1) + a_{12}\,\varphi(2) + \cdots + a_{1n}\,\varphi(n) = 0\,, \\ a_{21}\,\varphi(1) + a_{22}\,\varphi(2) + \cdots + a_{2n}\,\varphi(n) = 0\,, \\ \cdots\cdots\cdots\cdots\cdots\cdots \\ a_{n1}\,\varphi(1) + a_{n2}\,\varphi(2) + \cdots + a_{nn}\,\varphi(n) = 0 \end{gathered}$$

lauten*), so ist

$$\pm D\begin{pmatrix} y_1 & y_2 & \ldots & y_p \\ x_1 & x_2 & \ldots & x_p \end{pmatrix}$$

der Minor von

$$\begin{vmatrix} a_{11} & a_{12} & \ldots & a_{1n} \\ a_{21} & a_{22} & \ldots & a_{2n} \\ \cdot & \cdot & \cdot & \cdot \\ a_{n1} & a_{n2} & \ldots & a_{nn} \end{vmatrix},$$

der nach Streichung der Zeilen $y_1, y_2, \ldots, y_p$ und der Spalten $x_1, x_2, \ldots, x_p$ stehenbleibt. Der Rang dieser Determinante ist p ($n-p$ im gewöhnlichen Sinne) und der Minor muß so gewählt sein, daß er nicht verschwindet.

Wir wollen annehmen, daß gerade der Minor

$$D\begin{pmatrix} 1 & 2 & \ldots & p \\ 1 & 2 & \ldots & p \end{pmatrix}$$

diese Eigenschaft hat.

Dann würden die Fredholmschen Lösungen $\varphi_1(x), \ldots, \varphi_p(x)$ folgende sein:

$$\varphi_1(x) = -\frac{D\begin{pmatrix} 1 & 2 & \ldots & p \\ x & 2 & \ldots & p \end{pmatrix}}{D\begin{pmatrix} 1 & 2 & \ldots & p \\ 1 & 2 & \ldots & p \end{pmatrix}},$$

$$\varphi_2(x) = -\frac{D\begin{pmatrix} 1 & 2 & \ldots & p \\ 1 & x & \ldots & p \end{pmatrix}}{D\begin{pmatrix} 1 & 2 & \ldots & p \\ 1 & 2 & \ldots & p \end{pmatrix}}, \qquad (x = 1, 2, \ldots, n)$$

$$\cdots$$

$$\varphi_p(x) = -\frac{D\begin{pmatrix} 1 & 2 & \ldots & p \\ 1 & 2 & \ldots & x \end{pmatrix}}{D\begin{pmatrix} 1 & 2 & \ldots & p \\ 1 & 2 & \ldots & p \end{pmatrix}}.$$

---

*) Wir bezeichnen die Unbekannten mit $\varphi(1), \varphi(2), \ldots, \varphi(n)$.

Man sieht, daß

$$\varphi_k(1),\ \varphi_k(2),\ \ldots,\ \varphi_k(p)$$

alle Null sind bis auf $\varphi_k(k) = -1$.

Ferner ist

$$\varphi_k(p+1) = \frac{\begin{vmatrix} a_{p+1,k} & a_{p+1,\,p+2} & \cdots & a_{p+1,\,n} \\ a_{p+2,k} & a_{p+2,\,p+2} & \cdots & a_{p+2,\,n} \\ \cdot & \cdot & \cdot & \cdot \\ a_{nk} & a_{n,\,p+2} & \cdots & a_{nn} \end{vmatrix}}{\begin{vmatrix} a_{p+1,\,p+1} & a_{p+1,\,p+2} & \cdots & a_{p+1,\,n} \\ a_{p+2,\,p+1} & a_{p+2,\,p+2} & \cdots & a_{p+2,\,n} \\ \cdot & \cdot & \cdot & \cdot \\ a_{n,\,p+1} & a_{n,\,p+2} & \cdots & a_{nn} \end{vmatrix}}$$

$$\varphi_k(p+2) = \frac{\begin{vmatrix} a_{p+1,\,p+1} & a_{p+1,\,k} & \cdots & a_{p+1,\,n} \\ a_{p+2,\,p+1} & a_{p+2,\,k} & \cdots & a_{p+2,\,n} \\ \cdot & \cdot & \cdot & \cdot \\ a_{n,\,p+1} & a_{n,\,k} & \cdots & a_{nn} \end{vmatrix}}{\begin{vmatrix} a_{p+1,\,p+1} & a_{p+1,\,p+2} & \cdots & a_{p+2,\,n} \\ a_{p+2,\,p+1} & a_{p+2,\,p+2} & \cdots & a_{p+2,\,n} \\ \cdot & \cdot & \cdot & \cdot \\ a_{n,\,p+1} & a_{n,\,p+2} & \cdots & a_{nn} \end{vmatrix}},$$

$$\cdots\cdots\cdots\cdots\cdots\cdots$$

$$\varphi_k(n) = \frac{\begin{vmatrix} a_{p+1,\,p+1} & a_{p+1,\,p+2} & \cdots & a_{p+1,\,k} \\ a_{p+2,\,p+1} & a_{p+2,\,p+2} & \cdots & a_{p+2,\,k} \\ \cdot & \cdot & \cdot & \cdot \\ a_{n,\,p+1} & a_{n,\,p+2} & \cdots & a_{nk} \end{vmatrix}}{\begin{vmatrix} a_{p+1,\,p+1} & a_{p+1,\,p+2} & \cdots & a_{p+1,\,n} \\ a_{p+2,\,p+1} & a_{p+2,\,p+2} & \cdots & a_{p+2,\,n} \\ \cdot & \cdot & \cdot & \cdot \\ a_{n,\,p+1} & a_{n,\,p+2} & \cdots & a_{nn} \end{vmatrix}}.$$

$\varphi_k(p+1), \ldots \varphi_k(n)$ ist also nichts anderes als die Lösung des Systems

$$\begin{aligned} -a_{p+1,\,k} + a_{p+1,\,p+1}\,\varphi(p+1) + \ldots + a_{p+1,\,n}\,\varphi(n) &= 0, \\ -a_{p+2,\,k} + a_{p+2,\,p+1}\,\varphi(p+1) + \ldots + a_{p+2,\,n}\,\varphi(n) &= 0, \\ \cdots\cdots\cdots\cdots\cdots & \\ -\ a_{nn}\ +\ a_{n,\,p+1}\ \varphi(p+1) + \ldots +\ a_{nn}\ \varphi(n) &= 0, \end{aligned}$$

wie man sie mittels der Cramerschen Regel findet.

§ 122. Inhomogene lineare Integralgleichungen mit verschwindender Determinante.

Die Determinante D_f der Gleichung

$$\Phi(x) + \int_0^1 f(x, y)\, \Phi(y)\, dy = \psi(x) \qquad (0 \leqq x \leqq 1) \tag{1}$$

sei gleich Null und habe den Rang p.

Ist $\Phi_0(x)$ eine spezielle Lösung von (1) und $\varphi(x)$ eine beliebige Lösung von (1), so folgt aus (1) und aus

$$\Phi_0(x) + \int_0^1 f(x, y)\, \Phi_0(y)\, dy = \psi(x)$$

durch Subtraktion

$$\{\Phi(x) - \Phi_0(x)\} + \int_0^1 f(x, y) \{\Phi(y) - \Phi_0(y)\}\, dy = 0.$$

$\Phi(x) - \Phi_0(x)$ ist also eine Lösung der homogenen Gleichung

$$\varphi(x) + \int_0^1 f(x, y)\, \varphi(y)\, dy = 0. \tag{2}$$

Umgekehrt ist $\qquad \Phi(x) = \Phi_0(x) + \varphi(x)$

eine Lösung von (1), sobald $\varphi(x)$ eine Lösung von (2) ist.

Sind $\varphi_1(x), \varphi_2(x), \ldots, \varphi_p(x)$ unabhängige Lösungen von (2), so stellt

$$\Phi_0(x) + c_1 \varphi_1(x) + \ldots + c_p \varphi_p(x) \quad (c_1, \ldots, c_p \text{ Konstanten})$$

die allgemeinste Lösung von (1) dar.

Es handelt sich also nur darum, eine spezielle Lösung von (1) zu finden.

Wir greifen auf Formel (6) in § 121 zurück, multiplizieren diese Formel mit $\Phi(y)$ und integrieren dann nach y (von 0 bis 1). Dabei nehmen wir an, daß Φ eine Lösung von (1) ist.

Es ergibt sich auf diese Weise, wenn wir $\varphi_1, \ldots, \varphi_p$ dieselbe Bedeutung beilegen wie in § 121 und es so einrichten, daß

$$D_f\begin{pmatrix} y_1 \ldots y_p \\ x_1 \ldots x_1 \end{pmatrix} \neq 0$$

ist, $\qquad \psi(x) - \Phi(x) + c_1 \varphi_1(x) + \ldots + c_p \varphi_p(x)$

$$+ \int_0^1 \frac{D_f\begin{pmatrix} y\, y_1 \ldots y_p \\ x\, x_1 \ldots x_p \end{pmatrix}}{D_f\begin{pmatrix} y_1 \ldots y_p \\ x_1 \ldots x_p \end{pmatrix}} \psi(y)\, dy = 0.$$

Setzen wir $\qquad \Phi(x) - c_1 \varphi_1(x) - \ldots - c_p \varphi_p(x) = \Phi_0(x),$

so wird

$$\Phi_0(x) = \psi(x) + \int_0^1 \frac{D_f\begin{pmatrix} y & y_1 & \dots & y_p \\ x & x_1 & \dots & x_p \end{pmatrix}}{D_f\begin{pmatrix} y_1 & \dots & y_p \\ x_1 & \dots & x_p \end{pmatrix}} \psi(y)\, dy. \tag{2}$$

Hieraus geht folgendes hervor:

Wenn (1) überhaupt eine Lösung besitzt, so ist auch (2) eine solche.

Setzen wir nun (2) in die Gleichung (1) ein, so kommt

$$\left\{\begin{aligned} &\psi(x) + \int_0^1 \frac{D_f\begin{pmatrix} y & y_1 & \dots & y_p \\ x & x_1 & \dots & x_p \end{pmatrix}}{D_f\begin{pmatrix} y_1 & \dots & y_p \\ x_1 & \dots & x_p \end{pmatrix}} \psi(y)\, dy \\ &+ \int_0^1 f(x, y)\psi(y) dy + \int_0^1\int_0^1 \frac{D_f\begin{pmatrix} u & y_1 & \dots & y_p \\ y & x_1 & \dots & x_p \end{pmatrix}}{D_f\begin{pmatrix} y_1 & \dots & y_p \\ x_1 & \dots & x_p \end{pmatrix}} f(x, y)\psi(u)\, dy\, du = \psi(x). \end{aligned}\right. \tag{3}$$

Nach Formel (4) in § 120 ist aber

$$\left\{\begin{aligned} &\int_0^1 \frac{D_f\begin{pmatrix} u & y_1 & \dots & y_p \\ y & x_1 & \dots & x_p \end{pmatrix}}{D_f\begin{pmatrix} y_1 & \dots & y_p \\ x_1 & \dots & x_p \end{pmatrix}} f(x, y)\, dy + \frac{D_f\begin{pmatrix} u & y_1 & \dots & y_p \\ x & x_1 & \dots & x_p \end{pmatrix}}{D_f\begin{pmatrix} y_1 & \dots & y_p \\ x_1 & \dots & x_p \end{pmatrix}} \\ &+ f(x, u) + f(x, y_1)\chi_1(u) + \dots + f(x, y_p)\chi_p(u) = 0. \end{aligned}\right. \tag{4}$$

Dabei haben die Funktionen $\chi_1, \dots, \chi_p$ folgende Bedeutung:

$$\chi_1(u) = -\frac{D_f\begin{pmatrix} u & y_2 & y_3 & \dots & y_p \\ x_1 & x_2 & x_3 & \dots & x_p \end{pmatrix}}{D_f\begin{pmatrix} y_1 & \dots & y_p \\ x_1 & \dots & x_p \end{pmatrix}},$$

$$\chi_2(u) = -\frac{D_f\begin{pmatrix} y_1 & u & y_3 & \dots & y_p \\ x_1 & x_2 & x_3 & \dots & x_p \end{pmatrix}}{D_f\begin{pmatrix} y_1 & \dots & y_p \\ x_1 & \dots & x_p \end{pmatrix}},$$

. . . .

$$\chi_p(u) = -\frac{D_f\begin{pmatrix} y_1 & y_2 & y_3 & \dots & u \\ x_1 & x_2 & x_3 & \dots & x_p \end{pmatrix}}{D_f\begin{pmatrix} y_1 & \dots & y_p \\ x_1 & \dots & x_p \end{pmatrix}}.$$

Sie bilden also ein Fundamentalsystem von Lösungen für die Integralgleichung

$$\chi(u) + \int_0^1 f(x, u)\, \chi(x)\, dx = 0. \tag{5}$$

Mit Hilfe von (4) verwandelt sich (3) in

$$f(x, y_1)\int_0^1 \chi_1(u)\, \psi(u)\, du + \ldots\ldots + f(u, y_p)\int_0^1 \chi_p(u)\, \psi(u) du = 0 \tag{6}$$

$$(0 \leqq x \leqq 1).$$

Aus § 121 (S. 288) kann man entnehmen, daß

$$\int_0^1 f(x, y_k)\, \chi_k(x)\, dx = 1,$$

$$\int_0^1 f(x, y_k)\, \chi_l(x)\, dx = 0 \qquad (k \gtrless l)$$

ist.

Multiplizieren wir (6) mit $\chi_k(x)$ und integrieren nach x (von 0 bis 1), so ergibt sich

$$\int_0^1 \chi_k(u)\, \psi(u) du = 0 \qquad (k = 1, 2, \ldots, p).$$

Die Gleichung (1) hat also dann und nur dann eine Lösung, wenn $\psi(x)$ zu den Lösungen der Gleichung (5) orthogonal ist[1]).

Was entspricht diesem Satz bei einem System von n Gleichungen mit n Unbekannten?

An Stelle von (1) haben wir das Gleichungssystem

$$(1') \quad \left\{ \begin{array}{l} a_{11}\, \Phi(1) + a_{12}\, \Phi(2) + \ldots + a_{1n}\, \Phi(n) = \psi(1), \\ a_{21}\, \Phi(1) + a_{22}\, \Phi(2) + \ldots + a_{2n}\, \Phi(n) = \psi(2), \\ \cdot\ \cdot\ \cdot\ \cdot\ \cdot\ \cdot\ \cdot\ \cdot\ \cdot\ \cdot\ \cdot\ \cdot\ \cdot\ \cdot\ \cdot\ \cdot \\ a_{n1}\, \Phi(1) + a_{n2}\, \Phi(2) + \ldots + a_{nn}\, \Phi(n) + \psi(n). \end{array} \right.$$

Für die Gleichung (5) tritt das System

$$(5') \quad \left\{ \begin{array}{l} a_{11}\, \chi(1) + a_{21}\, \chi(2) + \ldots + a_{n1}\, \chi(n) = 0, \\ a_{12}\, \chi(1) + a_{22}\, \chi(2) + \ldots + a_{n2}\, \chi(n) = 0, \\ \cdot\ \cdot\ \cdot\ \cdot\ \cdot\ \cdot\ \cdot\ \cdot\ \cdot\ \cdot\ \cdot\ \cdot\ \cdot\ \cdot\ \cdot\ \cdot \\ a_{1n}\, \chi(1) + a_{2n}\, \chi(2) + \ldots + a_{nn}\, \chi(n) = 0 \end{array} \right.$$

ein.

Multipliziert man die Gleichungen (1′) der Reihe nach mit $\chi(1)$, $\chi(2), \ldots, \chi(n)$, so folgt aus (1′) und (5′)

$$\chi(1)\, \psi(1) + \chi(2)\, \psi(2) + \ldots + \chi(n)\, \psi(n) = 0. \tag{7}$$

---

[1]) Vgl. wegen der Definition der Orthogonalität § 101, S. 223.

Jede Lösung von (5') ist also zu $\psi(1), \psi(2), \ldots, \psi(n)$ orthogonal. Umgekehrt haben, wenn diese Eigenschaft besteht, die Matrizen

$$(8)\qquad \begin{cases} a_{11}\ a_{12} \ldots a_{1n} \\ a_{21}\ a_{22} \ldots a_{2n} \\ \cdot\ \cdot\ \cdot\ \cdot\ \cdot \\ a_{n1}\ a_{n2} \ldots a_{nn} \end{cases} \quad \text{und} \quad \begin{matrix} a_{11}\ a_{12} \ldots a_{1n}\ \psi(1) \\ a_{21}\ a_{22} \ldots a_{2n}\ \psi(2) \\ \cdot\ \cdot\ \cdot\ \cdot\ \cdot\ \cdot\ \cdot \\ a_{n1}\ a_{n2} \ldots a_{nn}\ \psi(n) \end{matrix}$$

denselben Rang. Sonst wäre nämlich die Gleichung (7) nicht eine Folge der Gleichungen (5'). Daß aber die Gleichungen (1') dann und nur dann lösbar sind, wenn die Matrizen (8) denselben Rang haben, wissen wir aus § 29.

§ 123. Die Fredholmschen Funktionaloperationen.

Es ist zweckmäßig, wie Fredholm es tut, die Gleichung

$$(1)\qquad \varphi(x) + \int_0^1 f(x, y)\, \varphi(y)\, dy = \psi(x)$$

als eine Funktionaloperation zu betrachten, die auf die Funktion $\varphi(x)$ angewandt wird und die Funktion $\psi(x)$ als Resultat liefert.

Er bezeichnet diese Operation mit S_f und schreibt die Gleichung (1) in der Form

$$S_f\varphi = \psi,$$

d. h. „S_f angewandt auf φ gibt ψ".

Den Fredholmschen Funktionaloperationen kommt die Gruppeneigenschaft zu. Anstatt zuerst S_f und dann S_g auszuführen, kann man auch eine gewisse Operation S_h vornehmen, d. h. es ist für jedes $\varphi(x)$

$$(2)\qquad S_g S_f \varphi = S_h \varphi.$$

Man kann dies ausführlicher so ausdrücken: Wenn

$$S_f\varphi = \psi \quad \text{und} \quad S_g\psi = \chi$$

ist, so läßt sich $h(x, y)$ derart wählen, daß

$$S_h\varphi = \chi$$

wird.

Aus

$$\varphi(x) + \int_0^1 f(x, y)\, \varphi(y)\, dy = \psi(x)$$

und

$$\psi(x) + \int_0^1 g(x, u)\, \psi(u)\, du = \chi(x)$$

folgt aber

$$\varphi(x) + \int_0^1 f(x, y)\,\varphi(y)\,dy \quad \int_0^1 g(x, y)\,\varphi(y)\,dy$$
$$+ \int_0^1\!\!\int_0^1 g(x, u)\,f(u, y)\,\varphi(y)\,du\,dy = \chi(x).$$

Setzen wir also

$$h(x, y) = f(x, y) + g(x, y) + \int_0 g(x, u)\,f(u, y)\,du, \tag{3}$$

so ist

$$\varphi(x) + \int_0^1 h(x, y)\,\varphi(y)\,dy = \chi(x),$$

d. h. $S_h\varphi = \chi$.

Es gibt unter den Operationen S_f eine, die aus jeder Funktion φ wieder φ macht oder, wie man auch sagt, jede Funktion in sich überführt (invariant läßt). Diese Operation nennt man die Identität. Man kann leicht zeigen, daß bei ihr $f(x, y)$ identisch verschwindet.

Soll

$$S_f\varphi = \varphi,$$

d. h.

$$\varphi(x) + \int_0^1 f(x, y)\,\varphi(y)\,dy = \varphi(x)$$

sein, so folgt

$$\int_0^1 f(x, y)\,\varphi(y)\,dy = 0 \qquad (0 \leqq x \leqq 1). \tag{4}$$

Setzen wir aber

$$\varphi(y) = f(x_0, y),$$

wo x_0 irgendein Wert aus (0, 1) ist, so verwandelt sich (4) in

$$\int_0^1 f(x, y)\,f(x_0, y)\,dy = 0.$$

Insbesondere ist also

$$\int_0^1 (f(x_0, y))^2\,dy = 0.$$

Da wir f als reell und stetig voraussetzen, folgt hieraus

$$f(x_0, y) = 0 \qquad (0 \leqq y \leqq 1).$$

x_0 ist aber ein beliebiger Wert aus (0, 1). Wir sehen also, daß f identisch verschwindet.

Wir wollen die Identität mit S_0 bezeichnen.

Die Determinante D_f möge die Determinante der Operation (1) heißen.

Wenn zwischen S_f, S_g, S_h die Beziehung (2), also zwischen ihren Kernen die Beziehung (3) besteht, so ist, wie man aus § 116 entnehmen kann,

$$D_f D_g = D_h.$$

Nennt man S_h das Produkt von S_f und S_g (in dieser Reihenfolge), so ist die Determinante eines Produkts von Fredholmschen Funktionaloperationen gleich dem Produkt ihrer Determinanten.

Die Fredholmschen Funktionaloperationen verhalten sich also ähnlich wie lineare Transformationen in n Veränderlichen.

Innerhalb der Gruppe aller Fredholmschen Funktionaloperationen bilden diejenigen eine Untergruppe, deren Determinante nicht verschwindet. Wir wollen sie die nichtsingulären Fredholmschen Funktionaloperationen nennen. Daß sie eine Untergruppe bilden, ist klar. Denn die Determinante eines Produkts von zwei solchen Operationen ist von Null verschieden (als Produkt der Determinanten dieser Operationen).

Wir beweisen jetzt folgenden Satz:

Zu jeder nichtsingulären Fredholmschen Funktionaloperation gibt es eine, die mit ihr multipliziert die Identität liefert.

Wenn in (1) $D_f \neq 0$ ist, so folgt daraus (vgl. § 118)

$$\psi(x) + \int_0^1 \frac{D_f\binom{y}{x}}{D_f} \psi(y)\, dy = \varphi(x). \tag{1'}$$

Setzen wir also

$$\frac{D_f\binom{y}{x}}{D_f} = g(x, y),$$

so ist

$$S_g \psi = \varphi, \quad \text{d. h.} \quad S_g S_f \varphi = \varphi,$$

was auch φ sein mag.

Da auch umgekehrt aus (1') immer (1) folgt, so hat man

$$S_f S_g \psi = \psi,$$

was auch ψ sein mag.

Sowohl $S_g S_f$ als auch $S_f S_g$ ist somit die Identität. S_g ist durch die Eigenschaft*)

$$S_g S_f = S_0$$

*) Die Faktoren sind von rechts nach links zu lesen, um die richtige Reihenfolge zu haben.

eindeutig bestimmt. Aus

$$S_\gamma S_f = S_0$$

folgt nämlich

$$(S_\gamma S_f)\, S_g = S_0\, S_g = S_g$$

oder

$$S_\gamma\,(S_f S_g) = S_\gamma\, S_0 = S_\gamma,$$

d. h.*)

$$S_\gamma = S_g.$$

Ebenso ist S_g durch die Eigenschaft

$$S_f S_g = S_0$$

eindeutig bestimmt.

Man nennt S_f und S_g zueinander invers und schreibt

$$S_g = S_f^{-1}, \qquad S_f = S_g^{-1}.$$

Fredholm spricht im Falle einer singulären Operation S_f von pseudoinversen Operationen.

In § 122 sahen wir, daß im Falle $D_f = 0$

$$\Phi(x) = \psi(x) + \int_0^1 \frac{D_f\begin{pmatrix} y\, y_1 \dots y_p \\ x\, x_1 \dots x_p \end{pmatrix}}{D_f\begin{pmatrix} y_1 \dots y_p \\ x_1 \dots x_p \end{pmatrix}}\, \psi(y)\, dy$$

eine Lösung von (1) ist**). · Dabei bedeutet p den Rang von D_f und

$$D_f\begin{pmatrix} y_1 \dots y_p \\ x_1 \dots x_p \end{pmatrix}$$

ist ein von Null verschiedener p^{ter} Minor von D_f.

Setzen wir

$$g(x, y) = \frac{D_f\begin{pmatrix} y\, y_1 \dots y_p \\ x\, x_1 \dots x_p \end{pmatrix}}{D_f\begin{pmatrix} y_1 \dots y_p \\ x_1 \dots x_p \end{pmatrix}},$$

so hat die Operation S_g die Eigenschaft, daß

$$S_g S_f \varphi(x)$$

sich von $\varphi(x)$ nur um eine Lösung der Gleichung $S_f = 0$ unterscheidet. Es ist also zwar nicht gerade immer

$$S_g S_f \varphi = \varphi,$$

---

*) Es gilt hier, wie man leicht bestätigt, das assoziative Gesetz.

**) $\varphi(x)$ ist eine beliebige Funktion und $\psi(x) = S_f \varphi$.

aber doch wenigstens

$$S_f S_g S_f \varphi = S_f \varphi.$$

Ist $\varphi_1(x), \ldots, \varphi_p(x)$ ein Fundamentalsystem von Lösungen für die Gleichung $S_f = 0$, so hat man

$$S_g S_f \varphi(x) = \varphi(x) + c_1 \varphi_1(x) + \ldots + c_p \varphi_p(x).$$

Wir wollen zwei Funktionen, deren Differenz sich linear aus $\varphi_1, \ldots, \varphi_p$ zusammensetzt, **kongruent** modulis $\varphi_1, \ldots, \varphi_p$ nennen. Dann sind $S_g S_f \varphi$ und φ kongruent modulis $\varphi_1, \ldots, \varphi_p$. Für jedes φ findet also die Kongruenz statt

$$S_g S_f \varphi \equiv \varphi \qquad (\text{modd. } \varphi_1, \ldots, \varphi_p).$$

S_g heißt bei Fredholm zu S_f **pseudoinvers**.

Siebzehntes Kapitel.

Elementarteilertheorie.

§ 124. Lineare Transformationen.

Ein n-gliedriges Wertsystem $x_1, \ldots, x_n$ wollen wir kurz mit x bezeichnen. Ferner soll der Übergang von $x_1, \ldots, x_n$ zu

$$(1) \qquad \begin{cases} x_1' = a_{11} \; x_1 + \ldots + a_{1n} \; x_n, \\ \cdot \quad \cdot \quad \cdot \quad \cdot \quad \cdot \quad \cdot \quad \cdot \quad \cdot \quad \cdot \quad \cdot \\ x_n' = a_{n1} \; x_1 + \ldots + a_{nn} \; x_n \end{cases}$$

durch die symbolische Formel

$$(2) \qquad x' = \mathfrak{A} x$$

ausgedrückt werden. Wenn man n verschiedene Systeme x mit dem entsprechenden x' ins Auge faßt und sie zu Spalten zweier Matrizen $\mathfrak{x}$ und $\mathfrak{x}'$ macht, so besteht zwischen diesen Matrizen und der Matrix

$$(3) \qquad \mathfrak{A} = \begin{pmatrix} a_{11} & \ldots & a_{1n} \\ \cdot & \cdot & \cdot \\ a_{n1} & \ldots & a_{nn} \end{pmatrix}$$

der Zusammenhang

$$\mathfrak{x}' = \mathfrak{A} \mathfrak{x}.$$

Dabei ist die rechte Seite das auf Grund der bekannten Regel (vgl. S. 173) gebildete Produkt der beiden Matrizen $\mathfrak{A}$ und $\mathfrak{x}$.

(1) ist nichts anderes als eine lineare Transformation. Wir wollen sie mit $\mathfrak{A}$ bezeichnen und als eine Operation betrachten, die von x zu x' hinführt. Ist die Determinante der a_{rs} von Null verschieden, so wird die lineare Transformation als nichtsingulär bezeichnet (vgl. S. 170). Es gibt in diesem Falle eine Matrix, nämlich

$$(4)\qquad \begin{pmatrix} \frac{A_{11}}{A}, \ldots, \frac{A_{n1}}{A} \\ \cdot \quad \cdot \quad \cdot \quad \cdot \quad \cdot \\ \frac{A_{1n}}{A}, \ldots, \frac{A_{nn}}{A} \end{pmatrix}$$

die mit $\mathfrak{A}$ vorne oder hinten multipliziert das Produkt

$$\begin{pmatrix} 1 & \ldots & 0 \\ \cdot & \cdot & \cdot \\ 0 & \ldots & 1 \end{pmatrix},$$

die sogenannte Einheitsmatrix, liefert. A_{rs} ist hierbei das algebraische Komplement von a_{rs} in der Determinante der a_{rs}, die hier mit A bezeichnet wird. Man pflegt die Einheitsmatrix, weil sie als Faktor an irgendeine Matrix angefügt, keinerlei Wirkung hervorbringt, mit 1 zu bezeichnen. Die Matrizen (3) und (4) liefern also, so kann man sagen, das Produkt 1. Daher bezeichnet man die Matrix (4) mit $\mathfrak{A}^{-1}$ und nennt sie zu $\mathfrak{A}$ invers. Ebenso ist auch $\mathfrak{A}$ zu $\mathfrak{A}^{-1}$ invers.

In der nun folgenden Betrachtung wird über die Determinante der linearen Transformation $\mathfrak{A}$ nichts vorausgesetzt. Sie kann also gleich Null sein.

Wird die Operation $\mathfrak{A}$ wiederholt angewandt, so ergibt sich

$$x'' = \mathfrak{A}x', \quad x''' = \mathfrak{A}x'', \quad \ldots.$$

Man schreibt dann

$$x'' = \mathfrak{A}^2 x. \quad x''' = \mathfrak{A}^3 x, \quad \ldots.$$

Bemerkt sei noch, daß unter $x + y$ das Wertsystem $x_1 + y_1, \ldots, x_n + y_n$ zu verstehen ist, unter cx das Wertsystem $cx_1, \ldots, cx_n$. Hiernach braucht kaum gesagt zu werden, welchen Sinn das Symbol $P(\mathfrak{A})x$ hat, wobei $P(\mathfrak{A})$ ein Polynom $c_0\mathfrak{A}^p + c_1\mathfrak{A}^{p-1} + \ldots + c_p$ ist. Es bedeutet nichts anderes als die Summe der Wertsysteme

$$c_0\mathfrak{A}^p x, \quad c_1\mathfrak{A}^{p-1}x, \ldots, c_p x,$$

also eine lineare Kombination aus

$$\mathfrak{A}^p x, \quad \mathfrak{A}^{p-1}x, \ldots, x.$$

Wenn man von einem Wertsystem ξ ausgeht, das nicht aus lauter Nullen besteht, und die Systeme

$$\xi, \quad \mathfrak{A}\xi, \quad \mathfrak{A}^2\xi, \ldots$$

bildet, so kommt man, da es nicht mehr als n linear unabhängige n-gliedrige Wertsysteme geben kann, sicher auf ein System, das sich als lineare Kombination der vorangehenden Systeme erweist. $\mathfrak{A}^\lambda\xi$ sei das erste derartige System. Dann sind die Systeme

$$(5) \qquad \xi, \quad \mathfrak{A}\xi, \ldots, \mathfrak{A}^{\lambda-1}\xi$$

linear unabhängig, während sich $\mathfrak{A}^\lambda\xi$ aus den Systemen (5) linear aufbauen läßt:

$$\mathfrak{A}^\lambda\xi = l_0\xi + l_1\mathfrak{A}\xi + \ldots, + l_{\lambda-1}\mathfrak{A}^{\lambda-1}\xi.$$

Man kann auch sagen, daß $L(\mathfrak{A})\xi$ das Wertsystem $0, \ldots, 0$ ist, was man durch die Gleichung $L(\mathfrak{A})\xi = 0$ ausdrückt. $L(\mathfrak{A})$ ist hierbei das Polynom $\mathfrak{A}^\lambda - l_0 - l_1\mathfrak{A} - \ldots - l_{\lambda-1}\mathfrak{A}^{\lambda-1}$.

Es kann sein, daß bei besonderer Wahl von ξ der Exponent λ einen kleineren Wert annimmt als sonst. Wir denken uns ξ so gewählt, daß eine solche außergewöhnliche Senkung des λ-Wertes nicht eintritt. λ soll, kurz gesagt, so groß wie möglich sein.

Im Falle $\lambda = n$ ist es unmöglich, den Systemen (5) ein von ihnen unabhängiges hinzuzufügen. Wir nennen dann die lineare Transformation einteilig.

Ist $\lambda < n$, so kann man ein Wertsystem η derart wählen, daß die Systeme

$$\xi, \quad \mathfrak{A}\xi, \ldots, \mathfrak{A}^{\lambda-1}\xi, \quad \eta$$

linear unabhängig sind. Wir setzen diese Reihe durch Anfügen von $\mathfrak{A}\eta$, $\mathfrak{A}^2\eta, \ldots$ so lange fort, als die Eigenschaft der linearen Unabhängigkeit erhalten bleibt. Es seien also

$$(6) \qquad \xi, \quad \mathfrak{A}\xi, \ldots, \mathfrak{A}^{\lambda-1}\xi, \quad \eta, \quad \mathfrak{A}\eta, \ldots, \mathfrak{A}^{\mu-1}\eta$$

linear unabhängig, während sich $\mathfrak{A}^\mu\eta$ aus diesen Systemen linear aufbauen läßt. Auch hier richten wir es durch passende Wahl von η so ein, daß μ einen möglichst großen Wert hat.

Im Falle $\lambda + \mu = n$ ist es unmöglich, zu (6) noch ein neues unabhängiges System hinzuzufügen. Wir sprechen dann von einer zweiteiligen linearen Transformation. Da sich $\mathfrak{A}^\mu\eta$ linear aus den Systemen (6) aufbaut, so besteht eine Beziehung von folgender Form:

$$L_1(\mathfrak{A})\xi + M(\mathfrak{A})\eta = 0.$$

Dabei ist

$$M(\mathfrak{A}) = \mathfrak{A}^\mu - m_0 - m_1\mathfrak{A} - \ldots - m_{\mu-1}\mathfrak{A}^{\mu-1}$$

und $L_1(\mathfrak{A})$ ein Polynom, dessen Grad unterhalb von λ liegt.

Es bedarf kaum einer Erklärung, was unter einer **dreiteiligen** oder allgemein unter einer k-teiligen linearen Transformation zu verstehen ist. Die Polynome $L(\mathfrak{A})$, $M(\mathfrak{A})$, ... nennt man die **charakteristischen Polynome** der linearen Transformation. Sie sind, wie sich zeigen wird, unabhängig von der Wahl der Wertsysteme $\xi, \eta, \ldots$.

§ 125. Kanonischer Ausdruck einer einteiligen linearen Transformation.

Ist $x' = \mathfrak{A}x$ eine einteilige lineare Transformation in $x_1, \ldots, x_n$, so werden bei passender Wahl des Ausgangssystems ξ die Systeme

$$\xi, \ \mathfrak{A}\xi, \ \ldots, \ \mathfrak{A}^{n-1}\xi$$

linear unabhängig sein. Daher läßt sich jedes beliebige System x aus ihnen linear aufbauen, also in der Form schreiben

$$x = X_1\xi + X_2\mathfrak{A}\xi + \ldots + X_n\mathfrak{A}^{n-1}. \tag{7}$$

Ebenso gilt für x' die Darstellung

$$x' = X_1'\xi + X_2'\mathfrak{A}\xi + \ldots + X_n'\mathfrak{A}^{n-1}\xi. \tag{7'}$$

X und X' hängen durch eine lineare Transformation, deren Matrix man leicht angeben kann. (7') ist eine nichtsinguläre lineare Transformation, die wir durch die symbolische Gleichung $x' = \mathfrak{C}X'$ ausdrücken. Hieraus entnimmt man $X' = \mathfrak{C}^{-1}x'$ oder, da $x' = \mathfrak{A}x$ ist, $X' = \mathfrak{C}^{-1}\mathfrak{A}x$. Andererseits ist noch (7) offenbar $x = \mathfrak{C}X$. Also hat man

$$X' = \mathfrak{C}^{-1}\mathfrak{A}\mathfrak{C}X.$$

Das ist die in $X_1, \ldots, X_n$ geschriebene lineare Transformation $x' = \mathfrak{A}x$. Sie hat, wie wir sehen werden, eine besonders einfache Gestalt. Setzt man nämlich in $x' = \mathfrak{A}x$ für x und x' die Ausdrücke (7) und (7') ein und bedenkt, daß

$$\mathfrak{A}^n\xi = l_0\xi + l_1\mathfrak{A}\xi + \ldots + l_{n-1}\mathfrak{A}^{n-1}\xi$$

ist, so ergibt sich

$$\begin{aligned} & X_1'\xi + X_2'\mathfrak{A}\xi + \ldots + X_n'\mathfrak{A}^{n-1}\xi \\ = {} & X_1\mathfrak{A}\xi + X_2\mathfrak{A}^2\xi + \ldots + X_{n-1}\mathfrak{A}^{n-1}\xi \\ & + X_n(l_0\xi + l_1\mathfrak{A}\xi + \ldots + l_{n-1}\mathfrak{A}^{n-1}\xi). \end{aligned}$$

Hieraus folgt wegen der linearen Unabhängigkeit der Systeme $\xi, \mathfrak{A}\xi, \ldots, \mathfrak{A}^{n-1}\xi$

$$X_1' = l_0X_n, \quad X_2' = X_1 + l_1X_n, \quad \ldots, \quad X_n' = X_{n-1} + l_{n-1}X_n.$$

Das ist der kanonische Ausdruck einer einteiligen linearen Transformation mit dem charakteristischen Polynom

$$L(\mathfrak{A}) = l_0 + l_1\mathfrak{A} + \ldots + l_{n-1}\mathfrak{A}^{n-1}.$$

Die Matrix der kanonischen Transformation, also die Matrix $\mathfrak{C}^{-1}\mathfrak{A}\mathfrak{C}$, lautet

$$\begin{pmatrix} 0 & 0 & .. & 0 & l_0 \\ 1 & 0 & .. & 0 & l_1 \\ . & . & . & . & . \\ 0 & 0 & .. & 1 & l_{n-1} \end{pmatrix}.$$

Sie entsteht aus der $(n-1)$-reihigen Einheitsmatrix

$$\begin{pmatrix} 1 & 0 & .. & 0 \\ . & . & . & . \\ 0 & 0 & .. & 1 \end{pmatrix}$$

dadurch, daß man diese oben mit $n-1$ Nullen und rechts mit der Spalte $l_1, \ldots, l_{n-1}$ rändert und in die freie Ecke l_0 schreibt.

Das charakteristische Polynom $L(\mathfrak{A})$ hängt nicht von der Wahl des Punktes ξ ab. Man kann, wenn ξ^* irgendein Wertsystem ist, stets schreiben $\xi^* = P(\mathfrak{A})\xi$, wobei P ein Polynom $(n-1)$-ten Grades bedeutet. Hieraus folgt sofort

$$L(\mathfrak{A})\xi^* = L(\mathfrak{A})P(\mathfrak{A})\xi = P(\mathfrak{A})L(\mathfrak{A})\xi = 0.$$

Hierbei haben wir die Vertauschbarkeit der Operationen $P(\mathfrak{A})$, $L(\mathfrak{A})$ und die Eigenschaft $L(\mathfrak{A})\xi = 0$ benutzt.

Wenn man n Wertsysteme ξ betrachtet und sie zu Spalten einer Matrix $\mathfrak{M}$ macht, deren Determinante bei passender Wahl der ξ von Null verschieden sein wird, so kann man aus $L(\mathfrak{A})\xi^* = 0$ schließen, daß die Matrizen

$$L(\mathfrak{A}) = \mathfrak{A}^n - l_0\mathfrak{E} - l_1\mathfrak{A} - \ldots - l_{n-1}\mathfrak{A}^{n-1}$$

und $\mathfrak{M}$ als Produkt eine aus lauter Nullen bestehende Matrix liefern. Diese Matrix wird kurz mit 0 bezeichnet. Man kann daher schreiben

$$L(\mathfrak{A})\mathfrak{M} = 0.$$

Hieraus folgt, wenn man als dritten Faktor $\mathfrak{M}^{-1}$ anfügt

(8) $$L(\mathfrak{A}) = 0.$$

Die Matrix $L(\mathfrak{A})$ besteht also aus lauter Nullen. Kein Polynom niedrigeren Grades hat diese Eigenschaft. Es sind mit andern Worten $\mathfrak{E}$, $\mathfrak{A}$, $\ldots$, $\mathfrak{A}^{n-1}$ linear unabhängig, während sich $\mathfrak{A}^n$ linear aus jenen n Matrizen aufbaut. $\mathfrak{E}$ ist die Einheitsmatrix. Ferner braucht kaum gesagt zu werden, daß eine Matrix mit einer Zahl multipliziert wird, indem man diese Zahl allen Elementen der Matrix als Faktor beigibt. Matrizen werden addiert durch Summation der gleichnamigen Elemente. Auf Grund der Beziehung

$$\mathfrak{C}^{-1}(\mathfrak{A} - \varrho\mathfrak{E})\mathfrak{C} = \mathfrak{C}^{-1}\mathfrak{A}\mathfrak{C} - \varrho\mathfrak{E}$$

ist die Determinante von $\mathfrak{C}^{-1}\mathfrak{A}\mathfrak{C}-\varrho\mathfrak{E}$, die

$$\begin{vmatrix} -\varrho & 0 \,..\, 0 & l_0 \\ 1 & -\varrho \,..\, 0 & l_1 \\ . \; . \; . & . \; . \; . & . \; . \; . \\ 0 & 0 \,..\, 1, & l_{n-1}-\varrho \end{vmatrix}$$

lautet und bis aufs Vorzeichen mit $L(\varrho)$ zusammenfällt, gleich

$$\begin{vmatrix} a_{11}-\varrho, & a_{12}, & .., & a_{1n} \\ a_{21}, & a_{22}-\varrho, & .., & a_{2n} \\ . \; . \; . & . \; . \; . & . \; . & . \; . \\ a_{n1}, & a_{n2}, & .., & a_{nn}-\varrho \end{vmatrix} \tag{9}$$

Diese Determinante hat also den Wert $(-1)^n L(\varrho)$. Gleichung (8) ist das berühmte Hamiltonsche Theorem. Es besagt, in Worten ausgedrückt, folgendes:

Wenn man die Determinante (9) ausrechnet und $\varrho^0, \varrho^1, \ldots, \varrho^n$ durch $\mathfrak{E}, \mathfrak{A}, \ldots, \mathfrak{A}^n$ ersetzt, so entsteht eine Matrix aus lauter Nullen.

Wir werden sehen, daß dieses Theorem eine allgemeine Eigenschaft der n-reihigen Matrizen zum Ausdruck bringt.

§ 126. Kanonischer Ausdruck einer mehrteiligen linearen Transformation.

Bei einer zweiteiligen linearen Transformation lassen sich die Wertsysteme ξ und η derart wählen, daß die Systeme (6) linear unabhängig sind. Es ist außerdem

$$L(\mathfrak{A})\xi = 0, \quad L_1(\mathfrak{A})\xi + M(\mathfrak{A})\eta = 0.$$

L und M sind die beiden Polynome

$$\mathfrak{A}^\lambda - l_0 - l_1\mathfrak{A} - \ldots - l_{\lambda-1}\mathfrak{A}^{\lambda-1}$$

und

$$\mathfrak{A}^\mu - m_0 - m_1\mathfrak{A} - \ldots - m_{\mu-1}\mathfrak{A}^{\mu-1}.$$

L_1 ist ein Polynom von niedrigerem Grade als λ.

Durch geeignete Wahl von ξ wird zuerst λ auf einen möglichst hohen Wert gebracht und dann durch passende Wahl von η auch μ.

Es läßt sich sofort eine wichtige Beziehung zwischen den Polynomen L und M feststellen. Bildet man von $\xi + \varkappa\eta$ ausgehend die Reihe

$$\xi + \varkappa\eta, \quad \mathfrak{A}\xi + \varkappa\mathfrak{A}\eta, \quad \ldots, \quad \mathfrak{A}^{\lambda-1}\xi + \varkappa\mathfrak{A}^{\lambda-1}\eta, \quad \mathfrak{A}^\lambda\xi + \varkappa\mathfrak{A}^\lambda\eta,$$

so muß zwischen diesen Systemen eine lineare Abhängigkeit bestehen, ebenso zwischen den Systemen

$$\xi + \varkappa\eta,\quad \mathfrak{A}\xi + \varkappa\mathfrak{A}\eta,\ \ldots,\ \mathfrak{A}^{\lambda-1}\xi + \varkappa\mathfrak{A}^{\lambda-1}\eta,\quad \varkappa L(\mathfrak{A})\eta$$

und, wenn wir $\varkappa \neq 0$ annehmen, zwischen

$$(*)\qquad \xi + \varkappa\eta,\quad \mathfrak{A}\xi + \varkappa\mathfrak{A}\eta,\ \ldots,\ \mathfrak{A}^{\lambda-1}\xi + \varkappa\mathfrak{A}^{\lambda-1}\eta,\quad L(\mathfrak{A})\eta.$$

Wären nun die Systeme

$$\xi,\ \mathfrak{A}\xi,\ \ldots,\ \mathfrak{A}^{\lambda-1}\xi,\ L(\mathfrak{A})\eta$$

linear unabhängig, so würden für kleine Beträge von $\varkappa$ auch die Systeme (*) unabhängig sein, was aber nicht der Fall ist. Da nun $\xi, \mathfrak{A}\xi, \ldots, \mathfrak{A}^{\lambda-1}\xi$ linear unabhängig sind, so muß sich $L(\mathfrak{A})\eta$ linear aus ihnen aufbauen. Dasselbe gilt aber, wie wir wissen, von $M(\mathfrak{A})\eta$, also auch von $Q(\mathfrak{A})M(\mathfrak{A})\eta$, wenn $Q(\mathfrak{A})$ ein beliebiges Polynom ist, wobei $\mathfrak{A}^{\lambda}\xi, \mathfrak{A}^{\lambda+1}\xi, \ldots$ mittels der Relation $L(\mathfrak{A})\xi = 0$ zu beseitigen sind. Auch $\{L(\mathfrak{A}) - Q(\mathfrak{A})M(\mathfrak{A})\}\eta$ ist demnach eine lineare Kombination von $\xi, \mathfrak{A}\xi, \ldots, \mathfrak{A}^{\lambda-1}\xi$. Bei passender Wahl von Q hat $L - QM$ einen niedrigeren Grad als M und muß dann identisch verschwinden, weil die Systeme $\xi, \ldots, \mathfrak{A}^{\lambda-1}\xi, \eta, \ldots, \mathfrak{A}^{\mu-1}\eta$ linear unabhängig sind. Es ist also $L = QM$, d. h. L durch M teilbar.

Auch das in der Beziehung $L_1(\mathfrak{A})\xi + M(\mathfrak{A})\eta = 0$ auftretende Polynom L_1, dessen Grad unterhalb λ liegt, ist durch M teilbar. Wir dividieren L_1 durch M und erhalten

$$L_1 = Q_1 M + M_1,$$

wobei M_1 einen niedrigeren Grad als M hat. Setzen wir $\eta^* = \eta + Q_1(\mathfrak{A})\xi$, so können wir schreiben

$$(\dagger)\qquad M_1(\mathfrak{A})\xi + M(\mathfrak{A})\eta^* = 0.$$

Nun gibt es in der Reihe $\eta^*, \mathfrak{A}\eta^*, \ldots, \mathfrak{A}^{\lambda}\eta^*$ ein erstes Glied, das sich durch die vorangehenden linear ausdrückt. Auch $\mathfrak{A}^{\lambda}\eta^*$ wird diese Eigenschaft haben. Es gibt also ein Polynom L^* vom Grade λ mit der Eigenschaft $L^*(\mathfrak{A})\eta^* = 0$. Wäre nun L^* nicht durch M teilbar und hätte einen nicht verschwindenden Divisionsrest M^*, so wäre $M^*\eta^*$ und daher auch $M^*\eta$ eine lineare Kombination aus $\xi, \mathfrak{A}\xi, \ldots, \mathfrak{A}^{\lambda-1}\xi$. Das ist aber unmöglich, weil M^* einen niedrigeren Grad hat als M. Es muß also $L^* = Q^*M$ sein. Nachdem man dies weiß, kann man aus (†) folgern

$$Q^*(\mathfrak{A})M_1(\mathfrak{A})\xi = 0.$$

Da Q^*M_1 von niedrigerem Grade ist als Q^*M, also von niedrigerem Grade als λ, muß M_1 identisch verschwinden, weil zwischen $\xi, \mathfrak{A}\xi, \ldots, \mathfrak{A}^{\lambda-1}\xi$ keine lineare Relation besteht. Somit reduziert sich die Gleichung (†) auf

$$M(\mathfrak{A})\eta^* = 0.$$

Da es sich um eine zweiteilige lineare Transformation handelt, haben wir in

$$\xi,\ \mathfrak{A}\xi,\ \ldots,\ \mathfrak{A}^{\lambda-1}\xi,\ \eta^*,\ \mathfrak{A}\eta^*,\ \ldots,\ \mathfrak{A}^{\mu-1}\eta^*$$

n linear unabhängige Systeme vor uns und können daher x und x' in folgender Form darstellen:

$$(10)\qquad x = X_1\xi + \ldots + X_\lambda\mathfrak{A}^{\lambda-1}\xi + Y_1\eta^* + \ldots + Y_\mu\mathfrak{A}^{\mu-1}\eta^*,$$

$$(10')\qquad x' = X_1'\xi + \ldots + X_\lambda'\mathfrak{A}^{\lambda-1}\xi + Y_1'\eta^* + \ldots + Y_\mu'\mathfrak{A}^{\mu-1}\eta^*.$$

In beiden Fällen liegt dieselbe nichtsinguläre lineare Transformation $\mathfrak{C}$ vor, so daß die symbolischen Gleichungen

$$x = \mathfrak{C}X,\quad x' = \mathfrak{C}X'$$

bestehen. Hieraus folgt in Verbindung mit $x' = \mathfrak{A}x$

$$X' = \mathfrak{C}^{-1}\mathfrak{A}\mathfrak{C}X.$$

Setzt man andererseits in $x' = \mathfrak{A}x$ die Ausdrücke (10) und (10') ein und bedenkt, daß

$$\mathfrak{A}^\lambda\xi = l_0\xi + l_1\mathfrak{A}\xi + \ldots + l_{\lambda-1}\mathfrak{A}^{\lambda-1}\xi$$

und

$$\mathfrak{A}^\mu\eta^* = m_0\eta^* + m_1\mathfrak{A}\eta^* + \ldots + m_{\mu-1}\mathfrak{A}^{\lambda-1}\eta^*$$

ist, so ergibt sich

$$X_1'\xi + \ldots + X_\lambda'\mathfrak{A}^{\lambda-1}\xi + Y_1'\eta^* + \ldots + Y_\mu'\mathfrak{A}^{\mu-1}\eta^*$$
$$= X_1\mathfrak{A}\xi + \ldots X_{\lambda-1}\mathfrak{A}^{\lambda-1}\xi + Y_1\mathfrak{A}\eta^* + \ldots + Y^{\mu-1}\mathfrak{A}^{\mu-1}\eta^*$$
$$+ X_\lambda(l_0\xi + \ldots + l_{\lambda-1}\mathfrak{A}^{\lambda-1}\xi) + Y_\mu(m_0\eta^* + \ldots + m_{\mu-1}\mathfrak{A}^{\mu-1}\eta^*).$$

Hieraus folgt

$$X_1' = l_0X_\lambda,\quad X_2' = X_1 + l_1X_\lambda,\quad \ldots,\quad X_\lambda' = X_{\lambda-1} + l_{\lambda-1}X_\lambda,$$
$$Y_1' = m_0Y_\mu,\quad Y_2' = Y_1 + m_1Y_\mu,\quad \ldots,\quad Y_\mu' = Y_{\mu-1} + m_{\mu-1}Y_\mu.$$

Das ist der kanonische Ausdruck einer zweiteiligen linearen Transformation.

Die Matrix der kanonischen Transformation, also die Matrix $\mathfrak{C}^{-1}\mathfrak{A}\mathfrak{C}$ lautet

$$\begin{pmatrix}
0 & 0 & \ldots & 0 & l_0 & 0 & 0 & \ldots & 0 & 0\\
1 & 0 & \ldots & 0 & l_1 & 0 & 0 & \ldots & 0 & 0\\
\cdot & \cdot & \cdot & \cdot & \cdot & \cdot & \cdot & \cdot & \cdot & \cdot\\
0 & 0 & \ldots & 1 & l_{\lambda-1} & 0 & 0 & \ldots & 0 & 0\\
0 & 0 & \ldots & 0 & 0 & 0 & 0 & \ldots & 0 & m_0\\
0 & 0 & \ldots & 0 & 0 & 1 & 0 & \ldots & 0 & m_1\\
\cdot & \cdot & \cdot & \cdot & \cdot & \cdot & \cdot & \cdot & \cdot & \cdot\\
0 & 0 & \ldots & 0 & 0 & 0 & 0 & \ldots & 1 & m_{\mu-1}
\end{pmatrix}.$$

Die beiden einteiligen Matrizen*)

$$\begin{pmatrix} 0 & 0 & \ldots & 0 & l_0 \\ 1 & 0 & \ldots & 0 & l_1 \\ . & . & . & . & . \\ 0 & 0 & \ldots & 1 & l_{\lambda-1} \end{pmatrix}$$

und

$$\begin{pmatrix} 0 & 0 & \ldots & 0 & m_0 \\ 1 & 0 & \ldots & 0 & m_1 \\ . & . & . & . & . \\ 0 & 0 & \ldots & 1 & m_{\mu-1} \end{pmatrix}$$

sind hier in diagonaler Richtung aneinandergesetzt und die leeren Stellen mit Nullen ausgefüllt.

Ganz ähnlich kann man bei einer dreiteiligen linearen Transformation zeigen, daß von den drei charakteristischen Polynomen $L(\mathfrak{A})$, $M(\mathfrak{A})$, $N(\mathfrak{A})$ jedes durch das folgende teilbar ist. Als kanonischer Ausdruck einer solchen Transformation ergibt sich

$$X_1' = l_0 X_\lambda, \quad X_2' = X_1 + l_1 X_\lambda, \quad \ldots, \quad X_\lambda' = X_{\lambda-1} + l_{\lambda-1} X_\lambda,$$
$$Y_1' = m_0 Y_\mu, \quad Y_2' = Y_1 + m_1 Y_\mu, \quad \ldots, \quad Y_\mu' = Y_{\mu-1} + m_{\mu-1} Y_\mu,$$
$$Z_1' = n_0 Z_\nu, \quad Z_2' = Z_1 + n_1 Z_\nu, \quad \ldots, \quad Z_\nu' = Z_{\nu-1} + n_{\nu-1} Z_\nu.$$

Das Polynom

$$L(\mathfrak{A}) = \mathfrak{A}^\lambda - l_0 - \ \ldots \ - l_{\lambda-1}\mathfrak{A}^{\lambda-1}$$

ist teilbar durch

$$M(\mathfrak{A}) = \mathfrak{A}^\mu - m_0 - \ \ldots \ - m_{\mu-1}\mathfrak{A}^{\mu-1}$$

und dieses teilbar durch

$$N(\mathfrak{A}) = \mathfrak{A}^\nu - n_0 - \ \ldots \ - n_{\nu-1}\mathfrak{A}^{\nu-1}$$

Die Matrix der kanonischen Transformation erhält man dadurch, daß man

$$\begin{pmatrix} 0 & 0 & \ldots & 0 & l_0 \\ 1 & 0 & \ldots & 0 & l_1 \\ . & . & . & . & . \\ 0 & 0 & \ldots & 1 & l_{\lambda-1} \end{pmatrix}, \quad \begin{pmatrix} 0 & 0 & \ldots & 0 & m_0 \\ 1 & 0 & \ldots & 0 & m_1 \\ . & . & . & . & . \\ 0 & 0 & \ldots & 1 & m_{\mu-1} \end{pmatrix}, \quad \begin{pmatrix} 0 & 0 & \ldots & 0 & n_0 \\ 1 & 0 & \ldots & 0 & n_1 \\ . & . & . & . & . \\ 0 & 0 & \ldots & 1 & n_{\nu-1} \end{pmatrix}$$

in diagonaler Richtung aneinanderfügt und die leeren Stellen mit Nullen ausfüllt.

Ganz entsprechend ist es bei mehr als dreiteiligen linearen Transformationen.

*) Wir übertragen die Bezeichnung „einteilig" von der linearen Transformation auf ihre Matrix.

§ 127. Charakteristische Polynome und charakteristische Matrix.

Als charakteristische Matrix der linearen Transformation $x' = \mathfrak{A}x$ bezeichnet man die Matrix $\mathfrak{A} - \varrho\mathfrak{E}$. Wenn man $x' = \mathfrak{A}x$ durch eine nichtsinguläre lineare Transformation $\mathfrak{C}$ umformt, also $x = \mathfrak{C}X$, $x' = \mathfrak{C}X'$ einsetzt, so entsteht die lineare Transformation $X' = \mathfrak{C}^{-1}\mathfrak{A}\mathfrak{C}X$. Ihre charakteristische Matrix lautet $\mathfrak{C}^{-1}\mathfrak{A}\mathfrak{C} - \varrho\mathfrak{E}$ und läßt sich in der Form $\mathfrak{C}^{-1}(\mathfrak{A} - \varrho\mathfrak{E})\mathfrak{C}$ schreiben. Setzt man $\mathfrak{C}^{-1}\mathfrak{A}\mathfrak{C} = \mathfrak{A}'$, so ist also

$$\mathfrak{A}' - \varrho\mathfrak{E} = \mathfrak{C}^{-1}(\mathfrak{A} - \varrho\mathfrak{E})\mathfrak{C} \tag{11}$$

Hieraus folgt

$$\mathfrak{A} - \varrho\mathfrak{E} = \mathfrak{C}(\mathfrak{A}' - \varrho\mathfrak{E})\mathfrak{C}^{-1}. \tag{11'}$$

Man nennt $\mathfrak{A}'$ die transformierte Matrix zu $\mathfrak{A}$. Die obige Feststellung läßt sich dann folgendermaßen in Worte fassen: *Wenn man $\mathfrak{A}$ mittels $\mathfrak{C}$ in $\mathfrak{A}'$ transformiert, so transformiert sich zugleich $\mathfrak{A} - \varrho\mathfrak{E}$ in $\mathfrak{A}' - \varrho\mathfrak{E}$.* Man sieht, daß $\mathfrak{A} - \varrho\mathfrak{E}$ gegenüber allen diesen Umformungen mit $\mathfrak{A}$ invariant verknüpft ist.

Aus (11) und (11') läßt sich folgendes entnehmen: Jeder k-reihige Minor von $\mathfrak{A}' - \varrho\mathfrak{E}$ ist eine lineare Verbindung aus den k-reihigen Minoren von $\mathfrak{A} - \varrho\mathfrak{E}$ und umgekehrt. Hieraus folgt, daß jeder gemeinsame Teiler der k-reihigen Minoren von $\mathfrak{A} - \varrho\mathfrak{E}$ ein gemeinsamer Teiler aller k-reihigen Minoren von $\mathfrak{A}' - \varrho\mathfrak{E}$ ist und umgekehrt. Dies gilt insbesondere vom größten gemeinsamen Teiler.

Liegt nun z. B. eine zweiteilige Matrix $\mathfrak{A}$ vor, so tritt bei passender Wahl von $\mathfrak{C}$ als transformierte Matrix $\mathfrak{A}'$ die kanonische Matrix auf, wie sie in § 126 angegeben wurde. $\mathfrak{A}' - \varrho\mathfrak{E}$ lautet dann

$$\begin{pmatrix}
-\varrho & 0 & \ldots & 0 & l_0 & 0 & 0 & \ldots & 0 & 0 \\
1 & -\varrho & \ldots & 0 & l_1 & 0 & 0 & \ldots & 0 & 0 \\
\cdot & \cdot & \cdot & \cdot & \cdot & \cdot & \cdot & \cdot & \cdot & \cdot \\
0 & 0 & \ldots & 1, & l_{\lambda-1} - \varrho, & 0 & 0 & \ldots & 0 & 0 \\
0 & 0 & \ldots & 0 & 0 & -\varrho & 0 & \ldots & 0 & m_0 \\
0 & 0 & \ldots & 0 & 0 & 0 & -\varrho & \ldots & 0 & m_1 \\
\cdot & \cdot & \cdot & \cdot & \cdot & \cdot & \cdot & \cdot & \cdot & \cdot \\
0 & 0 & \ldots & 0 & 0 & 0 & 0 & \ldots & 1, & m_{\mu-1} - \varrho
\end{pmatrix}$$

Die Determinante dieser Matrix ist bis aufs Zeichen gleich $L(\varrho)\,M(\varrho)$. Ihre $(n - 1)$-reihigen Minoren sind z. T. gleich Null. Man kann leicht erkennen, welche von diesen Minoren verschwinden. Streicht man eine der λ ersten Zeilen und eine der μ letzten Spalten, so stehen in den λ ersten Spalten nur $\lambda - 1$ Zeilen, die nicht mit lauter Nullen besetzt sind. Entwickelt man also nach diesen Spalten, so kommt Null heraus. Ebenso verschwinden alle Minoren, die man durch Streichung einer der μ letzten Zeilen und einer der λ ersten Spalten erhält. Man braucht also nur noch diejenigen Minoren zu betrachten, die durch Streichung einer der λ ersten Zeilen und einer der λ ersten Spalten oder durch Streichung einer der μ letzten Zeilen und einer der μ letzten Spalten entstehen. Die erstgenannten Minoren enthalten offenbar den Faktor $M(\varrho)$, die zweitgenannten den Faktor $L(\varrho)$. Da $L(\varrho)$ durch $M(\varrho)$ teilbar ist, so ist $M(\varrho)$ ein Teiler aller $(n-1)$-reihigen Minoren von $\mathfrak{A}' - \varrho\mathfrak{E}$. Einer dieser Minoren ist aber bis aufs Zeichen gleich $M(\varrho)$, nämlich das zu l_0 gehörige Komplement. Demnach ist $M(\varrho)$ der größte gemeinsame Teiler aller $(n-1)$-reihigen Minoren von $\mathfrak{A}' - \varrho\mathfrak{E}$ und ebenso von $\mathfrak{A} - \varrho\mathfrak{E}$. Unter den $(n-2)$-reihigen Minoren von $\mathfrak{A} - \varrho\mathfrak{E}$ hat einer den Wert 1. Man erhält ihn durch Streichung der Zeilen und Spalten von l_0 und m_0. Die $(n-2)$-reihigen Minoren haben also den größten gemeinsamen Teiler 1. Dasselbe gilt von den Minoren jeder niedrigeren Ordnung.

Ähnlich wird bei einer dreiteiligen Matrix $\mathfrak{A}$ die Determinante von $\mathfrak{A} - \varrho\mathfrak{E}$ gleich $L(\varrho)M(\varrho)N(\varrho)$ ein, der größte gemeinsame Teiler der $(n-1)$-reihigen Minoren gleich $M(\varrho)N(\varrho)$, der größte gemeinsame Teiler der $(n-2)$-reihigen Minoren gleich $N(\varrho)$, während die $(n-3)$-reihigen Minoren den größten gemeinsamen Teiler 1 haben.

Hiermit ist die Beziehung der charakteristischen Polynome zur charakteristischen Matrix klargelegt. Wenn man mit D_n die Determinante der n-reihigen Matrix $\mathfrak{A} - \varrho\mathfrak{E}$ bezeichnet, mit D_{n-1} den größten gemeinsamen Teiler ihrer $(n-1)$-reihigen Minoren, mit D_{n-2} den der $(n-2)$-reihigen Minoren usw., so sind die charakteristischen Polynome nichts anderes als die Quotienten

$$\frac{D_n}{D_{n-1}}, \quad \frac{D_{n-1}}{D_{n-2}}, \quad \frac{D_{n-2}}{D_{n-3}}, \quad \ldots \tag{12}$$

Daß D_p durch D_{p-1} teilbar ist, folgt daraus, daß man jeden p-reihigen Minor nach einer Zeile entwickeln kann und als Faktoren hierbei $(p-1)$-reihige Minoren auftreten. Schwerer läßt sich direkt erkennen, daß in der Polynomreihe (12) jedes Glied durch das folgende teilbar ist. Dies bereitete selbst einem Weierstraß Schwierigkeiten, die andere beseitigten. Bei einer k-teiligen Matrix hat die Reihe (12) im ganzen k-Glieder. Dies beruht darauf, daß $D_{n-k} = 1$ ist.

Wir wissen, daß die charakteristische Matrix $\mathfrak{A} - \varrho\mathfrak{E}$ mit $\mathfrak{A}$ invariant verknüpft ist gegenüber allen nichtsingulären linearen Transformationen. Infolgedessen gilt dasselbe von den charakteristischen Polynomen. Wenn wir zwei Matrizen $\mathfrak{A}$ und $\mathfrak{A}'$, die in der Beziehung $\mathfrak{A}' = \mathfrak{C}^{-1}\mathfrak{A}\mathfrak{C}$ stehen ($\mathfrak{C}$ nichtsingulär), als **ähnlich** bezeichnen, so ist eine notwendige Bedingung für die Ähnlichkeit von $\mathfrak{A}$ und $\mathfrak{A}'$ die Übereinstimmung der charakteristischen Polynome. Diese Bedingung ist aber auch hinreichend. Wenn nämlich die charakteristischen Polynome von $\mathfrak{A}$ und $\mathfrak{A}'$ übereinstimmen, so sind diese Matrizen mit derselben kanonischen Matrix $\mathfrak{K}$ ähnlich, d. h. es gibt zwei nichtsinguläre Matrizen $\mathfrak{C}_1$ und $\mathfrak{C}_2$ derart, daß

$$\mathfrak{C}_1^{-1}\mathfrak{A}\mathfrak{C}_1 = \mathfrak{C}_2^{-1}\mathfrak{A}'\mathfrak{C}_2 = \mathfrak{K}$$

ist. Hieraus folgt aber

$$\mathfrak{A}' = \mathfrak{C}_2\mathfrak{C}_1^{-1}\mathfrak{A}\mathfrak{C}_1\mathfrak{C}_2^{-1}$$

oder

$$\mathfrak{A}' = (\mathfrak{C}_1\mathfrak{C}_2^{-1})^{-1}\mathfrak{A}(\mathfrak{C}_1\mathfrak{C}_2^{-1}).$$

Zwei lineare Transformationen $x' = \mathfrak{A}x$ und $X' = \mathfrak{A}'X$, die durch $x = \mathfrak{C}X$, $x' = \mathfrak{C}X'$ zusammenhängen ($\mathfrak{C}$ nichtsingulär), kann man ebenfalls als ähnlich (oder äquivalent) bezeichnen. Da $X' = \mathfrak{C}^{-1}\mathfrak{A}\mathfrak{C}X$, also $\mathfrak{A}' = \mathfrak{C}^{-1}\mathfrak{A}\mathfrak{C}$ ist, so kann man sagen, daß zwei lineare Transformationen $x' = \mathfrak{A}x$ und $X' = \mathfrak{A}'X$ dann und nur dann ähnlich sind, wenn die charakteristischen Polynome übereinstimmen.

§ 128. Weierstraßsche Normalform einer linearen Transformation.

Wir betrachten eine einteilige lineare Transformation in kanonischer Gestalt, $x' = \mathfrak{K}x$, wobei x das λ-gliedrige System $x_1, \ldots, x_\lambda$ und

$$\mathfrak{K} = \begin{pmatrix} 0 & 0 & .. & 0 & l_0 \\ 1 & 0 & .. & 0 & l_1 \\ . & . & . & . & . \\ 0 & 0 & .. & 1 & l_{\lambda-1} \end{pmatrix}$$

ist. Es gibt hier nur ein charakteristisches Polynom

$$L(\varrho) = \varrho^\lambda - l_0 - l_1\varrho - \ldots - l_{\lambda-1}\varrho^{\lambda-1}.$$

Zerlegt man $L(\varrho)$ in $(\varrho - \varrho_1)^{k_1}(\varrho - \varrho_2)^{k_2} \ldots (\varrho - \varrho_p)^{k_p}$, wobei $\varrho_1, \ldots, \varrho_p$ voneinander verschieden sind, so nennt man $(\varrho - \varrho_1)^{k_1}$, $(\varrho - \varrho_2)^{k_2}$, $\ldots$, $(\varrho - \varrho_p)^{k_p}$ die Weierstraßschen Elementarteiler der Matrix $\mathfrak{K} - \varrho\mathfrak{E}$.

Wir wollen zunächst den Fall betrachten, daß nur ein Elementarteiler vorhanden ist und eine mit $\mathfrak{K}$ ähnliche λ-reihige Matrix angeben. Diese Matrix lautet

$$\mathfrak{M} = \begin{pmatrix} \varrho_1 & 0 & .. & 0 & 0 \\ 1 & \varrho_1 & .. & 0 & 0 \\ . & . & . & . & . \\ 0 & 0 & .. & 1 & \varrho_1 \end{pmatrix}.$$

Sie stimmt mit $\mathfrak{K}$ unterhalb der Hauptdiagonale überein. In der Hauptdiagonale steht überall ϱ_1, oberhalb der Hauptdiagonale sehen wir lauter Nullen. Bei $\mathfrak{M} - \varrho\mathfrak{E}$ wie bei $\mathfrak{K} - \varrho\mathfrak{E}$ haben die $(\lambda - 1)$-reihigen Minoren den größten gemeinsamen Teiler 1, ein Zeichen der Einteiligkeit. Das charakteristische Polynom lautet bei beiden Matrizen $(\varrho - \varrho_1)^\lambda$. Daher gibt es eine nichtsinguläre Matrix $\mathfrak{C}$, welche die Gleichung $\mathfrak{M} = \mathfrak{C}^{-1}\mathfrak{K}\mathfrak{C}$ erfüllt. $\mathfrak{M}$ und $\mathfrak{K}$ sind also miteinander ähnlich. Während wir uns bisher ganz im Rationalen bewegt haben, müssen hier bei $\mathfrak{M}$ Irrationalitäten in Kauf genommen werden. Man darf sogar das Imaginäre nicht scheuen. Dafür ist $\mathfrak{M}$ zweifellos von einfacherer Bauart als $\mathfrak{K}$.

Wenn $L(\varrho)$ zwei verschiedene Wurzeln hat, also $L(\varrho) = (\varrho - \varrho_1)^{\lambda_1} (\varrho - \varrho_2)^{\lambda_2}$ ist, so wird die Matrix

$$\mathfrak{M}^* = \begin{pmatrix} \varrho_1 & 0 & .. & 0 & 0 & 0 & 0 & .. & 0 & 0 \\ 1 & \varrho_1 & .. & 0 & 0 & 0 & 0 & .. & 0 & 0 \\ . & . & . & . & . & . & . & . & . & . \\ 0 & 0 & .. & 1 & \varrho_1 & 0 & 0 & .. & 0 & 0 \\ 0 & 0 & .. & 0 & 0 & \varrho_2 & 0 & .. & 0 & 0 \\ 0 & 0 & .. & 0 & 0 & 1 & \varrho_2 & .. & 0 & 0 \\ . & . & . & . & . & . & . & . & . & . \\ 0 & 0 & .. & 0 & 0 & 0 & 0 & .. & 1 & \varrho_2 \end{pmatrix}$$

mit $\mathfrak{K}$ ähnlich sein. ϱ_1 tritt in $\mathfrak{M}$ seiner Vielfachheit entsprechend λ_1-mal, ϱ_2 ebenso λ_2-mal auf. Offenbar ist $\mathfrak{M}^*$ nichts anderes als die diagonale Aneinanderreihung der Matrizen

$$\begin{pmatrix} \varrho_1 & 0 & .. & 0 & 0 \\ 1 & \varrho_1 & .. & 0 & 0 \\ . & . & . & . & . \\ 0 & 0 & .. & 1 & \varrho_1 \end{pmatrix}, \quad \begin{pmatrix} \varrho_2 & 0 & .. & 0 & 0 \\ 1 & \varrho_2 & .. & 0 & 0 \\ . & . & . & . & . \\ 0 & 0 & .. & 1 & \varrho_2 \end{pmatrix},$$

welche die Bauart von $\mathfrak{M}$ haben. Die leeren Plätze sind mit Nullen ausgefüllt. $\mathfrak{M}^* - \varrho\mathfrak{E}$ und $\mathfrak{K} - \varrho\mathfrak{E}$ haben die Eigenschaft, daß die Determinante in beiden Fällen bis aufs Vorzeichen $(\varrho - \varrho_1)^{\lambda_1}(\varrho - \varrho_2)^{\lambda_2}$ lautet, während die $(\lambda - 1)$-reihigen Minoren den größten gemeinsamen Teiler 1 haben. Daher gibt es eine nichtsinguläre Matrix $\mathfrak{C}$, welche die Gleichung $\mathfrak{M}^* = \mathfrak{C}^{-1}\mathfrak{K}\mathfrak{C}$ erfüllt. $\mathfrak{M}^*$ und $\mathfrak{K}$ sind also miteinander ähnlich. Entsprechend läßt sich, wenn $\mathfrak{K} - \varrho\mathfrak{E}$ mehr als zwei Elementarteiler besitzt, eine mit $\mathfrak{K}$ ähnliche Matrix $\mathfrak{M}^+$ angeben, die durch diagonale Aneinanderreihung mehrerer Matrizen von der Bauart der Matrix $\mathfrak{M}$ entsteht. $X' = \mathfrak{M}^+ X$ ist dann die Weierstraßsche Normalform einer einteiligen linearen Transformation mit den Elementarteilern $(\varrho - \varrho_1)^{\lambda_1}$, $(\varrho - \varrho_2)^{\lambda_2}$, ...

Da eine mehrteilige lineare Transformation nichts anderes ist als eine diagonale Aneinanderreihung einteiliger linearer Transformationen, die sich auf verschiedene Variablenreihen beziehen, so bedarf es keiner weiteren Erklärung darüber, was unter der Weierstraßschen Normalform einer mehrteiligen linearen Transformation zu verstehen ist. Jedes der charakteristischen Polynome L, M, ... muß in Potenzen einfacher Linearfaktoren zerlegt werden

$$L(\varrho) = (\varrho - \varrho_1)^{\lambda_1} (\varrho - \varrho_2)^{\lambda_2} \ldots,$$
$$M(\varrho) = (\varrho - \varrho_1)^{\mu_1} (\varrho - \varrho_2)^{\mu_2} \ldots,$$
$$\cdots\cdots\cdots\cdots$$

Jedesmal treten dieselben Wurzeln ϱ_1, ϱ_2, ... auf, weil jedes charakteristische Polynom durch das folgende teilbar ist. Aus diesem Grunde bilden die Exponenten, die zu einem Linearfaktor gehören, eine absteigende Reihe, d. h. es ist

$$\lambda_1 \geqq \mu_1 \geqq \ldots,$$
$$\lambda_2 \geqq \mu_2 \geqq \ldots,$$
$$\cdots\cdots$$

Die Faktoren der charakteristischen Polynome, also

$$(\varrho - \varrho_1)^{\lambda_1}, \quad (\varrho - \varrho_2)^{\lambda_2}, \quad \ldots,$$
$$(\varrho - \varrho_1)^{\mu_1}, \quad (\varrho - \varrho_2)^{\mu_2}, \quad \ldots,$$

sind die Weierstraßschen Elementarteiler der vorliegenden linearen Transformation. Die Weierstraßsche Normalmatrix erhält man dadurch, daß man jedem Elementarteiler $(\varrho - \alpha)^\beta$ eine β-zeilige Matrix von der Form

$$\begin{pmatrix} \alpha & 0 & \ldots & 0 & 0 \\ 1 & \alpha & \ldots & 0 & 0 \\ \cdot & \cdot & \cdot & \cdot & \cdot \\ 0 & 0 & \ldots & 1 & \alpha \end{pmatrix}$$

zuordnet und die so gewonnenen Matrizen diagonal aneinanderreiht.

Lineare Transformationen sind dann und nur dann ähnlich, wenn sie übereinstimmende Weierstraßsche Elementarteiler haben.

Um bei einer linearen Transformation $x' = \mathfrak{A}x$ die Weierstraßschen Elementarteiler zu finden, kann man, wie aus unseren früheren Betrachtungen zu entnehmen ist, so vorgehen. ϱ_1 sei eine Wurzel der charakteristischen Determinante, also der Determinante D_n der n-reihigen Matrix $\mathfrak{A} - \varrho\mathfrak{E}$. Ferner sei D_{n-1} der größte gemeinsame Teiler der $(n-1)$-reihigen, D_{n-2} der größte gemeinsame Teiler der $(n-2)$-reihigen Minoren usw. Hat nun $\varrho - \varrho_1$ in D_n die Vielfachheit k_n, in D_{n-1} die Vielfachheit k_{n-1}, in D_{n-2} die Vielfachheit k_{n-2} usw., so lauten die zu ϱ_1 gehörigen Elementarteiler

$$(\varrho - \varrho_1)^{k_n - k_{n-1}}, \quad (\varrho - \varrho_1)^{k_{n-1} - k_{n-2}}, \quad \ldots$$

Wir wissen, daß die hier auftretenden Exponenten, die oben mit $\lambda_1\ \mu_1 \ldots$ bezeichnet wurden, eine absteigende Reihe bilden ($\lambda_1 \geqq \mu_1 \geqq \ldots$).

§ 129. Das Hamiltonsche Theorem.

$\mathfrak{A}$ sei eine beliebige n-reihige Matrix, $L(\mathfrak{A})$, $M(\mathfrak{A})$, ... ihre charakteristischen Polymone und λ, μ, ... deren Gradzahlen. Wir wissen, daß bei passender Wahl von ξ, η, ... die n Systeme

$$\xi,\ \mathfrak{A}\xi,\ \ldots,\ \mathfrak{A}^{\lambda-1}\xi,\ \eta,\ \mathfrak{A}\eta,\ \ldots,\ \mathfrak{A}^{\mu-1}\eta,\ \ldots$$

linear unabhängig sind und überdies die Gleichungen

$$L(\mathfrak{A})\xi = 0,\quad M(\mathfrak{A})\eta = 0,\ \ldots$$

bestehen. Jedes Wertsystem x läßt sich als lineare Kombination jener n unabhängigen Systeme schreiben, also in der Form

$$x = L_1(\mathfrak{A})\xi + M_1(\mathfrak{A})\eta + \ldots$$

darstellen. Dabei ist der Grad des Polynoms L_1 kleiner als λ, der von M_1 kleiner als μ, ... Da nun $L(\mathfrak{A})$ durch $M(\mathfrak{A})$ und durch alle folgenden Polynome teilbar ist, so ergibt sich aus

$$L(\mathfrak{A})x = L_1(\mathfrak{A})L(\mathfrak{A})\xi + M_1(\mathfrak{A})L(\mathfrak{A})\eta + \ldots$$

sofort

$$L(\mathfrak{A})x = 0.$$

In der Tat ist

$$L(\mathfrak{A})\xi = 0,\quad L(\mathfrak{A})\eta = Q(\mathfrak{A})M(\mathfrak{A})\eta = 0 \text{ usw.}$$

Wendet man die Gleichung $L(\mathfrak{A})x = 0$ auf n Wertsysteme x an, die eine Matrix $\mathfrak{x}$ mit nichtverschwindender Determinante bilden, so ergibt sich $L(\mathfrak{A})\mathfrak{x} = 0$. Hieraus folgt, wenn man als letzten Faktor $\mathfrak{x}^{-1}$ anfügt, $L(\mathfrak{A}) = 0$. Diese Gleichung besagt, daß $L(\mathfrak{A})$ eine aus lauter Nullen bestehende Matrix ist. Wegen der linearen Unabhängigkeit der Systeme ξ, $\mathfrak{A}\xi$, ..., $\mathfrak{A}^{\lambda-1}\xi$ ist $\mathfrak{A}^{\lambda}$ die niedrigste Potenz von $\mathfrak{A}$, die sich durch die vorangehenden Potenzen und durch $\mathfrak{E}$ linear ausdrückt. Da die Determinante $D_n(\varrho)$ der Matrix $\mathfrak{A} - \varrho\mathfrak{E}$, die wir die charakteristische Determinante von $\mathfrak{A}$ nennen, das Produkt aller charakteristischen Polynome und daher durch $L(\varrho)$ teilbar ist, so kann man aus $L(\mathfrak{A}) = 0$ folgern $D(\mathfrak{A}) = 0$. Damit haben wir den vorher angekündigten Beweis erbracht, daß das Hamiltonsche Theorem für beliebige Matrizen gilt. Zugleich ist klargelegt, welche Bedeutung das erste charakteristische Polynom L hat. In der Reihe $\mathfrak{E}$, $\mathfrak{A}$, $\mathfrak{A}^2$, ..., $\mathfrak{A}^n$ ist $\mathfrak{A}^{\lambda}$ das erste Glied, das sich linear aus den vorangehenden aufbaut, und zwar lautet diese lineare Relation $L(\mathfrak{A}) = 0$. Für die übrigen charakteristischen Polynome lassen sich ähnliche Deutungen geben, worauf wir hier nicht näher eingehen wollen.

§ 130. Äquivalenz von Paaren bilinearer Formen.

In §81 haben wir erklärt, was es bedeutet, eine Bilinearform $\sum k_{rs} x_r y_s$ durch lineare Transformation der beiden Variablenreihen x_1, ..., x_n und

$y_1, \ldots, y_n$ umzuformen. Es entsteht bei einer solchen Umformung eine neue Bilinearform $\sum k'_{rs} x'_r y'_s$. Wir haben in § 81 bereits angegeben, wie die neuen Koeffizienten k'_{rs} mit den alten Koeffizienten k_{rs} zusammenhängen. Ist $x = \mathfrak{A} x'$, $y = L y'$, so stehen die Matrizen

$$\mathfrak{K} = \begin{pmatrix} k_{11} & \ldots & k_{1n} \\ . & . & . & . \\ k_{n1} & \ldots & k_{nn} \end{pmatrix}, \quad \mathfrak{K}' = \begin{pmatrix} k'_{11} & \ldots & k'_{1n} \\ . & . & . & . \\ k'_{n1} & \ldots & k'_{nn} \end{pmatrix}$$

in der Beziehung

$$\mathfrak{K}' = \mathfrak{A}^{\backprime} \mathfrak{K} \mathfrak{B}.$$

$\mathfrak{A}^{\backprime}$ entsteht aus $\mathfrak{A}$ durch Herumklappen um die Hauptdiagonale. Man nennt sie die transponierte Matrix $\mathfrak{A}$.

Wir nehmen an, daß die benutzten linearen Transformationen nichtsingulär sind.

Liegen nun zwei Paare von Bilinearformen vor, einerseits

$$(13) \qquad \sum k_{rs} x_r y_s, \quad \sum l_{rs} x_r y_s$$

und andererseits

$$(13') \qquad \sum k'_{rs} x'_r y'_s, \quad \sum l'_{rs} x'_r y'_s,$$

so kann man fragen, wann es möglich ist, das eine Paar in das andere durch nichtsinguläre lineare Transformation der x und der y überzuführen. Man nennt die Paare, wenn eine solche Möglichkeit besteht, **äquivalent**.

Wir wollen dieses wichtige Äquivalenzproblem nur für den Fall behandeln, auf den sich auch **Weierstraß** beschränkt hat, und nehmen demgemäß an, daß jedesmal die zweite Form, also sowohl $\sum l_{rs} x_r y_s$ als auch $\sum l'_{rs} x'_r y'_s$, eine **allgemeine** Form ist, d. h. eine von Null verschiedene Determinante hat. Die Formenschar $\sum k_{rs} x_r y_s - \varrho \sum l_{rs} x_r y_s$ wird von ihm als **ordinäre** Schar bezeichnet. Wenn die Formen (13) durch $x = \mathfrak{A} x'$, $y = \mathfrak{B} y'$ in (13') übergehen, so verwandelt sich zugleich, was auch ϱ sein mag,

$$\sum k_{rs} x_r y_s - \varrho \sum l_{rs} x_r y_s$$

in

$$\sum k'_{rs} x'_r y'_s - \varrho \sum l'_{rs} x'_r y'_s.$$

Das hier zu behandelnde Problem ist also das **Äquivalenzproblem ordinärer Formenscharen**. So wird es von **Weierstraß** aufgefaßt.

Es gilt für die hier betrachteten Äquivalenzen die Transitivitätsbeziehung: Wenn zwei Formenpaare mit einem dritten äquivalent sind, so sind sie auch miteinander äquivalent.

Wir wollen die Bilinearformen kurz durch ihre Matrizen bezeichnen. Dann ist das Paar $\mathfrak{K}$, $\mathfrak{L}$ zunächst äquivalent mit $\mathfrak{K}\mathfrak{L}^{-1}$, $\mathfrak{E}$, ebenso $\mathfrak{K}'$,

$\mathfrak{L}'$ mit $\mathfrak{K}'\mathfrak{L}'^{-1}$, $\mathfrak{E}$. Im ersten Falle ist $\mathfrak{A} = \mathfrak{E}$, $\mathfrak{B} = \mathfrak{L}^{-1}$, im zweiten Falle $\mathfrak{A} = \mathfrak{E}$, $\mathfrak{B} = \mathfrak{L}'^{-1}$ gesetzt.

Offenbar ist nun $\mathfrak{K}$, $\mathfrak{L}$ mit $\mathfrak{K}'$, $\mathfrak{L}'$ dann und nur dann äquivalent, wenn die Paare

$$\mathfrak{K}\mathfrak{L}^{-1},\ \mathfrak{E} \quad \text{und} \quad \mathfrak{K}'\mathfrak{L}'^{-1},\ \mathfrak{E}$$

äquivalent sind. Wenn die Überführung des ersten Paares in das zweite durch die linearen Transformationen $x = \mathfrak{A}x'$, $y = \mathfrak{B}y'$ bewirkt werden soll, so muß $\mathfrak{A}'\mathfrak{E}\mathfrak{B} = \mathfrak{E}$, d. h. $\mathfrak{A}'\mathfrak{B} = \mathfrak{E}$ sein, also $\mathfrak{A}' = \mathfrak{B}^{-1}$. Ferner muß

$$\mathfrak{B}^{-1}(\mathfrak{K}\mathfrak{L}^{-1})\mathfrak{B} = \mathfrak{K}'\mathfrak{L}'^{-1}$$

sein. Wir wissen genau, welches die notwendigen und hinreichenden Bedingungen für eine solche Beziehung sind. Die charakteristischen Polynome der Matrizen

$$\mathfrak{K}\mathfrak{L}^{-1} - \varrho\mathfrak{E}, \quad \mathfrak{K}'\mathfrak{L}' - \varrho\mathfrak{E}$$

müssen übereinstimmen. Wenn man diese Polynome im Zusammenhang mit den Minoren dieser Matrizen erklärt, so macht die Multiplikation mit einer ϱ-freien nichtsingulären Matrix nichts aus. Wir kommen auf diese Weise zu folgendem Ergebnis:

Die Formenpaare $\mathfrak{K}$, $\mathfrak{L}$ und $\mathfrak{K}'$, $\mathfrak{L}'$ sind dann und nur dann äquivalent, wenn die Matrizen $\mathfrak{K} - \varrho\mathfrak{L}$ und $\mathfrak{K}' - \varrho\mathfrak{L}'$ übereinstimmende charakteristische Polynome haben. Man könnte ebensogut sagen: übereinstimmende größte gemeinsame Minorenteiler, eben auf Grund des früher besprochenen Zusammenhanges zwischen diesen Teilern und den charakteristischen Polynomen. Ist D_k der größte gemeinsame Teiler aller k-reihigen Minoren der Matrix $\mathfrak{K} - \varrho\mathfrak{L}$, so lauten die charakteristischen Polynome

$$\frac{D_n}{D_{n-1}},\ \frac{D_{n-1}}{D_{n-2}},\ \ldots,\ \frac{D_{s+1}}{D_s},\ D_s,$$

wobei die Voraussetzung zugrunde liegt, daß $D_{s-1} = 1$ ist.

Weierstraß formuliert die Äquivalenzbedingung so, daß die Übereinstimmung der Elementarteiler verlangt wird.

Literaturnachweise und Anmerkungen.

§ 1. Das Manuskript, in welchem Leibniz zum erstenmal von Determinanten spricht, stammt aus dem Jahre 1678. Vgl. Gerhardt: Leibniz über die Determinanten, Sitzungsberichte der Berliner Akademie 1891.

Der Name „Determinante" findet sich zuerst bei Gauß in den berühmten Disquisitiones arithmeticae (1801).

§ 2. Die erste systematische Darstellung der Determinantentheorie gab Cauchy in seiner klassischen Arbeit: „Sur les fonctions qui ne peuvent obtenir que deux valeurs égales et de signes contraires par suite des transpositions opérées entre les variables qu'elles renferment" (alternierende Funktionen), Journal de l'École polytechn. 1815. Dann folgten 1841 die Aufsätze Jacobis (Crelles Journal Bd. 22): „De formatione et propietatibus determinantium" und „De determinantibus functionalibus", beide deutsch herausgegeben von P. Staeckel in Ostwalds Klassikern der exakten Wissenschaft (Nr. 77 u. 78).

Das erste Buch über Determinanten war das von Brioschi (Pavia 1854). Dann kam 1857 (Leipzig) das von Baltzer, von allen älteren Determinantenbüchern wohl das verbreitetste.

§ 4. Gewöhnlich bezeichnet man als Inversion das, was wir im Anschluß an Cramer Derangement nennen. Als deutscher Ausdruck für „Derangement" ist „Fehlstand" vorgeschlagen worden.

§ 8. Cayley, Collected math. papers 1, S. 1.

§ 16. Vgl. Kroneckers Vorlesungen über Determinanten, herausgegeben von Hensel (Leipzig 1903).

§ 19. Laplace: Recherches sur le calcul intégral et sur le système du monde. Histoire de l'académie des sciences de Paris 1772.

§ 21. Vandermonde: Resolution des équations, 1770. Eine deutsche Ausgabe erschien 1888 in Berlin. Man nennt die hier betrachtete Determinante auch die Cauchysche, weil Cauchy sie in seiner oben zitierten Abhandlung ganz allgemein behandelt, während Vandermonde sich auf den Fall $n = 3$ beschränkt.

§ 23. Der Begriff „Rang einer Matrix" ist von Frobenius eingeführt worden (Crelles Journal 1879, S. 1).

§ 27. Frobenius, Crelles Journal 1877, S. 236.

§ 29. Rouché: Sur la discussion des équations du premier degré. Comptes rendus der Pariser Akademie 1875 (1050ff.).

§ 32. Der Multiplikationssatz der Determinanten ist von Binet und Cauchy gefunden worden. Vgl. Cauchys oben zitierte Arbeit von 1815 und Binets Aufsatz: „Sur un système de formules analytiques et leur application à des considérations géométriques". Journal de l'École polytechn. 1813. Für zwei- und dreireihige Determinanten hatte ihn schon Gauß.

§ 37. Cauchy bezeichnet die Reziproke als „adjungierte Determinante" (vgl. seine Arbeit von 1815). Die Sätze über die Minoren der reziproken Determinante sind von Jacobi (vgl. den ersten seiner oben zitierten Aufsätze).

§ 41. Dieser Beweis des Sylvesterschen Satzes rührt von Studnička her (Über eine neue Determinantentransformation, Böhmische Berichte, 1879). Sylvester hat diesen und den allgemeineren Satz in § 48 ohne Beweis veröffentlicht (Philos. Magazine 1851). Eine Verallgemeinerung des Sylvesterschen Satzes in § 48 gab E. Fischer, Crelles Journal 1908.

§§ 42, 43. Vgl. Arnaldi: Sui determinanti orlati e sullo sviluppo di un determinante per determinanti orlati. Giornale di Battaglini 1896.

§ 46. Vgl. die bei § 41 zitierte Arbeit Sylvesters und den Aufsatz von Franke: „Über Determinanten aus Unterdeterminanten", Crelles Journal 1863. Schon 1856 hat Spottiswoode (Elementary theorems relating to determinants, Crelles Journal) den Satz behandelt. Der in § 46 gegebene Beweis ist vielleicht deshalb bemerkenswert, weil er von der Irreduzibilität der Determinante keinen Gebrauch macht, auf die man sonst den Beweis zu stützen pflegt. Die Irreduzibilität besteht darin, daß die Determinante, betrachtet als Funktion ihrer n^2 Elemente, nicht in ganze rationale Faktoren zerlegbar ist.

§ 51. Hankel: Über eine besondere Klasse der symmetrischen Determinanten (Leipziger Dissertation), 1861 in Göttingen erschienen.

Über zyklische Determinanten vgl. man Stern: Einige Bemerkungen über eine Determinante, Crelles Journal 1871. Die Zerlegungsformel rührt von Spottiswoode her (Crelles Journal 1856, S. 375). Der Produktsatz ist von Souillart (Note sur une décomposition de carrés, Nouvelles annales de math. 1860).

Betreffs der Smithschen Determinante vgl. Smith: On the value of a certain arithmetical determinant, Proc. of the London math. soc. 1875—76, ferner Cesàro: Determinanti in arithmetica, Giornale di Battaglini 1885.

§ 53. Cauchy: Exercices de math. 4. Der Beweis in § 53 ist von Sylvester (Philos. Magazine 1852).

§ 55. Eine Determinante, bei der a_{rs} und a_{sr} stets konjugiert komplex sind, pflegt man eine Hermitesche Determinante zu nennen. Die reellen symmetrischen Determinanten sind ein Spezialfall davon. Wegen des Satzes in § 55 vgl. Hermite, Comptes rendus der Pariser Akademie, Bd. 41.

§ 59. Zu Satz 40 vgl. Cayley, Sur les déterminants gauches, Crelles Journal 1849, ferner Mertens, Crelles Journal 1877.

§ 61. Jacobi kam auf die Pfaffschen Aggregate bei Behandlung des Pfaffschen Problems (in der Theorie der Differentialgleichungen), Crelles Journal 1827 und 1845. Cayley nennt diese Aggregate Jacobische Funktionen. Muir schreibt die Pfaffschen Aggregate in Form von Halbdeterminanten. Z. B. setzt er

$$a_{12}a_{34} - a_{13}a_{24} + a_{14}a_{23} = \begin{vmatrix} a_{12} & a_{13} & a_{14} \\ & a_{23} & a_{24} \\ & & a_{34} \end{vmatrix}.$$

Scheibner (Leipziger Berichte 1859) schlägt vor, die Pfaffschen Aggregate Halbdeterminanten zu nennen.

§ 64. Frobenius, Crelles Journal 1877.

§ 66. Brioschi, Crelles Journal 1856, Saalschütz, Crelles Journal 1908.

§ 67. Cayley, Crelles Journal 1849.

§ 68. Spottiswoode, Crelles Journal 1856, ferner Günther: Darstellung der Näherungswerte von Kettenbrüchen, Erlangen 1872, und die historische Übersicht in Günthers Lehrbuch der Determinanten, Erlangen 1875.

§ 72. Brioschi, Journal des math. pures et appliqu. 1854. Siacci, Atti dell'Accad. di Torino 1871, Annali di mat. 1871.

§ 73. Cayley, Crelles Journal 1846, und verschiedene Mitteilungen von Kronecker, Sitzungsberichte der Berliner Akademie 1890.

§ 76. Diese Form der Resultante nennt man die Eulersche (vgl. sein klassisches Werk: Introductio in analysin infinitorum). Sie war aber schon Leibniz bekannt. Die hier gegebene Ableitung stammt von Sylvester.

§ 78. (Schluß). Vor Cayley muß Bézout genannt werden.

§ 81. Das Rechnen mit Matrizen geht auf Cayley zurück (Collected math. papers 2). Vgl. ferner die grundlegende Arbeit von Frobenius: „Lineare Substitutionen und bilineare Formen", Crelles Journal 1878.

§ 85. Das Trägheitsgesetz (auch der Name) rührt von Sylvester her (Philos. Magazine 1852, Philos. Transactions 1853). Vor Sylvester war es Gauß, Riemann und Jacobi bekannt.

§ 88. Cauchy, Exercices de math. 4 und Jacobi, Crelles Journal 1834. Das Verfahren in § 88 beruht auf der Theorie E. Schmidts (vgl. seine Dissertation: Entwicklung willkürlicher Funktionen nach Systemen vorgeschriebener, Göttingen 1905).

§ 89. Hermite, Crelles Journal 1856 und Frobenius, Crelles Journal 1883.

§ 92. Über Funktionaldeterminanten vgl. Jacobis Arbeit: „De determinantibus functionalibus" (Crelles Journal 1841), deutsche Ausgabe von Staeckel in Ostwalds Klassikern der exakten Wissenschaften (Nr. 78).

§ 102. Gram: Über die Entwicklung reeller Funktionen in Reihen mittels der Methode der kleinsten Quadrate, Crelles Journal 1883.

§ 104. Wronski: Réfutation de la théorie des fonctions de Lagrange, 1812. Vgl. den Aufsatz Dicksteins in der Bibliotheca math. 1892.

§ 105ff. Frobenius: Anwendung der Determinantentheorie auf die Geometrie des Maßes, Crelles Journal 1875. E. Study: Über Distanzrelationen, Zeitschrift f. Math. u. Physik 1882.

§ 115. Fredholm: Sur une classe d'équations fonctionelles, Acta math. 1903. Hadamards Determinantensatz findet man im Bulletin des sciences math. 1893; vgl. auch E. Fischer, Archiv für Math. 1908.

§ 118. Je größer n ist, desto genauer sind die Gleichungen

$$\varphi(\mathfrak{x}_r) + \sum_{s=1}^{n} \frac{f(\mathfrak{x}_r, \mathfrak{y}_s)}{n} \varphi(\mathfrak{y}_s) = \psi(\mathfrak{x}_r)$$

$$\left(r = 1, \ldots, n; \quad \mathfrak{x}_r = \mathfrak{y}_r = \frac{2r-1}{n}\right)$$

richtig. Setzt man

$$\varphi(\mathfrak{x}_r) = \varphi(\mathfrak{y}_r) = \varphi_r \quad \text{und} \quad c_{rs} = \frac{f(\mathfrak{x}_r, \mathfrak{y}_s)}{n},$$

so lauten sie

$$\varphi_r + \sum_{s=1}^{n} c_{rs}\varphi_s = \psi(\mathfrak{x}_r). \qquad (r = 1, \ldots, n)$$

Das ist ein System von n linearen Gleichungen mit den n Unbekannten $\varphi_1, \varphi_2, \ldots, \varphi$ und mit der Determinante

$$\begin{vmatrix} 1 + c_{11}, \ldots, & c_{1n} \\ \cdot \quad \cdot \quad \cdot \quad \cdot & \cdot \quad \cdot \\ c_{n1}, & \ldots, 1 + c_{nn} \end{vmatrix}.$$

Der Grenzwert dieser Determinante ist gerade die Fredholmsche Determinante D_f.

Auf diesem von Hilbert angegebenen Wege kommt man in ganz natürlicher Weise zur Fredholmschen Determinante.

§ 124. Die Elementarteilertheorie ist eine Schöpfung von Weierstraß (Werke, Bd. 2). Wegen der Literatur vgl. das Buch von Muth: Theorie und Anwendung der Elementarteiler, ferner Dickson-Bodewig: Höhere Algebra.

Sachregister.

(Die Zahlen beziehen sich auf die Seiten.)

SOMMER 1941

MATHEMATIK

AUS DEM VERLAGE

WALTER DE GRUYTER & CO. / BERLIN W 35

Allgemeines

Lehrbuch der Mathematik zum Selbstunterricht und für Studierende der Naturwissenschaften und der Technik. Eine Einführung in die Differential- und Integralrechnung und in die analytische Geometrie. Von Dr. GEORG SCHEFFERS, Geh. Regierungsrat, Prof. a. d. Techn. Hochschule Charlottenburg. Mit 438 Figuren. Neunte Auflage. Lexikon-Oktav. VIII, 743 Seiten. 1941. Geb. RM 15.—.

Dieses Lehrbuch ist für alle diejenigen geschrieben, denen die Mathematik eine Hilfswissenschaft ist, namentlich für Studierende der Naturwissenschaften und der Technik. Da es in erster Linie für das Selbststudium bestimmt ist, geht es von dem geringsten Maß von Vorkenntnissen aus: der Leser braucht nur im Buchstabenrechnen, in der Auflösung von Gleichungen ersten Grades mit einer Unbekannten und in der niederen Geometrie bewandert zu sein. Das Ziel des Buches ist, den Anfänger von dem niedrigsten Stand an Vorkenntnissen zu einer solchen Höhe zu bringen, daß er nach dem Studium dieses Buches fähig ist, die in seinem besonderen Forschungsgebiet auftretenden Anwendungen der Mathematik zu verstehen und, wenn er es brauchen sollte, schwierigere mathematische Literatur mit Verständnis zu lesen.

Lehrbuch der höheren Mathematik für Universitäten und Technische Hochschulen, bearbeitet nach den Vorlesungen von Dr. GERHARD KOWALEWSKI, o. Prof. an der Technischen Hochschule zu Dresden, o. Mitglied der Sächsischen Akademie der Wissenschaften zu Leipzig. 3 Bände. 1933. Jeder Band geb. RM 3.80. I. Vektorrechnung und analytische Geometrie. II. Hauptpunkte der analytischen Geometrie des Raumes. — Grundbegriffe der Differential- und Integralrechnung. III. Fortsetzung der Differential- und Integralrechnung. — Differentialgleichungen. Differentialgeometrie. Funktionen einer komplexen Veränderlichen. — Probleme der Variationsrechnung.

Dieses billige Lehrbuch ist aus der Vorlesungspraxis heraus entstanden und gibt in klarem Aufbau eine hervorragende Einführung in die höhere Mathematik. Die bekannte pädagogische Meisterschaft Kowalewskis, die in allen Mathematikerkreisen größte Anerkennung gefunden hat, bewährt sich auch in diesem Werk, das sich würdig seinen früheren Lehrbüchern anschließt.

Grundbegriffe und Hauptsätze der höheren Mathematik, insbesondere für Ingenieure und Naturforscher. Von Dr. GERHARD KOWALEWSKI, o. Professor an der Technischen Hochschule zu Dresden. Mit 40 Figuren. Groß-Oktav. 156 Seiten. 1938. Geb. RM 5.—.

Dieses Buch will den jungen Ingenieuren und Naturforschern behilflich sein, die Grundbegriffe und Hauptsätze der höheren Mathematik klar zu erfassen. Es stützt sich auf eine fast 40-jährige Lehrerfahrung des Verfassers an Universitäten und Technischen Hochschulen.

Angesichts der starken Zurückdrängung der Mathematik in den Lehrplänen unserer höheren Schulen ist es an den Hochschulen mehr denn je notwendig, mit allen Mitteln vereinfachender Darstellungskunst dafür zu sorgen, daß wenigstens die Grundkenntnisse der höheren Mathematik fest angeeignet werden, ohne die ein gedeihliches Studium der Technik und Naturwissenschaft undenkbar ist. Hierbei will dieses Buch mithelfen.

Inhalt: Vektorrechnung und Determinantentheorie. — Lehre von den Grenzwerten. — Differential- und Integralrechnung.

Formelsammlungen, Logarithmentafeln

Mathematische Formelsammlung. Von Prof. O. TH. BÜRKLEN †. Vollständig umgearbeitete Neuausgabe von Dr. F. RINGLEB. Mit 37 Figuren. Dritte, verbesserte Aufl. Neudruck. 272 Seiten. 1939. (Sammlung Göschen Bd. 51.) Geb. RM 1.62.

Inhalt: Arithmetik und Kombinatorik. Algebra. Zahlentheorie. Elementare Reihen. Ebene Geometrie. Stereometrie. Ebene und sphärische Trigonometrie. Mathematische Geographie und Astronomie. Analytische Geometrie der Ebene und des Raumes und Vektorrechnung. Differentialrechnung. Integralrechnung. Differentialgeometrie. Differentialgleichungen.

Diese Formelsammlung ist für den weitesten Leserkreis bestimmt, sowohl für mathematisch interessierte Laien, als für Schüler höherer Lehranstalten und Studenten der verschiedenen Hochschulen und Ingenieure. Deshalb war es notwendig, aus allen grundlegenden mathematischen Gebieten die wichtigsten Formeln und Lehrsätze in zusammenhängender, einfacher, aber möglichst strenger Form zu behandeln.

Formelsammlung zur praktischen Mathematik. Von Dr. habil. GÜNTHER SCHULZ, Assistent am Institut für angewandte Mathematik an der Universität Berlin. Mit 10 Abbildungen. 147 Seiten. 1937. (Samml. Göschen Bd. 1110.) Geb. RM 1.62.

Die Formelsammlung zur „angewandten Mathematik" ist für alle die bestimmt, die bei Anwendung der Mathematik in Physik, Technik und Statistik Formeln zahlenmäßig auszuwerten oder umgekehrt Beobachtungsergebnisse in mathematische Formeln zu fassen haben. Sie hat den Zweck, das zeitraubende Zusammensuchen von Formeln und Zahlenwerten zu ersparen und bringt daher alle wichtigen numerischen Verfahren der praktischen Analysis. Den Formeln werden stets Erklärungen der verwendeten Begriffe und Bezeichnungen vorausgeschickt. Vollständig durchgerechnete Zahlenbeispiele erläutern die Anwendung. Besonderer Wert wird darauf gelegt, bei Näherungsverfahren Formeln für den begangenen Fehler zur Beurteilung der erreichten Genauigkeit sowie die Gültigkeitsgrenzen mitanzugeben.

Der erste Abschnitt bringt Zahlenwerte, Reihen, Allgemeines über Fehlerabschätzungen sowie Überblicke über die Verwendbarkeit des logarithmischen Rechenstabs und die Darstellung funktionaler Beziehungen durch Nomogramme. Es folgen Abschnitte über Ausgleichsrechnung, Gleichungsauflösung, Interpolation, Numerische Differentiation und Integration, Quadratur und Summation, Annäherung willkürlicher Funktionen. Ein Abschnitt über Integration von Differentialgleichungen beschließt das Bändchen. Hier wird u. a. das „Differenzenverfahren" für gewöhnliche und partielle Differentialgleichungen, das wegen seiner bequemen Anwendbarkeit in der letzten Zeit erhöhte Bedeutung gewonnen hat, ausführlich behandelt.

Fünfstellige Logarithmen. Mit mehreren graphischen Rechentafeln und häufig vorkommenden Zahlwerten. Von Regierungsrat Professor A. ADLER. Zweite Aufl. 117 Seiten und 1 Tafel. (Samml. Göschen Bd. 423.) Geb. RM 1.62.

Der Band enthält die gemeinen Logarithmen der ganzen Zahlen bis 1000, die der goniometrischen Funktionen, die wirklichen Werte dieser Funktionen und die Reihe der mathematischen, physikalischen und astronomischen Hilfstafeln, wie sie fünfstelligen Logarithmentafeln gewöhnlich beigegeben sind.

Fünfstellige Logarithmentafeln der trigonometrischen Funktionen für jede Zeitsekunde des Quadranten. Herausgegeben von Prof. Dr. J. PETERS, Observator am Astronomischen Recheninstitut. Lex.-Oktav. IV, 82 Seiten. 1912. RM 6.—, geb. RM 7.—.

In den vorliegenden Tafeln bietet der Herausgeber, unter Benutzung des wertvollen Materials, das ihm als Resultat der mit J. Bauschinger ausgeführten Bearbeitung der achtstelligen Tafeln der trigonometrischen Funktionen zur Verfügung stand, der rechnenden Astronomie ein Hilfsmittel von großem Nutzen.

Vierstellige Tafeln und Gegentafeln für logarithmisches und trigonometrisches Rechnen in zwei Farben zusammengestellt. Von Professor Dr. HERMANN SCHUBERT. Neue Ausgabe von Dr. ROBERT HAUSSNER, o. ö. Professor a. d. Universität Jena. 181 Seiten. Neue Auflage 1940. (Sammlung Göschen Bd. 81.) Geb. RM 1.62.

„Die vierstelligen Logarithmen sind in der Form recht handlich und gefällig. Besonders zu empfehlen sind die Tafeln für Schulen, wo es von Vorteil ist, die Lernenden nicht mit umfangreichen Büchern zu belasten."
Zeitschrift d. Österr. Ingenieur- und Architekten-Vereins.

Vierstellige Logarithmentafeln. Von Dr. MAX ZACHARIAS, Studienrat am Vereinigten Friedrichs- und Humboldt-Gymnasium in Berlin, und DR. PAUL METH, Studienrat a. d. Herderschule in Charlottenburg. Groß-Oktav. 44 Seiten. 1927. Geb. RM 1.50.

Diese Logarithmentafel zeichnet sich durch übersichtliche Anordnung und Reichtum des Gebotenen aus.

Vollständige logarithmische und trigonometrische Tafeln. Von Professor Dr. E. F. AUGUST, weiland Direktor des Köllnischen Realgymnasiums, Berlin. Neunundvierzigste Auflage in der Bearbeitung von Dr. F. AUGUST, weiland Prof. a. d. Artillerie- u. Ingenieur-Schule, Berlin. Oktav. VII, 204 S. 1931. Geb. RM 2.—.

„Die Anordnungen des Zahlenmaterials in den Tafeln, der klare Druck, handliches Format und gediegene Ausstattung empfehlen das Buch allein." Allgemeine Vermessungs-Nachrichten.

Logarithmische Rechentafeln. Laboratoriums-Taschenbuch für Chemiker, Pharmazeuten, Mediziner und Physiker. Gegründet von Professor Dr. F. W. KÜSTER †. Neubearbeitet von Dr. A. THIEL, o. ö. Professor der physikalischen Chemie, Direktor des Physik.-Chem. Instituts der Universität Marburg. Sechsundvierzigste bis fünfzigste Auflage. Oktav. 216 Seiten und eine Tafel. 1940. Geb. RM 7.80.

„Die wohl allseitig bekannten Küsterschen Rechentafeln sind dem Chemiker, der sich ihrer einmal bedient hat, zum ungern entbehrten Werkzeug geworden, das sich in seiner bewährten Anordnung des Stoffes zu einem wirklich nützlichen und fast notwendigen Hilfsbuch entwickelt hat. Die Neuauflage erscheint wie üblich nach dem neuesten Stande der Forschung." Zeitschrift für angewandte Chemie.

Arithmetik und Algebra

Arithmetik. Von Prof. PAUL B. FISCHER. Mit 19 Abbildungen. 152 Seiten. 1938. (Sammlung Göschen Bd. 47.) Geb. RM 1.62.

Dieses Bändchen ist als einführendes Werk gedacht, es beschäftigt sich infolgedessen nur mit der niederen Arithmetik; einige weiterführende Dinge werden wenigstens gestreift.

Sechs Abschnitte, Zählen und Zahlen (I), Bereich der natürlichen (II), ganzen (III), rationalen (IV), reellen (V), komplexen (VI) Zahlen, und ein Anhang über einfache arithmetische und geometrische Reihen, Zinseszins, und Rentenrechnung, Kombinatorik und den binomischen Lehrsatz stellen den äußeren Rahmen dar.

Einführung in die Axiomatik der Algebra. Von Dr. H. BECK, o. Professor an der Universität Bonn. 1926. X, 198 Seiten. (Göschens Lehrbücherei Bd. 6.) RM 9.—, geb. RM 10.50.

Das vorliegende Buch enthält im wesentlichen den Stoff einer an der Bonner Universität gehaltenen Anfängervorlesung; es erschöpft sich nicht in axiomatischen Dingen, sondern bringt darüber hinaus eine Reihe anderer Gebiete, die der Studierende braucht.

Elementare Algebra vom höheren Standpunkt. Von Dr. WOLFGANG KRULL, o. Professor an der Universität Bonn. Mit 6 Zeichnungen. 143 Seiten. 1939. (Sammlung Göschen Bd. 930.) Geb. RM 1.62.

Inhalt: Formales Buchstabenrechnen. — Nullstellen und Zerlegen von Polynomen. — Auflösung der Gleichung ersten bis vierten Grades. — Höhere Gleichungstheorie. — Kreisteilungstheorie. — Numerische Wurzelberechnung. — Anhang.

Algebra I: Die Grundlagen. Von Dr. OSKAR PERRON, o. ö. Professor an der Universität München. Zweite, verbesserte Auflage. Mit 4 Figuren. 1932. VIII, 301 Seiten. (Göschens Lehrbücherei Bd. 8.) Geb. RM 11.50.

Algebra II: Theorie der algebraischen Gleichungen. Von Dr. OSKAR PERRON, o. ö. Professor an der Universität München. Zweite, verbesserte Auflage. Mit 5 Figuren. 1933. VIII, 261 Seiten. (Göschens Lehrbücherei Bd. 9.) Geb. RM 9.50.

Band I enthält die Grundbegriffe, es folgt ein Kapitel über den polynomischen und den Taylorschen Satz und der für den Ingenieur wichtige Abschnitt über Determinanten. Anschließend folgen Kapitel über symmetrische Funktionen, Teilbarkeit und über die Existenz von Wurzeln. Band II ist der Gleichungstheorie gewidmet.

Höhere Algebra. Von Dr. HELMUT HASSE, o. ö. Professor der Mathematik an der Universität Göttingen. I: Lineare Gleichungen. Zweite, verbesserte Auflage. 160 Seiten. 1933. (Samml. Göschen Bd. 931.) Geb. RM 1.62. II: Gleichungen höheren Grades. Zweite, verbesserte Auflage. 160 Seiten. 1937. (Samml. Göschen Bd. 932.) Geb. RM 1.62.

„Es ist dem Verfasser gelungen, in engstem Rahmen das Gebäude der allgemeinen Algebra vor den Augen des Lesers aufzurichten, einer Algebra, die auf dem Fundament der Definitionen der Ringe, Körper und Integritätsbereiche aufgebaut ist." Zeitschrift für mathem. und naturw. Unterr.

Aufgabensammlung zur höheren Algebra. Von Dr. HELMUTH HASSE, o. ö. Professor der Mathematik an der Universität Göttingen. 175 Seiten. 1934. (Sammlung Göschen Bd. 1082.) Geb. RM 1.62.

Diese Aufgabensammlung verfolgt den Zweck, den in den zugehörigen beiden Bändchen „Höhere Algebra I, II" vorwiegend vom systematischen und theoretischen Standpunkt dargestellten Stoff durch Beispiele und Aufgaben zu erläutern. Ein weiteres Ziel ist, dem Leser einige weitere wichtige Teile der höheren Algebra vor Augen zu führen, die in den beiden vorangehenden Bändchen wegen Raummangels unterdrückt werden mußten.

Einführung in die Determinantentheorie einschließlich der Fredholmschen Determinanten. Von Dr. GERHARD KOWALEWSKI, o. Prof. an der Techn. Hochschule in Dresden. Dritte, vermehrte Auflage. Gr.-Oktav. IV, 320 Seiten. 1941. RM 14.—, geb. RM 15.50.

„Die Kowalewskische Darstellung des umfangreichen Gebietes zeichnet sich durch die anschauliche Kraft und Klarheit der Sprache vor anderen aus. Die Beschäftigung mit diesem Buche gewährt neben dem wissenschaftlichen Gewinn einen reichen ästhetischen Genuß." *Schulwart.*

Determinanten. Von Studienrat Professor PAUL B. FISCHER. Dritte Auflage. 136 Seiten. 1932. (Sammlung Göschen Bd. 402.) Geb. RM 1.62.

Der ganze Stoff ist in vier Teile zerlegt: I. In der Einleitung wird zunächst gezeigt, welche Probleme zur Entdeckung der Determinanten geführt und welche Forscher sich um die Entwicklung der Determinantenlehre verdient gemacht haben; ein kleiner Exkurs in das Gebiet der Kombinatorik und die Bezeichnungsweise durch doppelte Indizes soll sachlich auf die Determinantentheorie vorbereiten. II. Diese selbst wird dann mit der Definition der Determinanten begonnen; hieran schließen sich die Hauptsätze über Determinanten mit einigen Folgerungen, ferner die Unterdeterminanten im engeren und weiteren Sinn und das Multiplikationstheorem. III. Hier folgen zahlreiche Anwendungen auf algebraische und geometrische Probleme. IV. Besondere Determinantentypen bis zu den Funktional-Determinanten bilden den letzten Abschnitt.

Grundlehren der neueren Zahlentheorie. Von Professor Dr. PAUL BACHMANN. Dritte, neu durchgesehene Auflage. Mit einem Geleitwort herausgegeben von Dr. ROBERT HAUSSNER, ord. Professor an der Universität Jena. Mit 10 Figuren. 1931. XVI, 252 Seiten. (Göschens Lehrbücherei Bd. 3.) RM 9.50, geb. RM. 10.50.

Der erste Abschnitt umfaßt die klassische Theorie der rationalen Zahlen, der zweite eine Einführung in die Theorie der algebraischen Zahlen, deren verschiedene Methoden am Beispiel des quadratischen Körpers zu einem harmonischen, in sich geschlossenen Bau zusammengefügt werden.

Einführung in die Zahlentheorie. Von Dr. ARNOLD SCHOLZ, Dozent der Mathematik an der Universität Kiel. 136 Seiten. 1939. (Sammlung Göschen Bd. 1131.) Geb. RM 1.62.

Inhalt: Die Arithmetik der natürlichen Zahlen. — Teilbarkeitseigenschaften. — Kongruenzen. — Quadratische Reste. — Algorithmisches Rechnen.

Synthetische Zahlentheorie. Von Dr. RUDOLF FUETER, o. Professor an der Universität Zürich. Zweite, verbesserte Auflage. 1925. VIII, 277 Seiten. (Göschens Lehrbücherei Bd. 4.) RM 10.—, geb. RM 12.—.

Inhalt: Bereiche rationaler Zahlen. Der Primidealführer. Die l. Einheitswurzel. Die Zahlentheorie des Körpers der l. Einheitswurzel. Die Aufstellung der Primideale. Die Einheiten. Die Berechnung der Klassenzahl. Die Reziprozitätsgesetze.

Das Fermatproblem in seiner bisherigen Entwicklung. Von Professor Dr. PAUL BACHMANN. Oktav. VIII, 160 Seiten. 1919. RM 2.50.

In der vorliegenden Abhandlung gibt der Verfasser eine Übersicht von den Beweisverfahren und den Theorien, welche Euler, Legendre, Gauß, Dirichlet, Kummer und andere Forscher in ihren Studien über das allgemeine Fermatproblem angewandt und entwickelt haben.

Irrationalzahlen. Von Dr. OSKAR PERRON, o. ö. Professor an der Universität München. Zweite, durchgesehene Auflage. VIII, 199 Seiten. 1939. (Göschens Lehrbücherei Bd. 1.) Geb. RM 9.80.

Inhalt: Die Grundlagen — Der Begriff der Grenze — Potenzen und Logarithmen — Verschiedene Darstellungsformen irrationaler Zahlen — Approximation irrationaler Zahlen durch rationale — Algebraische und transzendente Zahlen.

Analysis

Elementare Reihenlehre. Von Dr. HANS FALCKENBERG, Professor an der Universität Gießen. Mit 4 Figuren im Text. 136 Seiten. 1926. (Samml. Göschen Bd. 943.) Geb. RM 1.62.

Das Bändchen will mehr bieten als das, was in jedem Lehrbuch der Infinitesimalrechnung über unendliche Reihen enthalten ist, und fügt deshalb z. B. der Erörterung über das Cauchysche Divergenz- und Konvergenzkriterium auch solche über das Raabesche, das logarithmische und das Gaußsche an.

Komplexe Reihen nebst Aufgaben über reelle und komplexe Reihen. Von Dr. HANS FALCKENBERG, Professor an der Universität Gießen. Mit 3 Figuren im Text. 140 Seiten. 1931. (Sammlung Göschen Bd. 1027.) Geb. RM 1.62.

Dem Bändchen ist eine kurze Einführung in die Lehre von den komplexen Reihen vorausgeschickt, die gleichzeitig das Bändchen „Elementare Reihenlehre" der gleichen Sammlung (Band 943), in dem wegen Raummangels ein solcher Abschnitt wegfallen mußte, ergänzen soll. Den Hauptteil des vorliegenden Bändchens bildet eine Sammlung von über 100 Aufgaben mit Lösungen, die sich vollständig dem in der elementaren Reihenlehre und im ersten Abschnitt behandelten Lehrstoff anschließen. Im letzten Paragraphen ist in Form von Aufgaben eine ganz elementar gehaltene Einleitung in die Theorie der Dirichletschen und Lambertschen Reihen gegeben.

Reihenentwicklungen in der mathematischen Physik. Von Dr. JOSEF LENSE, o. ö. Professor der Technischen Hochschule München. Mit 30 Abbildungen. 178 S. 1933. Geb. RM 9.50.

Ziel dieses Buches ist, die bei den wichtigsten Reihenentwicklungen der mathematischen Physik verwendeten Funktionen eingehender in ihren wesentlichen Eigenschaften zu behandeln, soweit die betreffenden Reihen nicht Potenz- oder Fouriersche Reihen sind. Es kommen also in erster Linie Bessel-, Kugel- und Lamésche Funktionen in Betracht, daneben auch wegen ihrer Anwendungen in der Wellenmechanik Laguerresche und Hermitesche Funktionen. Alle schließen sich wegen ihrer Orthogonalitätseigenschaften unmittelbar an die Fourierschen Reihen an.

Differentialrechnung. Von Professor Dr. A. WITTING in Dresden. Mit 94 Figuren und 189 Beispielen. Dritte Auflage. 191 Seiten. 1941. (Samml. Göschen Bd. 87.) Geb. RM 1.62.

Das vorliegende Bändchen zerfällt in zehn Abschnitte, deren erster eine Vorbereitung zur Differentialrechnung gibt, die mit genügender Strenge und Ausführlichkeit die Grundbegriffe über Funktionen und deren Darstellung, über Zahlenfolgen, Grenzwerte und über die Zahl erläutert. Weitere Abschnitte behandeln die Ableitungen, den Taylorschen Satz, Grenzwerte von Funktionen, Maxima und Minima der Funktionen und die Reihenentwicklung. Die letzten vier Abschnitte behandeln die Differentialgeometrie der ebenen Kurven, Kurven die durch gegebene Kurven erzeugt werden, die Anwendung der Differentialrechnung auf die Geometrie des Raumes und endlich naturwissenschaftliche Anwendungen der Differentialrechnung.

Integralrechnung. Von Professor Dr. A. WITTING in Dresden. Mit 62 Figuren. Zweite Auflage. 176 Seiten. 1940. (Sammlung Göschen Bd. 88.) Geb. RM 1.62.

Dieses Bändchen zerfällt in neun Abschnitte, deren erster von der empirischen Flächenmessung ausgehend über den Begriff des bestimmten Integrals zur Erklärung des unbestimmten Integrals gelangt. In den nächsten drei Abschnitten werden die allgemeinen Regeln und die Integration der rationalen sowie einiger irrationaler Funktionen in dem üblichen Umfange ausgeführt. Der fünfte Abschnitt umfaßt die Reihenentwicklung, die uneigentlichen Integrale und die Differentiation und Integration nach einem Parameter. Sodann folgen Linienintegrale, Doppelintegrale, Fouriersche Reihen und Integrale. Die letzten beiden Abschnitte geben die Anwendungen der Integralrechnung auf die Geometrie der Ebene und des Raumes.

Grundzüge und Aufgaben der Differential- und Integralrechnung nebst den Resultaten. Von Dr. H. DÖLP. Neu bearbeitet von Dr. EUGEN NETTO. 19. Auflage. Oktav. 214 Seiten. 1940. (Verlag von Alfred Töpelmann, Berlin W 35.) RM 1.95.

Das Bändchen stellt eine elementare Aufgabensammlung zur Differential- und Integralrechnung mit eingefügten Erläuterungen dar. Der erste Abschnitt, Differentialrechnung für Funktionen einer und mehrerer Veränderlichen, bringt die Differentiaton der elementaren Funktionen, einschließlich implizite Funktionen, die Ermittlung der Werte unbestimmter Formen, Maxima und Minima, Taylorsche Reihe. Der zweite Abschnitt, Integralrechnung, führt das Integral als unbestimmtes ein, entwickelt die Integrationsformeln im Bereiche der elementaren Funktionen und geht dann kurz auf das bestimmte Integral ein. Schließlich werden noch verhältnismäßig ausführliche geometrische Anwendungen der Infinitesimalrechnung gebracht: Tangentenbestimmung, singuläre Punkte, Krümmung; Quadratur, Rektifikation, Kubatur.

Differential- und Integralrechnung. Unter besonderer Berücksichtigung neuerer Ergebnisse. Von Dr. OTTO HAUPT, Professor an der Universität Erlangen. Unter Mitarbeit von Dr. GEORG AUMANN, Professor an der Universität Frankfurt (Main). Groß-Oktav. 1938. 1. Band: Einführung in die reelle Analysis. Mit 2 Figuren. 196 Seiten. Geb. RM 11.20. 2. Band: Differentialrechnung. 168 Seiten. Geb. RM 9.80. 3. Band: Integralrechnung. 183 Seiten. Geb. RM 10.60. (Göschens Lehrbücherei Band 24, 25, 26.)

Der erste Band bringt alles für das Verständnis der Differential- und Integralrechnung Erforderliche und damit zugleich eine Einführung in die wichtigsten Begriffsbildungen und Verfahren der reellen Analysis überhaupt. In Rücksicht auf den Anfänger, welcher noch keine weitgehenden Kenntnisse besitzt, werden die benötigten Hilfsmittel im Buche selbst entwickelt. Unbeschadet der Wahrung eines elementaren Standpunktes werden dabei auch neuere, insbesondere für die Anwendungen wichtige Betrachtungsweisen herangezogen.

Im zweiten Bande erscheint die Integralrechnung lediglich als Umkehrung der Differentialrechnung, während sie im dritten Bande ausgehend von der Lehre vom Flächeninhalt entwickelt wird. Im Rahmen eines elementaren Standpunktes werden dabei auch neuere wichtige Ergebnisse dargestellt, die in einführenden Lehrbüchern bis jetzt noch nicht behandelt worden sind. Für das Verständnis des einzelnen Bandes ist lediglich das erforderlich, und dies nur gelegentlich, was in den vorausgehenden Bänden schon entwickelt wurde.

Repetitorium und Aufgabensammlung zur Differentialrechnung. Von Professor Dr. A. WITTING in Dresden. Mit 58 Figuren und 405 Beispielen und Aufgaben. 136 Seiten. 1935. (Sammlung Göschen Bd. 146.) Geb. RM 1.62.

Repetitorium und Aufgabensammlung zur Integralrechnung. Von Professor Dr. A. WITTING in Dresden. Mit 32 Figuren und 305 Beispielen. 118 Seiten. 1934. (Sammlung Göschen Bd. 147.) Geb. RM 1.62.

Diese beiden vorgenannten Bändchen sind eine wesentliche Ergänzung der Wittingschen Differential- und Integralrechnung, die als Band 87 und 88 der Sammlung Göschen erschienen sind. Es konnten unter steter Verweisung auf Band 87 und 88 die Beweise gekürzt und so Raum gewonnen werden für mancherlei Vervollständigungen. Dann werden grundsätzlich andere Aufgaben behandelt als in Band 87 und 88.

Gewöhnliche Differentialgleichungen. Von Professor Dr. G. HOHEISEL. Dritte, neubearbeitete Auflage. 126 Seiten. 1938. (Samml. Göschen Bd. 920.) Geb. RM 1.62.

Der Band beginnt mit einer elementar gehaltenen Einführung in die Theorie der gewöhnlichen Differentialgleichungen, geht aber in den späteren Teilen über die Anfangsgründe hinaus. Bei der Auswahl des Stoffes wurden Gegenstände, welche Anwendungen zulassen, bevorzugt.

Gewöhnliche Differentialgleichungen. Von Dr. J. HORN, em. o. Professor an der Technischen Hochschule Darmstadt. Dritte Auflage. Mit 4 Fig. 1937. VIII, 195 S. (Göschens Lehrbücherei Bd. 10.) Geb. RM 10.50.

Inhalt: Elementare Integrationsmethoden, Existenzbeweise, Methode der schrittweisen Annäherung, numerische und graphische Näherungsmethoden, lineare Differentialgleichungen, elementare Integrationsmethoden und weitere Untersuchungen im reellen Gebiet, Existenzbeweise im komplexen Gebiet, Abhängigkeit der Lösungen von Parametern und Anfangswerten, Singularitäten nichtlinearer Differentialgleichungen.

Partielle Differentialgleichungen. Von Dr. J. HORN, o. Professor an der Technischen Hochschule Darmstadt. Zweite, umgearbeitete Auflage. Mit 8 Figuren. VIII, 228 Seiten. 1929. (Göschens Lehrbücherei Bd. 14.) RM 11.—, geb. RM 12.—.

In diesem einführenden Lehrbuch, das seine Eigenart ganz aus dem bewährten Programm von „Göschens Lehrbücherei" herleitet, werden sowohl lineare partielle Differentialgleichungen zweiter Ordnung, wie sie in der mathematischen Physik vorkommen, als auch nichtlineare partielle Differentialgleichungen erster und zweiter Ordnung behandelt, sowohl Randwert- als auch Anfangswertprobleme, durchweg unter Beschränkung auf zwei unabhängige Veränderliche; es wird auch eine Einführung in die häufig benutzte Theorie der Integralgleichungen gegeben.

Aufgabensammlung zu den gewöhnlichen und partiellen Differentialgleichungen. Von Prof. Dr. G. HOHEISEL. 148 S. 1933. (Samml. Göschen Bd. 1059.) Geb. RM 1.62.

Das Buch will Vertrautheit mit den wichtigsten formellen Integrationsmethoden geben. Es will nicht Routine verschaffen und stellt deshalb die Aufgaben in theoretische Erläuterungen hinein. Alles ist möglichst einfach gehalten, um so jedem willigen Leser die Möglichkeit zu geben, durch die Aufgaben zum vollen Verständnis für die Hauptsätze der Theorie der Differentialgleichungen zu kommen.

Integralgleichungen. Von Professor Dr. G. HOHEISEL. 136 Seiten. 1936. (Sammlung Göschen Bd. 1099.) Geb. RM 1.62.

In der Einleitung werden Begriffe und Haupteigenschaften des Raumes der im Absolutquadrat integrierbaren Funktionen dargelegt, um dem Leser die Möglichkeit zu geben, von einem umfassenderen Gesichtspunkt aus die Theorie der Integralgleichungen zu betrachten. Die beiden ersten Paragraphen des Hauptteils dienen historisch-pädagogischen Zwecken und bringen eine kurze Darstellung der Fredholmschen Idee sowie die Lösbarkeitssätze für ausgeartete Kerne unter Verwendung der Theorie der linearen Gleichungssysteme. Davon wird aber weiterhin nicht Gebrauch gemacht. Vielmehr werden nun alle wichtigen Sätze der Theorie bei Fredholmschem Kern ab ovo entwickelt, ohne den Kern zu approximieren und ohne die Theorie der linearen Gleichungen, die vielmehr einbezogen werden kann. Die Resolvente wird eingehend untersucht, die sogenannte Fredholmsche Determinante auf besonders einfache Weise definiert und auch noch ihre Produktdarstellung hergeleitet. Für den Hermiteschen Kern werden die wichtigsten Entwicklungssätze herausgestellt, nachdem der grundlegende Beweis des Satzes von der Existenz eines Eigenwertes auf besonders elementare Weise gebracht ist. Die bekannte Übertragung solcher Entwicklungssätze auf allgemeine Fredholmsche Kerne schließt sich hier an. Ein Abschnitt über Orthogonalsysteme gibt dem Leser einen Einblick in die Methoden zur Herleitung allgemeiner Entwicklungssätze. Besondere Klassen von Kernen (symmetrisable, Volterrasche Kerne) geben die erwünschte Gelegenheit zu konkreterer Analyse. Nach eingehender Betrachtung der uneigentlich singulären Kerne werden am Schluß noch die Lösbarkeitssätze für einen singulären Kern in genügend einfacher Form bewiesen, womit zum erstenmal diese Theorie in einem Lehrbuch dargestellt wird.

Integralgleichungen. Von Dr. GERHARD KOWALEWSKI, o. Professor an der Technischen Hochschule Dresden. Mit 11 Figuren. Groß-Oktav. 302 Seiten. 1930. (Göschens Lehrbücherei Bd. 18.) Geb. RM 16.50.

Mit diesem Buch setzt der bekannte Verfasser seine lehrbuchmäßigen Darstellungen im Rahmen von „Göschens Lehrbücherei" fort. Als Führer des Studenten in diese große und so überaus wichtige Disziplin leitet der Verfasser alles möglichst einfach und natürlich ab. Die Theorie der Hauptkerne und Hauptfunktionen, ein Kernstück der Lehre von den Integralgleichungen, ist auf eine neue Weise dem Verständnis zugänglich gemacht.

Variationsrechnung. I. Von Dr. LOTHAR KOSCHMIEDER, o. Professor an der Deutschen Technischen Hochschule in Brünn. Mit 21 Figuren. 128 Seiten. 1933. (Sammlung Göschen Bd. 1074.) Geb. RM 1.62.

Es war das Bestreben des Verfassers, dem Leser, der die Grundzüge der Differential- und Integralrechnung kennt, einige Hauptgedanken der Variationsrechnung auseinanderzusetzen und ihn vor allem so weit zu fördern, daß er einfache Aufgaben selbst behandeln könne, mit Vollständigkeit auch in den hinreichenden Bedingungen. Als „kürzester Weg" zu diesem Ziele erschien dem Verfasser der Aufbau der Variationsrechnung nach Weierstraß und Kneser, dem er in allem Wesentlichen gefolgt ist. Zur Schulung des Lesers sind zahlreiche Beispiele eingeflochten; unter diesen wird der Kundige einige neue finden, auch wohl da und dort eine Vereinfachung an Allgemeinheiten bemerken.

Elemente der Funktionentheorie. Von Dr. KONRAD KNOPP, o. ö. Professor an der Universität Tübingen. Mit 23 Figuren. 144 Seiten. 1937. (Sammlung Göschen Bd. 1109.) Geb. RM 1.62.

Die „Elemente der Funktionentheorie" sollen den in der Sammlung Göschen schon vorhandenen funktionentheoretischen Bändchen den Unterbau an elementaren Dingen geben, der ihnen bisher fehlte, dessen Kenntnis sie aber voraussetzten. Sie bringen daher zunächst einen sorgfältigen Aufbau des Systems der komplexen Zahlen und deren geometrische Darstellung in der Ebene und auf der Kugel. Es folgt eine eingehendere Untersuchung der linearen Funktionen, um an diesem durchsichtigsten Beispiel die Behandlung von Funktionen und der durch sie vermittelten Abbildungen kennenzulernen. Ein dritter Abschnitt bringt alles Nötige über Mengen und Folgen, insbesondere über unendliche Reihen und Potenzreihen, und bereitet dadurch auf die Behandlung der beliebigen Funktionen komplexen Argumentes vor, die im vierten Abschnitt durchgeführt wird (Grenzwerte von Funktionen, ihre Stetigkeit und Differenzierbarkeit; analytische Funktionen und konforme Abbildung). Der letzte Abschnitt bringt dann eine genauere Untersuchung der elementaren Funktionen, also von Potenz und Wurzel, den ganzen und gebrochenen rationalen Funktionen, sowie der Exponentialfunktion und den eng mit ihr zusammenhängenden (trigonometrischen und hyperbolischen) Funktionen, ihrer Umkehrungen und der allgemeinen Potenz (Binomialreihe).

Funktionentheorie. Von Dr. KONRAD KNOPP, o. Professor an der Universität Tübingen. Erster Teil: Grundlagen der allgemeinen Theorie der analytischen Funktionen. Mit 8 Figuren. Fünfte, verbesserte Auflage. 136 Seiten. 1937. (Sammlung Göschen Bd. 668.) Geb. RM 1.62. Zweiter Teil: Anwendungen und Weiterführung der allgemeinen Theorie. Mit 7 Figuren. Vierte, verbesserte Auflage. 138 S. 1931. (Sammlung Göschen Bd. 703.) Geb. RM 1.62.

„Die beiden vollständig neubearbeiteten Bände seien allen Studierenden der Mathematik als Muster klarer und strenger Darstellung aufs wärmste empfohlen." *Monatshefte für Mathematik und Physik.*

Aufgabensammlung zur Funktionentheorie. Von Dr. KONRAD KNOPP, o. Professor an der Universität Tübingen. Erster Teil: Aufgaben zur elementaren Funktionentheorie. 136 Seiten. Zweite, verbesserte Auflage. 1931. (Sammlung Göschen Bd. 877.) Geb. RM 1.62. Zweiter Teil: Aufgaben zur höheren Funktionentheorie. 143 Seiten. 1928. (Sammlung Göschen Bd. 878.) Geb. RM 1.62.

Die Mehrzahl der in den beiden Bänden enthaltenen Aufgaben beziehen sich auf Knopps „Funktionentheorie" (Sammlung Göschen Bd. 668 und 703). Sämtlichen Aufgaben sind die Lösungen beigegeben.

Funktionentheoretische Vorlesungen. Von HEINRICH BURKHARDT. Neu herausgegeb. von Dr. GEORG FABER, o. Prof. a. d. Techn. Hochsch. in München. I. Band 1. Heft. Dritte, umgearbeitete Auflage. Groß-Oktav. X, 182 Seiten. 1920. RM 6.—, geb. RM 7.20. I. Band 2. Heft. Fünfte, umgearbeitete Auflage. Groß-Oktav. X, 286 Seiten. 1921. RM 9.—, geb. RM 10.50. II. Band. Dritte, vollständig umgearbeitete Auflage. Groß-Oktav. VI, 444 Seiten. 1920. RM 14.—, geb. RM 15.50.

Das Buch will in einer für Studierende geeigneten Form den Zugang zu den Funktionentheorien von Weierstraß und von Riemann zugleich erschließen.

Elliptische Funktionen. Von Dr. R. KÖNIG, o. Professor der Mathematik an der Universität Jena, und Dr. M. KRAFFT, a. o. Professor an der Universität Marburg i. H. Mit 4 Figuren. 263 Seiten. 1928. (Göschens Lehrbücherei Bd. 11.) RM 13.—, geb. RM 14.50.

Das Buch will dem Studierenden und Fachmann die elliptischen Funktionen als Glied eines großen Organismus verstehen lehren, der mit den einfachsten analytischen Funktionen, den rationalen, beginnt und schließlich zu den Riemannschen Funktionensystemen emporwächst.

Elliptische Funktionen. Von Dr. KARL BOEHM, Professor an der Technischen Hochschule in Karlsruhe. Erster Teil: Theorie der elliptischen Funktionen aus analytischen Ausdrücken entwickelt. Mit 11 Figuren im Text. XII, 356 Seiten. Neudruck. 1930. (Sammlung Schubert Bd. XXX.) Geb. RM 20.—. Zweiter Teil: Theorie der elliptischen Integrale. Umkehrproblem. Mit 28 Figuren im Text. VII, 180 Seiten. 1910. (Sammlung Schubert Bd. LXI.) Geb. RM. 7.80.

Der erste Teil entwickelt aus gewissen analytischen Ausdrücken und dem Begriffe der Periodizität eine Theorie der einfach periodischen und doppelt periodischen Funktionen, jene, gewissermaßen als Einleitung, in Kürze zusammenfassend, diese, als Hauptgegenstand, in breiterer Ausführung gebend. Der zweite Teil behandelt das Umkehrproblem der elliptischen Integrale und greift erst gegen Ende der Untersuchung auf die Resultate des vorangehenden Teils zurück. Dadurch ist erreicht, daß jeder Band eine große Selbständigkeit besitzt.

Einführung in die Theorie der algebraischen Funktionen einer Veränderlichen. Von HEINRICH W. E. JUNG, o. ö. Prof. an der Universität Halle-Wittenberg. Mit 35 Abb. im Text. Groß-Oktav. VI, 246 S. 1923. RM 3.50, geb. RM 4.—.

„Das überaus klar und anschaulich geschriebene Buch wird allen denjenigen, die sich mit den grundlegenden Methoden der arithmetischen Theorie der algebraischen Funktionen vertraut machen wollen, von Nutzen sein." Zeitschrift für mathem. u. naturwiss. Unterricht.

Theorie des Potentials und der Kugelfunktionen. Von Professor Dr. A. WANGERIN in Halle a. d. S. I. Teil: Mit 46 Fig. VIII, 255 S. Unveränd. Neudruck. 1922. (Sammlung Schubert Bd. LVIII.) Geb. RM 4.—. II. Teil: Mit 17 Fig. VIII, 286 Seiten. 1921. (Sammlung Schubert Bd. LIX.) Geb. RM 4.—.

„Wer in die Potentialtheorie eindringen will, findet in dem leichtverständlichen Buch einen zuverlässigen und angenehmen Führer." Zeitschrift für mathem. u. naturwiss. Unterricht.

Einführung in die konforme Abbildung. Von Dr. LUDWIG BIEBERBACH, o. ö. Professor an der Universität Berlin. Dritte, neubearbeitete Auflage. Mit 42 Zeichnungen. 136 Seiten. 1937. (Sammlung Göschen Bd. 768.) Geb. RM 1.62.

„Der Autor faßt seine Aufgabe, eine Einführung in die konforme Abbildung zu geben, in doppeltem Sinne auf. Er vermittelt dem Leser die eigentlich elementaren Teile der Theorie der konformen Abbildung; andererseits eröffnet er durch Eingehen auf einzelne neue Entwicklungen den Zugang zu den modernsten und tiefsten Untersuchungen der gesamten Funktionentheorie." Jahrbuch über die Fortschritte der Mathematik.

Geometrie

Grundlagen der Geometrie. Von Professor Dr. GERHARD HESSENBERG. Herausgegeben von Studienrat Dr. W. SCHWAN. Mit 77 Figuren. Groß-Oktav. 143 Seiten. 1930. (Göschens Lehrbücherei Bd. 17.) RM 6.50, geb. RM 7.80.

Hessenbergs Vorlesungen über die „Grundlagen der Geometrie" stellen eine besonders einfache und lesbare Einführung in die neuere geometrische Grundlagenforschung dar. Sie werden darum allen denen willkommen sein, die zwar der Sache selbst Interesse entgegenbringen, aber mit der sonstigen Grundlagenliteratur nicht recht fertig geworden sind. Auch der Kenner wird ihnen manche Anregung entnehmen. Die ersten beiden Kapitel sind so einfach gehalten, daß sie selbst mathematischen Arbeitsgemeinschaften an höheren Schulen Stoff liefern können. Der Schwerpunkt des Buches liegt in den Erörterungen über den Fundamentalsatz der projektierten Geometrie und seine Sonderfälle, den Desarguesschen und Pascalschen Satz.

Ebene und sphärische Trigonometrie. Von Professor Dr. GERHARD HESSENBERG. Mit 59 Figuren. Vierte Auflage, unveränderter Neudruck. 171 Seiten. 1940. (Sammlung Göschen Bd. 99.) Geb. RM 1.62.

Der erste Teil bringt die ebene, der zweite die sphärische Trigonometrie, der dritte die Berechnung und einige algebraische Anwendungen der trigonometrischen Funktionen (komplexe Zahlen, quadratische und kubische Gleichungen usw.). Den modernen Unterrichtsbestrebungen entsprechend ist der Funktionsbegriff stärker betont und bei der Erweiterung der trigonometrischen Funktionen auf beliebige Winkel, die jetzt ein besonderes Kapitel bildet, der Koordinatenbegriff herangezogen.

Nichteuklidische Geometrie. Von Professor Dr. RICHARD BALDUS. Mit 71 Figuren. 152 Seiten. 1927. (Sammlung Göschen Bd. 970.) Geb. RM 1.62.

Wenn auch der Band durch möglichste Klarheit und zahlreiche Figuren, auf die besondere Sorgfalt verwendet wurde, zunächst auf den Neuling auf diesem Gebiet Rücksicht nimmt, so dürfte doch auch der Fachmann manches Neue darin finden. Daß bis zu den Übergängen aus dem mathematischen in das rein philosophische Gebiet vorgedrungen wird, dürfte philosophisch interessierten Lesern willkommen sein.

Elementargeometrie der Ebene und des Raumes. Von Professor Dr. MAX ZACHARIAS in Berlin. Mit 196 Figuren im Text. 252 Seiten. 1929. (Göschens Lehrbücherei Bd. 16.) RM 13.—, geb. RM 14.50.

Die Elementargeometrie wird nicht vom Standpunkte des Schulunterrichts, sondern von dem der Wissenschaft aus behandelt. Ausgangspunkt ist das (etwas modifizierte) Hilbertsche Axiomensystem. In der Darstellung treten zwei Momente in den Vordergrund: die geschichtliche Entwicklung und die prinzipielle Begründung der einzelnen Gebiete.

Vektoranalysis. Von Dr. SIEGFRIED VALENTINER, Professor für Physik an der Bergakademie Clausthal. Mit 16 Figuren. Fünfte, erneut durchges. Auflage. 136 Seiten. 1938. (Sammlung Göschen Bd. 354.) Geb. RM 1.62.

„Stellt von den bisher vorhandenen kurzen Darstellungen des Gegenstandes die einwandfreieste dar und kann als kleine Formelsammlung und zu einer ersten Einführung stets empfohlen werden."
Zeitschr. f. angewandte Mathematik u. Mechanik.

Analytische Geometrie der Ebene. Von Dr. R. HAUSSNER, o. ö. Professor an der Universität Jena. Mit 60 Figuren. Zweite Auflage. 164 Seiten. 1934. (Sammlung Göschen Bd. 65.) Geb. RM 1.62.

Die Darstellung beginnt elementar und setzt nur die nötigsten planimetrischen und algebraischen Schulkenntnisse voraus. Es ist nicht nur die allgemeine Theorie der analytischen Gebilde ersten und zweiten Grades vollständig gegeben, sondern auch eine größere Zahl von speziellen Sätzen, vornehmlich über die Kegelschnitte.

Sammlung von Aufgaben und Beispielen zur analytischen Geometrie der Ebene mit den vollständigen Lösungen. Von Dr. R. HAUSSNER, o. ö. Professor an der Universität Jena. Mit 22 Figuren im Text. Zweite, unveränderte Auflage. 139 Seiten. 1941. (Sammlung Göschen Bd. 256.) Geb. RM 1.62.

Das Bändchen enthält mehr eine Sammlung von Beispielen als nur von Aufgaben, indem es nicht nur die Lösungen der Aufgaben, sondern bei allen einigermaßen schwierigeren auch die Anleitung zur Lösung gibt. Dies ist für die Zwecke des Selbststudiums der analytischen Geometrie notwendig, andererseits wird aber dadurch das Bändchen auch für den Unterricht nicht unbrauchbar; die meisten Aufgaben lassen mehrere Lösungswege zu, und es braucht also der Lehrer nur eine andere als die angegebene Lösung zu verlangen.

Einführung in die analytische Geometrie. Von Professor Dr. GERHARD KOWALEWSKI. Mit 112 Figuren. Dritte, unveränderte Auflage. Lexikon-Oktav. VIII, 360 Seiten. 1929. Geb. RM 11.20.

Dieses bekannte Lehrbuch ist eine Einführung in die analytische Geometrie der Ebene und des Raumes, wie sie gewöhnlich in einem einstündigen Semesterkolleg erledigt wird. Die Notwendigkeit einer dritten Auflage beweist die besondere Eignung dieses Buches für einen systematischen Studienbetrieb.

Analytische Geometrie des Raumes. Von Professor Dr. ROBERT HAUSSNER in Jena. Mit 36 Fig. 132 Seiten. 1935. (Sammlung Göschen Bd. 89.) Geb. RM 1.62.

Auch für die Geometrie des Raumes hat sich der Verfasser von dem Gedanken leiten lassen, seine Darstellung für einen möglichst weiten Benutzerkreis zu gestalten. Deshalb ist außer den mathematischen Schulkenntnissen nur die Theorie der Determinanten, die bereits in der Geometrie der Ebene bis zu den Determinanten 3. Grades benutzt worden war, nunmehr bis zu den Determinanten 4. Grades und selbstverständlich die analytische Geometrie der Ebene als bekannt vorausgesetzt.

Projektive Geometrie. Von Prof. Dr. KARL DOEHLEMANN, völlig neubearbeitet von Dr. HEINRICH TIMERDING, Professor an der Technischen Hochschule Braunschweig. Mit 37 Figuren. 132 Seiten. 1937. (Sammlung Göschen Bd. 72.) Geb. RM 1.62.

Es handelt sich hier um einen auf den Elementen Punkt und Strahl beruhenden Aufbau der räumlichen (vorab der ebenen) Ordnung, wie er aus der zeichnerischen und plastischen Perspektive hervorgewachsen ist. Das Entscheidende ist die anschauliche Erfassung der geometrischen Gebilde und das Hauptziel Stärkung der Anschauung an sich.

Aufgabensammlung zur Projektiven Geometrie. Von Dr. HEINRICH TIMERDING, Professor an der Technischen Hochschule Braunschweig. Mit 65 Figuren. 140 Seiten. 1933. (Sammlung Göschen Bd. 1060.) Geb. RM 1.62.

Die vorliegende Aufgabensammlung bildet eine Ergänzung zu dem Bändchen über Projektive Geometrie von Karl Doehlemann und H. Timerding. Sie ist aber so gehalten, daß sie auch unabhängig für sich benutzt werden kann. Der Bereich der Aufgaben ist mit Absicht so gewählt, daß er das mit elementaren Vorkenntnissen erreichbare Pensum nicht übersteigt und sucht sich an das auch in Zeichnungen Wiedergebbare zu halten, also im wesentlichen auf die ebene Geometrie zu beschränken, aber unter Zuhilfenahme räumlicher Vorstellungen, wie sie auch bei der zeichnerischen Perspektive herangezogen werden müssen.

Darstellende Geometrie. Von Dr. ROBERT HAUSSNER, o. ö. Professor der Mathematik an der Universität Jena. Erster Teil: Elemente; Ebenflächige Gebilde. Fünfte, unveränderte Auflage. Mit 110 Figuren im Text. 207 Seiten. 1940. (Sammlung Göschen Bd. 142.) Geb. RM 1.62. Zweiter Teil: Perspektive ebener Gebilde; Kegelschnitte. Dritte, verbesserte und vermehrte Auflage. Mit 88 Figuren im Text. 168 Seiten. 1929. (Sammlung Göschen Bd. 143.) Geb. RM 1.62.

Darstellende Geometrie. Von Dr. ROBERT HAUSSNER, o. ö. Professor der Mathematik an der Universität Jena, und Dr. WOLFGANG HAACK, Privatdozent für Mathematik an der Technischen Hochschule Danzig-Langfuhr. Dritter Teil: Zylinder, Kegel, Kugel, Rotations- und Schraubenflächen, Schattenkonstruktionen, Axonometrie. Mit 65 Figuren im Text. 141 Seiten. 1931. (Sammlung Göschen Bd. 144.) Geb. RM 1.62. Vierter Teil: Freie und gebundene Perspektive, Photogrammetrie, kotierte Projektion. Mit 76 Figuren im Text. 144 Seiten. 1933. (Sammlung Göschen Bd. 1063.) Geb. RM 1.62.

„Das ganze Gebiet der Darstellenden Geometrie ist in diesen vier Bändchen vorbildlich zusammengefaßt."
Glasers Annalen.

Lehrbuch der darstellenden Geometrie. Von Dr. KARL ROHN, Geh. Rat, weil. Professor an der Universität Leipzig, und Dr. ERWIN PAPPERITZ, Geh. Rat, weil. Professor an der Bergakademie in Freiberg i. Sa. Drei Bände. Groß-Oktav. I. Orthogonalprojektion. Vielflache, Perspektivität ebener Figuren, Kurven, Zylinder, Kugel, Kegel, Rotations- und Schraubenflächen. Vierte, erweiterte Auflage. XX, 502 Seiten. Mit 351 Figuren. Neudruck. 1932. Geb. RM 18.90. II. Axonometrie, Perspektive Beleuchtung. Vierte, umgearbeitete Auflage. Neudruck. 1932. VI, 194 Seiten. Mit 118 Figuren. Geb. RM 8.55. III. Kegelschnitte, Flächen zweiten Grades, Regel-, abwickelbare und andere Flächen. Flächenkrümmung. Vierte, unveränderte Auflage. X, 334 Seiten. Mit 157 Figuren. 1923. RM 10.80, geb. RM 12.—.

Das vorliegende Lehrbuch soll vornehmlich dem Zwecke dienen, durch die Lösung der Darstellungsprobleme dem Leser die klare Erfassung geometrischer Fragen und die Bildung präziser Raumvorstellungen zu vermitteln. Es setzt nur die einfachsten geometrischen Kenntnisse voraus, schreitet systematisch vom Leichten zum Schweren fort und bezieht viele solche stereometrische Aufgaben in den Lehrbereich ein, die zur Erreichung des oben bezeichneten Zieles geeignet erscheinen.

Darstellende Geometrie. Von THEODOR SCHMID, o. ö. Professor an der Technischen Hochschule in Wien. I. Teil: Eckige Körper, Kugel, Zylinder, Kegel, Plankurven und Raumkurven mit den zugehörigen Torsen im Normalrißverfahren und in orthogonaler Axonometrie. Dritte Auflage. Mit 170 Figuren. 283 Seiten. 1922. (Sammlung Schubert Bd. LXV.) Geb. RM 6.—. II. Teil: Schiefe und zentrale Projektion. Dreh-, Rohr-, Schrauben- und Regelflächen. Geländedarstellung, Kartenprojektion, Nomographie. Zweite Auflage. Mit 163 Figuren. 340 Seiten. 1923. (Sammlung Schubert Bd. LXVI.) Geb. RM 7.50.

Bei der Behandlung des Stoffes wurde von der Reinheit der Methode abgesehen; die verschiedenen Zweige der Geometrie wurden nach Bedarf herangezogen. Die Hauptsache bildet die konstruktive Durchführung der vorkommenden Aufgaben. Übungsaufgaben sind in großer Zahl eingefügt.

Koordinatensysteme. Von Professor PAUL B. FISCHER, Studienrat am Gymnasium zu Berlin-Steglitz. Mit 8 Figuren. Zweite, verbesserte Auflage. 128 Seiten. 1919. (Sammlung Göschen Bd. 507.) Geb. RM 1.62.

Das vorliegende Bändchen versucht den Koordinatenbegriff von einem allgemeineren Standpunkt aus darzustellen, als es gewöhnlich in den Werken über analytische Geometrie geschieht. Dabei war es erforderlich, bei dem Leser die Bekanntschaft mit den Grundlehren der analytischen und projektiven Geometrie, sowie der Differentialrechnung vorauszusetzen. Der Verfasser denkt ungefähr an einen Studenten, der die Anfangskollegs hinter sich hat und nun tiefer in den Geist der geometrischen Forschung einzudringen versucht.

Algebraische Kurven. Neue Bearbeitung von Dr. H. WIELEITNER, Oberstudiendirektor in München. Erster Teil: Gestaltliche Verhältnisse. Mit 97 Figuren. Durchgesehener Neudruck. 146 Seiten. 1930. (Sammlung Göschen Bd. 435.) Geb. RM 1.62. Zweiter Teil: Allgemeine Eigenschaften. Mit 35 Figuren. Neudruck. 123 Seiten. 1939. (Sammlung Göschen Bd. 436.) Geb. RM 1.62.

„Der anscheinend recht spröde Gegenstand wird in der vorliegenden Wieleitnerschen Darstellung ungemein lebendig und zeigt auch durch die vielfachen geschichtlichen Einstreuungen, was die mathematische Forschung der letzten 150 Jahre aus den algebraischen Kurven herauszuholen vermochte und auf welchen Wegen sie deren innerstes Wesen zu enthüllen suchte." *Ingenieur-Zeitschrift.*

Punkt- und Vektor-Rechnung. Von Dr. ALFRED LOTZE, Privatdozent für Mathematik an der Technischen Hochschule Stuttgart. Mit 7 Figuren. 192 Seiten. 1929. (Göschens Lehrbücherei Bd. 13.) RM 12.—, geb. RM 13.—.

Das Buch gibt eine Einführung in die Punktrechnung, einschließlich der Vektorrechnung, welche dabei als Teilgebiet der umfassenden Punktrechnung erscheint. Neben der ursprünglichen Graßmannschen Darstellung, die sich auf den Fall der Euklidischen Geometrie beschränkte, wird auch eine rein projektive Begründung der Punktrechnung durchgeführt. Der zweite Teil enthält zahlreiche Anwendungen auf Algebra, projektive und Differentialgeometrie sowie auf Mechanik und zeigt daran die Vorzüge und die Tragweite der entwickelten Methoden.

Vorlesungen über allgemeine natürliche Geometrie und Liesche Transformationsgruppen. Von Dr. GERHARD KOWALEWSKI, o. ö. Professor an der Technischen Hochschule zu Dresden. Mit 16 Figuren. Groß-Oktav. 280 Seiten. 1931. (Göschens Lehrbücherei Bd. 19.) RM 15.50, geb. RM 17.—.

Der Verfasser bietet hiermit eine ganz neuartige Einführung in die Liesche Gruppentheorie: er geht von dem Grundsatz aus, daß man mit einer Theorie am besten und eindrucksvollsten in ihren Anwendungen vertraut wird. Dementsprechend macht er den Leser mit einem ihrer Hauptanwendungsgebiete, der natürlichen Geometrie, eingehend bekannt, wobei sich dieser die Lieschen Grundbegriffe nach und nach aneignet. Im Schlußkapitel werden die unterwegs erworbenen gruppentheoretischen Kenntnisse zum Grundgerüst der Theorie der Transformationsgruppen zusammengefaßt.

Differentialgeometrie. Von Dr. RUDOLF ROTHE, o. Professor an der Technischen Hochschule Berlin. I: Raumkurven und Anfänge der Flächentheorie. Mit 29 Abb. 132 Seiten. 1937. (Sammlung Göschen Bd. 1113.) Geb. RM 1.62.

Das Bändchen enthält als ersten und hauptsächlichen Teil eine Einführung in die Lehre von den Raumkurven. Von der Anschauung ausgehend, werden die Raumkurven des dreidimensionalen euklidischen Raumes analytisch erklärt, auch im Komplexen. Die wichtigsten Eigenschaften werden abgeleitet. Da von vornherein der Begriff des Vektors benutzt wird, ist die Darstellung unabhängig vom Koordinatensystem. Auch die Einführung der Differentialinvarianten geschieht dadurch einfacher, und die natürliche Geometrie der Raumkurven ergibt sich so fast von selbst. Die Theorie der Berührung höherer Ordnung von Kurve und Fläche sowie zweier Kurven, die Lehre von den Evolventen und Evoluten einer Raumkurve, endlich ein besonderer Paragraph über Minimalkurven beschließen den ersten Abschnitt. Der zweite Abschnitt „Anfänge der Flächentheorie. Kurven auf Flächen" enthält die einleitenden Sätze aus der Flächentheorie und insbesondere die Haupttatsachen über Kurven auf krummen Flächen. Dieser Abschnitt soll zur Vorbereitung für den folgenden Band, Differentialgeometrie II, dienen, der von der Flächentheorie handeln wird.

Affine Differentialgeometrie. Von Dr. ERICH SALKOWSKI, o. Professor an der Technischen Hochschule Berlin. Groß-Oktav. Mit 23 Figuren. 204 Seiten. 1934. (Göschens Lehrbücherei Bd. 22.) Geb. RM 10.—.

Die vorliegende Darstellung ist aus Vorlesungen hervorgegangen, die der Verfasser an den Technischen Hochschulen Hannover und Berlin gehalten hat. Das Ziel dieses Bandes von Göschens Lehrbücherei ist, den Anfänger, dem nur die Grundtatsachen der Vektorrechnung und der Differentialgeometrie geläufig sein müssen, mit den Begriffsbildungen der Tensorrechnung vertraut zu machen, die für das Verständnis der neueren differential-geometrischen und mathematisch-physikalischen Forschung unentbehrlich sind. Dabei wurde darauf Bedacht genommen, von den einfachsten allgemein bekannten Tatsachen ausgehend und in dauernder Verbindung mit der geometrischen Anschauung den Formelapparat der Ricci-Rechnung allmählich so zu entwickeln, daß er dem Lernenden nicht als ein analytisches Kunststück entgegentritt, sondern sich als ein naturgemäßes Hilfsmittel der geometrischen Forschung aufbaut. Aus diesem Grunde wurde die Untersuchung auf die einfachsten Gegenstände beschränkt und grundsätzlich nur zweidimensionale analytische Gebilde betrachtet.

Anwendung der Differential- und Integralrechnung auf Geometrie. Von Dr. GEORG SCHEFFERS, Geh. Reg.-Rat, Professor an der Technischen Hochschule Charlottenburg. I. Mit 107 Figuren. Dritte, verbesserte Auflage. XII, 482 Seiten. 1923. RM 13.—, geb. RM 14.50. II. Mit 110 Figuren. Dritte, verbesserte Auflage. XI, 582 Seiten. 1922. RM 15.—, geb. RM 16.50.

Die besprochenen Probleme werden alle mit großer Ausführlichkeit behandelt. Die am Schluß beigefügten Formeltafeln und Register erhöhen den Wert des Werkes, das nicht nur einführen, sondern auch zu selbständigen Forschungen anregen soll.

Kreis und Kugel. Von Dr. WILHELM BLASCHKE, o. Prof. a. d. Univ. Hamburg. Mit 27 Figuren im Text. Groß-Oktav. X, 169 Seiten. 1916. RM 4.40, geb. RM 5.50.

Hier ist der Versuch unternommen, elementare Beweisansätze für die isoperimetrischen Probleme von Jakob Steiner auszugestalten und damit einen leichter gangbaren Weg zu bahnen zu wundervollen Ergebnissen, die besonders mit den Namen H. A. Schwarz und H. Brunn verknüpft sind.

Theorie der Raumkurven und krummen Flächen. Von Dr. V. KOMMERELL, Oberstudiendirektor, Honorarprofessor an der Universität Tübingen, und Dr. K. KOMMERELL, o. ö. Professor an der Universität Tübingen. Groß-Oktav. Vierte Auflage. (Göschens Lehrbücherei Bd. 20 und 21.) I: Krümmung der Raumkurven und Flächen. Mit 38 Figuren. 205 Seiten. 1931. Geb. RM 10.—. II: Kurven auf Flächen. Spezielle Flächen. Theorie der Strahlensysteme. Mit 22 Figuren. 194 Seiten. 1931. Geb. RM 10.—.

Die vierte Auflage des früher in der Sammlung Schubert erschienenen Werkes wurde unter Verwertung der neueren Literatur vollständig umgearbeitet und erheblich erweitert. In der Darstellung wurden größere Anforderungen an die Strenge der Herleitung und Beweisführung gestellt. Entsprechend der ganzen Anlage des Werkes und seinen pädagogischen Absichten mußte auch in dieser Auflage Verständlichkeit angestrebt werden. Unter diesem Gesichtspunkt benutzten die Verfasser die geometrische Anschauung in ausgiebiger Weise. Eine reichhaltige, ebenfalls wesentlich vermehrte Sammlung von Aufgaben und sonstigem Übungsmaterial schließt das Werk ab.

Liniengeometrie mit Anwendungen. Von Professor Dr. KONRAD ZINDLER in Innsbruck. I. Teil. Mit 87 Figuren. Neudruck. VIII, 380 Seiten. 1928. (Sammlung Schubert Bd. XXXIV.) Geb. RM 18.—. II. Teil. Mit 24 Figuren. VII, 252 Seiten. 1906. (Sammlung Schubert Bd. LI.) Geb. RM 9.50.

Ein besonderer Vorzug dieses vorliegenden Lehr- und Einführungsbuches sind die jedem Bande beigegebenen Übungsaufgaben, zu deren Lösung sich am Schluß eine Anleitung befindet.

Projektive Liniengeometrie. Von Dr. ROBERT SAUER, Prof. an der Technischen Hochschule in Aachen. Mit 36 Abbildungen. Groß-Oktav. 194 Seiten. 1937. (Göschens Lehrbücherei Bd. 23.) Geb. RM 9.—.

Das Buch bringt keine mehr oder weniger vollständige Zusammenstellung der alten und neueren Ergebnisse der Liniengeometrie, sondern eine Auswahl solcher Beziehungen, die wegen ihres einfachen und „anschaulichen" Inhalts dauerndes Interesse zu finden versprechen. Das Hauptgewicht ist stets auf den geometrischen Inhalt, nicht auf das analytische Werkzeug gelegt; dieser Absicht dient insbesondere die Gegenüberstellung von Modellgebilden, die aus direkten Geraden aufgebaut sind.

Inhalt: Einleitung. — Grundbegriffe der algebraischen Liniengeometrie. — Geradenscharen. — Geradensysteme. — Besondere Geradensysteme. — Infinitesimale Flächenverbiegung. — Geradenkomplexe.

Geometrische Transformationen. Von Dr. KARL DOEHLEMANN, weil. Professor an der Technischen Hochschule München. Zweite Auflage, herausgegeben von Dr. WILHELM OLBRICH, Prof. an der Hochschule für Bodenkultur in Wien. Mit 89 Figuren im Text und 4 Abbildungen. 254 Seiten. 1930. (Göschens Lehrbücherei Bd. 15.) RM 13.—, geb. RM 14.50.

Entsprechend dem Programm von „Göschens Lehrbücherei" wurden aus dem Gesamtgebiete der geometrischen Transformationen diejenigen Kapitel in nicht zu abstrakter Weise dargestellt, die sowohl für den Mathematiker wie für den technischen Wissenschaftler wesentlich sind. Aus diesem Grunde wurde neben der analytischen Darstellung die zeichnerische Auswertung berücksichtigt.

Angewandte Mathematik

Graphische Darstellung in Wissenschaft und Technik. Von Professor Dr. M. PIRANI. Zweite, verbesserte Auflage, besorgt durch Dr. I. RUNGE. Mit 71 Abbildungen. 149 Seiten. 1931. (Sammlung Göschen Bd. 728.) Geb. RM 1.62.

Von der einfachen Darstellung von Größen mit unbekanntem Zusammenhang in Form von Kurven oder Skalen ausgehend, geht der Verfasser zur Darstellung von Größen bekannter Abhängigkeit (Funktionsskalen, insbesondere logarithmische projektive Teilung) über und bespricht dann die Aufstellung von Rechentafeln, namentlich mit der Methode der fluchtrechten Punkte oder mit Hilfe mehrerer gekreuzter Linien.

Geodäsie (Landesvermessung und Erdmessung). Von Prof. Dr. GUSTAV FÖRSTER. Mit 33 Figuren. 122 Seiten. 1927. (Sammlung Göschen Bd. 102.) Geb. RM 1.62.

Das Bändchen gibt in kurzer Fassung einen anschaulichen Einblick in die Vermessung ganzer Länder und in das Wesen der höheren Geodäsie. Die wichtigsten Rechnungen werden gezeigt und durch Beispiele erläutert. Auf eine klare Darstellung der verschiedenen Bezugsflächen (Geoid, Niveauflächen und Ellipsoid) sowie der geodätischen Linien und Winkel ist besonderer Wert gelegt worden. Die zeitlichen Änderungen (Lotlinien- und Achsenschwankungen) der Erde sind ebenfalls dargestellt.

Vermessungskunde. Von Dr.-Ing. P. WERKMEISTER, o. Professor an der Technischen Hochschule Dresden. I: Stückmessung und Nivellieren. Mit 146 Figuren. Sechste Auflage. 162 Seiten. 1938. (Sammlung Göschen Bd. 468.) Geb. RM 1.62. II: Messung von Horizontalwinkeln, Festlegung von Punkten im Koordinatensystem, Absteckungen. Mit 93 Figuren. Vierte Auflage. 147 Seiten. 1939. (Sammlung Göschen Bd. 469.) Geb. RM 1.62. III: Trigonometrische und barometrische Höhenmessung, Tachymetrie und Topographie. Mit 61 Figuren. Dritte Auflage. 144 Seiten. 1934. (Sammlung Göschen Bd. 862.) Geb. RM 1.62.

„Die klare, konzentrierte Art der Darstellung der Werkmeisterschen Vermessungskunde ist bekannt; daß sie von den Praktikern aller Grade geschätzt wird, geht aus dem starken Absatz aller drei Bändchen hervor. Es ist ein Taschenbuch der Vermessungskunde im besten Sinne." Allgem. Vermessungs-Nachrichten.

Praktisches Zahlenrechnen. Von Professor Dr.-Ing. P. WERKMEISTER in Dresden. Mit 60 Figuren. Zweite, verbesserte Auflage. 136 Seiten. 1929. (Sammlung Göschen Bd. 405.) Geb. RM 1.62.

Das Buch gibt eine übersichtliche Auskunft über die in der Praxis angewendeten Arten des Rechnens. Es wird daher in allen Kreisen der Technik und Naturwissenschaft ein willkommener Führer und Ratgeber sein.

Mathematisches Intrumente. Von Professor Dr. FR. A. WILLERS. Mit 68 Figuren. 144 Seiten. 1926. (Sammlung Göschen Bd. 922.) Geb. RM 1.62.

Der Band bringt nicht nur eine Beschreibung der mathematischen Instrumente, sondern auch eine genaue Theorie, aus der die Anwendungsmöglichkeiten, die beste Art des Gebrauchs, sowie die Größe der auftretenden Ungenauigkeiten abgeleitet werden.

Politische Arithmetik. (Zinseszinsen-, Renten- und Anleiherechnung.) Von Dr. EMIL FOERSTER, Honorardozent an der Technischen Hochschule in Wien. Mit 7 Figuren. 155 Seiten. 1924. (Sammlung Göschen Bd. 879.) Geb. RM 1.62.

In sechs Kapiteln wird der Reihe nach die einfache Zinsenrechnung, die Zinseszinsrechnung für Einzelkapitalien und Renten, das Rechnen mit vorschüssigen Zinsen, die Schuldentilgung sowie die Kurs- und Rentabilitätsrechnung behandelt.

Wahrscheinlichkeitsrechnung für Nichtmathematiker. Von Dr. KARL DÖRGE, o. Professor an der Universität Köln, unter Mitwirkung von HANS KLEIN. 113 S. 1939. Geb. RM 6.—.

Ausgleichungsrechnung nach der Methode der kleinsten Quadrate. Von WILHELM WEITBRECHT, Professor der Geodäsie in Stuttgart. Zweite, veränderte Auflage. I. Teil: Ableitung der grundlegenden Sätze und Formeln. Mit 8 Figuren. Neudruck. 127 Seiten. 1938. (Sammlung Göschen Bd. 302.) Geb. RM 1.62. II. Teil: Zahlenbeispiele. Mit 8 Figuren. Neudruck. 141 Seiten. 1920. (Sammlung Göschen Bd. 641.) Geb. RM 1.62.

Jeder der beiden Teile bildet ein das ganze Gebiet umfassendes, für sich geschlossenes Ganzes. Der erste enthält die Ableitung der grundlegenden Sätze und Formeln, während im zweiten die fertigen Ergebnisse dieser Ableitungen zusammengestellt und auf hauptsächlich dem Gebiet der Geodäsie entnommene Zahlenbeispiele angewendet werden.

Erbbiologische Fragen in mathematischer Behandlung. Von Dr. phil. OTFRID MITTMANN, Wissenschaftlicher Assistent am Mathematischen Institut der Universität Berlin. Mit 46 Figuren im Text. Oktav. XI, 265 Seiten. 1940. Geb. RM 22.—.

In steigendem Maß bedarf die Biologie einer mathematischen Fassung ihrer Ergebnisse. In der Pflanzen- und Tierphysiologie ist sie im Anschluß an die physikalisch-chemische Arbeitsweise schon lange üblich. In die Vererbungsforschung hat sie seit der Einwirkung der „Elemente der exakten Erblichkeitslehre" des dänischen Botanikers Johannsen (1909) immer mehr Eingang gefunden.

Versicherungsmathematik. Von Dr. FRIEDRICH BÖHM, Professor an der Universität München. I: Elemente der Versicherungsrechnung. Zweite, verbesserte Auflage. 151 Seiten. 1937. (Sammlung Göschen Bd. 180.) Geb. RM 1.62. II: Lebensversicherungsmathematik. Einführung in die technischen Grundlagen der Sozialversicherung. 171 Seiten. 1926. (Sammlung Göschen Bd. 917.) Geb. RM 1.62.

Der erste Band behandelt den Zins als erste, die Sterbetafel als zweite Rechnungsgrundlage, die Prämienreserve und die Versicherung verbundener Leben. Der zweite Band enthält außer einer eingehenden Behandlung der Lebensversicherungsmathematik eine Einführung in die technischen Grundlagen der Sozialversicherung.

Numerische Integration. Von Professor Dr. FR. A. WILLERS. Mit 2 Figuren. 116 Seiten. 1923. (Sammlung Göschen Bd. 864.) Geb. RM 1.62.

Die Darstellung ist sehr übersichtlich und so elementar als möglich gehalten. Sie setzt nur die Kenntnisse der Grundgesetze der Differential- und Integralrechnung voraus und wendet sich an Mathematiker, Physiker und vor allem an Ingenieure, für die das Buch eine gute Anleitung und Einführung ist.

Methoden der praktischen Analysis. Von Professor Dr. FR. A. WILLERS. Mit 132 Figuren. 344 Seiten. 1928. (Göschens Lehrbücherei Bd. 12.) RM 20.—, geb. RM 21.50.

Der vorliegende Band behandelt numerische, graphische und einige instrumentelle Methoden der praktischen Analysis. Es wird für die wichtigsten Methoden der praktischen Analysis, ausgehend von theoretischen Erörterungen, zunächst eine Abschätzung der mit den einzelnen Verfahren erreichbaren Genauigkeit gewonnen und dann ihre Anwendung an Beispielen erläutert, die verschiedenen Disziplinen, insbesondere Gebieten der Naturwissenschaft und Technik, entnommen sind. Da sich die größte Genauigkeit mit rechnerischen Methoden erzielen läßt, stehen diese im Vordergrund; aber auch die graphischen Verfahren, die man ihrer Bequemlichkeit und Übersichtlichkeit wegen überall da vorzieht, wo ihre Genauigkeit ausreicht, sind, meist im Anschluß an die numerischen, eingehend behandelt; ferner ist Theorie und Praxis der am häufigsten benutzten mathematischen Instrumente besprochen. Das Buch gibt so dem Mathematiker einen Einblick in die Anwendungsmöglichkeiten der Methoden und macht den Naturwissenschaftler und Ingenieur mit den theoretischen Grundlagen bekannt; es ermöglicht ihm dadurch die Entscheidung darüber, mit welchem Verfahren er im einzelnen Falle in der kürzesten Zeit ausreichend genaue Resultate erzielen kann.

Flugtechnisches Handbuch. Unter Mitarbeit zahlreicher Fachleute herausgegeben von ROLAND EISENLOHR. Oktav.
4 Bände. I: Aerodynamik und Flugzeugbau. Mit 130 Abbildungen im Text. 167 S. 1936. II: Flugzeugführung, Luftverkehr und Segelflug. Mit 137 Abbildungen im Text. VI, 186 Seiten. 1936. III: Triebwerk und Sondergebiete des Flugwesens. Mit 150 Abbildungen im Text. VI, 206 Seiten. 1936. IV: Flugwetterkunde, Ballone, Luftschiffe. Mit 100 Abbildungen im Text. VI, 202 Seiten. 1937. Jeder Band kart. RM 7.50.

Aerodynamik des Fluges. Eine Einführung in die mathematische Tragflächentheorie. Von Professor Dr. HARRY SCHMIDT. Mit 81 Figuren. VII, 258 Seiten. 1929. RM 15.—, geb. RM 16.50.

... Das Buch hat den Zweck, Studierende und mathematisch veranlagte Ingenieure in die Theorie klar und exakt einzuführen.

Photogrammetrie. Von Dr. RICHARD FINSTERWALDER, Professor an der Technischen Hochschule Hannover. Mit 103 Abb. und 17 Tabellen. Groß-Oktav. 237 Seiten. 1939. Geb. RM 14.—.

Der Leser soll instand gesetzt werden, sich das für die Photogrammetrie und ihre Anwendung praktisch Wichtige und Bleibende anzueignen, ohne sich zu sehr mit mechanisch-konstruktiven Einzelheiten befassen zu müssen.

Vektor- und Dyadenrechnung für Physiker und Techniker. Von ERWIN LOHR, Professor an der Deutschen Technischen Hochschule in Brünn. Mit 34 Figuren im Text. Oktav. XV, 411 Seiten. 1939. Geb. RM 18.—.

Der Verfasser verwendet dieses Rechenverfahren seit drei Jahrzehnten bei allen seinen theoretischen Arbeiten und legt hier das Ergebnis seiner reichen Erfahrungen vor. Dem Benutzer soll dauernd vor Augen geführt werden, daß er und wie er alle seine früheren Kenntnisse im Bereich der Vektor- und Dyadenrechnung verwenden kann. Gleichzeitig will der Verfasser überzeugen, wie vorteilhaft das wirkliche Rechnen mit Vektoren, Dyaden und extensiven Gebilden noch höheren Ranges bei physikalischen und technischen Aufgaben ist.

Grundlagen und Ergebnisse der Ultraschallforschung. Von Dr. phil. EGON HIEDEMANN, a. o. Professor für Physik an der Universität Köln. Mit 232, z. T. noch unveröffentlichten Abbildungen und einer Farbtafel. Groß-Oktav. IX, 287 Seiten. Geb. RM 24.—.

Ein Buch, nach Inhalt und Anlage von gleicher Bedeutung für Physiker, Chemiker, Biologen, Mediziner und Techniker.

Geschichte

Geschichte der Mathematik. Von Oberstud.-Dir. Dr. H. WIELEITNER. 2 Bde. I: Von den ältesten Zeiten bis zur Wende des 17. Jahrhunderts. 136 Seiten. Neudruck 1939. II: Von 1700 bis zur Mitte des 19. Jahrhunderts. 154 Seiten. Neudruck 1939. (Sammlung Göschen Bd. 226, 875.) Geb. je RM 1.62.

Dieser Doppelband weckt die Aufmerksamkeit für die Geschichte der Mathematik, ein Gebiet, dem Forschung und Lehre noch immer nicht das gebührende Interesse eines größeren Kreises verschaffen konnte.

Geschichte der Mathematik. II. Teil: Von Cartesius bis zur Wende des 18. Jahrhunderts. Von Oberstudiendirektor Dr. H. WIELEITNER in München. 1. Hälfte: Arithmetik, Algebra, Analysis. Mit 6 Figuren. VIII, 251 Seiten. 1911. (Sammlung Schubert Bd. LXIII.) Geb. RM 8.40. 2. Hälfte: Geometrie und Trigonometrie. Mit 13 Fig. VI, 222 Seiten. 1921. (Sammlung Schubert Bd. LXIV.) Geb. RM 3.50. (Der erste Teil ist vergriffen.)

„Es zeigt sich auch in diesem Buche wieder die große Meisterschaft des Verfassers in der zielbewußten Auswahl und klaren, anregenden Darstellung eines großen Stoffes, die auch seine anderen größeren Kompendien auszeichnet." Monatshefte für Mathematik und Physik.

Geschichte der Elementar-Mathematik in system. Darstellung. Von Professor Dr. JOHANNES TROPFKE, ehem. Direktor der Kirschner-Oberrealschule zu Berlin. Lex.-Oktav. Band 1: Rechnen. VII, 222 Seiten. 3. Aufl. 1930. RM 12.—. geb. RM 13.20. Band 2: Allgemeine Arithmetik. IV, 266 Seiten. 3. Aufl. 1933, RM 12.—, geb. RM 13.20. Band 3: Proportionen, Gleichungen. IV, 239 Seiten. 3. Aufl. 1937. RM 10.—, geb. RM 11.—. Band 4: Ebene Geometrie. IV, 316 Seiten. 3. Aufl. 1940. RM 12.—, geb. RM 13.—. Band 5: I. Ebene Trigonometrie. II. Sphärik und sphärische Trigonometrie. IV, 185 Seiten. 2. Aufl. 1923. RM 7.50, geb. RM 8.50. Band 6: Analysis, Analytische Geometrie. IV, 169 Seiten. 2. Aufl. 1924, RM 7.—, geb. RM 8.—. Band 7: Stereometrie. Verzeichnisse. V, 128 Seiten, 2. Aufl. 1924. RM 6.50, geb. RM 7.50.

Dieses preisgekrönte Werk bringt die Geschichte der Elementarmathematik in systematischer Anordnung und in zusammenhängender Darstellung unter peinlich genauer Zitierung der Quellen (bis in die neueste Zeit). Es ist grundlegend für den, der sich einen allgemeinen Überblick verschaffen will, unentbehrlich aber auch für den, der sich mit der Geschichte der Mathematik in Spezialstudien befaßt.

Tafelwerke

Fünfstellige Tafeln der Kreis- und Hyperbelfunktionen sowie der Funktionen e^x und e^{-x} mit den natürlichen Zahlen als Argument. Von Dr.-Ing. KEIICHI HAYASHI, Professor an der Kaiserlichen Kyushu-Universität Fukuoka-Hakosaki, Japan. Oktav. IV, 182 Seiten. Neudruck 1941. RM 9.—.

„Der bekannte japanische Verfasser hat aus der Notwendigkeit, die Werte beider Funktionsarten gleichzeitig zur Verfügung zu haben, Tafeln berechnet, in denen nicht nur die Hyperbelfunktionen, sondern auch die Kreisfunktionen mit verschiedenen großen Abstufungen, auf fünf Dezimalstellen angewendet sind. Die Anordnung dieser Tafeln ist äußerst praktisch, Druck und Papier sind ausgezeichnet, so daß die Benutzung sich bequem und einfach gestaltet. Für alle, die zahlenmäßige Rechnungen mit den genannten Funktionen häufiger auszuführen haben, ist der Gebrauch der Tafeln als praktisch und zeitsparend zu empfehlen." Zeitschrift des Vereins Deutscher Ingenieure.

Neue Rechentafeln. Für Multiplikation und Division mit allen ein- bis vierstelligen Zahlen. Herausgegeben von Professor Dr. J. PETERS, Observator am Astronomischen Recheninstitut. Folio-Format. VI, 378 Seiten. 1909. Geb. RM 20.—. Diese Rechentafeln von Peters sind auch in französischer und englischer Ausgabe zu haben. Geb. RM 20.—.

Dr. A. L. Crelles Rechentafeln, welche alles Multiplizieren und Dividieren mit Zahlen unter Tausend ganz ersparen, bei größeren Zahlen aber die Rechnung erleichtern und sicherer machen. Neue Ausgabe. Besorgt von O. SEELIGER. Mit Tafeln der Quadrat- und Kubikzahlen von 1—1000. VII, 501 Seiten. 1938. Folio. Geb. RM 22.—. Diese Rechentafeln von Crelle liegen auch in englischer und französischer Ausgabe zu gleichem Preise vor.

Diese Rechentafeln enthalten die Produkte aller zwei Zahlen von 1 bis 1000. Sie bilden also zusammengenommen ein großes Einmaleins bis 1000 und dienen dazu, mit größeren Zahlen bis zu 1000 ebenso zu rechnen wie vermittelst des gewöhnlichen Einmaleins mit einziffrigen Zahlen. Wenn beim Multiplizieren die Faktoren, beim Dividieren Divisor und Quotient kleiner als 1000 sind, so erspart dieses Einmaleins die Rechnung ganz, denn es enthält die Produkte solcher Zahlen fertig berechnet. Größere Rechnungen vereinfacht es in dem Verhältnis, wie man mehrere Ziffern zusammennehmen kann.

Rechen-Resultate. Tabellen zum Ablesen der Resultate von Multiplikationen und Divisionen bis 100×1000 = 100000 in Bruchteilen und ganzen Zahlen sowie für Rechnen mit Zahlen jeder Größe, Radizieren (Wurzelsuchen) nach vereinfachtem Verfahren. Von F. TRIEBEL, techn. Oberinspektor der Reichsdruckerei i. R. Sechste Auflage. 290 Seiten. (Verlag von M. Krayn in Berlin.) Geb. RM 18.—.

Zeitschriften

Journal für die reine und angewandte Mathematik. Gegründet von A. L. CRELLE. 1826. Herausgegeben von H. HASSE.

Jeder der neueren Bände umfaßt 4 Hefte. Zurzeit erscheint Band 184. Preis RM 30.—. Die Preise der früheren Bände werden auf Anfrage mitgeteilt.

Das von A. L. Crelle gegründete „Journal für die reine und angewandte Mathematik" darf auf eine über hundertjährige Vergangenheit zurückblicken. Seit seiner Gründung im Jahre 1826 wurde es der Sammelplatz für die Arbeiten der großen Männer, welche seit dieser Zeit der Mathematik einen neuen Aufschwung gaben.

Jahrbuch über die Fortschritte der Mathematik. Gegründet 1870. Herausgegeben von der Preußischen Akademie der Wissenschaften in Verbindung mit der Deutschen Mathematiker-Vereinigung.

Jeder der neueren Jahrgänge umfaßt 8—9 Hefte à 10 Druckbogen. Preis jedes Heftes RM 18.—. Die Preise der früheren Jahrgänge werden auf Wunsch mitgeteilt.

Das „Jahrbuch über die Fortschritte der Mathematik" bringt eingehende Besprechungen sämtlicher periodischen und nichtperiodischen Neuerscheinungen auf dem Gebiete der Mathematik und ihrer wichtigsten Anwendungen. Auch die Geschichte und die Grundlagen der Mathematik finden sorgfältige Berücksichtigung.

Mathematische Mußestunden. Eine Sammlung von Geduldspielen, Kunststücken und Unterhaltungsaufgaben mathematischer Natur. Von Professor Dr. HERMANN SCHUBERT. Neubearbeitet von Professor Dr. F. FITTING. Achte und neunte Auflage. Oktav. 260 Seiten. 1941. Geb. RM 4.80.

Dieses bekannte, hier in der 8./9. Auflage erschienene Buch wendet sich in erster Linie an den mathematischen Laien, den es in leichtfaßlicher und spannender Form in das Wesen der verbreiteten mathematischen Spiele einführen will. Doch sind auch einzelne Abschnitte aufgenommen, welche sich, oft durch kleineren Druck gekennzeichnet, hauptsächlich an den mathematisch interessierten Leser wenden und diesem Anregungen zu eigenen Untersuchungen auf dem Gebiete der Unterhaltungsmathematik geben wollen.

FSC
www.fsc.org
MIX
Papier | Fördert gute Waldnutzung
FSC® C083411

Kolibri 360 GmbH
Ferdinand-Jühlke-Straße 7
99095 Erfurt, Deutschland
produktsicherheit@kolibri360.de